马铃薯科学与技术丛书

马铃薯变性淀粉加工技术

童丹　高娜　编著

武汉大学出版社

U0250230

图书在版编目（CIP）数据

马铃薯变性淀粉加工技术/童丹,高娜编著.—武汉:武汉大学出版社,
2015.10
马铃薯科学与技术丛书
ISBN 978-7-307-16852-7

Ⅰ.马…　Ⅱ.①童…　②高…　Ⅲ.马铃薯—变性淀粉—食品加工
Ⅳ.TS236.9

中国版本图书馆 CIP 数据核字（2015）第 222763 号

封面图片为上海富昱特授权使用（ⓒ IMAGEMORE Co., Ltd.）

责任编辑:谢文涛　　责任校对:李孟潇　　版式设计:马　佳

出版发行:**武汉大学出版社**　　（430072　武昌　珞珈山）
　　　　　（电子邮件:cbs22@whu.edu.cn　网址:www.wdp.com.cn）
印刷:湖北民政印刷厂
开本:787×1092　1/16　印张:19.75　字数:476 千字　插页:1
版次:2015 年 10 月第 1 版　　2015 年 10 月第 1 次印刷
ISBN 978-7-307-16852-7　　定价:40.00 元

总　序

　　马铃薯是全球仅次于小麦、水稻和玉米的第四大主要粮食作物。它的人工栽培历史最早可追溯到公元前 8 世纪到 5 世纪的南美地区。大约在 17 世纪中期引入我国，到 19 世纪已在我国很多地方落地生根，目前全国种植面积约 500 万公顷，总产量 9000 万吨，中国已成为世界上最大的马铃薯生产国之一。中国人对马铃薯具有深厚的感情，在漫长的传统农耕时代，马铃薯作为赖以果腹的主要粮食作物，使无数中国人受益。而今，马铃薯又以其丰富的营养价值，成为中国饮食烹饪文化不可或缺的部分。马铃薯产业已是当今世界最具发展前景的朝阳产业之一。

　　在中国，一个以"苦瘠甲于天下"的地方与马铃薯结下了无法割舍的机缘，它就是地处黄土高原腹地的甘肃定西。定西市是中国农学会命名的"中国马铃薯之乡"，得天独厚的地理环境和自然条件使其成为中国乃至世界马铃薯最佳适种区，其马铃薯产量和质量在全国均处于一流水平。20 世纪 90 年代，当地政府调整农业产业结构，大力实施"洋芋工程"，扩大马铃薯种植面积，不仅解决了温饱问题，而且增加了农民收入。进入 21 世纪以来，定西市实施打造"中国薯都"战略，加快产业升级，马铃薯产业成为带动经济增长、推动富民强市、影响辐射全国、迈向世界的新兴产业。马铃薯是定西市享誉全国的一张亮丽名片。目前，定西市是全国马铃薯三大主产区之一，建成了全国最大的脱毒种薯繁育基地、全国重要的商品薯生产基地和薯制品加工基地。自 1996 年以来，定西市马铃薯产业已经跨越了自给自足，走过了规模扩张和产业培育两大阶段，目前正在加速向"中国薯都"新阶段迈进。近 20 年来，定西马铃薯种植面积由 100 万亩发展到 300 多万亩，总产量由不足 100 万吨提高到 500 万吨以上；发展过程由"洋芋工程"提升为"产业开发"；地域品牌由"中国马铃薯之乡"正向"中国薯都"嬗变；功能效用由解决农民基本温饱跃升为繁荣城乡经济的特色支柱产业。

　　2011 年，我受组织委派，有幸来到定西师范高等专科学校任职。定西师范高等专科学校作为一所师范类专科院校，适逢国家提出师范教育由二级（专科、本科）向一级（本科）过渡，这种专科层次的师范学校必将退出历史舞台，学校面临调整转型、谋求生存的巨大挑战。我们在谋划学校未来发展蓝图和方略时清醒地认识到，作为一所地方高校，必须以瞄准当地支柱产业为切入点，从服务区域经济发展的高度科学定位自身的办学方向，为地方社会经济发展积极培养合格人才，主动为地方经济建设服务。学校通过认真研究论证，认为马铃薯作为定西市第一大支柱产业，在产量和数量方面已经奠定了在全国范围内的"薯都"地位，但是科技含量的不足与精深加工的落后必然影响到产业链的升级。而实现马铃薯产业从规模扩张向质量效益提升的转变，从初级加工向精深加工、循环利用转变，必须依赖于科技和人才的支持。基于学校现有的教学资源、师资力量、实验设施和管理水平等优势，不仅在打造"中国薯都"上应该有所作为，而且一定会大有作为。因此提

1

出了在我校创办"马铃薯生产加工"专业的设想，并获申办成功，在全国高校尚属首创。我校自 2011 年申办成功"马铃薯生产加工"专业以来，已经实现了连续 3 届招生，担任教学任务的教师下田地，进企业，查资料，自编教材、讲义，开展了比较系统的良种繁育、规模化种植、配方施肥、病虫害综合防治、全程机械化作业、精深加工等方面的教学，积累了比较丰富的教学经验，第一届学生已经完成学业走向社会，我校"马铃薯生产加工"专业建设已经趋于完善和成熟。

这套"马铃薯科学与技术丛书"就是我们在开展"马铃薯生产加工"专业建设和教学过程中结出的丰硕成果，它凝聚了老师们四年来的辛勤探索和超群智慧。丛书系统阐述了马铃薯从种植到加工、从产品到产业的基本原理和技术，全面介绍了马铃薯的起源与栽培历史、生物学特性、优良品种和脱毒种薯繁育、栽培育种、病虫害防治、资源化利用、质量检测、仓储运销技术，既有实践经验和实用技术的推广，又有文化传承和理论上的创新。在编写过程中，一是突出实用性，在理论指导的前提下，尽量针对生产需要选择内容，传递信息，讲解方法，突出实用技术的传授；二是突出引导性，尽量选择来自生产第一线的成功经验和鲜活案例，引导读者和学生在阅读、分析的过程中获得启迪与发现；三是突出文化传承，将马铃薯文化资源通过应用技术的嫁接和科学方法的渗透为马铃薯产业创新服务，力图以文化的凝聚力、渗透力和辐射力增强马铃薯产业的人文影响力和核心竞争力，以期实现马铃薯产业发展与马铃薯产业文化的良性互动。

本套丛书在编写过程中得到了甘肃农业大学毕阳教授、甘肃省农科院王一航研究员、甘肃省定西市科技局高占彪研究员、甘肃省定西市农科院杨俊丰研究员等农业专家的指导和帮助，并对最终定稿进行了认真评审论证。定西市安定区马铃薯经销协会、定西农夫薯园马铃薯脱毒快繁有限公司对丛书编写出版给予了大力支持。在丛书付梓出版之际，对他们的鼎力支持和辛勤付出表示衷心感谢。本套丛书的出版，将有助于大专院校、科研单位、生产企业和农业管理部门从事马铃薯研究、生产、开发、推广人员加深对马铃薯科学的认识，提高马铃薯生产加工的技术技能。丛书可作为高职高专院校、中等职业学校相关专业的系列教材，同时也可作为马铃薯生产企业、种植农户、生产职工和农民的培训教材或参考用书。

是为序。

2015 年 3 月于定西

杨声：
"马铃薯科学与技术丛书"总主编
甘肃中医药大学党委副书记
定西师范高等专科学校党委书记　教授

前　　言

淀粉是自然界大多数植物中普遍存在的天然物质，资源十分丰富。马铃薯是世界第四大粮食作物，属于大宗易得农产品，是生产马铃薯淀粉及其衍生物的重要原料，广泛应用于各个工业领域。天然的马铃薯淀粉，尽管颗粒较大，而且糊化性好，糊透明，成膜性好，但在现代工业中的应用却具有局限性。为了进一步提高马铃薯淀粉的性能，根据其分子结构及理化性质，人们逐步地开发了马铃薯淀粉的变性技术，其应用前景十分广阔。

变性淀粉的生产与应用已有150多年的历史，但以近二三十年来的发展最为迅速。目前，发达国家已不再直接使用原淀粉，在造纸、食品、纺织、医药卫生、农业生产、塑料、水产饲料、油气开采、机械铸造、建筑材料和环境保护等领域都使用变性淀粉。我国从20世纪80年代中期开始加快变性淀粉的生产，已进入高速发展时期，目前生产厂家150多家，生产能力35万 t/a，年产量20多万 t。由于其优异的性能，变性淀粉在化工生产中的用量越来越大，已成为一种重要的化工原料，有广阔的市场前景。"九五"起，变性淀粉被列为国家重点开发的6种精细化工产品之一。

马铃薯变性淀粉生产因其充足的原料来源及其优良的品质而备受重视。为了使人们对马铃薯变性淀粉有一个全面的了解，本书着重介绍各种马铃薯变性淀粉的性质、生产及应用，章节后的拓展学习部分详尽介绍有关指标及成分的检测。

本书是马铃薯科学与技术丛书之一，由定西师范高等专科学校杨声教授担任丛书总主编并撰写了序言，童丹、高娜合作完成编写。编写过程中参阅了国内外诸多专家学者的著作和文献资料，得到了甘肃农业大学毕阳教授、甘肃省农科院王一航研究员、甘肃省定西市科技局高占彪研究员、定西市农科院杨俊丰研究员、甘肃陇西清吉洋芋集团副总经理杨东林、甘肃圣大方舟马铃薯变性淀粉有限公司副总经理王艇弘、定西农夫薯园马铃薯种薯快繁有限公司总经理刘大江、定西师范高等专科学校贾国江教授、效天庆教授、何启明教授、韩黎明教授等高等院校、科研院所、生产加工企业专家的指导和帮助，并对最终定稿进行了认真评审论证。在此谨向各位学者专家表示诚挚谢意！

本书适合大专院校、科研单位、生产企业、农业管理部门从事马铃薯变性淀粉研究、生产、开发人员阅读参考，可作为高职高专院校、中等职业学校马铃薯生产加工相关专业教材，同时可作为马铃薯变性淀粉生产企业职工的培训教材和参考用书。

由于编者知识水平和能力的局限，书中难免有错漏不妥之处，敬请同行专家和广大读者批评指正。

编　者

2015 年 7 月

目　　录

第1章 绪 论

内容提要

主要介绍国内外变性淀粉加工技术的发展现状、发展趋势及未来发展方向。指出在我国变性淀粉生产应用中存在的一些问题，并对我国变性淀粉加工行业的发展提出几点建议。

自然界中大多数植物都含有淀粉，资源十分丰富。天然淀粉已广泛应用于各个工业领域，不同应用领域对淀粉性质的要求不尽相同。随着工业生产技术的发展，新产品的不断出现，对淀粉性质的要求越来越苛刻，原淀粉的性质已不适应于很多工业领域。因此，有必要根据淀粉的结构及理化性质进行变性处理，使之能符合不同领域的应用要求。

天然淀粉的可利用性取决于淀粉颗粒的结构和淀粉中直链淀粉和支链淀粉的含量。淀粉的分子由葡萄糖单元所组成，葡萄糖单元上有三个活性羟基。变性淀粉是原淀粉(马铃薯淀粉、玉米淀粉、木薯淀粉等)经过物理、化学或生物等技术处理而制成具有特殊性能的淀粉衍生物，是淀粉深加工的主要产品之一，广泛应用于造纸、纺织、食品、医药、建筑、石油钻井、精细化工等领域。变性的目的一是为了适应各种工业应用的要求；二是为了开辟淀粉的新用途，扩大应用范围。

众所周知，石油资源总有一天会枯竭，而自然界可源源不断地提供淀粉资源，这就是淀粉越来越受各行各业重视的原因。目前世界上直接以淀粉为原料或对淀粉进行变性处理所得的产品已有 2000 余种，而我国约占百余种。

变性淀粉的开发应用已有 150 多年历史，工业化较早的是欧美国家，变性淀粉产品种类有 2000 多种。美国作为玉米生产大国和淀粉深加工大国，淀粉年产量约为 2000 万 t，占世界总产量的 55%~60%。除淀粉糖和发酵酒精外，变性淀粉消耗淀粉总量居第 3 位，占淀粉总量的 10% 以上，美国变性淀粉年产量为 300 万 t 左右，主要应用领域为造纸行业。

全世界生产变性淀粉较大的公司有 CPC 国际公司，在美国及全世界拥有 41 家工厂，每天能处理 2 万 t 原料。美国国家淀粉和化学公司(NSCC)是美国最大的变性淀粉加工厂，在美国有 8 个分公司，在全世界有 21 个分公司，年销售额达 30 多亿美元。荷兰的 AVEBE 公司是世界上最大的马铃薯淀粉集团，在荷兰、法国等国家拥有 8 个生产基地，研究开发了数百种淀粉衍生物，年产马铃薯淀粉及其变性淀粉 80 万 t。日本 CPC-NSK 技术株式会社在日本玉米湿磨工业领域中有很高的技术水平，是最大规模的 CPC 国际公司。法国的 Lille 玉米淀粉工厂是 CPC 集团在欧洲的第二大工厂，每年生产 5 万 t 变性淀粉。

德国的汉高公司、丹麦的 DDS-克罗耶公司均生产各种变性淀粉。它们拥有先进的科研机构，优良的科研和生产设备以及大批的专业技术人才，不断开发新产品、新工艺、新技术和新用途。从淀粉植物新品种的培育，到淀粉加工，再到变性淀粉的开发及应用等，已形成一整套完整的工业体系。近年来，这些大型淀粉及其变性淀粉集团还纷纷在泰国建立分机构，开发泰国的木薯变性淀粉。

第 2 章 淀粉的概述

内容提要

主要介绍淀粉的分布、形成以及种类，淀粉原料的化学组成，不同植物中淀粉的含量，淀粉的品质及品质的常规检测，淀粉的基本组成单位(脱水葡萄糖残基)，淀粉的分子结构(分为直链和支链)，直链淀粉和支链淀粉含量的测定及其含量对淀粉性质的影响，不同来源淀粉粒的形状、大小及结构。重点介绍淀粉粒的物理特性及其检测方法。

2.1 淀粉的存在与分离

2.1.1 淀粉的分布与形成

淀粉在自然界中分布很广，主要存在于高等植物的机体中，也是碳水化合物储藏的主要形式。淀粉也称团粉、生粉或芡粉，存在于谷类、根茎(如薯类、玉米、芋芳、藕等)和某些植物种子(豌豆、蚕豆、绿豆等)中，一般可经过原料处理、浸泡、破碎、筛分、分离、洗涤、干燥和成品整理等工艺过程而制得。

植物绿叶利用日光的能量，将二氧化碳和水变成淀粉，绿叶在白天所生成的淀粉以颗粒形式存在于叶绿素的微粒中，夜间光合作用停止，生成的淀粉受植物中糖化酶的作用变成单糖渗透到植物的其他部分，作为植物生长用的养料，而多余的糖则变成淀粉储存起来，当植物成熟后，多余的淀粉存在于植物的种子、果实、块根、细胞的白色体中，随植物的种类而异，这些淀粉称为储藏性多糖。

2.1.2 淀粉的种类

1. 按淀粉来源分类

(1)薯类淀粉。

薯类是适应性很强的高产作物，在我国以马铃薯、甘薯和木薯等为主。主要来自于植物的块根(如甘薯、木薯、葛根等)、块茎(如马铃薯、山药等)。淀粉工业主要以马铃薯、木薯为主。

(2)禾谷类淀粉。

这类原料主要包括玉米、米、大麦、小麦、燕麦、荞麦、高粱和黑麦等。淀粉主要存在于种子的胚乳细胞中，另外糊粉层、细胞尖端即伸入胚乳淀粉细胞之间的部分也含有极少量的淀粉，其他部分一般不含淀粉，但有例外，玉米胚中含有大约 25% 的淀粉。淀粉工业主要以玉米为主。针对玉米的特殊用途，人们开发了特用型玉米新品种，如高含油玉米、高含淀粉玉米、蜡质玉米等，以适应工业发展的需要。

（3）豆类淀粉。

这类原料主要有蚕豆、绿豆、豌豆和赤豆等，淀粉主要集中在种子的子叶中。这类淀粉中的直链淀粉含量高，一般用于制作粉丝的原料。

（4）其他淀粉。

植物的果实（如香蕉、芭蕉、白果等）、基髓（如西米、豆苗、菠萝等）等中也含有淀粉。另外，一些细菌、藻类中亦有淀粉或糖原（如动物肝脏），一些细菌的储藏性多糖与动物肝脏中发现的糖原相似。

2. 按照淀粉分子结构分类

从分子结构上可分为直链淀粉和支链淀粉两种。直链淀粉是以 α-1，4 键结合，支链淀粉除 α-1，4 键外，还有 α-1，6 键。直链淀粉较支链淀粉分子小、连接葡萄糖链的氢键较强，且易与油脂（脂肪酸）等形成复合物。直链淀粉遇碘变蓝，而支链淀粉遇碘变紫至紫红色。在马铃薯的淀粉粒中，约含有 21% 的直链淀粉和 79% 的支链淀粉；普通玉米中支链淀粉占淀粉总量的 73%，直链淀粉占 27%；糯玉米胚乳中的淀粉 100% 为支链淀粉。直链淀粉又称可溶性淀粉，溶于热水后成胶体溶液，容易被消化吸收。支链淀粉是一种具有支链结构的多糖，它不溶于热水中。

3. 按照消化降解速度分类

依据淀粉消化的难易，可将淀粉分为三类：①快速消化淀粉：新鲜煮熟的淀粉食品等；②缓慢消化淀粉：大多数未加工禾谷类等；③抗消化淀粉（RS）。其中抗消化淀粉又可分为：a. 物理性不消化淀粉（RS_1）：部分研磨的谷类、种子、豆类等；b. 抗消化淀粉颗粒（RS_2）：未加工马铃薯、香蕉、高直链淀粉等；c. 回生淀粉（RS_3）：煮熟冷却后的马铃薯、面包、玉米片等；d. 化学改性淀粉（RS_4）：包括化学改性、商业用的变性淀粉。

4. 按照布拉班德黏度特性分类

依据布拉班德黏度特性将淀粉分类为：①A 型，具有高溶胀性和高峰值黏度（简称峰黏），如马铃薯淀粉、木薯淀粉、蜡质谷物类淀粉和离子型衍生物等；②B 型，具有适中的溶胀性和低峰值黏度，如玉米淀粉等普通谷物淀粉；③C 型，具有有限的溶胀性，如交联淀粉、豆类淀粉、湿热处理马铃薯淀粉等；④D 型，具有高度有限的溶胀性，如直链淀粉含量高于 55% 的淀粉类。

5. 按是否经过化学或酶处理分类

按是否经过化学或酶处理而使淀粉改变原有的物理性质，可分为变性淀粉和非变性淀粉。未经过处理（性质未改变）的淀粉称为非变性淀粉，经过处理改变了原有性质的淀粉称为变性淀粉。目前常用的变性淀粉有环状糊精、氧化淀粉、醋酸淀粉、阳离子淀粉、酯化淀粉、醚化淀粉、交联淀粉、接枝共聚淀粉和速凝胶淀粉等。

6. 按质量的不同分类

淀粉按质量的不同可分为一等、二等和三等。①一等淀粉：色泽洁白，纯干燥，无杂质，吃后不牙碜，无邪味和臭味。②二等淀粉：干燥色白，无杂质，吃后不牙碜，无邪味和臭味。③三等淀粉：干燥色灰白，吃后不牙碜，无邪味和臭味。

2.1.3 淀粉原料的化学组成

1. 马铃薯

马铃薯又名土豆、山药蛋、地蛋、洋芋、荷兰薯和爪哇薯等，属茄科，是一年生植物。

（1）马铃薯的结构及化学组成。

马铃薯为植物的块茎，形状为圆形或椭圆形，其结构由表皮层、形成层环、外果肉和内果肉四部分组成。

马铃薯的化学组成随产地、品种及储藏条件和时间的不同而变化，其淀粉主要存在于外部果肉中，淀粉含量因品种的不同差异很大，一般在9%~25%之间。马铃薯含微量的有毒物质龙葵素，其含量在储存期间受日光照射引发等而急剧增加，会影响淀粉的含量。马铃薯普通品种新鲜块茎的化学组成如表2-1所示。

表2-1　　　　　　　　　　　　　　　马铃薯的化学组成

水分/%	淀粉/%	糖分/%	含氮物质/%	脂类/%	粗纤维/%	粗灰分/%
75.8	19.9	0.4	2.8	0.2	1.1	0.92

（2）马铃薯的质量标准。

中华人民共和国商业部1985年10月16日发布的适用于省、自治区、直辖市之间调拨的商品马铃薯的质量标准如表2-2所示，马铃薯按完整块茎分等级。

表2-2　　　　　　　　　　　　　　　马铃薯的质量标准

等级	完整块茎/% 每块50g以上	不完整块茎/%			杂质含量/%
		总量	疖癣	其他	
1	90.0	10.0	3.0	7.0	2.0
2	85.0	15.0	5.0	10.0	2.0
3	80.0	20.0	7.0	13.0	2.0

注：①马铃薯以二等为中等标准，低于三等的为等外马铃薯。
②卫生标准和动植物检疫项目，按照国家有关规定执行。
③完整块茎指完整、健全、不带绿色以及轻微擦伤后愈合的块茎。
④疖癣块茎指块茎表皮上有疖癣，所占面积达块茎表面二分之一及以上。

2. 玉米

玉米属禾本科作物，品种繁多。按籽粒形态及结构分类，大致有硬粒种（为我国长期以来栽培较多的一种玉米）、马齿种或称马牙种（产量高，目前栽培面积较大）、粉质种（完全是粉质胚乳组成，我国很少栽培）；其他品种有甜质种（甜玉米，籽粒含糖15%~18%，多用作蔬菜或制罐头）、爆裂种等，但不是用作生产变性淀粉或制糖原料的品种。

（1）玉米籽粒结构和各部分组成。玉米是由皮层、胚乳和胚三部分组成，玉米各部分的组成比例及各部分的主要化学组成分别见表 2-3 和表 2-4。

表 2-3　　　　　　　　　玉米各部分的组成比例（干基）

玉米全粒/%	胚乳/%	胚芽/%	皮及尖冠/%
100	79~85	8~14	5~6

表 2-4　　　　　　　　玉米籽粒各部分的主要化学组成（干基）

籽粒部分	占全粒量/%	化学组成				
		淀粉/%	糖类/%	粗蛋白质/%	油脂/%	粗灰分/%
胚乳	81.9	86.4	0.64	9.4	0.8	0.31
胚芽	11.9	8.2	10.8	18.8	34.5	10.1
种皮	5.3	7.3	0.34	3.7	10.0	0.84

（2）普通玉米的化学组成。普通玉米品种的化学组成如表 2-5 所示。

表 2-5　　　　　　　　　普通玉米品种的化学组成

化学组成	范围	平均	化学成分	范围	平均
水分/%	7~23	16.7	粗灰分/%	1.1~3.9	1.42
淀粉/%（干基）	64~78	71.5	粗纤维/%	1.8~3.5	2.66
粗蛋白质/%	8~10	9.91	糖/%	1.0~3.0	2.58
油脂/%	3.1~5.7	4.78			

（3）高油玉米及其化学组成。高油玉米是近年来由北京农业大学、中国农科院育成的品种，含油率 9%~10%，比普通玉米高 1 倍左右，亩产量与普通玉米相同。玉米油营养价值较高，因此，淀粉厂改用高油玉米为原料可以较大地提高企业的经济效益（一万吨级的淀粉厂每年可多收油 500t）。高油玉米的化学组成如表 2-6 所示。

表 2-6　　　　　　　　　高油玉米的化学组成（干基）

品　种	淀粉/%	粗蛋白质/%	粗脂肪/%	来　源
高油玉米	67	9.96	8.3	内蒙古赤峰地区
高油玉米	65	9.84	9.95	长春市农科院
普通玉米	70.12	10.97	4.97	淀粉厂取样

（4）高淀粉玉米及其化学组成。长春市农业科学院在"七五"期间育成高淀粉玉米杂交种"长单 26"，籽粒淀粉含量 75%，比普通玉米淀粉高 6 个百分点，每公顷产量可达

9000kg，高于普通玉米，是很有希望的高产、抗病、高淀粉玉米杂交种。

（5）蜡质玉米(糯玉米)及其化学组成。蜡质玉米和普通玉米在化学组成上没有太大的区别，主要区别在于淀粉的分子结构上，100%是支链淀粉，因此，在生产变性淀粉时有特殊的性能。其化学组成如表 2-7 所示。

表 2-7 　　　　　　　　　　　　　蜡质玉米的化学组成(干基)

水分/%	淀粉/%	粗脂肪/%	粗蛋白质/%	支链淀粉/%
14	68	5.7	9.5	100

3. 小麦

小麦是加工小麦粉的原料，对小麦粉品质有最直接的影响。GB 1351—1999 国家标准《小麦》，根据小麦的皮色、粒质和播种季节将其分为 10 类。

①白色硬质冬小麦，种皮为白色或黄白色的麦粒不低于 90%，角质率不低于 70% 的冬小麦。

②白色硬质春小麦，种皮为白色或黄白色的麦粒不低于 90%，角质率不低于 70% 的春小麦。

③白色软质冬小麦，种皮为白色或黄白色的麦粒不低于 90%，粉质率不低于 70% 的冬小麦。

④白色软质春小麦，种皮为白色或黄白色的麦粒不低于 90%，粉质率不低于 70% 的春小麦。

⑤红色硬质冬小麦，种皮为深红色或红褐色的麦粒不低于 90%，角质率不低于 70% 的冬小麦。

⑥红色硬质春小麦，种皮为深红色或红褐色的麦粒不低于 90%，角质率不低于 70% 的春小麦。

⑦红色软质冬小麦，种皮为深红色或红褐色的麦粒不低于 90%，粉质率不低于 70% 的冬小麦。

⑧红色软质春小麦，种皮为深红色或红褐色的麦粒不低于 90%，粉质率不低于 70% 的春小麦。

⑨混合小麦，不符合①~⑧各条规定的小麦。

⑩其他类型小麦。

(1)麦粒的组织结构。

小麦籽粒由皮层、胚乳和胚芽三大部分组成。经过加工以后，小麦的皮层成为麸皮，胚乳成为面粉，胚芽成为单独的产品或也成为麸皮。

小麦麦皮由表皮、果皮、种皮、珠心层、糊粉层组成。表皮是一组厚壁细胞；果皮有三层细胞，容易吸收膨胀使其与内层的结合力减弱，稍加摩擦就会脱落，种皮围绕着胚在内的整个籽粒，是非常薄的束组织，含有麸皮的色素物质，珠心层是一层非常薄和相当透明的均匀的细胞；糊粉层是皮层最内的一层，是一组整齐的大型厚壁细胞，富含蛋白质、维生素和矿物质，灰分高。

小麦腹沟是在颖果背部对面中央的一条凹槽，长度和籽粒一样，其深度和宽度随小麦品种、类型等而变化。腹沟是小麦籽粒的一大特点，这条腹沟使小麦的清理和去皮变得困难，增加了制粉的难度。

胚是小麦的再生组织，长约 2.5mm，宽约 1mm，通过上皮细胞和胚乳相接，通过打击容易脱落。胚内不含淀粉，但脂肪含量高，韧性大，容易酸败，不耐储藏，对面团烘焙性能有很大影响。

(2)麦粒的化学成分。

胚乳表面为糊粉层，内部为淀粉细胞。糊粉层除腹沟及麦粒两端之外，由一层等径的较大的方形厚壁细胞组成，内部充满糊粉粒，含蛋白质、脂质和有机磷酸盐。淀粉细胞由近于横向排列的长形薄壁细胞组成，胞腔中充满大小不同的淀粉粒。如果淀粉粒间充满蛋白质，把淀粉粒挤得很紧密，就是角质胚乳；如果淀粉粒存在空隙，即为粉质胚乳。

在正常麦粒中，胚乳约占全粒质量的 81%，它的主要成分是淀粉，约占胚乳的 78%，还有约 13% 的蛋白质。胚乳含纤维极少，灰分低，易为人体消化吸收，是麦粒中生产高等级面粉的主要部分。但胚乳被包裹在皮层之中，与皮层结合紧密，要将小麦中的胚乳磨成粉，必须破碎麦粒，还要对麦皮进行剥刮，这就带来了麸皮剥刮不干净和铁皮被磨碎混入面粉的问题。

小麦各部分的相对质量比例见表 2-8。

表 2-8　　　　　　　　　　　　小麦各部分的相对质量比例

成 分	比例/%	成 分	比例/%
果皮和种皮	8.93	胚乳	81.6
糊粉层	6.54	胚芽	3.24

各种成分在麦粒中的分布是不均匀的。即使是在同一部分，成分分布及性质也不完全相同。胚乳中的蛋白质从麦粒中心往外含量逐渐增加，但质量慢慢变差。小麦籽粒的化学成分见表 2-9。

表 2-9　　　　　　　　　　　　小麦籽粒的化学成分/%

名称	水分	蛋白质	碳水化合物	脂肪	灰分	纤维素
饱满籽粒	15.0	10.0	70.0	1.7	1.7	1.6
中等籽粒	15.0	11.0	68.5	1.9	1.7	1.9
不饱满籽粒	15.0	13.5	64.0	2.2	2.6	2.7

4. 稻谷

稻谷是农业生产中栽培的水稻作物所产生的果实，是带壳的颖果(caryopsis)，在粮食加工工业中稻谷是制米业的原料，去壳后的产品是糙米，进一步加工的产品就是大米，是我国人民的主要粮食。栽培稻大多数属禾本科稻属，普通栽培稻可分为籼稻(细而长，茸毛短而稀,一般无芒(或较短),壳薄,腹白较大,耐压性差,易折断,加工时碎米多,米质胀性大而黏性较弱)、粳稻(粒形短而宽,茸毛长而密,芒较长,壳厚,厚白、心白少,耐压性强,不易产生碎米,出米率高,米质胀性小而黏性较强)两种;根据米淀粉的性质分为黏稻(直链淀粉含量为10%~30%,色深,横截面呈角质状态,米质硬而脆,黏性小而胀性大,作为主食)、糯稻(全部为支链淀粉,黏性大而胀性小,粳糯的黏性最大,色泽乳白,横截面不透明,呈蜡状,米质较疏松,主要用于酿酒、做糕点)两种。大米加工成纯淀粉的数量不如玉米和小麦大,由于制造大米的成本相对高于别的谷类和薯类,因而以大米淀粉为原料制造的产品亦受到限制。大米淀粉的主要用途为化妆扑粉、织物的浆料、一种乳糊或布丁淀粉。在欧共体,低链的大米淀粉用于婴儿食品、特种纸、摄影用纸添加剂及洗衣业中。非食品方面应用大米淀粉主要是利用其淀粉颗粒小的特点。

稻谷的结构及化学组成:稻谷是由稻壳、皮层(果皮和种皮)、胚和胚乳(糊粉层和内胚乳)组成。稻壳作为保护组织,含有大量的纤维素、灰分(主要是二氧化硅,占全灰分的95%)及戊聚糖,完全不含淀粉;皮层亦为保护组织,主要含有纤维素、戊聚糖及灰分,另外含有一定量的蛋白质、脂肪和维生素,完全不含淀粉;糊粉层介于皮层和胚乳淀粉细胞之间,含有较多的脂肪、蛋白质和糖分,灰分比皮层高但纤维含量比皮层少得多;淀粉细胞又称内胚乳,是种子的储藏组织,是米粒中主要营养成分集中之处,含大量淀粉,整个籽粒所含的淀粉全部集中在内胚乳中,蛋白质含量较高,但纤维、脂肪和灰分含量较少;米胚为初生组织和分生组织,是种子生理活性最强的部分,富含蛋白质、脂肪、可溶性糖和维生素等,其营养价值很高,但由于酶活性强,如果米粒留胚多,则容易变质。

5. 木薯

木薯又称树薯、树番薯、南洋薯、槐薯和木番薯等,属大戟科、亚灌木,很少为草本,是多年生植物。

(1)木薯的结构。木薯的主要部分为块根,统称为薯。成熟的块根分周皮(外皮)、薯皮(内皮)、薯肉(肉质层)和薯心四个部分。外皮占块根的0.5%~2%,内皮占8%~15%。块根中的淀粉包括游离淀粉和结合淀粉;块根的肉质层中含90%以上的游离淀粉,而结合淀粉绝大部分存在于块根的周皮和薯皮,与纤维及其他杂质交织在一起,在加工过程中很难分离出来。薯心由许多木纤维和导管形成贯通块根的中心,因此很坚硬,所以又称为纤维心。

(2)木薯的化学组成。木薯的化学组成因品种、生长期、土壤、降雨量而有很大的不同。从品种上来说,木薯基本上可分为甜种薯和苦种薯,这两个品种的差别主要在于氢氰酸的含量,每1kg鲜薯含氢氰酸50mg以下的为甜木薯,超过50mg的为苦木薯。氢氰酸在胚根、皮中含量比较高。苦木薯含淀粉一般要比甜木薯高,这有利于淀粉的生产。木薯的化学组成如表2-10所示。

表2-10 木薯的化学组成

品种	水分/%	粗灰分/%	粗脂肪/%	粗蛋白质/%	粗纤维/%	淀粉及非氮可溶物/%
新鲜木薯	64.7	0.63	0.25	1.07	1.11	32.27
风干木薯	13.73	2.46	0.82	2.56	3.2	76.82

6. 其他含淀粉的原料

除了以上含淀粉的原料以外，甘薯、荞麦、芭蕉芋、橡子、蚕豆、高粱、红豆、百合等植物也不同程度含有淀粉。

2.1.4 淀粉的含量

淀粉含量随植物种类而异，禾谷类籽粒中淀粉特别多，高达60%~70%，大约占碳水化合物总量的90%，其次是豆类(30%~50%)、薯类(10%~30%)、而油料种子中含淀粉较少。

同一种植物，淀粉含量随品种、土壤、气候、栽培条件及成熟条件等不同而不同，即使在同一块地里生长的不同植株，其淀粉含量也不一定相同。另外，同一品种不同组成部分淀粉含量也不相同。

马铃薯的干物质中淀粉占50%~80%，主要是支链淀粉，有优良的糊化特点，并易于人体吸收，蛋白质中球蛋白占2/3，是全价蛋白，含人体必需而又无法合成的8种氨基酸，其中赖氨酸(9.3mg/100g)和色氨酸(3.2mg/100g)含量较高，而这两种正是谷物中的限制氨基酸。

2.1.5 淀粉的品质

1. 淀粉的杂质

工业上生产的商品淀粉，即使经过多次精制，也仍然含有少量杂质，如蛋白质、脂肪、灰分和纤维等，这些杂质对淀粉的物理化学性质有一定的影响，作为食用或一般工业用无多大妨碍。但对于某些特殊用途，例如生产淀粉糖或变性淀粉，则有影响，此时需选用含杂质少的高质量淀粉为原料，而且杂质越少越好。淀粉产品的组成因原料品种及工艺水平的不同而存在差异。

(1)水分。

水分含量一般为10%~20%，取决于储存时大气的相对湿度(RH)、温度及淀粉的来源。一般在相同湿度和温度下，禾谷类淀粉水分低于薯类淀粉的水分。

(2)粗蛋白质。

一般禾谷类淀粉蛋白质含量高(0.25%~0.7%)，薯类淀粉蛋白质含量低(0.06%~0.1%)，它们包括真实蛋白质和非蛋白质氮，如肽、胨、氨基酸、酶、核酸等。它们是两性物质，在生产淀粉糖时，可中和一部分无机酸，降低催化效率，增加糖化时间；在生产变性淀粉时，会影响反应的pH值，同时它有可能参与反应，影响淀粉的变性程度。蛋白质能被酸、碱或酶水解成肽或氨基酸，会产生泡沫。氨基酸与糖发生美拉德反应产生有色物质。因此，用于生产淀粉糖或变性淀粉的原料，蛋白质含量应控制在0.5%以下，特别是水溶性蛋白质最好能控制在0.02%以下，可采用多次水洗除去。

(3)脂质。

一般禾谷类淀粉脂质含量高(0.65%~1.0%)，薯类淀粉脂质含量低(0.05%~0.1%)。禾谷类淀粉中多半是溶血磷脂(小麦淀粉)或游离脂肪酸(玉米)，在玉米和小麦淀粉中至少有一部分直链淀粉与脂质形成复合物。脂质含量高有以下不良影响：①被直链淀粉吸附的脂肪阻止水分的渗入，使淀粉粒的膨胀和溶解受到抑制，因而淀粉的糊化温度增高，而且使淀粉糊不透明，也使淀粉薄膜不透明或模糊。若用极性溶剂处理玉米淀粉，如用 85%甲醇将脂质全部除去，则糊化温度可降低 3~4℃，所得淀粉糊较透明而且长，接近马铃薯淀粉糊。马铃薯淀粉几乎不含脂质，如果加入与玉米淀粉含量相等的脂质，则淀粉糊透明度降低，接近于玉米淀粉糊；②脂肪氧化生成酮、醛、酸，产生不良气味。

（4）粗灰分

粗灰分含量一般为 0.2%~0.4%，主要来自碱性无机盐（如 CaO、Fe_2O_3）、有机酸盐、磷酸盐（如植酸 Ca^{2+}、Mg^{2+}），这些盐类能中和催化的酸，影响催化效率。马铃薯中粗灰分高达 0.4%，其中主要是磷，且磷为结合态，与支链淀粉结合成磷酸单脂或 6-磷酸葡萄糖残基，大约三百个葡萄糖残基单位有一个磷脂，不可以抽提出来，因为是结合态只有通过水解方能分离。谷类中磷酸盐主要为植酸。

2. 淀粉的质量要求

（1）薯类淀粉的理化指标。

工业薯类淀粉的理化指标如表 2-11 所示。

表 2-11　　　　　　　　　　　　工业薯类淀粉理化指标

项　　目		马铃薯淀粉			木薯淀粉			甘薯淀粉		
		优级	一级	合格	优级	一级	合格	优级	一级	合格
水分/（%）	≤	18.0	20.0	20.0	14.0	15.0	15.0	14.0	15.0	15.0
酸度①/（mL）	≤	12.0	15.0	19.0	14.0	18.0	20.0	10.0	14.0	18.0
粗灰分/%（干基）	≤	0.20	0.40	0.60	0.20	0.30	0.40	0.20	0.60	0.90
粗蛋白质/%（干基）	≤	0.10	0.20	0.30	0.15	0.20	0.30	0.20	0.30	0.35
细度（100 目筛通过率）/%	≥	99.8	99.5	99.0	99.8	99.5	99.0	99.8	99.5	99.0
白度（457nm 蓝光反射率）/%	≥	92.0	85.0	80.0	92.0	88.0	84.0	90.0	75.0	65.0
二氧化硫/%	≤	0.004			0.004			0.004		
斑点/（个/cm²）	≤	2.0	6.0	8.0	2.0	5.0	8.0	2.0	5.0	8.0
黏度/（恩氏度 25℃）	≥	10.0	10.0	10.0	1.30	1.30	1.30	1.15	1.15	1.15

①中和 100g 绝干淀粉消耗 0.1mol/L NaOH 溶液的体积。

（2）工业淀粉的理化指标。

工业玉米淀粉和食用玉米淀粉的理化指标如表 2-12 所示。

表 2-12　　　　　　　　　　工业玉米淀粉及食用玉米淀粉理化指标

项　　目		工业玉米淀粉			食用玉米淀粉		
		优级品	一级品	二级品	优级品	一级品	二级品
水分/（%）	≤	14.0	14.0	14.0	13.0	14.0	14.0
酸度①/（mL）	≤	12.0	18.0	25.0	20.0	20.0	25.0

续表

项 目		工业玉米淀粉			食用玉米淀粉		
		优级品	一级品	二级品	优级品	一级品	二级品
粗灰分/%(干基)	≤	0.10	0.15	0.20	0.10	0.15	0.20
粗蛋白质/%(干基)	≤	0.40	0.50	0.80	0.30	0.50	0.70
细度(100目筛通过率)/%	≥	99.8	99.5	99.0	99.9	99.5	99.3
白度(400nm蓝光反射率)/%	≥						
白玉米					97.5	96.0	95.0
黄玉米					92.0	92.0	90.0
粗脂肪/%(干基)	≤	0.10	0.15	0.25	0.15	0.20	0.25
二氧化硫/%	≤	0.004					
斑点/(个/cm^2)	≤	0.40	1.2	2.0	0.40	1.00	1.50
铁盐(Fe)/%	≤	0.002					

①中和100g绝干淀粉消耗0.1mol/L NaOH溶液的体积。

拓 展 学 习

淀粉品质检测1　淀粉水分(moisture content of starch)的测定(烘箱法)

淀粉水分是指淀粉样品干燥后损失的质量，以样品损失质量对样品原质量的百分比表示。

1. 测定原理

将样品放在130~133℃的电热恒温烘箱内，于常压下干燥90min，测得样品损失的质量。

2. 实验仪器

①电子天平(感量为0.0001g)。

②烘盒(或称量瓶)。

烘盒是用在测试条件下不受淀粉影响的金属(如铝)制作，并有大小合适的盒盖。其有效面积能使试样均匀分布时质量不超过0.3g/cm^2，适宜直径为55~65mm，高度为15~30mm，壁厚约为0.5mm。

③电热恒温烘箱。

配有空气循环装置的电加热器，能够使得测试样品周围的空气、温度均匀保持在130~133℃范围内。烘箱的热功率应能保证在烘箱温度调到131℃时，放入最大数量的试样后，在30min内烘箱温度回升到131℃，从而保证所有的样品同时干燥。

④干燥器。

内置有效的干燥剂(如变色硅胶)和一个使烘盒快速冷却的多孔厚隔板。

3. 试验样品

测试样品应没有任何结块、硬块，并应充分混匀后使用。样品应放在防潮、密封的容器内，测试样品取出后，应将剩余样品储存在相同的容器中，以备下次测试时再用。

4. 操作步骤

（1）烘盒（或称量瓶）的恒重。

将洗干净的烘盒（或称量瓶）放在130℃烘箱内烘30~60min，取出烘盒置于干燥器内冷却至室温，称重；再放入烘箱内烘30min，重复冷却、称重，直至前后两次称量差值不超过0.0005g，即为恒重（m_0）。

（2）样品及烘盒。

准确称取5g±0.25g（精确至0.0001g）充分混匀的试样，倒入恒重后的烘盒内，使试样均匀分布在盒底表面上，盖上盒盖，立即称量烘盒和试样的总质量（m_1）。在整个操作过程中，应尽可能减少烘盒和试样在空气中暴露的时间。

（3）试样恒重。

称量结束后，迅速将盛有试样的烘盒放入已预热到130℃的烘箱内（盒盖打开斜靠在烘盒旁），在130~133℃的条件下烘90min，然后取出，迅速盖上盒盖，放入干燥器中，冷却至室温后，取出，快速称量试样和带盖烘盒的总质量（m_2）。

同一样品平行测定两次。

5. 结果计算

淀粉水分含量，按公式（2-1）计算。

$$X = \frac{m_1 - m_2}{m_1 - m_0} \times 100 \tag{2-1}$$

式中：

X——样品的水分含量,%；

m_0——恒重后空烘盒和盖的总质量，g；

m_1——干燥前带有试样的烘盒和盖的总质量，g；

m_2——干燥后带有试样的烘盒和盖的总质量，g。

淀粉品质检测2 淀粉斑点（spot）的测定

淀粉斑点是在规定条件下，用肉眼观察到的淀粉中杂色斑点的数量，以样品每平方厘米的斑点个数来表示。

1. 测试原理

通过肉眼观察样品，读出斑点的数量。

2. 实验仪器

①透明板：刻有10个方形格（1cm×1cm）的无色透明板。实验时应干净、无污染。

②平板：白色、干净、无污染，可均匀分布样品。

3. 操作步骤

（1）样品的预处理。

测试样品应没有任何结块、硬块，并应充分混匀后使用。

（2）称量样品。

称取 10g 经充分混合的样品，均匀分布在平板上。

（3）记录斑点数。

将刻有 10 个方形格（1cm×1cm）的无色透明板盖到已均匀分布的待测样品上，并轻轻压平。在较好的光线下，眼与透明板的距离保持 30cm，用肉眼观察样品中的斑点，并进行计数，记下 10 个空格内样品的斑点总数量，注意不要重复计数。

温馨提示

在这一实验过程中，分析人员的裸眼视力或矫正视力应在 1.0 以上。另外，应平行测定两次。

---

4. 结果计算

结果以每平方厘米的斑点数量表示，样品的斑点数，按公式（2-2）计算。

$$X = \frac{C}{10} \tag{2-2}$$

式中：

X——样品斑点数，个/cm^2；

C——10 个空格内样品斑点的总数，个。

取平行实验的算术平均值为结果，结果保留一位有效数字。

平行实验结果的绝对差值，不应超过 1.0。若超出上述限值，应重新测定。

淀粉品质检测 3　淀粉细度（fineness）的测定

淀粉细度是用分样筛筛分淀粉样品，通过分样筛得到的筛下物质量与样品总质量的比值。

1. 测试原理

用分样筛进行筛分，通过分样筛得到样品的过程。

2. 实验仪器

①电子天平：感量为 0.1g。

②分样筛：用金属丝编织筛网，根据产品要求选用规定的孔径。

③检验筛：用金属丝编织筛网，根据产品要求选用规定的孔径。振动频率：1420 次/min；振幅：2~5mm。

④橡皮球：直径 5mm。

3. 操作步骤

（1）人工筛分法。

①样品预处理。测试样品应没有任何结块、硬块，并应充分混匀后使用。

②称量。准确称取 50.0g 样品备用（m_0），精确至 0.1g。

③筛分。均匀摇动分样筛，直至筛分不下为止。称量筛下物（m_1），精确至 0.1g。

（2）标准检验筛筛分法（仲裁法）。

①样品预处理。测试样品应没有任何结块、硬块，并应充分混匀后使用。

②称量。准确称取 50.0g 样品备用(m_0)，精确至 0.1g。

③筛分。将样品均匀地倒入检验筛中，放入 5 个橡皮球，固定筛体，振摇 10min 后，称量筛下物(m_1)，精确至 0.1g。

(3)测定次数

应平行测定两次。

4. 结果计算

淀粉细度以筛下物占样品总质量的百分比表示，按公式(2-3)计算。

$$X = \frac{m_1}{m_0} \times 100 \tag{2-3}$$

式中：

X——样品细度，%；

m_0——样品的原质量，g；

m_1——样品通过样品筛的筛下物质的质量，g。

取平行实验的算术平均值为结果，结果保留一位小数。

平行实验结果的绝对差值，不应超过质量分数的 0.5%。若超出上述限值，应重新测定。

淀粉品质检测 4　淀粉白度(Whiteness)的测定

淀粉白度是在规定条件下，淀粉样品表面对蓝光的反射率与标准白板表面对蓝光的光反射率的比值，以白度仪测得的样品白度值来表示。

1. 测定原理

其测试原理是通过样品表面对蓝光的反射率与标准白板表面对蓝光的反射率进行对比，得到样品的白度。

2. 实验仪器

①白度仪：波长可调至 457nm，有合适的样品盒及标准白板，能精确到 0.1。

②压样器。

3. 操作步骤

(1)样品预处理。

测试样品应没有任何结块、硬块，并应充分混匀后使用。

(2)样品白板的制作。

按白度仪所提供的样品盒装样，并根据白度仪所规定的方法制作样品白板。

(3)白度仪的操作。

按所规定的操作方法进行，用标有白度的优级纯氧化镁制成的标准白板进行校正。

(4)样品测定。

用白度仪对样品白板进行测定，记录白度值。

(5)测定次数。

应平行测定两次。

4. 结果表示

白度以白度仪测得的样品白度值表示。

取平行实验的算术平均值为结果，结果保留一位小数。

平行实验结果的绝对差值，不应超过0.2。若超出上述限值，应重新测定。标准白板需要定期校准。

淀粉品质检测5　淀粉灰分(ash)的测定

淀粉粗灰分是淀粉样品灰化后得到的剩余物质量，以样品剩余物质量对样品干基质量的百分比表示。

1. 测定原理

其测试原理是将样品在900℃高温下灰化，直到灰化样品的碳完全消失，得到样品的剩余物质量。

2. 实验仪器

①坩埚：由铂或在该测定条件下不受影响的材料制成，平底，容量为40mL，最小可用表面积为15cm²。

②干燥器：内有有效充足的干燥剂和一个厚的多孔板。

③灰化炉：有控制和调节温度的装置，可提供900±25℃的灰化温度。

④分析天平：感量为0.0001g。

⑤电热板或本生灯。

3. 操作步骤

(1)坩埚的预处理。

不管是新的或是使用过的坩埚，必须先用沸腾的稀盐酸洗涤，再用大量的自来水冲洗，最后用蒸馏水洗涤。

将洗干净的坩埚置于灰化炉内，在900±25℃下加热30min，然后取出放入干燥器内冷却至室温，称重，精确至0.0001g。

(2)称样。

根据对样品灰分含量的估计，迅速称取2~10g样品，精确至0.0001g，将样品均匀分布在坩埚内，不要压紧。

温馨提示

马铃薯淀粉、小麦淀粉以及大米淀粉至少称量5g，而玉米淀粉和木薯淀粉需要称量10g。

---

(3)炭化。

将坩埚置于灰化炉口、电热板或本生灯上，半盖坩埚盖，小心加热使样品在通气情况下完全炭化，直至无烟生成。

燃烧会产生挥发性物质，要避免自燃，因为自燃会使样品从坩埚中溅出从而导致损失。

(4)灰化。

炭化结束后，即刻将坩埚放入灰化炉内，将温度升高至 900±25℃，保持此温度，直至剩余的炭全部消失为止，一般灰化 1h 即可完全。打开炉门，将坩埚移至炉口冷却至 200℃左右，然后将坩埚放入干燥器中使之冷却至室温，准确称重，精确至 0.0001g。

每次放入干燥器的坩埚不得超过 4 个。

（5）测定次数。

应平行测定两次。

4. 结果计算

若灰分含量以样品残留物质量占样品质量的百分比表示，按公式(2-4)计算。

$$X = \frac{m_1}{m_0} \times 100 \tag{2-4}$$

若灰分含量以样品残留物的质量占样品干基质量的百分比表示，按公式(2-5)计算。

$$X = m_1 \times \frac{100}{m_0} \times \frac{100}{100 - H} \tag{2-5}$$

式中：

X——样品的粗灰分含量，%；

m_0——样品的质量，g；

m_1——灰化后残留物的质量，g；

H——样品的水分含量，%。

取平行实验的算术平均值为结果，结果保留两位小数。

在灰分含量(质量分数)不大于 1% 时，平行实验结果的绝对差值不应超过 0.02%；在灰分含量(质量分数)大于 1% 时，绝对差值则不应超过算术平均值的 2%。

若重复性超出上述两种限值，应再重新做两次测定。

淀粉品质检测 6 淀粉酸度(acidity) 的测定

淀粉酸度是中和淀粉样品乳液所耗用氢氧化钠标准溶液的体积，以中和 100g 绝干样品所耗用 0.1mol/L 氢氧化钠标准溶液的体积(mL)表示。

1. 测定原理

通过用氢氧化钠标准溶液滴定淀粉乳液直至中性。

2. 实验仪器

①锥形瓶：250mL。

②碱式滴定管：容量 10mL，25mL。

③分析天平：感量 0.1g。

④分析天平：感量 0.0001g。

⑤磁力搅拌器。

⑥电热恒温鼓风干燥箱：温度可控制在 110±1℃。

⑦干燥器：内有有效充足的干燥剂和一个厚的多孔板。

3. 实验试剂

①氢氧化钠标准溶液：浓度为 0.1mol/L，使用前需要标定。

②邻苯二甲酸氢钾：基准试剂，用来标定氢氧化钠溶液。

17

③酚酞指示剂：1g 酚酞溶解于 100mL95%（体积分数）乙醇中。

4. 操作步骤

（1）样品预处理。

测试样品应没有任何结块、硬块，并应充分混匀后使用。

（2）称样。

准确称取样品 10g，精确至 0.1g，放入 250mL 锥形瓶内，加入 100mL 预先煮沸放冷的无二氧化碳的蒸馏水，振荡并混合均匀。

（3）用氢氧化钠滴定。

在锥形瓶中加入 2~3 滴酚酞指示剂，置于磁力搅拌器上搅拌。

用已标定的氢氧化钠标准溶液滴定，直至锥形瓶中刚好出现粉红色，并且在 30s 内不褪色为滴定终点，记下消耗的氢氧化钠标准溶液的毫升数（V_1）。

（4）空白滴定。

用 100mL 蒸馏水做空白实验，记下消耗的氢氧化钠标准溶液的毫升数（V_0）。

（5）测定次数。

应平行测定两次。

5. 结果计算

酸度以 10g 样品所消耗 0.1mol/L 氢氧化钠标准溶液的毫升数表示，按公式（2-6）计算。

$$X = \frac{c \times (V_1 - V_0) \times 10}{m \times 0.1000} \tag{2-6}$$

式中：

X——样品酸度，mL；

c——已标定的氢氧化钠标准溶液浓度，mol/L；

V_0——空白消耗 0.1mol/L 氢氧化钠标准溶液的体积，mL；

V_1——样品消耗 0.1mol/L 氢氧化钠标准溶液的体积，mL；

m——样品的干基质量，g。

取平行实验的算术平均值为结果，结果保留一位小数。

平行实验结果的相对差值，不应超过 0.02mL。若超出上述限值，重新实验。

温馨提示

实验所用试剂均为分析纯，实验用水为蒸馏水或相当纯度的水。空白所消耗的氢氧化钠标准溶液的体积应不小于零，否则应重新使用符合要求的蒸馏水或相当纯度的水。

淀粉品质检测 7　淀粉总脂肪（total fat content）的测定

1. 测定原理

通过煮沸的盐酸水解样品后，冷却凝聚不溶解的物质。即包括全部脂肪，再过滤进行分离，干燥，并通过溶剂抽提出全部脂肪。干燥后得到样品的总脂肪剩余物重量。

2. 实验试剂

①溶剂：n-己烷或石油醚(沸点范围为 30~60℃)或四氯化碳(该类溶剂尤其是四氯化碳有毒，应谨慎使用)。该类溶剂完全蒸发的剩余物不得超过 0.001g/100mL。

②盐酸：$\rho_{20} = 1.18g/mL$。

③碘液：$c = 0.05mol/L$。

④甲基橙水溶液：$c = 2g/L$。

实验用水应为蒸馏水或与其相当纯度的水。

3. 实验仪器

①抽提器：索氏提取器。

②抽提烧瓶：可密封连接抽提器的下端。

③圆盘过滤纸：孔径为 10μm，不含溶剂的可溶性物质。

④套管：适用于抽提器，不含溶剂的可溶性物质。

⑤脱脂棉。

⑥高效水冷式蛇型冷凝管：能密封连接抽提器的上端。

⑦电加热装置：带有温度控制器。

注：若干次重复提取实验需要各自调节温度。

⑧水浴锅：温度可控制在 15~25℃。

⑨沸水浴。

⑩电热恒温干燥箱：温度能控制在 100±1℃。

⑪烧杯：600mL。

⑫干燥器：内有有效充足的干燥剂和一个厚的多孔板。

⑬分析天平：感量为 0.0001g。

4. 操作步骤

(1)样品预处理。

测试样品应没有任何结块、硬块，并应充分混匀后使用。

(2)称样。

根据脂肪总含量的估计值，准确称取样品 25~50g，精确至 0.1g，(m_0)，倒入烧杯中并加入 100mL 蒸馏水。

(3)水解。

将 100mL 盐酸加入到 200mL 蒸馏水中混匀，煮沸该溶液后加入到样品中，然后加热此混合液至沸腾并维持 5min。取几滴混合液于试管中，待冷却后加入一滴碘液，若无蓝色出现，可按照分离凝聚物步骤进行操作；若出现蓝色，应继续煮沸混合液，并用上述滴加碘液的方法不断进行检查，直至不出现蓝色，即混合液中不含淀粉为止，再按照分离凝聚物步骤进行操作。

(4)分离凝聚物。

将盛有混合液的烧杯置于水浴锅中 30min，不停地搅拌，以确保温度均匀，使脂肪析出。用滤纸过滤冷却后的混合液，并用干滤纸片取出黏附在烧杯内壁的脂肪。为确保定量的准确性，应将冲洗烧杯的水进行过滤。在室温下用水冲洗凝聚物和干滤纸片，直至滤液对甲基橙水溶液指示剂成中性。将含有凝聚物的滤纸和干滤纸片折叠后，放置于表面皿上，在 50 ± 1℃ 的电热恒温干燥箱内干燥 3h。

（5）脂肪的抽提。

将已烘干的内含凝聚物的滤纸放入套管，套管上部用脱脂棉密封，将其放入抽提器中。将约 50mL 溶剂倒入预先干燥并称重精确至 0.001g 的抽提烧瓶内（m_1），烧瓶与抽提器密封相连，再将冷凝器密封相连于抽提器上端，把整套设备放在电加热装置上，打开开关，使冷凝水进入冷凝器。

控制好温度，使每分钟能产生 150～200 滴的被冷凝溶剂，或每小时虹吸循环 7～10 次，连续抽提 3h。拆下装有脂肪抽提物的烧瓶，将其浸入沸水浴中，蒸出烧瓶内全部溶剂，然后将烧瓶移入温度为 100 ± 1℃ 的真空干燥箱内干燥 1h。干燥结束后，将烧瓶移入干燥器内，冷却至室温，称重（m_2），精确至 0.001g。

（6）测定次数。

应平行测定两次。

温馨提示

确保抽提器与其他各部件紧密相连，以防止在抽提过程中溶剂的损失。延长干燥抽提的时间，会因脂肪的氧化而导致结果偏高。

---

5. 结果计算

脂肪总含量以样品剩余物重量对样品原重量的重量百分比表示，按公式（2-7）计算。

$$X = \frac{m_2 - m_1}{m_0} \times 100 \tag{2-7}$$

式中：

X——样品总脂肪含量，g/100g；

m_2——抽提并干燥后抽提烧瓶和脂肪的总质量，g；

m_1——空抽提烧瓶的质量，g；

m_0——样品的质量，g。

取平行实验的算术平均值为结果，得到其结果之差应不超过算术平均值的 5%。

淀粉品质检测 8　淀粉中二氧化硫含量的测定

1. 测定原理

将样品酸化和加热，使其释放出来二氧化硫，并随氮流通过过氧化氢稀溶液而吸收氧化成硫酸，用氢氧化钠溶液滴定。

2. 酸度法

（1）试剂。

①氮气，无氧。

②过氧化氢溶液。

将 30mL 质量分数为 30% 的过氧化氢倒入 1000mL 容量瓶中，加水定容至刻度。所得过氧化氢溶液浓度为 9~10g/L。过氧化氢必须现用现配。

③盐酸溶液。

准确量取 150mL 浓盐酸 ($\rho_{20} = 1.19g/mL$) 于 1000mL 容量瓶中，加水定容至刻度。

④溴酚蓝指示剂溶液。

将 100mg 溴酚蓝溶于 100mL 浓度为 20%（体积分数）的乙醇溶液中即可。

⑤田代（Tashiro）指示剂。

将 30mg 甲基红和 50mg 亚甲基蓝溶于 120mL90%（体积分数）的乙醇中，用水稀释到 200mL，混匀即可。

⑥0.1mol/L 的氢氧化钠标准溶液。

⑦0.01mol/L 的氢氧化钠标准溶液。

⑧0.01mol/L 的碘标准溶液。

⑨5g/L 的淀粉指示剂。

将 0.5g 可溶性淀粉溶于 100mL 水中，搅拌至沸腾，再加入 20g 氯化钠，搅拌直至完全溶解为止，使用前应冷却至室温。

⑩焦亚硫酸钾和乙二胺四乙酸二钠混合溶液。

将 0.87g 焦亚硫酸钾（$K_2S_2O_5$）和 0.20g 乙二胺四乙酸二钠（Na_2H_2EDTA）溶于水中，并定量转移至 1000mL 容量瓶中，加水至刻度，充分混合。

温馨提示

（1）田代（Tashiro）指示剂只可在酸度法的测定中使用。而溴酚蓝指示剂既适用于酸度法的测定，同时适用于浊度法的测定。

（2）氢氧化钠溶液应使用不含二氧化碳的水配制，该水可通过煮沸后的水经氮流冷却而得到。

（3）推荐的溶液对小体积的实验适用，如果需要，增加试样量。

（2）仪器。

①锥形瓶：100mL。

②容量瓶：1000mL。

③吸管：0.1mL、1mL、2mL、3mL、5mL 和 20mL。

④半微量滴定管：10mL。

⑤滴定管：25mL 和 50mL。

⑥分析天平：感量 0.1mg。

⑦磁力搅拌器：带有有效的加热器，适用于烧瓶。

⑧雾状仪：如图 2-1 所示。或能保证二氧化硫成雾状通过过氧化氢溶液而被吸收的类似装置。

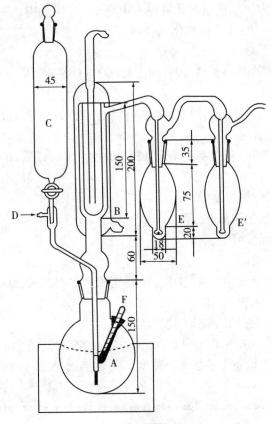

图 2-1 雾状仪

温馨提示

(1)玻璃仪器的磨口连接处要吻合。

(2)避免将冷凝器和喷水口相连,这可能导致二氧化硫的吸收。

---

* 雾状仪的组成

a. 圆底烧瓶,250mL 或更大些,并有一磨口短状开口,以便插入一温度计;

b. 竖式冷凝器,固定于烧瓶 A 上;

c. 分液漏斗,固定于烧瓶 A 上;

d. 连有苯三酚碱性溶液吸收器的氮流入口处;

e. 和 E′)串联的两个起泡器,与冷凝管 B 相连;

f. 温度计。

注意:测定时,若雾状发生速度较慢、较稳定,则第二次测定时,只需清洗烧瓶 A。

* 检查测定

在烧瓶 A 中加入 100mL 水,按照(3)成雾所述进行操作。两个起泡器内溶液应维持中性。

a. 在烧瓶 A 内加入 100mL 水,用吸管加入 20mL 溶液进行二氧化硫的成雾和测定。按③成雾和④滴定进行。

b. 向 100mL 锥形瓶内加入 20mL 碘溶液、5mL 盐酸和 1mL 淀粉溶液。用焦亚硫酸钾和乙二胺四乙酸二氢钠混合溶液滴定直至溶液变色。

(3)操作步骤。

①样品预处理:将样品充分混匀。

②称量:准确称取样品 50g(二氧化硫估计含量值 50~200mg/kg)或 100g(二氧化硫估计含量值小于 50mg/kg),精确至 0.01g。

当样品是 D-葡萄糖时,样品量可增加。

当样品中二氧化硫含量估计值大于 200mg/kg 时,应减少样品量,使之所含二氧化硫不超过 10mg。样品直接称量困难时,可通过减量法称取。

样品定量地转移到烧瓶 A 中,加入 100mL 的水,并摇晃使之混合均匀。

③成雾。

a. 在漏斗 C 中加入 50mL 盐酸。

b. 用吸管在起泡器 E 和 E′中分别注入 3mL 过氧化氢溶液、0.1mL 溴酚蓝指示剂并用氢氧化钠标准溶液中和过氧化氢溶液。

c. 将冷凝器 B 和起泡器 E 和 E′连接到仪器上,慢慢地通入氮气,以便排出仪器中全部空气,并打开冷凝水。

d. 将漏斗 C 内的盐酸放入烧瓶 A 中,必要时可暂停通入氮气。

e. 混合物在 30min 内加热至沸腾,然后保持沸腾 30min,同时通入氮气,不停地搅拌。

④滴定:定量地将第二个起泡器内的溶液倒入第一个起泡器内,根据二氧化硫含量估计值,用氢氧化钠标准溶液滴定已生成的硫酸。

如有挥发性有机酸存在时,则应煮沸 2min,冷却至室温后滴定。

⑤检验:当用 0.01mol/L 氢氧化钠标准溶液滴定所消耗的体积小于 5mL,或使用 0.1mol/L 氢氧化钠标准溶液滴定所消耗的体积小于 0.5mL,应增加样品量或采用浊度法。

⑥测定次数:应进行平行实验。

(4)结果计算。

如果用酸度法测定是有效的,淀粉及其衍生物的二氧化硫含量是以 1000g 样品中二氧化硫的毫克数表示,按公式(2-8)计算。

$$X = \frac{0.3203 \times V \times 100}{m_0} \tag{2-8}$$

式中:

X——样品中二氧化硫的含量,g/100g;

V——所消耗的 0.01mol/L 氢氧化钠溶液或 0.1mol/L 氢氧化钠溶液的体积,mL;

m_0——样品的质量,g。

取平行实验的算术平均值为结果。得到其结果之差应符合对重复性的要求。

重复性是指平行实验的绝对差值应不超过算术平均值的 5%。

3. 浊度法

（1）试剂。

①硫酸标准溶液：将31.2mL0.1mol/L的硫酸标准液稀释至1000mL。1mL此硫酸溶液中含有0.1mg二氧化硫。

②聚乙烯吡咯烷酮（PVP）溶液：将5.0g PVP（相对分子量是44000或85000）溶解、定容至100mL，用滤纸过滤，储存在棕色试剂瓶中。此溶液现用现配。

③氯化钡溶液：将122.14g二水合氯化钡溶解、定容至1000mL，用滤纸过滤，储存在试剂瓶中。

④混合溶液：将15mL氯化钡溶液、64mL水、15mL95%（体积分数）的乙醇和5mL PVP溶液混合均匀。混合后将玻璃瓶放置在20℃水浴锅中。在使用前30min用移液管移取1mL硫酸溶液于混合液中，混合均匀。

（2）仪器。

容量瓶；移液管；水浴锅，温度可保持20℃±1℃；100mL磨口玻璃瓶；分光光度计，波长可调至650nm，比色皿厚度为1cm。

（3）操作步骤。

①标准曲线的绘制：分别移取0mL、2mL、4mL、8mL、12mL和16mL标准硫酸溶液于6个50mL容量瓶中，在每个容量瓶中依次加入20mL水、0.1mL溴酚蓝指示剂、1mL盐酸和5mL混合溶液，用水稀释至刻度。在定容后15~20min之间用分光光度计在波长为650nm处测定溶液的吸光值。以溶液浓度对应的吸光值绘制标准曲线。

②测定：在滴定之后，倒出管中的溶液，并用水清洗，将溶液和清洗用的水一并转移到50mL容量瓶中，加入1mL盐酸和5mL混合溶液，用水稀释至刻度，并混匀。在定容后15~20min之间用分光光度计在波长为650nm处测定溶液的吸光值。

温馨提示

（1）标准曲线的绘制和样品的测定要在同一温度下进行，温度不超过25℃±1℃。

（2）应该进行平行实验。

---

③结果计算：淀粉及其衍生物的二氧化硫含量以1000g样品中二氧化硫的毫克数表示，按公式（2-9）计算。

$$X = \frac{m_1 \times 100}{m_0} \tag{2-9}$$

式中：

X——样品中二氧化硫的含量，g/100g；

m_0——二氧化硫的质量，mg，根据吸光值查标准曲线读数；

m_1——样品的质量，g。

取平行实验的算术平均值作为测定结果。

淀粉品质检测 9　淀粉中粗蛋白质含量的测定

蛋白质是复杂的含氮有机化合物。淀粉中的粗蛋白质含量是根据淀粉样品的氮含量按照蛋白质系数折算而得到的,以样品蛋白质质量对样品干基质量的百分比表示。

1. 实验原理

在催化剂存在下,用硫酸分解淀粉,然后碱化反应产物,并进行蒸馏使氨释放。同时用硼酸溶液收集,再用硫酸标准溶液滴定,根据硫酸标准溶液的消耗体积计算出淀粉中的蛋白质含量。

2. 仪器

凯氏定氮仪;烧瓶;锥形瓶;玻璃漏斗;滴定管;冷凝管。

3. 试剂

硫酸钾;无水硫酸铜;浓硫酸;2%硼酸溶液;体积分数为50%的乙醇溶液;甲基红;亚甲基蓝;40%是氢氧化钠溶液。以上试剂均为分析纯,实验用水为蒸馏水或去离子水。

4. 操作步骤

①准确称取 10g 左右经充分混合的淀粉样品,倒入干燥的凯氏烧瓶内,不要将样品沾在瓶颈内壁上。加入由97%硫酸钾和3%无水硫酸铜组成的催化剂10g,并用量筒加入体积为 4 倍样品质量的96%以上的浓硫酸。轻轻摇动烧瓶,混合瓶内样品,直至团块消失,样品完全湿透,加入防沸物(如玻璃珠)。

②在通风橱内将凯氏烧瓶以 45°角斜放于支架上,用玻璃漏斗盖住瓶口,用电炉开始缓慢加热,当泡沫消失后,加强热至沸。待瓶壁不附有炭化物,且瓶内液体为澄清浅绿色后,继续加热 30min,使其完全分解。

③将烧瓶内液体冷却,通过漏斗定量转入定氮蒸馏装置的蒸馏瓶内,并用水冲洗几次,直至蒸馏瓶内液体总体积约为 200mL。蒸馏器应预先蒸馏,将氨洗净。调节定氮蒸馏装置的冷凝管下端,使之恰好碰到 300mL 锥形瓶的底部,该瓶内已加有 25~50mL 2% 的硼酸溶液和 2~3 滴由两份在 50%(体积)乙醇溶液中的中性甲基红冷饱和溶液与一份在 50%(体积)乙醇溶液中浓度为 0.25g/L 亚甲基蓝溶液混合而成的指示剂。再通过漏斗加入 100~150mL40%的氢氧化钠溶液,使裂解后的溶液碱化。注意漏斗颈部不能被排空,保证有液封。打开冷凝管的冷凝水,开始蒸馏。在此过程中,保证产生的蒸汽量恒定。用 20~30min 收集到锥形瓶内液体约有 200mL 时即可停止蒸馏。降下锥形瓶,使冷凝管离开液面,让多余的冷凝水滴入瓶内,再用水冲洗冷凝管末端,洗液一并滴入瓶内。保证释放氮定量进入锥形瓶,瓶内液体已呈绿色。

④用 10mL 或 20mL 的滴定管和已标定的约 0.02mol/L 或 0.1mol/L 硫酸标准溶液滴定瓶内液体,直至颜色变为紫红色,记下消耗的硫酸标准溶液的体积(mL)。

用试剂作空白测定。

5. 计算

淀粉样品中粗蛋白质含量,按公式(2-10)计算。

$$X = \frac{0.028c(V_1 - V_0)K}{m(1 - H)} \times 100 \tag{2-10}$$

式中:

X——样品粗蛋白质含量,%;

c——用于滴定的硫酸标准溶液的摩尔浓度,mol/L;

V_0——空白测定所用硫酸标准溶液的体积,mL;

V_1——样品测定所用硫酸标准溶液的体积,mL;

m——样品的质量,g;

H——样品的水分,%;

K——氮换算为蛋白质的系数,对于玉米淀粉,$K=6.25$;对于小麦淀粉 $K=5.70$;

0.028——1mL1mol/L 硫酸标准溶液相当于氮的质量,g。

淀粉品质检测 10　淀粉含量的测定—旋光法

1. 实验原理

用稀盐酸水解样品,使淀粉转化为具有旋光性的糖类物质,用旋光法测定旋光度的大小,从而可知样品中淀粉的含量。

2. 仪器

旋光仪;电子天平,精度为 0.0001g;磁力搅拌器;真空干燥器;水浴锅。

3. 试剂

0.309mol/L 盐酸;0.25mol/L 亚铁氰化钾;0.1mol/L 醋酸锌溶液;40%乙醇(体积份数)。以上试剂均为分析纯,试验用水为一次蒸馏水。

4. 样品的制备

如果实验样品粒度超过 0.5mm,将样品粉碎并用 0.5mm 孔径的筛子过筛,然后均匀取样。

5. 分析步骤

(1)样品总旋光度的测定。

①准确称取 2.5g 制备好的实验样品,置于 100mL 容量瓶中,加入 25mL 0.309mol/L 稀盐酸,搅拌至较好的分散状态,再加入 25mL 0.309mol/L 稀盐酸。

②将容量瓶放入沸水浴中并不停振摇,或将容量瓶放入装有磁力搅拌器的沸水浴中以最小速度搅拌。15min 后取出,取出前立刻停止摇动和搅拌,并加入 30mL 冷水,用流动水快速冷却至 20℃±2℃。

③加入 5mL Carrez 溶液I(用水溶解 10.6g 亚铁氰化钾[$K_4Fe(CN)_6 \cdot 3H_2O$],并稀释定容至 100mL),振摇 1min。

④加入 5mL Carrez 溶液 Ⅱ(用水溶解 21.9g 醋酸锌[$Zn(CH_3COO)_2 \cdot 2H_2O$]和 3g 冰醋酸,并稀释定容至 100mL),振摇 1min。

⑤用水定容至刻度,摇匀后用滤纸过滤。

⑥在 200mm 旋光管中用旋光仪测定溶液的旋光度。

(2)体积分数为 40%的酒精中可溶性物质的旋光度的测定。

①准确称取 5g 实验样品,置于 100mL 容量瓶中,加入大约 80mL 体积分数为 40%乙醇溶液,将容量瓶在室温下放置 1h;在这 1h 内剧烈摇动六次,以保证样品与乙醇充分混合。用体积分数为 40%乙醇定容至 100mL,摇匀后过滤。

②用移液管吸取 50mL 滤液(相当于 2.5g 的实验样品)放入 100mL 容量瓶中,加入

2. 1mL7. 7mol/L 稀盐酸，剧烈摇动。在容量瓶上安装回流冷凝装置，同时置于沸水浴中。15min 后取出容量瓶，冷却至 20℃±2℃。

③其余步骤同(1)测定醇溶液的旋光度。

6. 结果计算

计算样品中淀粉的质量分数，按公式(2-11)计算。

$$w = \frac{2000}{\alpha_D^{20}} \times \left(\frac{2.5\alpha_1}{m_1} - \frac{5\alpha_2}{m_2} \right) \times \frac{100}{w_1} \quad\quad (2\text{-}11)$$

式中：

ω——样品中淀粉的质量分数；

α_1——测得样品的总旋光度值，(°)；

α_2——醇溶物质的旋光度值，(°)；

m_1——总旋光度测定时样品的总质量，g；

m_2——醇溶物测定时样品的质量，g；

ω_1——样品中干物质的质量分数，%；

α_D^{20}——纯淀粉在 589.3nm 波长下测得比旋光度，(°)(见表2-13)。

表 2-13　　　　　　　　　纯淀粉在 589.3nm 波长下的比旋光度

淀 粉 类 型	比旋光度(°)	淀 粉 类 型	比旋光度(°)
大米淀粉	+185.9	大麦淀粉	+181.5
马铃薯淀粉	+185.7	燕麦淀粉	+181.3
玉米淀粉	+184.6	其他淀粉和淀粉混合物	+184.0
小麦淀粉	+182.7		

淀粉品质检测 11　氢氰酸的测定

1. 硝酸汞滴定法

(1)实验原理。

将木薯浸入水中，使之发酵，析出氢氰酸，便可得到含氢氰酸的水溶液。将此溶液通入蒸汽蒸馏出氢氰酸，用过量的硝酸汞标准溶液吸收蒸馏出来的氢氰酸，最后以标定好的硫氰化钾(KCNS)滴定多余的硝酸汞，由硝酸汞用量与剩余硝酸汞之差，即可算出样品中氢氰酸含量，其化学反应式如下：

$$Hg(NO_3)_2 + 2HCN \longrightarrow Hg(CN)_2 + 2HNO_3$$
$$Hg(NO_3)_2 + 2KSCN \longrightarrow Hg(CNS)_2 + 2KNO_3$$

(2)分析步骤。

①准确称取木薯肉质 50g(或木薯皮 10~15g)，磨碎后，用 100~150mL 蒸馏水洗入 500mL 圆底烧瓶中，塞上瓶塞，在 30~35℃下放置 6h，经木薯配糖酶的作用，将木薯含氰配糖体水解为右旋糖、丙酮及氢氰酸。

②将水解所得的含氢氰酸的溶液，通入蒸汽蒸馏，蒸馏液通入事先加入 25mL

0.007500mol/L 的硝酸汞标准溶液中(木薯皮应该用 50mL),使氢氰酸被充分吸收(硝酸汞溶液应预先加 1mL 4mol/L 硝酸,使其呈酸性),收集蒸馏液约 200mL 后即可停止蒸馏。

③在含硝酸汞的蒸馏液中,加入 2mL 40%铁铵矾$[NH_4Fe(SO_4)_2 \cdot 12H_2O]$指示剂,再用 0.01500mol/L 的硫氰酸钾标准溶液滴定蒸馏液中剩余的硝酸汞,至溶液呈淡黄色为止。若无硝酸汞,则可用硝酸银代替,但硫氰酸钾滴定终点不易看出,因此需多加铁铵矾指示剂,才能看出滴定终点。

(3)结果计算。

木薯样品中氢氰酸含量,按公式(2-12)计算。

$$HCN\ 含量(\%) = \frac{(V_1 - V_2) \times c \times 27 \times 100}{m} \times 100 \tag{2-12}$$

式中:

V_1——用 KCNS 滴定 25mL(或 50mL)$Hg(NO_3)_2$时消耗的体积,mL;

V_2——滴定剩余 $Hg(NO_3)_2$时消耗的体积,mL;

c——标准 KCNS 的浓度,mol/L;

27——HCN 的摩尔质量,g/mol;

m——木薯样品质量,g。

2. 硝酸银滴定法

(1)实验原理。

以氰苷形式存在于植物体内的氰化物经水浸泡水解后,进行水蒸气蒸馏,蒸出的氢氰酸被碱液吸收。在碱性条件下,以碘化钾作为指示剂,用硝酸银标准溶液滴定。

(2)操作步骤。

①称取 10~20g 样品于凯氏烧瓶中,加入大约 200mL 水,塞紧瓶口,在室温下放置2~4h,使其水解。

②将盛有水解试样的凯氏烧瓶迅速连接水蒸气蒸馏装置,使冷凝管下端浸入盛有20mL5%氢氧化钠溶液的锥形瓶的液面下,通水蒸气进行蒸馏,收集蒸馏液 150~160mL,取下锥形瓶。加入 10mL0.5%的硝酸铅溶液,混匀,静置 15min,用滤纸过滤于 250mL 容量瓶中,用水洗涤沉淀物和锥形瓶 3 次,每次 10mL,并入滤液中,加水稀释至刻度,混匀。

③准确移取 100mL 滤液于另一锥形瓶中,加入 8mL6mol/L 的氨水和 2mL 碘化钾溶液,混匀,在黑色背景衬托下,用微量滴定管用硝酸银标准溶液滴定至出现浑浊时为滴定终点,记录消耗的硝酸银标准溶液体积。在和试样测定相同的条件下,做空白试验,即以蒸馏水代替蒸馏液,用硝酸银标准溶液滴定,记录滴定消耗的硝酸银标准溶液的体积。

(3)结果计算。

分析结果,按公式(2-13)计算。

$$X = c \times (V - V_0) \times 54 \times \frac{250}{100} \times \frac{1000}{m} = \frac{c(V - V_0)}{100} \times 13500 \tag{2-13}$$

式中:

X——试样中氰化物(以氢氰酸计)的含量,mg/kg;

m——试样质量,g;

c——硝酸银标准溶液的摩尔浓度，mol/L；

V——滴定试样所消耗的硝酸银标准溶液的体积，mL；

V_0——滴定空白样品所消耗的硝酸银标准溶液的体积，mL；

54——1mL 1mol/L 的硝酸银溶液相当于氢氰酸的质量，mg。

淀粉品质检测 12　磷含量的测定

1. 实验原理

使用硫酸-硝酸混合物消化破坏有机物质，并将磷酸盐转化为正磷酸盐，通过还原剂作用，形成称为钼蓝的磷钼酸盐，用分光光度法测定溶液在 825nm 波长处的吸光度值。

2. 试剂

①硫酸-硝酸混合溶液：一份体积的硫酸(质量分数为 96%，常温下的密度为 1.84g/mL)与一份体积的硝酸(质量分数为 65%，常温下的密度为 1.38g/mL)混合。

②抗坏血酸溶液：$c=50g/L$，此溶液保存在冰箱中最多不超过 48h。

③钼酸铵溶液：将 10.6g 钼酸铵四水化合物[$(NH_4)_6 \cdot Mo_7O_{24} \cdot 4H_2O$]溶于 500mL 水中，转移到 1000mL 容量瓶中，再加入 500mL 10mol/L 硫酸溶液使之混合并冷却至室温。

④10mol/L 的氢氧化钠溶液。

⑤磷标准溶液。

a. 标准储备液：称取 0.4393g 无水正磷酸二氢钾，溶解、定容至 1000mL，该 1mL 标准储备液中含有 100μg 的磷。

b. 标准使用液：用移液管准确吸取 10mL 标准储备液，定容至 250mL。1ml 标准使用液中含有 4μg 的磷。

温馨提示

磷酸二氢钾使用前必须在电热恒温干燥烘箱内干燥 1h(烘箱温度控制在 105℃±2℃)，然后放入干燥器中冷却至室温。

3. 仪器

容量瓶、锥形瓶、消化瓶、移液管、冷水浴(温度可以控制在 15~25℃之间)、沸水浴、加热器、干燥器、分光光度计、分析天平(感量为 0.0001g)。

4. 分析步骤

(1)标准曲线的绘制。

①分别移取 0.0mL、1.0mL、2.0mL、3.0mL、4.0mL、5.0mL 和 10.0mL 的磷标准溶液于 7 个锥形瓶中。

②向 7 个锥形瓶中分别加入水，使瓶内溶液的体积达到 30mL，混合均匀。

③再分别向 7 个锥形瓶中依次加入 4mL 钼酸铵溶液、2mL 抗坏血酸溶液，之后立即混合均匀。

④将上述 7 个锥形瓶置于沸水浴中加热 10min，立即转入冷水浴中，冷却至室温。

⑤然后定量地将锥形瓶内的溶液分别转移到 50mL 的容量瓶中，用水定容至刻度，混合均匀。

⑥以未加标准溶液的第一个样品为空白，用分光光度计在波长为 825nm 处测定溶液的吸光度值，并以溶液中磷含量(用微克数表示)对吸光度值绘制标准曲线。

(2)样品的预处理。

将样品混合均匀。

(3)称样。

准确称取 0.5000g 样品，此质量样品所测得的吸光度值应在 0.1~0.7 之间，若不在此范围内，则应调整样品质量及稀释倍数等，直至符合吸光要求。

(4)消化。

将样品倒入消化瓶，加入 15mL 硫酸-硝酸混合液和适量的玻璃珠(以防爆沸)，混合均匀。将烧瓶置于加热器上，缓慢加热至瓶内液体微沸，继续煮沸直至棕色气体变成白色，液体变成透明为止。

如果溶液出现深暗色不褪去，在继续蒸煮的同时，逐滴加入硝酸溶液使之消失。待冷却后，加入 10mL 水并加热至瓶内再次出现白色蒸汽为止，以除去过量的硝酸溶液。

(5)样品液预处理。

将瓶内溶液冷却，并加入 45mL 水，用氢氧化钠溶液将瓶内溶液的 pH 值调至 7。再将瓶内溶液定量地转移至容积适当的容量瓶内，用水定容至刻度，并充分摇匀。

(6)测定。

取适量样品溶液于锥形瓶中，再依次加入 4mL 钼酸铵溶液、2mL 抗坏血酸溶液，之后立即混合均匀。

将锥形瓶置于沸水浴中加热 10min，再放入冷水浴中，冷却至室温，定量地转移到 50mL 容量瓶中，用水定容至刻度，摇匀。

用分光光度计在 825nm 波长处测定该溶液的吸光度，从标准曲线上读取相应磷含量的微克数。

(7)空白测定。

用水代替样品进行空白测定。

温馨提示

(1)测定过程中，确保清洗玻璃器皿的清洁剂不含磷。

(2)标准曲线的绘制和样品磷含量的测定必须在 2h 内完成。

---

5. 结果计算

淀粉及其衍生物的磷含量以样品中磷质量占样品质量的百分比表示，按公式(2-14)计算。

$$X = \frac{m_1 \times V_0 \times 100}{m_0 \times V_1 \times 10^6} \tag{2-14}$$

式中：

X——样品中磷的含量，%；

m_1——从标准曲线上确定的样品溶液的磷质量，μg；

V_0——样品液的定量体积，mL；

m_0——样品的质量，g；

V_1——用于测定的样品液的等分体积，mL。

淀粉品质检测 13   砷含量的测定

1. 实验原理

湿法消化有机物后，在硼氢化钠盐酸溶液中，样品中的砷（As^{3+}）被氢化还原成砷化氢。氢化物被气流带进热的石英槽，用原子吸收光谱法在 193.7nm 波长处测定吸光度值，从而根据标准曲线可知样品中的砷浓度。

2. 试剂

①硝酸（HNO_3）：室温下的密度为 1.38g/mL；

②过氧化氢（H_2O_2）：体积分数为 30%；

③硼氢化钠（$NaBH_4$）；

④盐酸；

⑤砷标准溶液：浓度为 1g/L，市场购买的砷标准溶液或用已知纯度的金属或金属盐溶解制取。

3. 仪器

①消化装置。

由硼硅酸盐玻璃制成的三部分构件组成，末端接锥形磨口接头。

a. 索氏抽提管：容积为 200mL，带有一个活塞，与烧瓶通过玻璃侧管相连。

b. 冷凝管：长 35cm，连接到索氏抽提管上部。

c. 圆底烧瓶：容积为 250mL，连接到索氏抽提管的底部。

活塞打开时，消化装置处于回流加热状态；活塞关闭时，索氏抽提管保留冷凝水，酸蒸发。

②原子吸收光谱仪。

③氢化物发生器。

产生氢化物并把它输送到一个热的测量池（测量池所透过的光的波长适合于光谱测定）。为了使检测结果重复性更好并减少氢化物发生器污染，氢化物发生器应配有自动进样装置。

④适当容积的移液管及微量移液管。

⑤分析天平。

4. 分析步骤

（1）样品处理。

彻底混匀样品。

（2）消化。

准确称取 5.0000g 样品置于消化装置的烧瓶中，加入 27.5mL 硝酸、1mL 过氧化氢，打开活塞，蒸馏回流 4h 后关闭活塞，继续加热，蒸馏到抽提管内收集 20mL±1mL 液体时停止加热，使烧瓶冷却。从抽提管上取下烧瓶，向装有蒸馏残余物的烧瓶内加入 20mL 水煮沸，几分钟后停止加热，冷却后将溶液转移到 100mL 容量瓶中，用蒸馏水定容至刻度，摇匀。

（3）空白实验。

以 5mL 水代替被测样品按照以上步骤消化。

（4）标准曲线的绘制。

加入规定量的盐酸溶液和硼氢化钠溶液，按照氢化物发生器的使用说明分析稀释过的标准溶液，在原子吸收光谱仪上浓度由小到大分别测量每个标准溶液在 193.7nm 波长处的吸光值。

以每升溶液中所含砷的微克数为横坐标，以其对应的最大吸光值或积分吸光值为纵坐标，绘制砷浓度标准曲线。

（5）样品测定。

用与测定标准溶液吸光值相同的方法测定待测样品的吸光值，并与标准曲线对比，从而可知样品中的砷含量。

5. 结果计算

测定空白样品和待测样品中砷浓度 ω，以每千克样品中含砷的微克来表示，按公式（2-15）计算。

$$\omega = \frac{(\rho_1 - \rho_0) \times 100}{m} \tag{2-15}$$

式中：

ρ_1——从标准曲线上查得的待测样品溶液的砷质量浓度值，$\mu g/L$；

ρ_0——从标准曲线上查得的空白溶液的砷质量浓度值，$\mu g/L$；

m——待测样品的质量，g。

淀粉品质检测 14　铅含量的测定

1. 实验原理

湿法消化有机物后，在基质改性剂存在的条件下，注入一定量消化样品液于电热原子吸收光谱仪中，在 283.3nm 波长处测定吸光值，通过标准曲线可知样品中铅的浓度。

2. 试剂

①硝酸（HNO_3）：室温下的密度为 1.38g/mL；

②过氧化氢（H_2O_2）：体积分数为 30%；

③基质改性剂：称取磷酸二氢铵[（NH_4）H_2PO_4]10g，用蒸馏水溶解定容至 1000mL。

④铅标准溶液：浓度为 1g/L，市场购得的铅标准溶液或用已知纯度的金属或金属盐溶解制取。

3. 仪器

①消化装置。

由硼硅酸盐玻璃制成的三部分构件组成，末端接锥形磨口接头。

a. 索氏抽提管：容积为 200mL，带有一个活塞，与烧瓶通过玻璃侧管相连。

b. 冷凝管：冷凝管长 35cm，连接到索氏抽提管上部。

c. 圆底烧瓶：容积为 250mL，连接到索氏抽提管的底部。

活塞打开时，消化装置处于回流加热状态；活塞关闭时，索氏抽提管保留冷凝水，酸蒸发。

②原子吸收光谱仪。

③电热原子化器。

建议的通用使用条件是：常用的原子化器是一个安装在光谱仪光轴上的管状石墨炉，利用焦耳效应加热。石墨管式炉应置于惰性气体当中以免高温加热时因氧化而损坏。为获得良好的重复性并减少污染，有必要安装一个自动注射装置。

④热解涂层石墨炉。

带 Lvov 平台。

⑤适当容积的移液管及微量移液管。

⑥分析天平。

4. 分析步骤

(1)样品处理。

充分混匀样品。

(2)消化。

准确称取 5.0000g 样品置于消化装置的烧瓶中，加入 27.5mL 硝酸、1mL 过氧化氢，打开活塞，蒸馏回流 4h 后关闭活塞，继续加热，蒸馏到抽提管内收集 20mL±1mL 液体时停止加热，使烧瓶冷却。从抽提管上取下烧瓶，向装有蒸馏残余物的烧瓶内加入 20mL 水煮沸，几分钟后停止加热，冷却后将溶液转移到 100mL 容量瓶中，加入 20mL 基质改性剂(如果没有自动注射装置时)，用蒸馏水定容至刻度，摇匀。

(3)空白实验。

以 5mL 水代替被测样品按照以上步骤消化。

(4)电热原子化程序。

石墨炉加热过程主要由待测物质的化学性质、基质以及所选择达到等温条件的方法决定。由以下四个阶段组成。

①干燥：慢慢升温到比沸腾溶剂温度稍高的温度并保持至少 5s。

②热预处理：在此温度范围内，有机物被消化，无机物被改性，可通过加入基质改性剂(磷酸二氢铵)保持无机物在加热过程中的稳定性。

③原子化：这一阶段为快速升温阶段，为确保雾化原子在光程上的最大浓度，此阶段应降低或防止原子蒸汽的流动。

④石墨炉清洗：为防止样品残留，每次进样后都应清洗石墨炉，通常采用高温强气流清洗数秒即可。

(5)标准曲线的绘制。

向程序升温的石墨炉中注入 10μL 稀释过的标准溶液和 2μL 基质改性剂(如果没有自动进样装置)。用原子吸收光谱仪在 283.3nm 波长处测定每一个标准溶液的吸光值。

以每升标准溶液中所含铅的微克数为横坐标，以其对应的最大吸光值或积分吸光值为纵坐标，绘制铅的标准曲线。

（6）样品测定。

用与测定标准溶液吸光值同样的方法测定待测样品的吸光值，并与所绘制的标准曲线进行对比，从而确定待测样品中铅的含量。

5. 结果计算

测定空白样品和待测样品中铅浓度 ω，以每千克样品中含铅的微克来表示，按公式（2-16）计算。

$$\omega = \frac{(\rho_1 - \rho_0) \times 100}{m} \tag{2-16}$$

式中：

ρ_1——从标准曲线上查得的待测样品溶液的铅质量浓度值，$\mu g/L$；

ρ_0——从标准曲线上查得的空白溶液的铅质量浓度值，$\mu g/L$；

m——待测样品的质量，g。

2.2　淀粉的分子结构

2.2.1　淀粉的基本组成单位

淀粉是由 α-D-吡喃葡萄糖通过 α-1，4 糖苷键和 α-1，6 糖苷键连接而成的多糖分子，其基本组成单位为脱水葡萄糖残基（$C_6H_{10}O_5$），分子通式为 $C_6H_{12}O_6(C_6H_{10}O_5)_n$，$n$ 为不定数，称 n 为淀粉分子聚合度（degree of polymerization，DP），一般为 800~3000。聚合度与葡萄糖残基摩尔质量 162 的乘积即为淀粉分子的摩尔质量。

2.2.2　淀粉的分子结构

根据淀粉分子中葡萄糖残基之间的连接方式不同，淀粉分子又可分为直链淀粉分子和支链淀粉分子。此外，现在的研究发现，在许多淀粉粒中还存在第三种成分，即中间物质。

1. 直链淀粉

直链淀粉是由 α-D-葡萄糖单位通过 α-1，4 糖苷键连接而成的链状分子（图 2-2），基本不分支或很少分支，每个分子长 1000~6000DP。呈右手螺旋结构，每六个葡萄糖单位组成螺旋的一个节距，在螺旋内部只含氢原子，是亲油的，羟基位于螺旋外侧。现在的研究证明，除了直链淀粉（线形）分子外，还有一种在长链上带有非常有限分支的分子，分支点由 α-1，6 糖苷键连接，平均每 180~320 葡萄糖单位有一个支链，分支点 α-1，6 糖苷键占总糖苷键的 0.3%~0.5%。含支链的直链淀粉分子中的支链有的很长，有的很短，但是支链点隔开很远，因此它的物理性质基本上和直链分子的相同。

直链淀粉没有一定的大小，不同来源的直链淀粉差别很大。未经降解的直链淀粉非常庞大，其 DP 为几千。不同来源的直链淀粉分子聚合度（DP 值）差别很大，一般文献报道，薯类直链淀粉的 DP 为 1000~6000，平均 3000；禾谷类直链淀粉的 DP 为 300~1200，平均 800。同一种天然淀粉所含直链淀粉的 DP 并不是均一的，而是由一系列 DP 不等的分子混

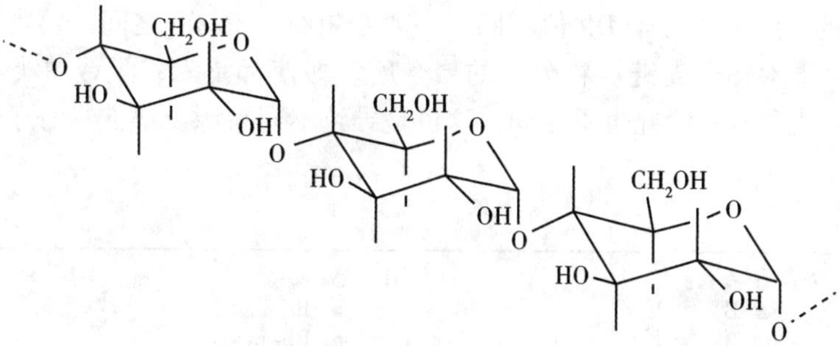

图 2-2 直链淀粉的结构

在一起。几种天然淀粉的直链淀粉聚合度如表 2-14 所示。

表 2-14　　　　　　　　　　　天然淀粉的直链淀粉聚合度（DP）

淀粉种类	平均 DP	表观 DP 分布	平均重均分子量
马铃薯淀粉	4900	840～22000	6400
玉米淀粉	930	400～15000	2400
小麦淀粉	1300	250～13000	2400
木薯淀粉	2600	580～22000	6700

2. 支链淀粉

支链淀粉是 $\alpha\text{-}D\text{-}$ 葡萄糖单位组成的高度分支的大分子。支链淀粉分子分支内以 $\alpha\text{-}1$，4 糖苷键连接，分支间则以 $\alpha\text{-}1$，6 糖苷键相连，分支点的 $\alpha\text{-}1$，6 糖苷键占总糖苷键的 4%～5%，平均分支长 20～25DP。支链淀粉的分子结构及示意图分别如图 2-3 和图 2-4 所示。

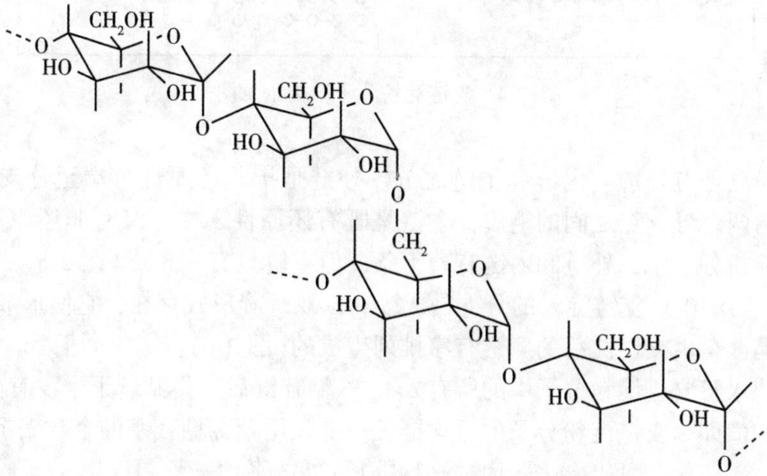

图 2-3　支链淀粉的分子结构

不同来源的支链淀粉分子 DP 值不同,一般在 1000~36000 之间,薯类支链淀粉分子平均 DP 值要大于禾谷类支链淀粉分子的聚合度。即使都是禾谷类或薯类的支链淀粉分子,其平均 DP 值和分布情况也不相同,这也是导致不同来源支链淀粉分子性质有所差异的主要原因。

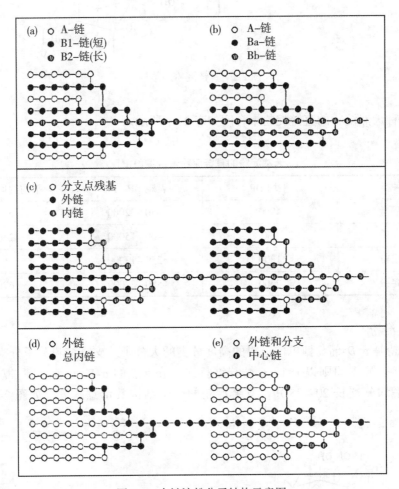

图 2-4　支链淀粉分子结构示意图

支链淀粉分子有外链、内链和主链之分。外链是指非还原性末端至分支点之间的链段;内链是指两个分支点之间的链段;主链是既有还原性末端,又有非还原性末端的链。在一个支链淀粉分子中,外链和内链有若干条,但主链只有一条。(图 2-5)。支链淀粉的分子量为 $10^7 \sim 5 \times 10^8$。支链淀粉的分支是成簇和以双螺旋形式存在,它们形成许多小结晶区,这个结晶区是由支链淀粉的侧链有序排列生成的(图 2-6)。

用切枝酶水解支链淀粉分子中的所有 α-1,6 糖苷键后,得到若干个没有分支的链段,其链长的平均值即为支链淀粉分子的平均链长。链长用葡萄糖残基的个数表示。

平均链长 = 内链平均链长 + 外链平均链长 + 1

不同来源的支链淀粉分子,其平均链长、内链平均长度和外链平均长度是不同的,见

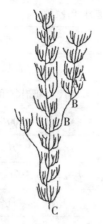 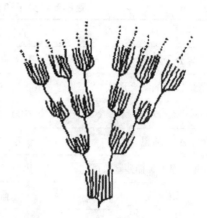

图 2-5　支链淀粉的链的类型和链片段的定义　　图 2-6　支链淀粉分子排列示意图

表 2-15，其结果可由支链淀粉分子的甲基化再水解和 β-淀粉酶水解测得。

表 2-15　　　　　　　　天然淀粉的支链淀粉的链长度(以 **AGU** 个数为单位)

支链淀粉的来源	平均链长度	β-淀粉酶水解率/%	外链平均长度	内链平均长度
马铃薯	27	59	18~19	7~8
大麦	26	—	18	7
玉米	25	63	18	6
甜玉米	12	46	8	
小麦	23	62	16~17	5~6
木薯	23	62	16~17	5~6
糯玉米	22	53	14	7
糯高粱	25	52	15~16	8~9

　　但在支链淀粉分子中，实际上外链有时很长，有时可能很短。目前的研究表明，用异淀粉酶切开 α-1,6 糖苷键或用麦芽淀粉酶作用于支链淀粉分子发现，外链有的长达 60 个葡萄糖单位(AGU)，有的只有 7 个 AGU，其平均值在 20~30 个 AGU 之间。

　　3. 直链淀粉和支链淀粉的性质

　　直链淀粉和支链淀粉是淀粉的两大主要组分，由于二者的分子结构、分子聚集状态各异，从而使得不同来源的淀粉有各自的应用范围。已有研究表明，淀粉中直链淀粉和支链淀粉的比例和含量对淀粉的产品加工、物化特性等有着直接影响。同时，直链淀粉和支链淀粉本身也有着不同的性能和用途。例如，直链淀粉具有良好的成膜性、凝胶性及促进营养素吸收等功能；而支链淀粉具有抗老化特性、改善冻融稳定性、增稠作用、高膨胀性及吸水性等功能而被广泛应用于食品加工、包装材料的制造、水溶性及生物可降解膜、医药和建筑工业等领域。直链淀粉和支链淀粉分子性质比较见表 2-16。

表 2-16   **直链淀粉分子和支链淀粉分子主要性质比较**

	直链淀粉	支链淀粉
分子形状	基本直链型	高度分支
葡萄糖残基的结合形式	α-1，4 糖苷键	α-1，4 糖苷键和 α-1，6 糖苷键
聚合度	300~1200	1200~36000
摩尔质量	5 万~20 万	20 万~600 万
非还原型尾基葡萄糖残基数目	每分子一个	每 24~30 个葡萄糖残基就有一个
碘反应	深蓝色	红紫色
吸附碘量	19%~20%(w/w)	<1%(w/w)
在热水中	溶解，不成黏糊	不溶解，加热加压下溶解成黏糊
在极性溶剂中	生成结晶性复合物	生成复合物但不结晶
在纤维素上面	全部被吸附	不被吸附
水溶液中的稳定性	不稳定，长期静置便有沉淀产生	稳定
X-光衍射分析	高度结晶形结构	无定形结构
乙酰衍生物	能制成强度很高的纤维和薄膜	制成的薄膜很脆弱
β-淀粉酶的作用	全部水解成麦芽糖	50%~60%水解成麦芽糖，其余为极限糊精
磷酸含量	0.0086%(w/w)	0.106%(w/w)

4. 淀粉中直链淀粉的含量

不同来源的淀粉，直链淀粉含量不同，一般薯类约为 20%；禾谷类淀粉中直链淀粉的含量约为 25%；豆类淀粉中直链淀粉含量为 30%~35%；糯性粮食淀粉中直链淀粉含量则几乎为零(表 2-17、表 2-18)。

表 2-17   **各种粮食淀粉中直链淀粉的含量/%**

淀粉种类	含量	淀粉种类	含量
马铃薯	22	小麦	24
糯米	0	燕麦	24
玉米(普通种)	26	豌豆(光滑)	30
甜玉米	70	豌豆(皱皮)	75
糯玉米(蜡质种)		甘薯	20
高粱	27	大米	17
糯高粱	0	木薯	17

表 2-18   各种植物淀粉中直链淀粉的含量(碘电位滴定法)/%

淀粉种类	含　量	淀粉种类	含　量	淀粉种类	含　量
马铃薯	20	糯高粱	0	大米	18.5
糯米	0	小麦	26	甘薯	17.8
普通玉米	28	大麦	22	木薯	16.7
高直链玉米	52~75	蜡质大麦	0	竹芋	20.5
蜡质玉米	0.7	豌豆(光滑)	35	苹果	19
高粱	27	豌豆(皱皮)	66	香蕉	16

5. 中间级分

一些淀粉,尤其是高直链淀粉型,存在一种物质,既不像直链淀粉分子那样,几乎没有分支,又不像支链淀粉分子那样,具有很高的分支密度,其分子大小也介于它们两者之间,这种物质称为中间级分。

在一些普通玉米、燕麦、小麦、黑麦、大麦、马铃薯、高直链淀粉中以及另外一些突变株玉米品种和皱皮豌豆中也有类似的报道。淀粉组分的分离方法会影响中间级分的组成,特别是其与直链淀粉和支链淀粉一起被分离出来时影响更大。

拓 展 学 习

淀粉性质检测 1   淀粉黏度的测定

1. 旋转黏度计法(方法一)

(1)仪器。

天平,感量 0.1g;旋转黏度计,带有一个加热保温装置,可保持仪器及淀粉乳液的温度在 45~95℃ 变化且偏差为±0.5℃;搅拌器,搅拌速度可调至 120r/min;超级恒温水浴,可调温度范围为 30~95℃;250mL 四口烧瓶;冷凝管;温度计。

(2)试剂。

蒸馏水或者去离子水,电导率≤4μS/cm。

(3)操作步骤。

①称样。

用天平称取适量的样品,精确至 0.1g。将样品置于四口瓶中,加入水,使样品的干基固形物浓度达到设定浓度。

②旋转黏度计及淀粉乳液的准备。

按旋转黏度计的操作方法进行校正调零,并将仪器测定筒与超级恒温水浴装置相连,打开水浴装置。

将装有淀粉乳液的四口烧瓶放入超级恒温水浴中,在烧瓶上安装搅拌器、冷凝管和温度计,盖上取样口,打开冷凝水和搅拌器。

③测定。

将测定筒和淀粉乳液的温度通过恒温装置分别同时控制在 45℃、50℃、55℃、60℃、

65℃、70℃、75℃、80℃、85℃、90℃、95℃。在恒温装置到达上述每个温度时，从四口烧瓶中吸取淀粉乳液，加入到旋转黏度计的测量筒中，测定黏度，读取各个温度时的黏度值。

④作图。

以黏度值为纵坐标，温度为横坐标，做出黏度值与温度的变化曲线。

（4）结果表示。

从所得的曲线中，找出对应温度的黏度值。

2. 布拉班德黏度仪法（方法二）

（1）实验原理。

利用黏度仪测量并绘制淀粉黏度曲线，从而确定不同温度时的淀粉黏度。

（2）仪器。

分析天平，感量为 0.1g；布拉班德黏度仪；500mL 带有玻璃塞的锥形瓶。

（3）试剂。

蒸馏水或者去离子水，电导率≤4μS/cm。

（4）操作步骤。

①称样。

称取一定量的样品（精确至 0.1g）于 500mL 锥形瓶中，加入一定量的水，使得试样总量为 460g。

②仪器准备。

a. 启动布拉班德黏度仪，打开冷却水源。

黏度仪的测定参数如下：转速 75r/min；测量范围 700cmg；黏度单位 BU（或 mPa·s）。

b. 测定程序。

以 1.5℃/min 的速率从 35℃升至 95℃，在 95℃下保温 30min，再以 1.5℃/min 的速率降温至 50℃，在 50℃下保温 30min。

③装样。

充分摇动锥形瓶，将其中的悬浮液倒入布拉班德载样筒，再将载样筒放入布拉班德黏度仪中。

④测量。

按照布拉班德黏度仪的操作规程启动测定。

⑤结果表示。

测量结束后，仪器会绘制图谱，并可从图谱中获得相关评价指标（如样品的成糊温度、峰值黏度以及回生值、降落值等特征值）。同时在黏度曲线上也可直接读出不同温度时的黏度值。

淀粉性质检测 2　直链淀粉和支链淀粉含量的测定

1. 实验原理

淀粉一般都是直链淀粉和支链淀粉的混合物。直链淀粉和支链淀粉含量和比例因植物种类而不同，决定着谷物种子的出饭率和食味品质，并影响着谷物的储藏加工。

淀粉与碘形成螺旋状结构的淀粉-碘络合物，具有特效的颜色反应，其色泽主要依赖于淀粉的结构和成分。直链淀粉与碘作用显纯蓝色，支链淀粉与碘作用显紫红色。因此两种淀粉与碘作用有着不同的光学特性,表现出特定的吸收光谱及吸收峰。如果将两种淀粉(总量不变)按不同比例配成溶液,分别与碘作用,其颜色深浅与其含量(质量分数)成正比关系。

2. 仪器

分析天平(感量 0.1mg);容量瓶;pH 计;分光光度计;水浴锅;旋光仪。

3. 试剂

无水乙醇;0.5mol/L 氢氧化钠溶液;0.1mol/L 盐酸溶液;碘试剂(称取 2.0g 碘化钾,溶于少量蒸馏水中,再加 0.2g 碘,溶解后用水定容至 100mL)。

4. 操作步骤

(1)直链淀粉、支链淀粉混合标准曲线的制备。

准确称取直链淀粉和支链淀粉各 50mg,分别置于 50mL 容量瓶中,加入几滴无水乙醇润湿,再加入 10mL 0.5mol/L 氢氧化钠溶液,在沸水浴中加热溶解,冷却。用蒸馏水定容,混匀,即得 1mg/mL 的直链淀粉、支链淀粉标准溶液。

按照表 2-19 吸取直链淀粉、支链淀粉标准溶液于 50mL 容量瓶中,各加入 20mL 蒸馏水,用 0.1mol/L 盐酸溶液将 pH 值调至 3 左右,加入 0.5mL 碘试剂,定容后放置 10min。在 620nm 波长处,用 1cm 比色皿测定其吸光度值,以混合液中直链淀粉的质量分数为横坐标,吸光度值为纵坐标,绘制标准曲线。

表 2-19 总淀粉中直链淀粉含量

容 量 瓶 编 号	1	2	3	4	5	6	7
2.5mL 混合液中直链淀粉量/mL	0.20	0.30	0.40	0.50	0.60	0.70	0.80
2.5mL 混合液中支链淀粉量/mL	2.30	2.20	2.10	2.00	1.90	1.80	1.70
在总淀粉中直链淀粉含量/%	8	12	16	20	24	28	32

(2)样品中直链淀粉和支链淀粉含量的测定。

样品经粉碎过 40 目筛,脱脂。先用旋光仪测定总淀粉含量。

称取样品使其含有 50mg 的总淀粉量,加入少量无水乙醇及 10mL 0.5mol/L 氢氧化钠溶液,在沸水浴中加热 10min。冷却,用蒸馏水定容至 50mL,混匀。吸取 2.5mL 样品溶液于 50mL 容量瓶中,加入 20mL 蒸馏水,用 0.1mol/L 盐酸溶液调 pH 值至 3 左右,加入 0.5mL 碘试剂,定容后放置 10min,在 620nm 波长处,用 1cm 比色皿测定溶液吸光度。从标准曲线上查出样品中直链淀粉和支链淀粉的含量。

2.3 淀粉粒的组织结构

2.3.1 淀粉粒的形状和大小

淀粉在胚乳细胞中以颗粒状存在,故可称为淀粉粒。显微镜观察表明不同来源的淀粉粒其形状、大小和构造各不相同,因此可以借助显微镜来观察鉴别淀粉的来源和种类,并可检查粉状粮食中是否混杂有其他种类的粮食产品。

1. 淀粉颗粒的形状

不同种类的淀粉粒具有各自特殊的形状，一般淀粉粒的形状为圆形(或球形)、卵形(或椭圆形)和多角形(或不规则形)，这取决于淀粉的来源。例如，马铃薯淀粉颗粒和木薯淀粉颗粒为卵形(或椭圆形)，小麦、黑麦、粉质玉米淀粉颗粒为圆形(或球形)，大米和燕麦淀粉为多角形(或不规则形)。

同一种来源的淀粉粒也有差异，例如，马铃薯淀粉颗粒大的为卵形，小的为圆形；小麦淀粉颗粒大的为圆形，小的为卵形；大米淀粉颗粒多为多角形；玉米淀粉颗粒有的是圆形有的是多角形；荞麦淀粉多呈多面球形，大小比较均匀(图 2-7~图 2-16)。

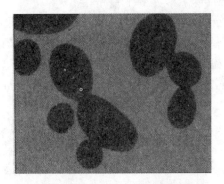

图 2-7　马铃薯淀粉(400×)

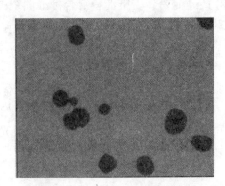

图 2-8　木薯淀粉(400×)

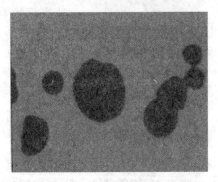

图 2-9　山芋淀粉(400×)

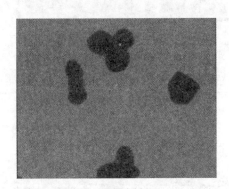

图 2-10　玉米淀粉(400×)

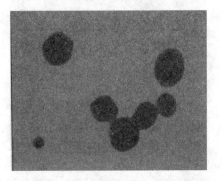

图 2-11　蜡质玉米淀粉(400×)

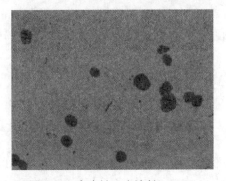

图 2-12　高直链玉米淀粉(400×)

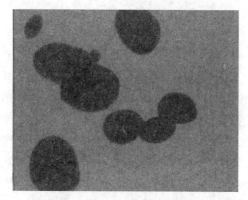
图 2-13　小麦 A 淀粉(400×)

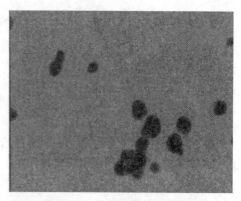
图 2-14　小麦 B 淀粉(400×)

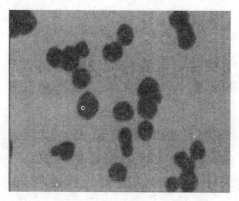
图 2-15　荞麦淀粉(400×)

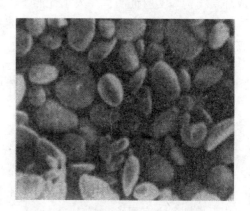
图 2-16　芭蕉芋淀粉(SEM, 250k×)

2. 淀粉颗粒的大小

不同来源的淀粉颗粒大小相差很大，一般以颗粒的长轴长度表示淀粉粒大小，介于 2~120μm 之间。粮食类淀粉中一般以马铃薯淀粉颗粒为最大(15~120μm)，大米淀粉颗粒最小(2~10μm)。非粮食类来源的淀粉中，美人蕉淀粉最大，芋头最小(平均为 2.6μm)。另外，同一种淀粉，其大小也不相同。例如，玉米淀粉颗粒小的为 2~5μm，最大的为 30μm，平均为 10~15μm；小麦淀粉颗粒小的为 2~10μm，大的为 15~35μm。

淀粉粒的形状大小常常受种子生长条件、成熟度、直链淀粉含量及胚乳结构等影响。例如，马铃薯在温暖多雨条件下生长，其淀粉颗粒小于在干燥条件下生长的淀粉颗粒。玉米的胚芽两侧角质部分的淀粉颗粒大多为多角形，而中间粉质部分的淀粉颗粒多为圆形，这是因为前者被蛋白质包裹得紧，生长时遭受的压力大，而未成熟的或粉质的生长期遭受的压力较小。玉米的直链淀粉含量从 27% 增加至 50% 时，普通玉米淀粉的角质颗粒减少，而更近于圆形的颗粒增多，当直链淀粉含量高达 70% 时，就会有奇怪的腊肠形颗粒出现。

小麦淀粉呈双峰的颗粒尺寸分布，即有大小颗粒之分，大的淀粉颗粒称为 A 淀粉，尺寸为 5~30μm，占颗粒总数的 65%；小的淀粉颗粒称为 B 淀粉，尺寸在 5μm 以下，占颗粒总数的 35%。

3. 密度和相对密度

含水分 10%~20% 的淀粉的密度大约是 1.5g/cm³，相对密度也是 1.5。

2.3.2　淀粉粒的结构

1. 淀粉粒的环层结构(或称生长环)

(1)环纹或轮纹。

在显微镜下细心观察淀粉粒时，可看到淀粉粒都具有环层结构，有的可以看到明显的环纹或轮纹，像树木的年轮一样，其中以马铃薯淀粉粒的环纹最为明显。

环层结构是淀粉粒内部密度不同的表现，每层开始时密度最大，以后逐渐减小，到次一层时密度又陡然增大，一层一层地周而复始，结果便显示出环纹。

各层密度不同，是由于合成淀粉所需的葡萄糖原料的供应有昼夜不同的缘故。白天光合作用比夜间强，转移到胚乳细胞去的葡萄糖较多，合成的淀粉密度也较大，昼夜相间便造成环层结构。实验证明，在人工光照下，如小麦或玉米淀粉粒则看不到环层结构，因为在这种情况下没有昼夜之分。但是马铃薯淀粉粒在常温下进行生长，仍有环层，可能是因为它的周期生理代谢强的缘故。

淀粉颗粒水分低于 10%时看不到环层结构，有时需要用热水处理或冷水长期浸泡，或用稀的铬酸溶液或碘的碘化钾溶液慢慢作用后，会表现出来环层结构。

(2)粒心或核。

各环层共同围绕的一点称为粒心或核。粒心偏于一端，故为偏心环纹，如马铃薯淀粉。粒心位于中央，故为同心环纹，如禾谷类淀粉。粒心位置和显著程度依淀粉种类而异。由于粒心部分含水较多，比较柔软，故在加热干燥时常常产生裂纹，根据裂纹的形态，也可以辨别淀粉粒的来源和种类，如玉米淀粉粒为星状裂纹，甘薯淀粉粒为星状、放射状或不规则的十字裂纹。

淀粉粒依其本身构造(如粒心的数目和环层的排列的不同)又可分为单粒、复粒、半复粒三种。单粒只有一个粒心，如玉米和小麦淀粉粒。复粒由几个单粒组成，具有几个粒心。尽管每个单粒可能原来都是多角形，但在复粒的外围，仍然显出统一的轮廓，如大米和燕麦的淀粉粒。半复粒的内部有两个单粒，各有各的粒心和环层，但是最外围的几个环轮则是共同的，因而构成的是一个整粒。

在同一个细胞中，所有的淀粉粒，可以全为单粒，也可以同时存在几种不同的类型。例如燕麦淀粉粒，除大多数为复粒外，也夹有单粒。小麦淀粉粒，除大多数为单粒外，也有复粒。马铃薯淀粉粒除单粒外，有时也形成复粒和半复粒。

2. 淀粉颗粒的晶体构造

(1)双折射性及偏光十字。

用偏光显微镜来观察淀粉颗粒时，可以观察到有双折射现象，又叫偏光十字。由于淀粉颗粒内部存在着两种不同的结构，即结晶结构和无定形结构，在结晶区淀粉分子链是有序排列的，而在无定形区淀粉分子链是无序排列的，这两种结构在密度和折射率上存在差别，即产生各向异性现象，从而在偏振光通过淀粉颗粒时形成了偏光十字。淀粉粒配成1%的淀粉乳，在偏光显微镜下观察，呈现黑色的十字，将颗粒分成四个白色的区域，称为偏光十字或马耳他十字，见图 2-17。这是淀粉粒为球晶体的重要标志。十字的交叉点位于粒心，因此可以帮助粒心的定位。

不同品种淀粉粒的偏光十字的位置、形状和明显程度不同，依此可鉴别淀粉品种。例

图 2-17　马铃薯淀粉在偏光显微镜下的形态

如，马铃薯淀粉的偏光十字最明显，玉米、高粱和木薯淀粉明显程度稍逊，小麦淀粉偏光十字最不明显。

（2）淀粉颗粒的晶型。

淀粉颗粒具有结晶型结构，呈现一定的 X 射线衍射图样。淀粉颗粒由几乎相等的两部分组成，即有序的结晶区和无序的无定形区（非结晶区）。结晶部分的构造可以用 X 衍射来确定，而无定形区的构造至今还没有较好的方法确定。

不同来源的淀粉呈现不同的 X 射线衍射图，如图 2-18 所示。

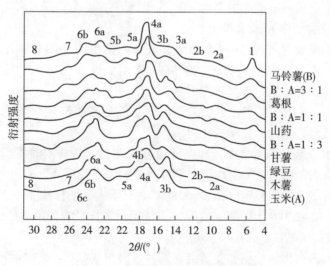

图 2-18　天然淀粉的 X 射线衍射图

1937 年，Katz 等从完整的淀粉粒所呈现的三种特征性 X 衍射图上分辨出三种不同的晶体结构类型，即 A 型、B 型和 C 型，其特征峰如表 2-20 所示。

大多数禾谷类淀粉具有 A 型图谱；马铃薯等块茎淀粉、高直链玉米淀粉和回生淀粉显示 B 型图谱；竹芋、甘薯等块根、某些豆类淀粉呈现 C 型图谱，当然也有例外。各种淀粉的可能晶型如表 2-21 所示。

表 2-20 **A、B、C 三种晶型的 X 衍射图特征峰**

A 型			B 型			C 型		
间距	衍射强度	衍射角	间距	衍射强度	衍射角	间距	衍射强度	衍射角
5.78	S	15.3	15.8	M	5.59	15.4	W	5.73
5.17	S	17.1	5.16	S	17.2	5.78	S	15.3
4.86	S-	18.2	4.00	M	22.2	5.12	S	17.3
3.78	S	23.5	3.70	M-	24.0	4.85	M	18.3
						3.78	M+	23.5

表 2-21 **各种淀粉的可能晶型**

A 型	B 型	C 型	A 型	B 型	C 型
大米	马铃薯	甘薯	小麦	百合	葛根
糯米	皱皮豌豆	蚕豆	绿豆	山慈菇	山药
玉米	高直链玉米	豌豆	大麦	郁金香	菜豆
蜡质玉米	栗子	木薯(也有 A 型)	芋头	美人蕉	

此外，淀粉与脂质物质形成的复合物则为 E 型，直链淀粉同各种有机极性分子形成的复合物为 V 型，叠加在 A 或 B 型上。

各种不同的晶型彼此之间存在着相互转化作用，由于 A 型结构具有较高的热稳定性，这使得淀粉在颗粒不被破坏的情况下就能够从 B 型变成 A 型。如马铃薯淀粉在 110℃、20% 的水分下处理，则晶型从 B 型转变为 A 型。

在某些情况下，X 射线衍射法能用来测定原淀粉之间的不同，起初步鉴别作用；还可用来鉴别淀粉是否经过物理、化学变化。

淀粉颗粒中水分参与结晶结构，这点已通过 X 射线衍射图样的变化得到证实。干燥淀粉时，随水分含量的降低，X 射线衍射图样线条的明显程度降低，再将干燥淀粉于空气中吸收水分，图样线条的明显程度恢复。180℃高温干燥，图样线条不明显，表明结晶结构基本消失，在 210~220℃ 干燥的淀粉的 X 射线衍射图样呈现无定形结构。

(3) 淀粉颗粒的结晶区和无定形区。

一般淀粉颗粒是由直链淀粉和支链淀粉两种成分组成，存在着结晶区和无定形区。而目前人们一般认为淀粉颗粒的结晶区不是直链淀粉，而是存在于支链淀粉之内。这主要是基于以下理由：①用温水处理淀粉颗粒，将直链淀粉浸出后仍未丧失其结晶性；②几乎不含直链淀粉，只含支链淀粉的糯性品种淀粉粒，与含 20%~35% 直链淀粉的梗性品种淀粉粒呈现出了同样的 X 射线衍射图；③含直链淀粉量很高的高直链玉米淀粉和皱皮豌豆的淀粉颗粒，它们的结晶性部分反而减少。直链淀粉分子和支链淀粉分子的侧链都是直链，趋向平行排列，相邻羟基间经氢键结合成散射状结晶"束"的结构，后来人们又将它看成双螺旋结构。颗粒中水分子也参与氢键结合，淀粉分子间有的是由水分子经氢键结合，水分子介于中间，犹如架桥。氢键的强度虽然不高，但数量众多，结晶束具有一定的强度，故淀粉具有较强的颗粒结构。结晶束间区域分子排列无平行规律性，较杂乱为无定形区。支链淀粉分子庞大，穿过多个结晶区和无定形区，为淀粉颗粒结构起到骨架作用。淀粉颗粒中结晶区为颗粒体积的 25%~50%，其余为无定形区。结晶区和无定形区并无明显的界限，变化是渐进的。

2.3.3 淀粉粒的物理特性

研究淀粉的存在、组成及结构，其目的是更进一步研究它的性质，以便更好地在工业生产中加以利用。下面主要介绍淀粉粒的物理特性。

1. 淀粉粒中水的作用

绝大部分淀粉的应用是与水联系在一起的，淀粉粒内水分的含量与分布，以及水溶液中淀粉粒的浓度，对于淀粉的物理和化学性质极为重要。了解淀粉与水的作用以及水与热共同对淀粉粒的作用在淀粉和含淀粉物质的工业加工和应用中是至关重要的，这对于淀粉在许多工艺和食品应用中的利用也是非常重要的。

（1）淀粉的含水量及水化热。

①淀粉的含水量。

天然淀粉含有相当高的水分，一般规定商业淀粉的水分含量如表 2-22 所示。

虽然淀粉含有如此高的水分，都不显示潮湿而呈干燥的粉末状，这是由于淀粉分子中存在的羟基与水分子相互作用形成氢键的缘故。

表 2-22　　　　　　　　　　　　　　　　淀粉中的水分含量

淀粉品种	水分/%<	
	国内	国外
玉米淀粉	14	15
马铃薯淀粉	18	21
木薯淀粉	15	18

不同品种淀粉的含水量存在差别，这是由于淀粉分子中的羟基自行结合及与水分子结合的程度不同之故。例如，玉米淀粉分子中的羟基自行缔合的程度比马铃薯淀粉分子大，剩余的能够通过氢键与水分子相互结合的游离羟基的数目相对地减少，因而含水量低。可认为玉米淀粉分子小，位阻小，易于自行缔合；且玉米淀粉颗粒小，紧密，水分子不易进入内部，从而导致玉米淀粉的含水量较低。另一方面，由于马铃薯中支链淀粉上的磷酸根与水结合能力大，且也比较牢固，而玉米淀粉中脂肪较多，也影响了淀粉分子与水的结合。

②吸湿与解吸。

淀粉粒中水分不是固定不变的，而是受空气湿度和温度变化的影响。将淀粉粒暴露于不同的相对湿度和温度下，会产生吸收水分或释放水分的现象。阴雨天，空气中相对湿度高，淀粉水分增加；干燥天气，空气中相对湿度低，淀粉水分减少。在一定的相对湿度和温度条件下，淀粉吸收水分与释放水分达到平衡，这时淀粉所含的水分称平衡水分。

淀粉中存在着两种状态的水，即自由水和结合水。自由水是指被保留在物体团粒间或孔隙内，仍具有普通水的性质，随环境的温度和湿度的变化而变化。这种水与吸附它的物质只是表面接触，它具有生理活性，可被微生物利用。结合水是指不再具有普通水性质，温度低于−25℃也不会结冰，不能被微生物利用。排除这部分水，就有可能改变淀粉的物理性质，在测定水分过程中，这部分水有可能被排除。

③淀粉的水化热(或称浸没热)。

干淀粉浸入水中时，即放出热，放出热量的多少，随淀粉中原有的水分含量而定，原始水分越低，放出的热量越多。而且大多数热量是在最初加入水分时释放的，含水量高达16%~21%的淀粉，水化热为0J/g，在这以后，进一步的水化还需要吸热。

(2)淀粉粒的有限膨胀和密度。

淀粉粒的无定形相是亲水的，浸入水中就吸水，先是有限的可逆膨胀，而后是整个颗粒膨胀。水饱和的颗粒大多数可能处于天然状态，其中淀粉颗粒的形态就像它在细胞中生物合成一样存在。

在可逆膨胀范围内，马铃薯淀粉粒可吸收50%或更多的水分(每克干淀粉吸收0.5g的水，相当于水分含量约33%)，体积从30%膨胀到100%以上。

①浸没容积或视比容。

即1g干淀粉加入到过量水中后净增的容积，其倒数称为干淀粉密度。例如，空气干燥的玉米淀粉、马铃薯淀粉和小麦淀粉，浸入水中，每克绝干淀粉溢出水体积分别$0.611cm^3$、$0.618cm^3$和$0.627cm^3$，所以，表观密度分别为$1.637g/cm^3$、$1.617g/cm^3$和$1.611g/cm^3$。

②浮力密度。

用四氯化碳和溴化苯的混合物代替水测出的密度即为浮力密度(称浮游法)。此法测定的数值比以上测定数值为低，这可能因为在彻底干燥的淀粉内无定形部分缩小，但它并未结晶，玉米淀粉分子的无定形部分不能像有规律的结晶部分紧密地填集。

2. 淀粉粒的糊化

淀粉是天然光合成，以微小颗粒形式存在，不溶于水，较难被酶解。这种颗粒的直接应用很少，一般是利用其糊化性质，在水的存在下加热，使颗粒吸水膨胀，形成黏稠的糊，应用所得的淀粉糊。淀粉的糊化性质和淀粉糊的性质关系应用，至为重要。

干淀粉暴露于水蒸气或液态水中，在0~40℃范围内吸水而有限地可逆膨胀，加热含有限水分的淀粉，则淀粉微晶熔化，失去X射线衍射现象和光学结晶性(度)。熔化温度取决于水分含量。对于低水分样品，熔化温度可以超过100℃，在过量水中，熔化伴有水化，逐渐形成淀粉的糊化。

(1)糊化的概念和过程。

将淀粉乳加热，则淀粉颗粒可逆地吸水膨胀，而后加热至某一温度时，颗粒突然膨胀，晶体结构消失，最后变成黏稠的糊，虽停止搅拌，也不会很快下沉，这种现象称为淀粉的糊化。发生糊化所需的温度称为糊化温度。糊化后的淀粉颗粒称为糊化淀粉(又称为α-化淀粉)。糊化的本质是水分子进入淀粉粒中，结晶相和无定形相的淀粉分子之间的氢键断裂,破坏了淀粉分子间的缔合状态,分散在水中成为亲水性的胶体溶液。

淀粉的糊化可以划分为三个阶段:

第一阶段:淀粉颗粒的可逆吸水膨胀阶段。这时水分子只是单纯地进入淀粉粒的微晶束的间隙中,与无定形部分的游离羟基相结合,淀粉粒缓慢地吸收少量的水分,产生有限的膨胀,悬浮液的黏度无显著变化,淀粉粒外形未变,内部保持原来的晶体结构和双折射性,冷却干燥后,淀粉粒的形状没有什么变化。

第二阶段:淀粉颗粒的不可逆吸水阶段。进一步加热至糊化温度时(如65℃,随淀粉来源而定),水分子进入淀粉粒的内部,与一部分淀粉分子相结合,淀粉粒不可逆地迅速吸收大量水分,颗粒突然膨胀(至原体积的60~100倍),由于外界的热使氢键断裂破坏了分子间的缔合状态,双螺旋伸直形成分离状态,破坏支链淀粉的晶体结构(双折射性和偏光十字很快消失)。比较小的直链淀粉从颗粒中渗出,黏度大为增加,淀粉乳变化为黏稠的糊状液体,透明度增加,冷却后淀粉粒的外形已变,不能恢复原来的晶体状态。

第三阶段:高温阶段。淀粉糊化后,继续加热,则大部分淀粉分子溶于水中,分子间作用力很弱,淀粉粒全部失去原形,微晶束相应解体(崩溃),变成碎片最后只剩下最外面的一个环层,即不成形的空囊,淀粉糊的黏度继续增加,若温度再升高到如110℃,则淀粉粒全部溶解。

(2)影响糊化的因素。

①颗粒大小与直链淀粉含量。

破坏分子间的氢键需要外能,分子间结合力大,排列紧密者,拆开微晶束所需的外能就大,因此糊化温度就高。由此可见,不同种类的淀粉,其糊化温度不会相同(表2-23)。一般来说,小颗粒淀粉内部结构紧密,糊化温度比大颗粒高;直链淀粉分子间结合力较强。因此直链淀粉含量高的淀粉比直链淀粉含量低的淀粉难糊化(表2-24),因此可从糊化温度上初步鉴别淀粉的种类。

表2-23　　　　　　　　　　各种淀粉的糊化温度范围

淀粉来源	淀粉颗粒大小/μm	糊化温度范围/℃[①]		
		开　始	中　点	完　结
玉米	5~25	62.0	67.0	70.0
蜡质玉米	10~25	63.0	68.0	72.0
高直链玉米(55%)[②]		67.0	80.0	
高粱	5~25	68.0	73.5	78.0
蜡质高粱	6~30	67.5	70.5	74.0
大麦	5~40	51.5	57.0	59.5
黑麦	5~50	57.0	61.0	70.0
小麦	2~45	59.5	62.5	64.0
大米	3~8	68.0	74.5	78.0
马铃薯(热水处理过)		65.0	71.0	77.0
木薯	5~35	52.0	59.0	64.0

①失去双折射性的温度。

②一些颗粒在100℃时仍有双折射性。

表2-24 各种大米淀粉的糊化温度

大米品种	直链淀粉含量/%	糊化温度/℃
糯米	0.98±1.51	58
籼米	25.4±2.0	70~74
粳米	18.4±2.7	65~68

②使糊化温度下降的外界因素。

a. 电解质：电解质可破坏分子间氢键，因而促进淀粉的糊化。不同阴离子促进糊化的顺序是：OH^->水杨酸根>CNS^->I^->Br^->NO_3^->Cl^->酒石酸根>柠檬酸根>SO_4^{2-}，阳离子促进糊化的顺序是：Li^+>Na^+>K^+>NH_4^+>Mg^{2+}。如大部分淀粉在稀碱（NaOH）和浓盐溶液中（如水杨酸钠、NH_4CNS、$CaCl_2$）可常温糊化，但在1mol/L硫酸镁溶液中，加热至100℃，仍保持其双折射性。

b. 非质子有机溶剂：二甲基亚砜、盐酸胍、脲等在室温或低温下可破坏分子氢键促进淀粉糊化。

c. 物理因素：如强烈研磨、挤压蒸煮、γ射线等物理因素也能使淀粉的糊化温度下降。

d. 化学因素：淀粉经酯化、醚化等化学变性处理，在淀粉分子上引入亲水性基团，使淀粉糊化温度下降。

③使糊化温度升高的外界因素。

a. 糖类、盐类：糖类和盐类能破坏淀粉粒表面的水化膜，降低水分活度，使淀粉糊化温度升高。

b. 脂类：直链淀粉与硬脂酸形成复合物，加热至100℃不会被破坏，所以谷类淀粉（含有脂质多）不如马铃薯淀粉易糊化，如果脱脂，则糊化温度降低3~4℃。

c. 亲水性高分子（胶体）：亲水性高分子如明胶、干酪素和CMC等与淀粉竞争吸附水，使淀粉糊化温度升高。

d. 物理、化学因素：淀粉经酸解及交联等处理，使淀粉糊化温度升高。这是因为酸解使淀粉分子变小，增加了分子间相互形成氢键的能力。

e. 生长的环境因素：生长在高温环境下的淀粉糊化温度高。

3. 淀粉的回生（或称老化、凝沉）特性

（1）回生的概念。

淀粉糊化后的稀溶液或淀粉糊在低温下静置一段时间，混浊度增加，溶解度减少，在稀溶液中会有沉淀析出，如果冷却速度快，特别是高浓度的淀粉糊，就会变成凝胶体（凝胶长时间保持时，即出现回生），好像冷凝的果胶或动物胶溶液，这种现象称为淀粉的回生或老化，这种淀粉称为回生淀粉（或称β-淀粉）。

（2）回生的本质。

淀粉回生的本质是糊化的淀粉分子在温度降低时由于分子运动减慢，此时直链淀粉分子和支链淀粉分子的分支都回头趋向于平行排列，互相靠拢，彼此以氢键结合，重新组成混合微晶束。其结构与原来的生淀粉粒的结构很相似，但不成放射状，而是零乱地组合。

由于其所得的淀粉糊分子中氢键很多,分子间缔合很牢固,水溶解性下降,如果淀粉糊的冷却速度很快,特别是较高浓度的淀粉糊,直链淀粉分子来不及重新排列结成束状结构,便形成凝胶体。

回生后的直链淀粉非常稳定,加热加压也难溶解,如有支链淀粉分子混存,仍有加热成糊的可能。

回生是造成面包硬化,淀粉凝胶收缩的主要原因。当淀粉制品长时间保存时(如爆玉米),常常变得咬不动,这是因为淀粉从大气中吸收水分,并且回生成不溶的物质。回生后的米饭、面包等不容易被酶消化吸收。

当淀粉凝胶被冷冻和融化时,淀粉凝胶的回生是非常大的,冷冻与融化淀粉凝胶,破坏了它的海绵状的性质,且放出的水容易挤压出来,这种现象是不受欢迎的。

(3)影响淀粉回生的因素。

①分子组成(直链淀粉的含量)。

直链淀粉分子的链状结构在溶液中空间障碍小,易于取向,故易于回生;支链淀粉分子呈树状结构,在溶液中空间障碍大,不易于取向,故难以回生,但若支链淀粉分支长,浓度高,也可回生。糯性淀粉因几乎不含直链淀粉,故不易回生;而玉米、小麦等谷类淀粉回生程度较大。

②分子的大小(链长)。

直链淀粉分子若链太长,取向困难,也不易回生;相反,若链太短,易于扩散(不易聚集,布朗运动阻止分子相互吸引),不易定向排列,也不易回生(溶解度大),所以只有中等长度的直链淀粉才易回生。例如,马铃薯淀粉中直链淀粉的链较长,聚合度为1000~6000,故回生慢;玉米淀粉中直链淀粉的聚合度为200~1200,平均800,故容易回生,加上还含有0.6%的脂类物质,对回生有促进作用。

③淀粉溶液的浓度。

淀粉溶液浓度大,分子碰撞机会大,易于回生;浓度小则相反。一般水分含量为30%~60%的淀粉溶液易回生。水分含量小于10%的干燥状态则难以回生。

④温度。

接近0~4℃储存时可加速淀粉的回生。

⑤冷却速度。

缓慢冷却,可使淀粉分子有充分的时间取向平行排列,因而有利于回生。迅速冷却,可减少回生(如速冻)。

⑥pH值。

淀粉乳的pH值呈中性则淀粉易回生,在更高或更低的pH值时,不易回生。

⑦各种无机离子及添加剂等。

一些无机离子能阻止淀粉回生,其作用的顺序是 $CNS^->PO_4^{3-}>CO_3^{2-}>I^->NO_3^->Br^->Cl^-$;$Ba^{2+}>Sr^{2+}>Ca^{2+}>K^+>Na^+$。如 $CaCl_2$、$ZnCl_2$、NaCNS 促进糊化,阻止老化;$MgSO_4$、NaF 促进老化,阻止糊化;甘油与蔗糖、葡萄糖等形成的单甘酯易与直链淀粉形成复合物,延缓老化(乳化剂)。

因此,防止回生的方法有快速冷却干燥,这是因为迅速干燥,急剧降低其中所含水分,这样淀粉分子联结而固定下来,保持住 α-型,仍可复水。另外可考虑加乳化剂,如面包中加乳化剂，保持住面包中的水分，防止面包老化。

4. 膨润力和溶解度

膨润力与溶解度反映淀粉与水之间相互作用的大小。膨润力指每克干淀粉在一定温度下吸水的质量数；溶解度指在一定温度下，淀粉样品分子的溶解质量百分数。

定量样品(2%，干基)悬浮于蒸馏水中，于一定温度下加热搅拌 30min 以防淀粉沉淀，在 3000r/min 下离心 30min，取上清液在蒸汽浴上蒸干，105℃烘至恒重(约 3h)，称重，按公式(2-17)、(2-18)计算。

$$溶解度(S)(\%) = \frac{A}{W} \times 100 \tag{2-17}$$

$$膨润力(\%) = \frac{P \times 100}{W(100 - S)} = \frac{P}{W(1 - S/100)} \tag{2-18}$$

式中：

A——上清液蒸干恒重后的质量，g；

W——绝干样品质量，g；

P——离心后沉淀物质量，g。

各种淀粉的膨润力和溶解度如表 2-25 所示。

表 2-25　　　　　**在 95℃下各种淀粉的膨润力和溶解度**

淀　粉	膨润力/%	溶解度/%	淀　粉	膨润力/%	溶解度/%
马铃薯	71	82	玉米	24	25
木薯	71	48	小麦	21	41
甘薯	46	18	大米	19	18

5. 淀粉糊机械(力学)性质

淀粉无论用于食品(增稠)、造纸(施胶)、纺织(上浆)、钻井(钻泥)以及其他各个方面，首先要在水中糊化，淀粉糊化后黏度大为增加，冷却时，由于分子聚集形成交联网络，抵抗变形增加，糊保持流动或形成一种半固体或固体凝胶，显示相当的保持形状的力量。淀粉制造者或使用者为了判断淀粉的品质和应用中的流动行为，需要测定它的黏度、凝胶硬度、凝胶强度等。

(1)淀粉糊的黏度。

淀粉糊黏度的测定原理是转子在淀粉糊中转动，由于淀粉糊的阻力产生扭矩，形成的扭矩通过指针指示出来。采用的检测仪器有 Brabender 黏度仪、Brookfield 黏度计、Haake 黏度计和 NDJ-79 型(或 I 型)旋转式黏度计等。另外可用奥氏黏度计(乌氏黏度计)测特性黏度及表观黏度，也可用流度计测淀粉和酸解淀粉等其他变性淀粉的流度。另外，淀粉的浓度、温度、搅拌时间、搅拌速度以及盐等添加剂影响淀粉糊的黏度。

(2)凝胶刚度(硬度)。

淀粉分子重新缔合时就产生胶凝现象，含直链淀粉多的淀粉生成凝胶的过程极为迅速。不同直链淀粉含量的淀粉，其胶凝性能不相同。例如，玉米淀粉的凝胶化比马铃薯淀粉进行得快，其原因还不完全明白，脂肪含量和直链淀粉分子量的差别可能是主要原因。另一个因素就是在天然淀粉颗粒中，直链淀粉与支链淀粉分子被分离和聚集的程度，关于这一点，还需要更多的资料支持。众所周知，玉米淀粉中的直链淀粉比马铃薯中的直链淀粉更容易被浸提出来，因此，在玉米淀粉中直链淀粉和支链淀粉基本上分离，而在马铃薯淀粉中，直链淀粉部分地与支链淀粉密切地结合，这种结合是造成马铃薯淀粉高度膨胀和较小胶凝（软凝胶）的原因。另外，玉米淀粉中含有脂类化合物能使其中直链淀粉部分离析，同时，玉米淀粉与加入的添加物比马铃薯淀粉更易形成复合物。

测定凝胶刚度的简单测定装置是用改进的针入计（penetrometer），以凝胶压缩深度与添加的重量的函数来测定凝胶的刚度。

（3）凝胶的强度。

它主要是探讨凝胶结构破坏所需的最大力，所用的测定仪器可与测定刚度是同一仪器。其不同点在于刚度主要考虑的是力而强度还兼顾凝胶破裂时的变形情况。

6. 淀粉糊的性质

淀粉在不同的工业中具有广泛的用途，然而几乎都得加热糊化后才能使用。不同品种的淀粉糊化后，糊的黏度、透明度、抗剪切性能及老化性能等性质，都存在显著差别，如表 2-26 所示，这显著影响其应用效果。

表 2-26　　　　　　　　　　　　不同品种淀粉糊的主要性质

性　质	马铃薯淀粉	木薯淀粉	玉米淀粉	糯高粱淀粉	交联糯高粱淀粉	小麦淀粉
蒸煮难易	快	快	慢	迅速	迅速	慢
蒸煮稳定性	差	差	好	差	很好	好
峰黏	高	高	中等	很高	无	中等
老化性能	低	低	很高	很低	很低	高
冷糊稠度	长，成丝	长，易凝固	短，不凝固	长，不凝固	很短	短
凝胶强度	很弱	很弱	强	不凝结	一般	强
抗剪切	差	差	低	差	很好	中低
冷冻稳定性	好	稍差	差	好	好	差
透明度	好	稍差	差	半透明	半透明	模糊不透明

7. 淀粉膜的性质

淀粉膜的主要性质如表 2-27 所示。马铃薯和木薯淀粉糊所形成的膜，透明度、平滑度、强度、柔韧性和溶解性等性质比玉米和小麦淀粉形成的膜更优越，因而更有利于作为造纸的表面施胶剂、纺织的棉纺上浆剂以及用作胶粘剂等。

表2-27 不同品种淀粉膜的性质

性 质	玉米淀粉	马铃薯淀粉	小麦淀粉	木薯淀粉	蜡质玉米淀粉
透明度	低	高	低	高	高
膜强度	低	高	低	高	高
柔韧性	低	高	低	高	高
膜溶解度	低	高	低	高	高

拓 展 学 习

一、淀粉糊品质测定

淀粉糊品质测定1 淀粉糊透明度的测定

称取一定量的淀粉样品，配成浓度为1%的淀粉乳。取50mL1%的淀粉乳于100mL烧杯中，置沸水浴中加热、搅拌15min并保持淀粉乳的体积不变。冷却至25℃，以蒸馏水作参照，用1cm比色皿在620nm波长处测定淀粉糊的透光率。以透光率表示淀粉糊的透明度，透光率越高，糊的透明度也越高。

淀粉糊品质测定2 淀粉糊冻融稳定性的测定

称取一定量的淀粉样品，配成浓度为6%的淀粉乳，加热至95℃后置于塑料烧杯中，冷却至室温。放入-10~-20℃的冰箱内，冷冻一昼夜后取出自然解冻，观察淀粉糊的冷冻状况，然后再放入冰箱内，冷冻、解冻，直至有清水析出为止。记录冷冻次数即为淀粉糊的冻融稳定性。冷冻次数越多，冻融稳定性越好。

二、直链淀粉和支链淀粉分子量的测定

直链淀粉和支链淀粉分子量测定之前应先将两者分离，然后进行测定，目前测定的方法有甲基化法、高碘酸氧化法、β-淀粉酶水解法和物理法等方法。

甲基化法是测定直链淀粉分子量的方法。直链淀粉经甲基化后水解，通过测定反应生成的2，3，4，6-四甲氧基葡萄糖和2，3，6-三甲氧基葡萄糖的量可计算出直链淀粉的分子量。

如一个直链淀粉样品可通过甲基化与水解反应生成的2，3，4，6-四甲氧基葡萄糖为它与2，3，6-三甲氧基葡萄糖总和的0.5%，则直链淀粉分子平均每200(1/0.5% = 200)个葡萄糖含有一非还原性末端，即DP = 200，$M_W = 200×162 = 32400$(162-AGU的摩尔分子量)。此法不能测定支链淀粉的分子大小，因为支链淀粉有许多非还原性末端(分支和主链没有一定的关系)，数目不一定，它们与分子大小无一定数字关系，但可测支链淀粉的平均链长，指2，3，4，6-四甲氧基占总的葡萄糖数(AGU)(包括2，3-、2，3，4，6-、2，3，6-甲氧基)。另外，甲基化反应测出的DP是偏低的，这是因为在碱性条件下淀粉

分子发生断裂, 从而使 DP 偏低, 同时氧气的作用也使 DP 偏低。

高碘酸氧化法是指高碘酸将直链淀粉的非还原性末端氧化产生 1 个分子甲酸, 还原性末端氧化产生 2 个分子甲酸, 每个直链淀粉分子共产生 3 个分子甲酸。根据甲酸的产量, 可算出 DP, 再由 DP 算出 M_w。此方法也可用来测定支链淀粉分子量, 因为支链淀粉分子有众多非还原性末端, 但只有一个还原性末端, 可以认为氧化产生的甲酸全部由非还原性末端而来, 故可用此法来测定支链淀粉的平均链长。

β-淀粉酶法是利用 β-淀粉酶从支链淀粉非还原性末端每次切下一个麦芽糖单位, 通过对麦芽糖含量的测定以及与甲基化法结合可计算出外链和内链的平均长度。

若甲基化法可得 4% 的 2, 3, 4, 6-四甲氧基葡萄糖, 则

$$DP = 1/4\% = 25 \text{ 个 AGU}$$

如果用 β-淀粉酶作用于玉米支链淀粉得到 63% 水解的麦芽糖, 设 A、B 链数目相等, 平均剩余 2.5 个 AGU 未作用, 则

$$外链平均长 = 25 \times 63/100 + 2.5 = 18 \text{ 个 AGU}$$

$$内链平均长 = 25 - 18 - 1 = 6 \text{ 个 AGU}(1\text{-交叉点的 AGU})$$

渗透压法、光散射法、黏度法和高速离心沉降法等物理方法也是测定直链淀粉和支链淀粉分子量的常用方法。

不同的测定方法所测得的 DP 不同(表 2-28 所示), 这是因为不同的分离方法在分离过程中又会引起淀粉分子不同程度的降解, 使分子断裂而变小, 因而所得的 DP 和 M_w 比实际数值低。一般化学方法测定 M_w(或 DP)总是偏低, 因此, 近代分析都用物理方法测定 M_w。

表 2-28 　　　　　　　　　**不同方法测定的直链淀粉的聚合度(DP)**

原料	聚合度		
	渗透压法	甲基化法	高碘酸氧化法
马铃薯直链淀粉 1	505	250	
马铃薯直链淀粉 2	258	190	
马铃薯直链淀粉 3	536	101	
玉米直链淀粉	800		490

三、马铃薯淀粉的分离

淀粉分离时, 由于原料不同, 其生产工艺及其工艺参数也不相同, 现将马铃薯淀粉的分离过程做一简单的介绍。

马铃薯淀粉的生产工艺流程如图 2-19 所示。

(1)马铃薯的清洗。

马铃薯从原料仓出来通过流水槽和清洗机, 除去表面黏附的泥灰、夹附的杂质等, 进入净料仓。在水力输送槽中, 1t 马铃薯清洗的耗水量为 $6 \sim 7m^3$, 水和马铃薯的混合物的流动速度应不低于 0.75m/s, 清洗时间约为 12min。经清洗后的马铃薯的杂质含量不应高

图 2-19 马铃薯淀粉生产工艺流程

于 0.1%。

（2）马铃薯的破碎。

洗净的马铃薯从净料仓底卸出，落到螺旋输送机上，并均匀连续地喂入刨丝机中将马铃薯锉磨成细碎的丝条状并打成糊浆，然后用水将糊浆稀释（加水量不大于马铃薯质量的50%），便于浆渣的分离，所得的细渣脱水后进行三次磨碎。由于马铃薯块茎中含有酪氨酸酶能使淀粉变色，因此破碎时常用 0.2°Be 的亚硫酸溶液，以抑制酪氨酸酶的作用。在加工鲜马铃薯时，刨丝机上的锉齿突出量应不大于 1.5mm（加工冷冻储存的马铃薯为2mm），进行第二次磨碎时不应高于 1mm，锉条每厘米长度上不少于 8 齿。锉齿滚筒的转速影响淀粉的游离程度，一般转速为 50m/s，淀粉的游离率数为 90%~93%。从细渣中洗涤得到的淀粉乳约占 70%，其浓度为 3.5%~5%。

（3）分离。

稀释后的糊浆送到一组组合筛中进行筛选。经几次筛选的细渣和来自回转筛的筛上物即粗渣混合，成为废渣。按干基计，淀粉乳中含渣量不大于 8%，而粉渣中游离淀粉的含量不应超过 3%~4%。

（4）精制。

从组合筛得到的淀粉乳还需进行精制。淀粉乳精制可采用离心机进行二次分离，进入第一级离心机的淀粉乳浓度为 13%~15%，进入第二级离心机的淀粉乳浓度为 10%~12%。而经一级精制的淀粉乳含渣量不高于 1%，经二级精制的淀粉乳含渣量不高于 0.5%。经精制后的淀粉的纯度应达到 96%~98%。

（5）淀粉的脱水干燥。

精制后的湿淀粉含水量为 50%，不易储存，应将其干燥，或直接用作生产淀粉糖或其他变性淀粉的原料。干燥初期温度不超过 40℃，待水分降低一些后，温度可提高到70℃。过高的干燥温度会影响淀粉的色泽，为此淀粉的干燥尽可能地在低温下进行。干燥后的淀粉即可进行称重、包装，得成品淀粉。

四、马铃薯淀粉的特点

马铃薯淀粉是指通过物理方法将马铃薯块茎细胞中的淀粉颗粒提取出来，块茎的其他成分都成了废水和废渣。与其他淀粉一样，马铃薯淀粉也是由葡萄糖聚合而成的，但是马铃薯淀粉优良的特性和独特的用途明显优于其他淀粉。马铃薯淀粉平均粒径大、粒径大小分布宽；糊化温度低、膨胀性好；糊化时吸水、保水力大；淀粉糊浆的黏度和透明度高，在众多领域得到应用，占据我国马铃薯加工业中的核心地位。

从表 2-29 中的数据可以看出，马铃薯淀粉与其他三种淀粉在物理性能上有许多不同，主要表现为以下几个方面的特性。

表 2-29   几种淀粉的特性参数比较

项目	马铃薯	玉米	小麦	木薯
淀粉粒类别	块茎	谷物	谷物	块茎
形状	椭圆形，球形	圆形，多角	凸镜形，卵形	圆形
大小/μm	15~100	3~26	1~45	4~35
淀粉粒结构				
直链淀粉含量/%	21	28	26	17
支链淀粉含量/%	79	72	74	83
糊化特性				
糊化温度	58~63~68	62~67~72	58~61~64	59~64~69
8%糊黏度(BU)	3000	700	200	1200
膨胀力/95℃	1153	24	21	71
临界浓度/95℃	0.1	4.4	5.0	1.4
糊性质				
糊黏度	很高	中	低	中
糊澄清度	半透明	不透明	浑浊	清亮
老化率	中	高	高	低
口味	淡	重	重	淡
淀粉成分				
水分(%)	16~18	10~12	10~12	10~12
脂类(%)	0.05	0.7	0.8	0.8
蛋白质(%)	0.06	0.35	0.4	0.1
灰分(%)	0.4	0.1	0.2	0.2
磷酸基(%)	0.08	0.02	0.06	0.01

1. 马铃薯淀粉的糊化特性

植物淀粉加水加热至60~75℃，淀粉粒急剧大量吸水膨胀，淀粉粒的形状破坏，呈半透明的胶体状的糊浆，这一过程即淀粉的糊化。常温下，水分子不能进入淀粉分子内部，淀粉在水中是稳定的。

(1)马铃薯淀粉的糊化温度低。

淀粉能实现糊化的温度即糊化温度。马铃薯淀粉的糊化温度平均为56℃，比谷物淀粉如玉米淀粉(64℃)、小麦淀粉(69℃)以及薯类淀粉如木薯淀粉(59℃)、甘薯淀粉(79℃)的糊化温度都低。一是由于马铃薯淀粉分子结构中支链成分大，而玉米及谷物等淀粉分子中直链淀粉占有相对多的比例。支链淀粉分子庞大，排列杂乱形成所谓"无定形"结构，其结构疏松且夹带的水分多，受热后易遭受外来的水分子对其氢链的攻击而发生糊化。而直链淀粉分子相对较小，排列规则形成"结晶"结构，而且某些直链淀粉可与脂质形成螺旋状复合物，这种复合物质对热比较稳定。所以一般而言，直链淀粉比支链淀粉糊化温度要高些，且直链成分含量越大其糊化温度就越高。二是由马铃薯淀粉本身的分子结构决定的。马铃薯淀粉的分子结构具有弱的、均一的结合力，给予 50~62℃ 的温度，淀粉粒一起吸水膨胀，糊化产生黏性。而玉米及谷物等淀粉的分子结构是弱力和强力两种力结合，具有二段膨胀的性质，并且属强力结合，需比马铃薯淀粉高 10℃ 以上的高温才能实现糊化。

(2)糊浆透明度高、黏度高。

马铃薯淀粉本身结构松散，在热水中能完全膨胀、糊化，糊液中几乎不存在能引起光线折射的未膨胀、糊化的颗粒状淀粉。马铃薯淀粉分子结构中结合的磷酸基和不含有脂肪酸是其糊浆透明度高的主要原因。马铃薯淀粉的糊浆峰值黏度比玉米淀粉、木薯淀粉的糊浆峰值黏度都高，并且不同原料加工的淀粉之间糊浆黏度也有差异。

(3)膨胀力大、临界浓度低、不易老化。

马铃薯淀粉糊化时，水分充分保存，能吸收比自身重量多 400~600 倍的水分，比玉米淀粉吸水量多25倍。和其他淀粉比，马铃薯淀粉中的羧基自行结合的程度小，所剩余的羧基数目相对增多，通过氢键与水分子结合的机会多，因此其吸水力较其他淀粉大。马铃薯淀粉的糊浆离水力较低，因此马铃薯淀粉稳定性高，不易老化。

2. 马铃薯淀粉的磷酸

马铃薯淀粉的微晶体上结合有磷酸基，这是马铃薯淀粉分子结构的特点。正是由于这一特点，使马铃薯淀粉具有糊化温度低、淀粉糊透明度高、易膨胀等特性。含有的磷酸基团的取代作用，使马铃薯的淀粉糊很少出现凝胶和老化现象。

3. 马铃薯淀粉颗粒

马铃薯淀粉其平均粒径(15~100μm)比其他淀粉大，在 30~40μm 粒径大小范围比其他淀粉的范围广，粒径分布近乎正态分布。其他淀粉粒径范围大小，玉米为 3~26μm、木薯为 4~35μm、小麦为 1~45μm。

4. 马铃薯淀粉支链淀粉含量

马铃薯淀粉颗粒中，约含有 21% 的直链淀粉和 79% 的支链淀粉，比玉米(72%)、小麦(74%)都高，直链淀粉和支链淀粉的性质存在很大差异，这也是马铃薯淀粉优于其他淀粉的主要原因之一。

五、马铃薯淀粉的应用领域

(1)食品行业。

方便面及面条食品中添加马铃薯淀粉，可使制品透明度高，表面光滑，色泽好，大大改善食品的黏性和弹性，口感好，对改善方便面的食味有效果。用马铃薯淀粉做的小点心，一方面利用马铃薯淀粉黏度和膨胀度高的特性，使食品膨化度大，膨化后产出独特的食感。另一方面，利用糊化温度低的特性，加工出溶性佳的食品。在乳制品中加入马铃薯淀粉可以改善色泽，保持清淡风味和细腻的口感。用于糖果中，可以改善产品的口感和咀嚼性，增加弹性和细腻度，而且能有效防止糖体变形和变色，延长产品货架期。用于肉制品，可以增加肉制品的黏结性、增加肉制品的稳定性以及改善肉制品的外观和口感。

（2）造纸行业。

造纸工业是继食品工业之后最大的淀粉消费行业。造纸行业所使用的马铃薯淀粉主要用于表面施胶、内部添加剂、涂布、纸板黏合剂等，以改善纸的性质和增加强度，使纸和纸板具有良好的物理性能、表面性能、适印性能和其他方面的特殊质量要求。

（3）医药工业。

马铃薯淀粉主要用于制作糖衣、胶囊等方面以及牙科材料、接骨粘固剂、医药手套润滑剂、诊断用放射性核种运载体等方面。马铃薯淀粉由于其低热量特点，可用在维生素、葡萄糖、山梨醇等治疗某些特殊疾病的药品中。用马铃薯淀粉可制成淀粉海绵，经消毒放在伤口上有止血作用。

（4）纺织行业。

马铃薯淀粉用于印染浆料，可使浆液成为稠厚而有黏性的色浆，不仅易于操作，而且可将色素扩散至织物内部，从而能在织物上印出色泽鲜艳的花纹图案。

（5）化学、化工行业。

用马铃薯淀粉和丙烯腈、丙烯酸、丙烯酸酯、丁二烯、苯乙烯等单体接枝共聚可制取淀粉共聚物；利用马铃薯淀粉添加在聚氨酯塑料中，既起填充作用，又起交联作用，可增加塑料产品强度、硬度和抗磨性，马铃薯淀粉可用于各种黏合剂、油漆、电池、胶片、生物降解制品等。

（6）铸造行业。

用马铃薯的预糊化淀粉作黏结剂制作的砂芯不仅清砂容易，而且具有表面光滑等特点。

（7）石油钻井。

马铃薯的预糊化淀粉具有抗高温、耐高压的特性，用于石油钻井中泥浆的降失水剂，能有效地控制泥浆水分的滤失。

（8）水产养殖业。

用于多孔性鱼饲料，在水中营养成分不易溶解、不易散失、易消化、无毒。很适合鲤、鳗等鱼类饲料。

（9）建材行业。

在建筑行业，主要用作涂料、腻子粉等。

第3章 变性淀粉的基本知识

内容提要

介绍变性淀粉的概念、种类及其性能特点。重点介绍常见的几种变性方法,即酶或生物转化、物理改性、化学变性,但目前最主要、应用最广泛的是化学变性。最后简要介绍通用的变性条件及其最适宜的参数范围。另外,变性程度也是影响变性淀粉性能的指标之一,它直接决定变性淀粉的用途,因此要把握适当。对不同类型的淀粉,其衡量标准不同,如取代度(DS)、接枝参数等。

3.1 变性淀粉的概念

3.1.1 变性淀粉

天然淀粉已广泛应用于各个工业领域,不同应用领域对淀粉性质的要求不尽相同。随着工业生产技术的发展,新产品的不断出现,对淀粉性质的要求越来越苛刻。天然淀粉的可利用性取决于淀粉颗粒的结构和淀粉中直链淀粉和支链淀粉的含量。不同种类的淀粉其分子结构和直链淀粉、支链淀粉的含量都不相同,因此不同来源的淀粉原料具有不同的可利用性。如薯类淀粉,颗粒大而松,易让水分子进去,糊化温度低,峰黏高,分子大且直链淀粉少,不易分子重排,另外含 0.07%~0.09% 的磷,吸水性强,不易回生。谷类淀粉,颗粒小而紧,水分子难进去,糊化温度高,峰黏低,分子小且直链淀粉多,易重排,另外还含有脂肪,脂肪与直链淀粉结合不易吸收,故易胶凝回生,透明性差。天然淀粉在现代工业中的应用,特别是在广泛采用新工艺、新技术、新设备的情况下应用是有限的。大多数的天然淀粉都不具备有效的能被很好利用的性能,为此根据淀粉的结构及理化性质开发了淀粉的变性技术。

在淀粉所具有的固有特性的基础上,为改善淀粉的性能和扩大应用范围,利用物理、化学和酶法处理,改变淀粉的天然性质,增加其某些功能性或引进新的特性,使其更适合于一定的应用要求。这种经过二次加工,改变了性质的产品统称为变性淀粉。例如,新的糊化淀粉乳技术采用高温喷射器,蒸汽直接喷向淀粉乳,糊化快而均匀,节省设备费用,成本低,但是高温蒸汽使糊黏度降低,用为增稠剂或稳定剂是不利的,通过交联变性能提高黏度热稳定性,避免此缺点。高温蒸汽喷射也产生剪切力,使黏度降低,交联处理同样能提高抗剪切力稳定性,避免黏度降低。高速搅拌和泵送淀粉糊经管道都会产生相应的剪切力影响。食品加工越来越多应用冷冻技术，但原淀粉糊经冷冻会发生凝沉，破坏食品胶体结构，通过酯化、醚化和交联变性，能提高冷冻稳定性，避免这些缺点。

总之，变性的目的，一是为了适应各种工业应用的要求，如高温技术(罐头杀菌)要求淀粉高温黏度稳定性好，冷冻食品要求淀粉冻融稳定性好，果冻食品要求透明性好、成膜性好等；二是为了开辟淀粉的新用途，扩大应用范围，如纺织上使用淀粉；羟乙基淀粉、羟丙基淀粉代替血浆；高交联淀粉代替外科手套用滑石粉等。

以上绝大部分新应用是天然淀粉所不能满足或不能同时满足需要的，因此要变性，且变性的目的主要是改变糊的性质，如糊化温度、热黏度及其稳定性、冻融稳定性、凝胶力、成膜性、透明性等。

3.1.2 变性淀粉的种类及性能特点

变性淀粉的分类方法大致分为原淀粉来源分类法和变性方法(变性原理)分类法两种。根据原淀粉来源不同，可分为马铃薯变性淀粉、玉米变性淀粉、大米变性淀粉、木薯变性淀粉、小麦变性淀粉等；而根据变性方法不同，又可分为物理变性淀粉(预糊化淀粉)、化学变性淀粉和酶变性淀粉，其中目前酶变性的生产方法被采用的较少，最常用到的则是化学变性。葡萄糖分子失水缩合形成淀粉，所有化学反应都发生在以下两个基团上：未发生反应的羟基；失水缩合形成的糖苷键。根据化学变性原理不同，化学变性淀粉通常分为氧化变性淀粉、降解变性淀粉(如酸解淀粉)、酯化变性淀粉(如醋酸酯淀粉)、醚化变性淀粉(如羟丙基淀粉)、复合变性淀粉(如交联淀粉)、糊精(部分糖苷键断裂)等。

1. 预糊化淀粉

把淀粉在一定量水存在下进行加热处理后，淀粉颗粒溶胀成为糊状，规则排列的胶束被破坏，微晶消失，然后在高温下迅速干燥而得到一种多孔、无明显结晶现象的淀粉颗粒，这种淀粉称为预糊化淀粉，也称 α-淀粉。预糊化淀粉能在冷水中溶胀、溶解，且糊液比原淀粉稳定，不易凝沉，成糊后黏度高，保水性强。

2. 颗粒状冷水可溶淀粉(GCWS)

颗粒状冷水可溶淀粉在某种意义上讲，就是对预糊化淀粉的生产工艺进行改造后得到的一种产品。改进方法主要包括含水多元醇溶液处理法、酒精碱溶液法、高温高压酒精溶液热处理法、脉冲喷气法和高压喷射喷雾干燥法。颗粒状冷水可溶淀粉能保持原淀粉的颗粒状态，其复水后的糊与原淀粉糊的性质基本相同。

3. 淀粉糖

淀粉糖是淀粉经酸水解不完全糖化的产物，包括葡萄糖、麦芽糖、低聚糖和糊精等产物。有效控制水解程度可得到饴糖、葡萄糖、麦芽糖和异构化糖。葡萄糖甜味纯正可代替蔗糖。麦芽糖甜味较低，是蔗糖的40%，可和水及其他极性化合物络合生成络合物，另外，人体吸收麦芽糖不需要胰岛素。麦芽糖醇是麦芽糖的一种衍生物，甜味和蔗糖相似，但其热量很低，可促进肠道菌双歧杆菌的生长。

4. 酸变性淀粉

酸变性淀粉是用酸来处理淀粉，改变淀粉团粒形状的一类变性淀粉，又称酸解淀粉。酸解淀粉基本保持原淀粉颗粒的形状，直链淀粉含量增加，热糊黏度较低、流度变大，透明度增加，冷却凝沉作用较强易老化成浑浊的坚实凝胶。

5. 氧化淀粉

氧化淀粉是淀粉在酸、碱、中性介质中,与氧化剂作用使淀粉氧化,在淀粉分子链上引入羧基和羰基,形成的一类产品。氧化淀粉黏度低、凝胶化作用小、高固体分散。氧化淀粉糊液凝沉作用很小,有较好的稳定性、成膜性、黏合性和透明度。

6. 醋酸酯淀粉

醋酸酯淀粉是淀粉在中性介质中,将淀粉分子中的羟基醋酸化后得到的产品。醋酸酯淀粉糊糊丝长、透明度高、成膜性好、持水性好、冻融稳定性好。

7. 羟丙基淀粉

羟丙基淀粉是淀粉在碱性介质中,将淀粉分子中的羟基用羟丙基取代得到的取代基淀粉。羟丙基淀粉的冻融稳定性和透光率高。

8. 交联淀粉

交联淀粉是淀粉在碱性介质中,用交联剂(能与淀粉分子中两个或多个羟基起反应的化学试剂)对淀粉进行复合变性可得到的一类变性淀粉。交联淀粉糊化温度较高,对热酸和剪切力具有高稳定性,可延缓淀粉的凝沉作用,冷冻稳定性和冻融稳定性高。

另外,变性淀粉还可按生产工艺路线进行分类,有干法(如磷酸酯淀粉、酸解淀粉、阳离子淀粉、羧甲基淀粉等)、湿法、有机溶剂法(如羧甲基淀粉的制备一般采用乙醇作溶剂)、挤压法和滚筒干燥法(如天然淀粉或变性淀粉为原料生产预糊化淀粉)等。

3.2 变性淀粉的变性方法

变性淀粉的变性方法主要有三种:物理改性、化学变性、酶或生物转化法。其中化学变性是最主要、应用最广泛的一种变性方法。

3.2.1 淀粉的酶或生物转化

有的造纸工厂用 α-淀粉酶处理原淀粉乳,通过适度水解,降低黏度,用于施胶,自行变性,可以就地应用,成本低,使用方便。这种酶法变性操作有间歇法和连续法。间歇法是将淀粉酶混于原淀粉乳中,调节 pH 值为 6.5,加热到约 90℃,保温一定时间,待黏度降低到要求的程度时,快速加热到约 100℃,保持若干分钟,灭酶,冷却,供施胶用。连续法应用喷射器,自动控制操作,节省人工,成本低,糊黏度均匀。

1. 淀粉转化酶

酶的本质是蛋白质,酶作为生物催化剂,可以大大加速反应过程,一般酶催化反应速度要比非催化反应高 $10^8 \sim 10^{20}$ 倍,其催化本领要比一般化学催化剂高一千万至一万亿倍,酶在反应后即恢复原状且在反应前后不发生变化。酶的另一个特点是作用的专一性。所以酶促反应不但转化率高,产品纯度也高,其作为生物催化剂被广泛应用于淀粉转化制品的生产。

从广义上讲,凡是能参与淀粉水解、转化及合成的各种酶均可称为淀粉酶。但在本书中提到的淀粉酶主要是已在淀粉工业中大量应用的淀粉水解酶,这些淀粉水解酶主要包括 α-淀粉酶、β-淀粉酶、葡萄糖淀粉酶以及脱枝酶等。

淀粉酶的分类标准很多,根据产物的异头碳原子构型可分为 α 型和 β 型;根据进攻底物的方式可分为内切型和外切型；根据底物黏度的下降速度可分为液化型和糖化型；根据生成物的名称可分为葡萄糖淀粉酶、麦芽糖淀粉酶等；根据生物学的来源可分为真菌淀粉酶、细菌淀粉酶以及植物淀粉酶等。

2. 酶的转化条件

酶是一种生物催化剂，很多因素都对酶的催化有影响。主要影响因子有底物浓度、酶解温度、时间、pH 值和加酶量等。不同的酶有不同的转化条件，因此，必须根据具体的酶选择相应的适宜工艺条件。

3. 转化方式及产品

(1)酶法淀粉制糖。

由酶作为催化剂，以淀粉为原料可以生产多种淀粉糖。

(2)氨基酸生产。

谷氨酸钠是人们喜爱的鲜味剂，淀粉经 α-淀粉酶及糖化酶水解为糖质原料，再由谷氨酸产生菌发酵成谷氨酸，谷氨酸是所有氨基酸转化技术的先导。目前，以淀粉原料可生产 20 多种氨基酸。

(3)酒精。

随着石油资源的匮乏，世界各国都将注意力集中在新能源的开发上，淀粉和纤维素是生产石油代替能源的最好资源，多种淀粉质原料如马铃薯、玉米、小麦、木薯根等用于工业乙醇生产曾被报道。

(4)有机酸工业。

以淀粉质为原料经过一系列酶、微生物转化可生产多种有机酸如柠檬酸、乳酸、醋酸、葡萄糖酸、衣康酸等。

(5)其他工业。

淀粉通过酶或生物转化还可以生产许多其他重要产品，如丙酮、丁醇、多种抗生素、微生物菌体蛋白等。

3.2.2 淀粉的物理改性

天然淀粉用高温、辐射、烟熏等物理方法处理，可得到多种变性淀粉。常用的物理改性方法有以下几种类型。

1. 热液处理

热液处理是指在过量或中等水存在的情况下(含水量大于或等于 40%)，在一定的温度范围(高于玻璃化转变温度但低于糊化温度)处理淀粉的一种物理方法。按照热液处理温度和淀粉乳水分含量的不同，淀粉的热液处理可以分为韧化、湿热处理、压热处理。

韧化是在水分含量≥40%，低于淀粉糊化温度的条件下，对淀粉进行的一种热处理过程。湿热处理是淀粉在水分含量小于 35% 的热处理过程，温度较高，不同淀粉及处理条件对淀粉物性的影响不同。压热处理是过量水分在高温高压下对淀粉进行的处理，通过热液处理淀粉分子内部的结晶发生重排，淀粉的性质也随之改变。

2. 微波处理

微波加热是靠电磁波把能量传播到被加热物体的内部而实现的，微波处理具有加热速度快、加热均匀性好、易于瞬时控制、选择性吸收及加热频率高等基本特性，目前作为一种方便、省时的加热能源广泛应用于食品和化工领域。微波处理能够降低淀粉的结晶性、溶解性、溶胀性和黏度，提高糊化温度和糊稳定性，并使淀粉的老化趋势减小。

3. 电离放射线处理

电离放射线是由于电场和磁场随时间变化而在空间传播的波动形成的高频率、高能量辐射线。辐射时能量以电磁波的形式透过物体，物质中的分子吸收辐射能时，会激活成离子或产生自由基，直接或间接引起化学键的断裂，使物质的结构发生改变。

淀粉经辐射处理后，淀粉链断裂，聚合度和分子量下降，对酶的作用敏感，辐射对淀粉的破坏程度与辐射剂量成正相关且还与辐射剂量率有关。

4. 超声波处理

超声波是频率大于 20kHz 的声波，是一种在弹性介质中的机械振荡，它在介质中形成介质粒子的机械振动，从而引起声波与介质的相互作用。高强度的超声波可改变大分子物质的性能或状态——引发聚合度的降解，主要是机械性断键作用和自由基的氧化还原反应。将超声波作用于淀粉，其在溶液中产生空化核的生成、生长和崩溃，产生局部的高温、高压和高频振动，从而改变淀粉的表面形貌、分子量、糊黏度及结晶度等性质和结构参数。

5. 球磨处理

球磨粉碎是超细粉碎分级技术的一种，它利用冲击元件对物料施以激烈冲击，并使其与物料之间产生高频的强力冲击、剪切等作用而粉碎。淀粉在机械力的作用下，颗粒形貌、粒度和表面性质发生变化，结晶结构受到破坏，从多晶结构转变为非晶结构，同时还可能引起淀粉分子链排列、分子量分布和直链与支链含量比例的变化，从而导致淀粉改性，不仅能改变淀粉的糊化性质、黏度性质、流变性质和凝沉性质等，还可赋予淀粉一些特殊的性质，如分散性好、吸水性强、比表面积大、化学反应和生物反应活性较高等。

经研究证实，马铃薯淀粉进行球磨处理后，马铃薯淀粉糊化容易，同时糊黏度大大降低，热黏度和冷黏度稳定性提高，在水中的溶解度、膨胀度和吸湿性提高。

6. 挤压处理

挤压是集输送、混合、加热、加压和剪切等多项单元操作于一体的新技术，它是高温、短时、低水分、高能量的热化学过程，主要设备是螺杆挤压机。挤压处理的原理是在高温、高压、高剪切力作用下，淀粉分子间的氢键断裂，淀粉发生糊化、降解，生成小分子量物质，淀粉水溶性增强，淀粉溶解性和消化率降低。

淀粉物理变性的主要作用就是改变淀粉的糊化和蒸煮特性，包括淀粉的糊化温度、淀粉糊的热稳定性、冷稳定性、抗酸稳定性和抗剪切力，及在复合变性中改变淀粉上述几种性质，使其具有多功能性。概括来说，变性淀粉的使用主要是利用变性淀粉三方面的特性：淀粉颗粒的性质、淀粉糊的性质和淀粉糊化后的成膜性能。

淀粉的物理变性方法，反应时间短、效率高，而且仅涉及水和热等纯天然资源，产品安全性高，对环境无污染，未来发展前景十分广阔，但是物理变性需要使用高新技术，这在一定程度上限制了物理变性淀粉在工业上的应用。

3.2.3　淀粉的化学变性

由于原淀粉具有冷水不溶性，糊液又不稳定易老化，成膜性差，耐机械搅拌和耐热性也差，缺乏耐水性和乳化能力等等。因此它的应用受到了限制，不能适应食品、医药、造纸、纺织、冶金、建筑以及农林等方面发展变化的要求。为了扩大淀粉的应用范围，这就需要对淀粉进行变性衍生处理，改善原淀粉的高分子属性或增加新的性状，使它们具有比原淀粉更优良的性质，直到原淀粉达不到的特殊效能，使之适用于各种不同用途的需要。

淀粉衍生物的制取，常采用化学方法。利用淀粉分子中具有许多醇羟基，能与许多化学试剂起反应，引入各种基团生成酯和醚衍生物；或与具有多元官能团的化合物反应得到交联淀粉；或与人工合成的高分子单体经接枝反应得共聚物。淀粉分子含有数目众多的羟基，其中只有少数发生化学反应便能改变淀粉的糊化难易、黏度高低、稳定性、成膜性、凝沉性和其他性质，达到应用要求，还能使淀粉具有新的功能团，如带阴或阳电荷。由于所用的化学试剂不同，反应条件的不同，取代程度和聚合程度的不同，所以能制得不同的淀粉衍生产品，以符合各种用途的要求。

淀粉分子中醇羟基受颗粒结构的影响，其化学反应与普通醇化合物有差别。例如，C_6的伯醇羟基，其反应活性本应高过C_2和C_3的仲醇羟基，但实际情况却并非如此。在羟丙基化、乙酰化和甲基化反应中，C_2羟基具有较高的反应活性。例如，曾研究过羟丙基醚化淀粉反应，C_2、C_3和C_6羟基的反应速度呈33：5：6比例。C_2羟基为何具有这样高的反应活性，现在还未能充分了解。各羟基的相对活性因不同反应存在差别。

化学变性使葡萄糖单位的化学结构发生了变化，这类变性淀粉又称为淀粉衍生物。反应程度用平均每个脱水葡萄糖单位中羟基被取代的数量表示，称为取代度（Degree of Substitution），常用英文缩写 DS 表示。例如，在乙酰酯化淀粉中，经分析计算，平均每个脱水葡萄糖单位中有一个羟基被乙酰基取代，则取代度（DS）为1，若有两个羟基被乙酰基取代，则取代度为2。因为葡萄糖单位总共有3个羟基，取代度最高为3。

工业上生产的重要变性淀粉几乎都是低取代度的产品，取代度一般在0.2以下，即平均每10个葡萄糖单位有两个以下被取代，也就是平均每30个羟基中有两个以下羟基被取代，反应程度很低。也有高取代度的产品，如取代度为2~3个的淀粉醋酸酯，但未能取得大的发展。这种情况与纤维素不同，工业上生产的纤维素醋酸酯多为高取代衍生物。

有的取代反应如羟烷基醚化反应，取代基团又能与试剂继续反应形成多分子取代链，这种情况，要用分子取代度（Molar Substitution，MS）表示，即平均每个脱水葡萄糖单位结合的试剂分子数，分子取代度可大于3。

取代度只是表示平均反应程度，不能表示衍生物的不同结构。脱水葡萄糖单位被取代所产生的异构体，可能数目多，分离和确定结构是困难的。例如，羟乙基醚化反应，2个环乙烷和1个脱水葡萄糖单位起取代反应，MS为2，便有6种不同可能取代衍生物，3个二取代羟乙基葡萄糖，DS为2.0，或3个羟乙基氧乙基葡萄糖，DS为1.0。虽然确定取代衍生物结构方法取得了很大的发展，但分析工作复杂，只在研究工作中应用，工业生产很少用取代度控制化学反应。例如，变性目的是降低糊黏度，则分析黏度的变化，达到要求时停止反应；如变性目的是提高糊的抗冷冻稳定性，则测定冷冻稳定性，达到要求时停止反应。

化学变性工艺，一般是加试剂于原淀粉乳中，浓度35%~45%，加稀碱液调到碱性，在低于糊化温度起反应，一般不超过50℃，达到要求的反应程度，淀粉仍保持颗粒状态，过滤，水洗，干燥，得到变性淀粉产品。淀粉在碱性条件下具有高反应活性，可用稀氢氧化钠溶液调节 pH 值为 7~12。但碱性促进淀粉颗粒膨胀、糊化，常需加入浓度为 10%~30% 的硫酸钠和氯化钠，其对糊化有强抑制作用，可抵消碱性的影响，使淀粉能保持颗粒状态，反应完成后易于过滤、回收。在这种反应体系中，淀粉为固体，试剂为液体，是非均相反应，水起到载体作用，使试剂能渗透到颗粒内部起反应。在亲水基取代反应中，随取代度增高，取代衍生物的亲水性增高，达到一定程度，则颗粒变为冷水分散溶解，需要加有机溶剂使之沉淀，回收困难。用水和有机溶剂（如异丙醇或丙酮）作混合介质起反应，能避免这种情况，得到较高取代度，且具有冷水溶解的变性淀粉，但仍然保持颗粒状态，回收产品容易。

将淀粉乳加热糊化或用有机溶剂（如二甲基亚砜或二甲基甲酰胺）溶解淀粉，再与试剂起反应，淀粉和试剂都是液相，属于均相反应，淀粉的反应活性高，速度快，取代均匀，且取代程度高，但产品回收困难，需加另一溶剂沉淀，成本高，工业生产很少采用这种工艺。

3.3　生产变性淀粉的条件及变性程度的衡量

随着工业生产技术的快速发展，原淀粉的有些性质已不符合新设备和新工艺操作条件的要求，需要进行变性处理，保证获得良好的应用效果。但是，原淀粉性质、变性方法、变性条件以及变性程度等都会影响变性淀粉的性能。在此主要介绍淀粉的变性条件和变性程度的影响。

3.3.1　生产变性淀粉的条件

1. 浓度

干法生产，淀粉含水量控制在 10% 以下，一般为 2% 左右；湿法一般为 35%~50%（干基），浓度太高，搅拌困难，化学试剂不能充分混合参与反应。正常浓度为 45%。

2. 温度

按淀粉的品种以及变性要求不同而不同，一般为 20~60℃，反应温度一般低于淀粉的糊化温度（糊精、酶法除外）。大多数情况下，随着温度的升高，反应加快。

3. pH 值

除酸水解外，pH 值控制在 7~12 范围内。pH 值的调节，酸一般采用 3%（V/V）HCl 或稀 H_2SO_4；碱一般采用 NaOH 或 Na_2CO_3 或 $Ca(OH)_2$。

在反应过程中为避免 O_2 对淀粉产生降解作用，可考虑通入 N_2。

4. 试剂用量

取决于取代度（DS）要求和残留量等卫生指标。

不同试剂用量可生产不同取代度的系列产品，食品用变性淀粉对试剂用量及残留物质有具体要求。

5. 反应介质

一般生产低取代度的产品采用水作为反应介质，成本低；高取代度的产品采用有机溶剂作为反应介质，但成本高。另外可添加少量盐（如 NaCl、Na_2SO_4 等），其作用主要为：

①避免淀粉糊化；

②避免试剂分解，如 POCl₃ 遇水分解，加入 NaCl 可避免其在水中分解；

③盐可以破坏水化层，使试剂容易进去，从而提高反应效率。

6. 产品提纯

干法改性，一般不提纯，但用于食品的产品必须经过洗涤，使产品中残留试剂符合食品卫生质量指标；湿法改性，根据产品质量要求，反应完毕用水或溶剂洗涤 2~3 次。

7. 干燥

脱水后的淀粉水分含量一般在 40% 左右，高水分含量的淀粉不便于储藏和运输，因此在它们作为最终产品之前必须进行干燥，使水分含量降到安全水分以下。目前一般工业生产采用气流干燥，一些中小型工厂也有采用烘房干燥或带式干燥机干燥。

3.3.2　变性淀粉变性程度的衡量

一般预糊化（α-化）淀粉评价指标为糊化度；酶法糊精评价指标为 DE 值，即还原糖含量占总固形物的比例，DE 值越高，酶解程度越高；酸解淀粉一般用黏度或分子量来评价水解程度，一般水解程度越高，其黏度越低，分子量越小；氧化淀粉用—COOH 含量、羰基含量或双醛含量来评价其氧化程度，一般—COOH 含量、羰基含量或双醛含量越高，氧化程度越高；接枝淀粉用接枝百分率来评价接枝程度；交联淀粉则用溶胀度或降解体积来表示交联程度，溶胀度或降解体积越小，表示交联程度越高；其他变性淀粉用取代度 DS 或摩尔取代度 MS 来表示，DS 或 MS 值越大，表示变性程度越高。

DS 是指每个 D-吡喃葡萄糖残基（AGU）中羟基被取代的平均数量。淀粉中大多数 D-吡喃葡萄糖残基上有 3 个可被取代的羟基，所以 DS 的最大值为 3，按公式(3-1)计算。

$$DS = \frac{162W}{100M - (M-1)W} \tag{3-1}$$

式中：

W——取代基质量分数，%；

M——取代基分子量。

当取代基进一步与试剂反应产生聚合取代物时，摩尔取代度（MS）就用来表示平均每摩尔的 AGU 中结合的取代基的物质的量，这样 MS 便可大于 3，即 MS ≥ DS。

3.3.3　变性的性质

淀粉变性是拓宽淀粉应用的主要途径。淀粉经变性后，化学结构发生了变化，因而具有原淀粉所不具备的性能。由于化学改性的处理手段灵活多样，可以根据不同的特殊要求采用适当的工艺制备性能各异的变性淀粉产品，因而变性淀粉可以广泛地应用在食品、纺织、造纸、医药、建材、化工等行业。

天然淀粉的可利用性取决于淀粉分子所组成的淀粉颗粒的结构和淀粉分子中直链淀粉和支链淀粉的含量，如直链淀粉具有优良的成膜性和膜强度，支链淀粉则富有黏结性。不同种类的淀粉其分子结构、直链淀粉与支链淀粉的含量都不相同，因此不同来源的淀粉原料在性质方面存在差异，因而不同来源淀粉的可利用性不同。

天然淀粉在现代工业中的应用，特别是在新技术、新工艺、新设备采用的情况下的应用是有限的。大多数的天然淀粉不具备很好的性能，因此，根据淀粉的结构及理化性质开发淀粉变性技术,使淀粉具有更优良的性质,应用更方便,且适合新技术操作的要求,提高了淀粉的应用效果,开辟了淀粉的新用途。

变性的主要作用是改变糊化和蒸煮特性,主要是改变如下性质。

①糊化温度:解聚使糊化温度(GT)下降;非解聚中 GT 有升高也有下降,一般在淀粉结构中引进亲水团如—OH、—COOH、—CH_2COOH,可增加淀粉分子与水的作用,使 GT 下降。交联起阻挡作用,不利于水分子进入,使 GT 增加。高直链淀粉结合紧密,晶格能高,较难糊化。

②淀粉糊的热稳定性:一般谷类淀粉的热稳定性大于薯类淀粉;通过接枝或衍生某些基团,从而改变基团大小或架桥,可使淀粉的热稳定性增加。

③淀粉糊的冷稳定性:淀粉分子中某些亲水化学基团,造成空间障碍,分子不易重排。另外亲水基团的引入使亲水作用增强,强化了与水的结合力,使淀粉脱水作用下降。

④抗酸的稳定性:尽可能使淀粉改变结构成为网状结构,使淀粉能耐 pH 值为 3～3.5 的酸度。

⑤抗剪切力:一般抗酸的淀粉也抗剪切力。

⑥复合改性:具有多功能性。

变性淀粉的性质取决于下列一些因素。淀粉的来源(如玉米、薯类、小麦、大米等)、预处理(如酸催化水解或糊精化等)、直链淀粉与支链淀粉的比例或含量、分子量分布的范围(黏度或流动性)、衍生物的类型(如酯化、醚化等)、取代基的性质(如乙酰基、羟丙基等)、取代度(DS)或摩尔取代度的大小、物理形状(如颗粒状、预糊化)、缔合成分(如蛋白质、脂肪酸、磷化合物)或天然取代基。也就是说,不同来源的淀粉,采取不同的变性方法、不同的变性程度,相应可得到不同性质的变性淀粉产品。因此我们必须了解每一种变性淀粉产品的性质,以便在实际生产中加以选择利用。变性淀粉的性质主要考察以下几个方面:糊的透明度、溶解性、溶胀能力、冻融稳定性、黏度、稳定性、老化性及乳化性等。

拓 展 学 习

一、变性淀粉品质检测

变性淀粉品质检测 1　变性淀粉 pH 值的测定

pH 值反映了变性淀粉的有效酸、碱度,精确测定应使用酸度计。其测定原理是将 pH 计的复合电极或玻璃电极与甘汞电极浸在规定浓度的淀粉或变性淀粉糊中,在两个电极之间产生电位差,直接在酸度计上读出 pH 值。

按 6%的浓度计算,用天平称取折算成干基质量为(12±0.1)g 的样品,放入 400mL 烧杯中,加入除去二氧化碳的冷蒸馏水,使水的质量与所称取的淀粉质量之和为 200g,搅拌以分散样品,把烧杯放在沸水浴中使水浴液面高于样品液面。搅拌淀粉乳直至淀粉糊化(大约 5min),盖上表面皿再煮大约 10min(放在沸水浴中的总时间应为 15min)。取出,在冷水浴中立刻冷却至室温(约 25℃),从冷水浴中取出并搅拌淀粉糊以破坏已经形成的凝胶。

用磁力搅拌器以足够的速度搅拌淀粉糊，使淀粉糊表面产生小的漩涡。在淀粉糊中插入已标定好的、用蒸馏水冲洗过并用柔软吸水纸擦干的电极，待读数稳定后，观察并记录 pH 值，精确至 0.1 个 pH 单位。

淀粉及其制品品质检测 2 淀粉及其制品结晶度的测定

1. 测试原理

对于不同的淀粉样品，假设结晶结构中结晶相和非结晶相对 X 射线的吸收程度是相同的，即忽略吸收作用以及实验条件等对测定结果的影响，运用淀粉样品的一条 X 射线衍射曲线对淀粉样品微晶区、亚微晶区和非晶区对应的 X 射线衍射区域的准确划分来估算淀粉结晶度的大小。

2. 分析步骤

(1)测试条件。

电压 30kV，电流 30mA，扫描速度 8°/min，走纸速度 4cm/min，时间常数 1s，起始角度 60°，终止角度 4°。

(2)背底衍射区的确定。

在曲线中确定全峰左右两端的起峰点，如果两端的衍射强度相同，则两端的连线与横轴之间的部分为背底部分，如图 3-1 和图 3-2 所示；如果两端的衍射强度不同，则分别以曲线左右两端点为起峰点，以两者横坐标的均值为终点，分别作平行于横轴的直线并连接两个终点，所得折线与横轴之间的部分为背底部分，如图 3-3 和图 3-4 所示。

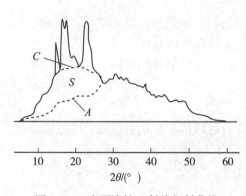

图 3-1 玉米原淀粉 X 射线衍射曲线

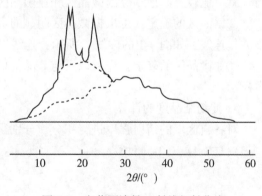

图 3-2 木薯原淀粉 X 射线衍射曲线

(3)非晶衍射区的确定。

①非晶衍射区确定的原则：首先要确定非晶衍射峰的峰位，如果能准确确定峰位，则可以根据淀粉非晶衍射曲线是以峰位为轴线、且对称的原则，确定出整个非晶衍射曲线，从而确定淀粉样品的非晶衍射区域。

②峰位的确定：非晶衍射峰的峰位主要根据峰形的特征来确定。

对于一些非晶衍射峰位不明显的曲线，由于与晶峰的重叠，非晶衍射峰的左半边没有明显表现出来，此时可以根据该非晶衍射峰右半边上升的最高点作为转折点来确定峰位；另外还可以参考峰形和不同样品通常所对应的非晶衍射峰的峰位来确定。各种淀粉的非晶衍射峰位一般出现在 27°~33°之间，原淀粉为 30°，淀粉凝胶约 27°~30°，干燥至平衡水分的预糊化淀粉约为 33°。

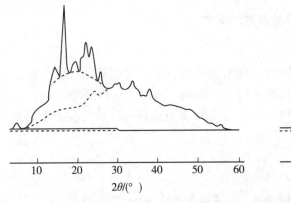

图 3-3 马铃薯原淀粉 X 射线衍射曲线

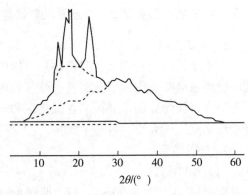

图 3-4 糯米淀粉 X 射线衍射曲线

③非晶衍射区域的确定：根据峰位右边的曲线作为对称边绘出非晶衍射曲线的左半边，如图 3-1 的虚线 A 所示。这样，非晶衍射曲线以下与背景以上的部分就是非晶衍射区域。

（4）微晶及亚微晶衍射区的确定。

①微晶及亚微晶衍射区的确定原则：根据微晶为尖峰衍射特征和亚微晶为弥散衍射的特征就可比较容易地划分出微晶区和亚微晶区。

②微晶区的确定：可根据微晶区明显的尖峰衍射特征来划分，取尖峰左右两端的起峰点并作连线，如图 3-1 的虚线 C 所示，连线以上的区域即为微晶区。

③亚微晶区的确定：连线以下与非晶衍射曲线以上围成的封闭区域，如图 3-1 的 S 部分所示。

3. 淀粉结晶度的计算

对各自区域的衍射强度进行积分，分别得到各自区域的累积衍射强度，按公式（3-2）、（3-3）、（3-4）、（3-5）计算。

$$X_c = (I_{c1} + I_{c2})/I \tag{3-2}$$

$$X_{c1} = I_{c1}/I \tag{3-3}$$

$$X_{c2} = I_{c2}/I \tag{3-4}$$

$$I = I_{c1} + I_{c2} + I_a \tag{3-5}$$

式中：

　　I——晶相和非晶相的总累积衍射强度；

　　I_c——结晶相的累积衍射强度，$I_c = I_{c1} + I_{c2}$；

　　I_{c1}——微晶相的累积衍射强度；

　　I_{c2}——亚微晶相的累积衍射强度；

　　I_a——非晶相的累积衍射强度；

　　X_c——绝对结晶度；

X_{c1}——微晶相结晶度;

X_{c2}——亚微晶相结晶度。

二、变性淀粉的应用前景

变性淀粉及其衍生物具有很高的消费价值,市场发展前景十分广阔。

变性淀粉的生产和应用近几年虽然发展迅速,但却已有一百年以上的历史。1821 年英国一家纺织工厂发生火灾,储存的一些马铃薯淀粉受热变棕色,被发现能溶于水成黏稠胶体,黏合力强,工业上便开始生产作为胶粘剂,取名为英国胶,为热解糊精的一种。这个意外的发现是变性淀粉的开始。

自 20 世纪 70 年代起,变性淀粉的生产和应用大为发展,产品种类不断增加,在食品、造纸、纺织、黏合剂、化工、医药和其他工业中的应用越来越广。其中变性淀粉以其黏度高、成膜性较好、无毒等特性,可在纸制品行业中逐步扩大使用,并将完全替代现在使用的原料。例如,美国造纸工业 1979 年生产纸张和纸板约 6500 万 t,消耗淀粉约 64 万 t,其中约 70% 为变性淀粉,其余 30% 为原淀粉,但一部分原淀粉还是经纸厂自行变性处理后才应用的。1982 年美国变性淀粉产量约 180 万 t,约占淀粉产量的 1/3。变性淀粉在其他国家发展也很快,欧洲共同体国家 1983 年不同工业总计耗用原淀粉 104.53 万 t,变性淀粉 65.53 万 t,变性淀粉用量约为总淀粉耗用量的 38.5%。不同工业应用原淀粉和变性淀粉的数量和比例列于表 3-1。从表中数据可以看出,造纸和纸板工业用淀粉量最多,分别为原淀粉和变性淀粉总量的 42.7% 和 42.6%;纺织和胶粘剂工业应用变性淀粉的比例较高,分别为该工业用淀粉总量的 78% 和 73%。

表 3-1   欧洲不同工业耗用淀粉量(1983 年)

工业	原淀粉		变性淀粉		淀粉总用量	变性淀粉
	10^4t	(%)	10^4t	(%)	10^4t	占总量(%)
食品	28.56	27.3	9.91	14.6	38.44	26
饲料	8.68	8.3	5.98	8.8	14.46	41
造纸和纸板	44.66	42.7	28.88	42.6	73.54	39
纺织	1.38	1.3	4.82	7.1	6.20	78
胶粘剂	1.78	1.7	4.82	10.4	6.60	73
化工药品	2.91	2.8	2.31	3.4	5.52	44
非食品添加剂	7.01	6.7	5.11	7.5	12.12	42
其他	9.54	9.2	3.70	5.5	13.24	30
总计	104.53	100	65.53	100	170.05	38.5

变性淀粉科学技术已发展到很高水平,几乎能生产出适合任何应用的产品,具有优良性质,应用效果好。变性淀粉的科研工作仍在高速发展中,将会推出性质更优良、应用效果更好的变性淀粉品种,并开辟更多新的用途。变性淀粉具有广阔的发展前景。

第4章　变性淀粉的生产工艺

内容提要

主要介绍湿法和干法生产变性淀粉的概念及工艺流程。目前，湿法是生产变性淀粉的最主要的方法。虽然采用干法生产的变性淀粉品种远不如湿法多，但由于干法生产工艺简单，不用水或用水量很少，收率高，无污染，是一种很有前途的生产方法。另外，也介绍了热糊法、挤压法等其他一些生产变性淀粉的方法，根据变性淀粉的不同用途、生产方法的优劣，可以灵活选择不同的生产方法以满足各领域需求。

4.1　湿法生产变性淀粉

随着工业和科学技术的发展，变性淀粉的应用越来越广泛，品种也不断增加。目前已经开发的品种就有几千种之多，但其生产方法主要有湿法、干法和蒸煮法等少数几种，其中最主要的生产方法还是湿法。几乎所有的变性淀粉都可以采用湿法生产。采用干法生产的变性淀粉品种虽然远不如湿法多，但由于干法工艺简单，不用水或用水量很少，收率高，无污染，是一种很有前途的生产方法。蒸煮法因采用的设备不同又称热糊法、高压法和喷射法等，虽然生产品种很有局限性，但就其产量而言也是变性淀粉不可缺少的生产方法。

4.1.1　湿法的概念

湿法也称浆法，即将淀粉分散在水或其他液体介质中，配成一定浓度的悬浮液，在一定的温度条件下与化学试剂进行氧化、酸化、醚化、酯化、交联等改性反应，生成变性淀粉。由于是在湿的条件下进行反应，所以称为湿法。如果采用的分散介质不是水，而是有机溶剂，或含水的混合溶剂时，为了区别又称为溶剂法，其实质与湿法相同。大多数变性淀粉都可采用湿法生产。由于有机溶剂的价格昂贵，多数又是易燃易爆的化学试剂，回收起来又很麻烦，所以只有生产高取代度、高附加值产品时才使用。

我国变性淀粉生产企业绝大多数以湿法生产为主。湿法生产的优点是反应均匀性好、反应条件温和、安全性高、产品纯度高、设备简单、生产控制容易。但湿法生产也存在不少弊端，如反应时间长、反应转化率低、生产成本高、耗水量大、废水含盐量高等，且后处理时会有大量的未反应的试剂和淀粉流失，不仅降低反应效率，而且造成严重的废水污染问题。

4.1.2 湿法生产变性淀粉的工艺流程

不同的变性淀粉品种、不同的生产规模、不同的生产设备，其工艺流程也有较大区别。生产规模越大，生产品种越多，自动化水平越高，工艺流程越复杂，反之则可以不同程度地简化。一般来说，湿法生产工艺包括四大主要环节：①原淀粉的计量和调浆；②淀粉的变性；③洗涤和脱水；④干燥、筛分和包装。有些变性淀粉加工企业在此基础上又加入了原淀粉预处理，进一步完善了控制质量稳定的工艺体系。湿法生产变性淀粉示意流程如图 4-1 所示，湿法变性淀粉生产工艺流程图如图 4-2、图 4-3 所示。

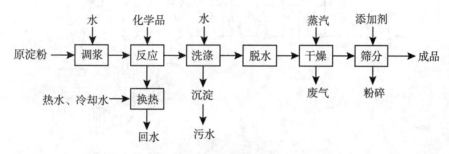

图 4-1　湿法生产变性淀粉工艺流程

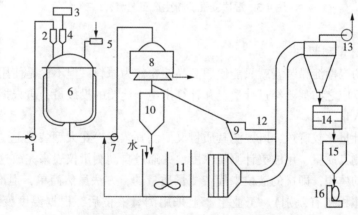

1，7—泵；2，4—计量器；3—高位槽；5—计量秤；6—反应罐；8—自动卸料离心机；
9—螺旋输送机；10，11—洗涤罐；12—风机；13—气流干燥器；14—粉筛；15—储罐；16—包装机

图 4-2　湿法变性淀粉生产工艺流程(一)

1. 原淀粉的预处理，生产辅料和化学改性剂

原淀粉、生产辅料以及化学改性剂的质量对最终产品有重要影响，是最终产品质量稳定的基础。

湿法生产变性淀粉理想的原料是由淀粉生产装置直接用管道送来的精制淀粉乳。这样可以省掉淀粉的干燥和包装等费用，减少生产原料成本，既方便又经济。因此，大型的变性淀粉装置，多与淀粉生产装置联建。有些变性淀粉生产企业需要外购原淀粉进行生产，

原淀粉的质量标准以及性能差异和生产辅料的质量标准，对变性淀粉的最终产品的质量及稳定性影响占有很大的比重，所以为了提高变性淀粉的稳定性，首先应对原淀粉和辅料的质量标准把关，通过大型的淀粉混合装置，根据生产原料配方对原淀粉进行混合预处理，可使受原淀粉批次质量影响的程度降低，提高原料稳定性。混合后可以吨为单位按照水分称量出绝干重量，转移到下一道工序。

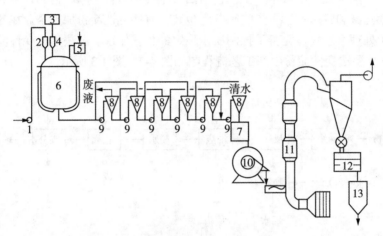

1，9—泵；2，4—计量器；3—高位槽；5—计量秤；6—反应罐；7，13—储罐；8—旋流器；
10—卧式刮刀离心机；12—气流干燥器；12—成品筛
图 4-3　湿法变性淀粉生产工艺流程(二)

2. 淀粉的计量和调浆

单独建设的变性淀粉装置就只能使用商品淀粉作为原料。但不论是使用淀粉乳还是干淀粉，在进行反应之前都要经过计量，并计算出绝干淀粉的投放量，再根据淀粉量计算水及化学品的加入量。

淀粉乳的计量比较麻烦，既要测其质量又要测其浓度。在大型装置上是设置两台计量罐，用电子秤测其质量，用波美测量浓度，并通过自动测量仪表来完成这一过程。也有用测量淀粉乳的体积，即罐的液位来代替测量质量的，方法虽然简单，但准确度稍差（因为温度不同，体积稍有差别）。工业生产上采用测量液位后，根据温度变化进行修正的居多。

干淀粉的计量则比较简单，用秤称量或以袋计量，并按化验单计算淀粉中的含水量。采用干淀粉在反应前要进行调浆，用水配制成一定浓度的淀粉乳使用，大中型装置通常要根据生产能力设置一个或两个调浆罐。小型装置也可以将干淀粉直接投入反应釜，在反应釜内进行调浆，这样可以缩短工艺流程，减少设备，但反应釜的利用率下降，生产能力降低。因此是否单独设置调浆系统要根据生产规模、设备大小、投资等多种因素权衡确定。

调浆用水为自来水，对质量要求高的产品可采用工艺纯水进行调浆。调浆水温在 20～25℃为宜。淀粉计量调浆后进入反应工艺前应进行过滤。

3. 淀粉的变性

反应是变性淀粉生产最关键的工序，影响因素也最为复杂。原淀粉、生产辅料、淀粉乳浓度、物料配比、物料加入的速率、反应温度、反应时间、反应 pH 值、反应器的混合效率，都会不同程度地影响反应的进行，影响最终产品的质量、稳定性和应用性能的重复性。

淀粉乳经过筛分初步去除杂质后输送至反应器，按生产配方和要求加入各类改性剂进行反应，反应时需着重控制改性剂的精确计量、加入速率、反应温度、反应介质的 pH 值（需要强调一点，pH 值随温度不同而有所不同，因此需要根据不同的温度进行修正），只有对各种参数控制准确稳定，才能使最终产品质量趋于稳定，国内大部分变性淀粉加工厂缺少生产过程中工艺参数控制仪表和产品质量系统检测、分析手段，实际生产中仅靠操作工人经验，这是造成变性淀粉产品质量稳定性差的根本原因。因此通过引入自动化控制与检测手段和产品质量中控分析，尽量减少人为因素影响是稳定质量的关键所在。

淀粉乳加入反应器，在搅拌的条件下按生产品种要求加入一定量的化学品，同时给反应液进行升温，升温方式以其反应器的结构而异，通常中小型装置多采用搪瓷反应釜。由于反应釜体积不大，又设有夹套，所以采用夹套加热和冷却。大型装置多采用大体积的玻璃钢罐，或钢衬玻璃钢罐。由于罐容较大，加上玻璃钢的导热性能又差，故常采用外循环加热，将反应物用泵打入换热器，与热水或冷水进行换热，以维持一定的反应温度。对于玉米淀粉和小麦淀粉，一般温度控制在 45~55℃，而马铃薯和蜡质玉米淀粉的反应温度则控制在 35℃左右。

为防止反应温度过高和局部过热，不使用蒸汽加热，而采用热水加热。变性反应多为放热反应，尽管热效应很小，但有时还会使系统的温度升高，因此反应开始前采用热水加热，待反应进行时，为转移反应热，则采用冷水冷却，以保证反应温度不变。

反应器搅拌的混合效率也是影响反应效果的重要因素之一，淀粉乳为淀粉颗粒的悬浮液，因此应尽可能提高淀粉乳中淀粉颗粒与改性剂的混合效率，以使反应充分进行。搅拌器多采用偏心高速桨式搅拌，也可以采用多搅拌系统。

反应持续时间根据所需变性淀粉的黏度、取代度和交联度来决定，一般从 1~24h 不等，有的甚至更长。反应时间是反应终点的一个衡量指标，但并不是最准确的。最准确的终点还是要靠仪器分析和测试来确定，通过测试检查反应结果，达到要求后，立即停止反应，浆料送入放料筒。

反应结束后，在进入下一道工序之前，通常要把反应物移入中间罐储存，以使反应器进行下一罐的生产。小型装置多在反应器内暂存，直至下一道工序结束，倒空反应罐后才开始下一罐的生产。

4. 洗涤

反应结束后的变性淀粉乳中，尚含有少量未反应的化学品与反应中和反应后产生的大量盐分和其他杂质。这些杂质的存在常常会影响产品质量和稳定性，因此必须通过洗涤把杂质除去。最常用的洗涤介质是水，少数产品也有用有机溶剂的，特别是溶剂法生产的变性淀粉，都用溶剂洗涤。洗涤的目的是提高淀粉白度，除去淀粉中盐分和杂质，提高变性淀粉产品的外观和品质。

大型装置的水洗常采用多管旋流器进行逆流洗涤，与淀粉洗涤的设备相同，仅仅是洗涤级数只有三四级。反应后的变性淀粉乳用泵送入旋流器的第一级，洗涤水从旋流器的最后一级（第三或第四级）加入，变性淀粉与洗涤水逆流接触，洗涤后的变性淀粉乳从最末级的底流引出，送去脱水。含有洗涤杂质的水则从第一级的顶流排出。排出液中除含有杂质以外，尚含有 5%~8% 的变性淀粉，所以将这部分稀浆再通过 3 级旋流器进行分离，回收其中的变性淀粉，分离后的洗涤水就是生产变性淀粉的污水，送污水处理系统进行处理，达标后排放。

视生产品种的不同，应用对象的不同，采用设备的不同，生产规模的不同，变性淀粉的洗涤流程和设备同样有很大差别。采用真空过滤机或带式压滤机进行变性淀粉脱水时，洗涤是在过滤机上进行的，脱水后引入洗水，对滤饼进行洗涤，洗涤和脱水交替进行。

对于小规模的生产来说，上述设备投资过大不便使用。采用刮刀离心机或三足式离心机均可通过在机上洗涤滤饼，但洗涤效果并不理想。也有用沉淀池进行洗涤的，将反应物放入沉淀池沉淀后，排出上清液，再加水搅拌、沉淀、排出上清液……最终得到合格的产品。这种方法投资虽少，但洗水用量大、产品收率低，因此仅能用于小规模生产。

对于洗涤的效果可以根据测定淀粉盐分的含量进行比较。盐分含量的指标可以利用电导率(μs/cm)这个参数来反映，对于某些淀粉品种(如交联淀粉等具有抗盐性的淀粉)，盐分含量的影响不是很明显，但对于另一类如酯化淀粉等不具有抗盐性的淀粉来说，其他条件不变，提高盐分含量，其黏度会急剧下降。

5. 脱水

洗涤以后的变性淀粉乳的浓度为 19~21°Be(波美)，亦即 34%~38%，pH 值会产生变化，需再次调整，然后进行脱水才能干燥。

工业上经常采用的脱水方法是使用离心式过滤机来完成。将变性淀粉乳用泵或高位槽批量地引入离心机，借助转鼓高速旋转所产生的离心力，让滤液通过滤布流出机外，变性淀粉则在滤布表面形成滤饼，含水量通常在 40% 左右，比用同样条件脱水的原淀粉含水要高。这是由变性后的淀粉性质所决定的，某些变性淀粉的颗粒很小，滤饼的过滤性能很差，为可压缩性滤饼。在这种情况下采用真空过滤机或带式压滤机是比较合适的，同时还可以对滤饼进行洗涤，省去了专门的洗涤设备。

过滤后的滤液尚含有 5%~8% 变性淀粉，可送去澄清系统提浓后回收变性淀粉，最终不含淀粉的污水送至废水处理系统进行处理。

6. 干燥

变性淀粉乳经过脱水后，视原淀粉的不同，滤饼的含水量为 40%~50%，干燥也比较困难，适合采用气流干燥系统进行干燥。气流干燥系统具有热效率高，干燥速度快，产品为粉末状，设备造价低等优点，工业生产中采用较多。

湿物料先经加料螺旋加入抛料器，在抛料器内借助于旋转的叶片将物料打散，再抛入干燥管底部，与加热器来的热风充分接触，并在瞬间实现传热传质过程，并随热风并流而上，最后进入旋风分离器，完成干燥后的物料，在旋风分离器内与热风分离，尾气排入大气，产品收集于成品料斗中，包装出厂。

由于变性淀粉的品种不同，某些品种脱水困难，滤饼黏度大，含水量高，不易干燥。可在干燥流程中将部分干燥后的物料返回进料系统与湿滤饼混合，以降低进入干燥系统湿料的水分和黏度，使其在干燥过程中不粘壁，顺利完成干燥过程。

在气流干燥过程中，干燥后淀粉水分主要取决于淀粉与热风在旋风分离器分离处的出口温度，可通过控制出口温度来控制干淀粉的水分。干燥效果也与滤饼的抛料松散效果有关，如果松散效果不好，将有大块的滤饼无法随气流而上，将在干燥系统底部结块变硬甚至变焦，因此干燥系统需要经常检查清理。

工业上也有采用带式干燥机干燥变性淀粉的，小型厂还有采用箱式干燥器进行干燥的，但其产品都必须经过粉碎和筛分，这一点与气流干燥可以直接得到粒度均匀的粉状产品相比，缺点是十分明显的，所以除非有特殊原因，一般使用不多。

7. 粉碎和筛分

干燥后的变性淀粉按不同的应用，常常要求产品具有不同的细度和粒度分布。仅仅靠干燥过程中自然形成的细度不能满足要求，因此需要对产品进行粉碎和筛分，其还有一个作用是分离脱水和干燥过程中带来的其他杂质，筛分出来的粗粒可进一步溶解过滤回收处理。

通常粉碎和筛分有两种流程可供选择：当干燥后的物料以块状为主时，采用先粉碎后筛分，筛下物为成品，筛上物返回粉碎；当干燥后的物料绝大部分是均匀的淀粉时，则采用先筛分后粉碎，物料先经筛分，筛下物为合格的产品，筛上物为大粒度或块状不合格产品，经粉碎后返回筛分。对于内在质量不合格的块状物，经粉碎后加水重新调成浆状，返回洗涤系统进行精制。

有的产品需添加某些添加剂，何时何处以何种方式添加，这要视添加剂的性质、添加量而定，通常有设置专门混合器的，也有在干燥过程中添加的，还有在输送(采用气力输送或螺旋输送等)和粉碎过程中添加的。选择何种添加方式，最基本的原则是能达到混合均匀。添加完添加剂后要进行粉碎和筛分。

变性淀粉最终经包装工序成为最终产品。

4.2 干法生产变性淀粉

4.2.1 干法生产的概念

随着淀粉深加工业和科学技术的发展，我国能够生产的变性淀粉的品种不断增加，应用范围也越来越广。我国的变性淀粉生产企业绝大多数以湿法生产为主。其优点是化学试剂与淀粉能够充分混匀、产品质量稳定、生产控制容易。但也有明显的缺陷，即产品的收率低、生产用水量大、污水需处理，因而成本高。在国外，干法生产工艺已成为生产变性淀粉的主要方法。干法生产变性淀粉一般是在淀粉含水量少的情况下，将反应试剂喷到淀粉上，经充分混合后，在一定条件下反应并得到干燥产品，具有生产工艺简单、反应时间短、转化率高、收率高、能耗低、生产成本低、环境污染小，符合绿色变性淀粉发展的方向，是一种很有发展前途的生产方法。目前我国干法生产变性淀粉的现状是：间歇性生产、品种单一、规模小、产品质量波动大、产品推广应用面窄。

干法是在"干"的状态下完成变性反应的，所以称为干法。所谓的"干"的状态并不是没有水，因为没有水(或有机溶剂)存在，变性反应是无法进行的。干法用了很少量的水，通常在20%左右，而含水20%以下的淀粉，几乎看不出有水分存在。也正因为反应系统中含水量很少，所以干法生产中一个最大的困难是淀粉与化学试剂的均匀混合问题。工业上除采用专门的混合设备以外，还采用在湿的状态下混合，干的状态下反应，分两步完成变性淀粉的生产。

采用干法生产的变性淀粉种类比较少，其中产量最大、应用最普遍的是白糊精、黄糊精及其他以酸降解的变性淀粉。由于干法生产的黄、白糊精及酸降解淀粉等产量大，应用范围广，加之干法生产产品收率高，无污染等原因，所以干法是一种很有前途的生产方法。特别是随着干法生产的不同流度的酸降解淀粉的广泛应用，以及干法生产变性淀粉品种的增加，干法生产将越来越引起人们的重视。

4.2.2　干法生产变性淀粉的工艺流程

与湿法相比，干法生产变性淀粉的工艺变化比较大，不同的品种其生产工艺也不同。图 4-4、图 4-5 是干法生产的工艺流程。

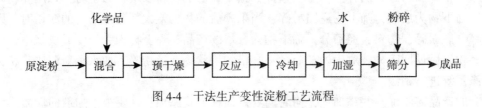

图 4-4　干法生产变性淀粉工艺流程

1. 混合

在湿法生产中是将淀粉配制成淀粉浆，均匀地分散在水或其他介质中，因此淀粉的微小粒子很容易与溶解在水中的化学品接触，并发生反应。但在干法生产中，由于系统中所含水分很少，淀粉呈"干"的状态。化学品如不能用大量水稀释，淀粉和化学品就极难混合均匀。因此，混合是干法生产的关键工序。

传统干法生产变性淀粉的流程是：将化学试剂用水或有机溶剂稀释后于常温下在混合器中与原淀粉充分混合，混合后物料含水约 40%，由于含水量相对来说比较大，溶在水中的化学试剂能保证均匀地与淀粉接触。甚至也有进一步增加水量，把淀粉与稀释的化学

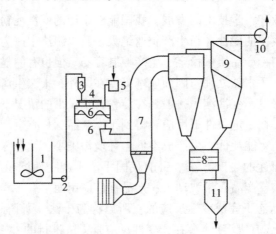

1—试剂储罐；2—泵；3—计量器；4—分配系统；5—计量秤；6—混合器；
7—沸腾反应器；8—成品筛；9—分离器；10—风机；11—储罐
图 4-5　干法生产工艺流程(一)

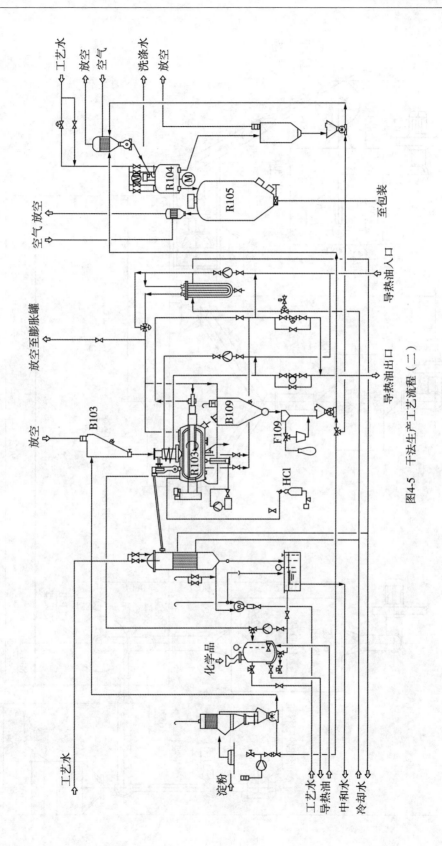

图4-5 干法生产工艺流程（二）

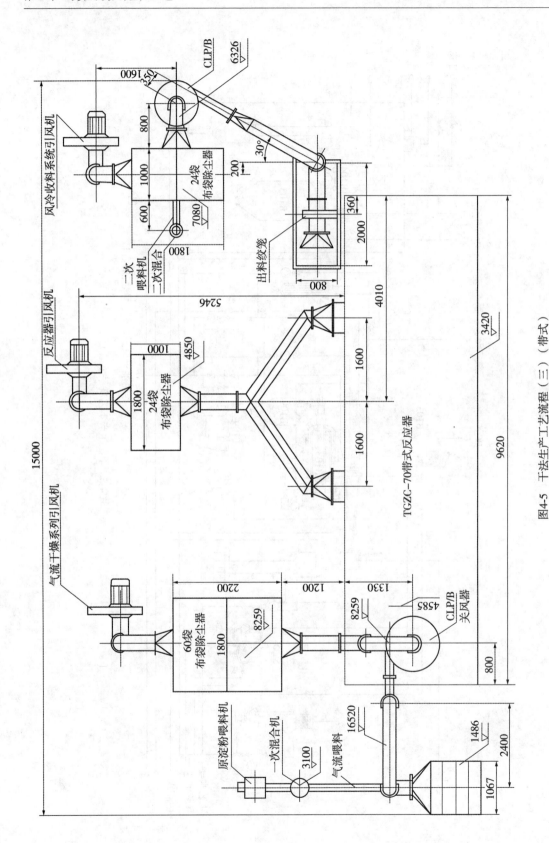

图4-5　干法生产工艺流程（三）（带式）

品重新配制成浓度40%的淀粉乳，然后再进行脱水、干燥。当然这种工艺要损失一定量的化学品，工艺也更复杂，干法生产的特点也不明显，因此有人称其为半干法。

采用专门的混合器，如双螺旋混合器，锥形螺旋混合器等，将淀粉与化学品在干的状态下进行充分混合，然后再导入反应器进行变性反应。

2. 预干燥

干法生产的反应温度比较高，与化学试剂混合后含水约40%的湿淀粉，直接升温反应必然引起淀粉糊化，所以要进行预干燥，生产中一般采用气流干燥器，将体系含水量降至20%以下，才能避免淀粉糊化，物料进入反应器进行反应。

不设专门的干燥器，通过控制反应器的温度，在真空条件下，于反应器内完成预干燥，这是一种更为合理的预干燥工艺。

3. 反应

干法反应的温度比较高，通常在130~180℃。与湿法不同，要求固相反应器有良好的加热装置；反应时间较湿法短，反应结束后，将产品快速冷却；此时物料含水量通常较低，为1%~3%，需对其进行加湿。湿法工艺的加热装置多采用蒸汽或导热油进行加热。由于淀粉的导热性能很差，为防止局部过热，所以反应器的体积通常比较小，长径比较大，稍大一点的反应器除设加热或冷却的夹套以外，其搅拌轴和搅拌叶都是空心的，可以通入加热和冷却介质。

采用导热油加热，加热温度视导热油的条件而定，系统压力为常压，不因温度变化而变化，但要设置专门的导热油炉、热油泵等一系列的设备。采用蒸汽加热则比较简单，无需专门设置独立系统，可与其他蒸汽加热系统共用，但加热温度越高，其蒸汽压力越高，因而给反应器的设计和加工制作增加了许多困难，因此温度超过150℃时多采用导热油加热。

干法反应时间要比湿法短得多，通常为1~4h，个别也有达10h的，反应终点通常是采用黏度快速测定仪，分析反应物的黏度来确定。

4. 增湿

反应结束后物料的水分通常在1%以下，而商品变性淀粉的水分为14%，因此需要对产品增湿，也有的厂家叫回潮。目的是为了增加产品中的水分含量。增加水分并非技术要求，纯属经济目的，如果低水分的产品能够提高其产品价格，不增湿也是可以的。

小厂采用的增湿办法是在水泥地面上将产品摊开，使产品在冷却的同时通过回潮增加产品中水分含量，同时也喷洒一些水分，靠人工翻搅，使其水分均匀。

大型装置设置专门的增湿设备，将两批或几批物料引入增湿器，在搅拌的条件下，喷入雾化的水分，给产品增湿，达到规定的水分之后排入储罐。

5. 粉碎和筛分

干法反应后物料中会存在一些结块产品，所以要进行粉碎、筛分，通过一定孔目筛子的筛下物作为成品去包装，筛上少量的团块经粉碎后重新进入筛分系统过筛，最终得到变性淀粉产品。

适量的化学品，则在挤压过程中还可以同时进行化学反应。

4.3　其他生产方法以及生产方法的选择

4.3.1　热糊法

　　工业上生产预糊化淀粉采用热糊法，由于采用的关键设备是滚筒干燥机，所以又称滚筒干燥法。将原淀粉在调浆罐中调成一定浓度的淀粉乳，或直接使用淀粉乳，并按要求加入化学品，混合均匀后，用泵打入预先已经加热的滚筒上，借助附加小滚将淀粉乳在滚筒表面形成一层均匀的薄层，滚筒内用蒸汽加热，使表面形成的淀粉乳薄层迅速糊化，随着滚筒的转动，水分不断蒸发，最后形成一层干燥的糊化淀粉薄膜，用刮刀刮下以后，再经过粉碎和筛分即成为预糊化淀粉，冷却包装后即可出厂。

　　生产规模视滚筒的大小而定，最普通的为直径 2m，长 5m 的单滚筒干燥机，也有双滚筒的。淀粉乳加在两个滚筒之间，两滚筒相背旋转，分别在两个滚筒表面形成糊化淀粉膜，由各自的刮刀刮入螺旋机内，然后送去粉碎和包装。

4.3.2　挤压法

　　如果说滚筒干燥法生产预糊化淀粉为湿法，那么挤压法就可以说是干法。这种方法是将含水 20% 以下的干淀粉，加入螺旋挤压机，借助挤压过程中物料与螺旋摩擦产生的热量和对淀粉分子的巨大剪切力，使淀粉分子断裂，降低原淀粉的黏度。另外，在加料时引入适量的化学品，则在挤压过程中还可以同时进行化学反应。

　　此工艺比热糊法生产预糊化淀粉的成本更低。但由于过高的压力和过度的剪切使淀粉黏度降得很低，因此维持产品性能稳定是此法的关键。

4.3.3　干、湿法比较

　　干法和湿法是变性淀粉生产中最常采用的方法，各自有优缺点，比较如下：

　　①湿法应用普遍，几乎任何品种的变性淀粉都可以采用湿法生产。干法则仅仅适用于生产少数几个品种，如糊精、酸降解淀粉、磷酸酯淀粉等，尽管产量不小，但品种不多。

　　②湿法生产的反应条件温和，反应温度不高于 60℃，压力为常压。干法反应温度较高，通常为 140~180℃，有的要在真空条件下进行反应。

　　③湿法反应时间长，一般为 24~48h；干法反应时间短，一般为 1~4h。

　　④湿法生产流程长，要经洗涤、脱水、干燥等工序；干法流程短，无需进行洗涤、脱水、干燥等工序，因此湿法生产成本低。

　　⑤湿法收率低，一般为 90%~95%；干法几乎没有损失，收率多在 98% 以上。

　　⑥湿法耗水，有污染，通常每生产 1t 变性淀粉可产生 3~5m³ 污水；而干法则不使用水，也没有污水排放。

　　⑦湿法反应器结构简单，可以采用搪瓷、玻璃钢和钢衬玻璃钢，反应器可以做成较大的，最大可达 70m³。干法反应器结构比较复杂，需用特殊材料制造，反应器的体积不能太大，最大不超过 10m³。

4.3.4 生产方法的选择

变性淀粉的生产方法应该依据生产品种及品种的多少，生产规模，装备水平等因素综合考虑。随着变性淀粉生产技术水平的不断提高和应用技术的不断改善，同一品种的变性淀粉可以应用于不同的领域，不同品种的变性淀粉又可以应用于同一领域，这使得选择什么样的生产方法去面对市场就更加复杂化和具体化。

原则上讲多品种、大规模生产应以湿法为主，单一品种、大规模生产应以干法为主，投资不大的小规模装置则十分灵活。一般来说，生产品种和品种的多少是选择何种生产方法的先决条件。

第5章　预糊化淀粉

内容提要

主要介绍喷雾法、热滚法、挤压膨化法、微波法及脉冲喷气法的概念、操作要点和操作过程，从而根据不同的生产条件选择合适的生产方法。介绍了预糊化淀粉的性质，即由于分子间氢键的断裂，水分子进入内部，结晶结构消失，失去双折射现象且易受酶的作用。糊化越完全，预糊化淀粉的性能越优良，用途越广泛，可广泛应用于食品、医药、养殖、铸造等领域。

5.1　预糊化淀粉的生产方法

天然淀粉具有微晶胶束结构，冷水中不溶解膨胀，对淀粉酶不敏感，这种状态的淀粉称为β-淀粉。

淀粉一般是先经加热糊化再使用。为了避免这种加热糊化的麻烦，工业上生产预先糊化再干燥的淀粉产品，用户使用时只要用冷水调成糊就可以了。将原淀粉在一定量的水存在下进行加热处理后，淀粉颗粒溶胀成糊状，规则排列的胶束结构被破坏，分子间氢键断开，水分子进入其间，这时在偏光显微镜下观察失去双折射现象，结晶构造消失，并且容易接受酶的作用，这种结构称为α-结构，这种状态的淀粉称为预糊化淀粉，为区别起见，又称预糊化淀粉为α-淀粉。生产预糊化淀粉的原理就是在热滚筒表面使淀粉乳充分糊化后，迅速干燥；或在挤压设备内淀粉受到高温高压作用，从微细的喷嘴喷出，压力骤降，淀粉颗粒瞬间膨化，由原β-结构转为α-结构。

预糊化淀粉的主要特点是能够在冷水中溶胀溶解，形成具有一定黏度的糊液，使用方便，且其凝沉性比原淀粉小。

预糊化淀粉的生产工艺包括加热原淀粉乳使淀粉颗粒糊化、干燥、磨细、过筛、包装等工序。根据生产预糊化淀粉所使用的设备不同，其生产方法可分为喷雾法、热滚法、挤压膨化法和微波法等数种。

5.1.1　喷雾法

先将淀粉配浆，再将浆液加热糊化，将所得的糊用泵送至喷雾干燥塔进行干燥后得成品。淀粉浆液浓度应控制在10%以下，一般为4%~5%，糊黏度在0.2Pa/s以下。浆液浓度过高，糊黏度太大会使泵输送和喷雾操作困难。采用这种方法，由于淀粉浆液浓度低，水分蒸发量大，能耗随之增加，所以生产成本高。

5.1.2 热滚法

热滚法是利用滚筒式干燥机来进行生产的。它是将淀粉乳喷洒在加热的滚筒表面，使其糊化、干燥。

热滚法是传统的生产预糊化淀粉的方法。其工艺可分为配浆、糊化干燥、粉碎、包装、分析等五步。配浆的淀粉浆液浓度一般控制在20%~40%，最高可达44%。配浆有两种方式：一种为淀粉加入水中搅拌所得；另一种为原淀粉生产厂未经离心的淀粉浆液。

滚筒式干燥机有单滚筒和双滚筒两种(图5-1)。双滚筒干燥机剪切力大，能耗也大，但容易操作。单滚筒干燥机剪切力、能耗均较双滚筒低，但不易控制。滚筒式干燥机的工作原理是通蒸汽于筒内加热，双筒相反方向旋转，原淀粉乳浓度可高达44%，分布于筒表面上，形成薄层，受热(150~180℃)糊化，干燥到水分约5%，被刮刀刮下，操作似乎很简单，但要保证淀粉乳进料能够均匀地分布于滚筒表面上，糊化、干燥、刮下，需要严格控制操作。滚筒面上的膜厚度要适当，过薄则生产能力低，产品密度低；过厚则较难干燥，可能局部未干燥好，粘住刮刀。所以在生产工程中浆液浓度、进料量、滚筒旋转速度、温度等重要参数要调整适当，才能得到理想产品。

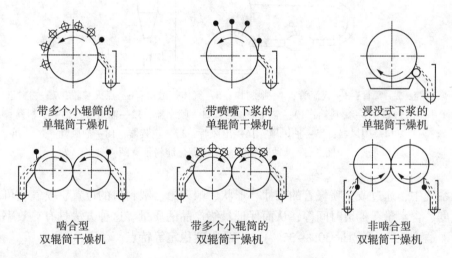

带多个小辊筒的　　　　带喷嘴下浆的　　　　浸没式下浆的
单辊筒干燥机　　　　单辊筒干燥机　　　　单辊筒干燥机

啮合型　　　　带多个小辊筒的　　　　非啮合型
双辊筒干燥机　　　　双辊筒干燥机　　　　双辊筒干燥机

图5-1　单滚筒和双滚筒干燥机示意图

另外，淀粉乳也可先经化学法或酶法处理变性，或添加其他物料，如盐、碱性物(糊化助剂)、表面活性剂以防止粘滚，以改进产品的复水性。

5.1.3 挤压膨化法

利用螺旋挤出机的原理，通过挤压摩擦产生热量使淀粉糊化，然后由顶端小孔以爆发形式喷出，通过瞬间减压而得以膨胀、干燥。此工艺的主要参数为：进料的水分含量、挤压温度、螺旋转速、压力等。想要得到理想的产品，这几个参数必须调整适当。

此法的优点是进料含水分少，能耗较低，生产成本也较低，但由于受高强剪切力的影响，产品黏度低，黏弹性差。

5.1.4 微波法

此法是一种较新的工艺，是利用微波使淀粉糊化、干燥，然后经粉碎得到成品。此法基本上消除了剪切力的影响，但尚未在工业上实施。

5.1.5 脉冲喷气法

此法也是一种生产预糊化淀粉的新兴方法，其主要工作部件的核心是一个频率为 250 次/s 的脉喷气式燃气机。该机产生 137℃ 的喷气，将喂入的水分为 35% 的淀粉在几毫秒之内雾化、糊化和干燥，成品在通过一个扩散器后，用成品收集器收集，如图 5-2 所示。

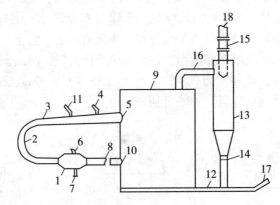

1—燃烧腔；2—弯管；3—气流管；4—喂料口；5—气体扩散口；6—点火装置；7—燃料进口；
8—空气进口；9—集料箱；10—空气增压器；11—喷水器；12—输送带；13—集料筒；
14—闭风器；15—抽风扇；16—出风管；17—包装器；18—抽风管
图 5-2 脉冲喷气法生产预糊化淀粉示意图

该系统中，通过改变喷气管的尺寸、形状、喂入量、喂料口的位置、喷气量可调整淀粉的温度、含水量、停留时间等，从而保证最终产品的质量。这种方法具有热效率高、生产率高、适应性广（含固量 30%~35%）、产品黏度稳定等特点。

5.2 预糊化淀粉的性质及应用

5.2.1 预糊化淀粉的性质

天然淀粉具有微晶体结构，在冷水中不溶解、不膨胀，对淀粉酶不敏感。将天然淀粉与一定量水加热，可使规则排列的胶体结构破坏，分子间氢键断裂，水分子进入其内部，结晶结构消失，失去双折射现象且易受酶的作用，这一过程就是淀粉的糊化。完全糊化的淀粉在高温下迅速干燥脱水，将得到氢键仍然断开、多孔状的、无明显结晶现象的淀粉颗粒，即为预糊化淀粉。

淀粉在预糊化过程中应全部糊化，糊化比例越高，则预糊化淀粉的性能越优良，但通常工业化生产的预糊化淀粉仍保留少部分未糊化的淀粉，因此在偏光显微镜下观察，仍可发现偏光十字，这是由未完全糊化的淀粉造成的。

淀粉要完成整个糊化过程，必须要经过三个阶段：即可逆吸水阶段、不可逆吸水阶段和颗粒解体阶段。

第一个阶段即可逆吸水阶段。淀粉处在室温条件下，即使浸泡在冷水中也不会发生任何性质的变化。存在于冷水中的淀粉经搅拌后则成为悬浊液，若停止搅拌淀粉颗粒又会慢慢重新下沉。在冷水浸泡的过程中，淀粉颗粒虽然由于吸收少量的水分使得体积略有膨胀，但却未影响到颗粒中的结晶部分，所以淀粉的基本性质并不改变。处在这一阶段的淀粉颗粒，进入颗粒内的水分子可以随着淀粉的重新干燥而被排出，干燥后仍完全恢复到原来的状态，故这一阶段称为淀粉的可逆吸水阶段。

第二个阶段即不可逆吸水阶段。淀粉与水处在受热加温的条件下，水分子开始逐渐进入淀粉颗粒内的结晶区域，这时便出现了不可逆吸水的现象。这是因为外界的温度升高，淀粉分子内的一些化学键变得很不稳定，从而有利于这些键的断裂。随着这些化学键的断裂，淀粉颗粒内的结晶区域则由原来排列紧密的状态变为疏松状态，使得淀粉的吸水量迅速增加。淀粉颗粒的体积也由此急剧膨胀，其体积可膨胀到原始体积的 50~100 倍。处在这一阶段的淀粉如果把它重新进行干燥，其水分也不会完全排出而恢复到原来的结构，故称为不可逆吸水阶段。

第三个阶段即颗粒解体阶段。淀粉颗粒经过第二阶段的不可逆吸水后，很快进入第三阶段，即颗粒解体阶段。由于这时淀粉所处的环境温度还在继续升高，所以淀粉颗粒仍在继续吸水膨胀。当其体积膨胀到一定限度后，颗粒便出现破裂现象，颗粒内的淀粉分子向各方向伸展扩散，溶出颗粒体外，扩展开来的淀粉分子之间会互相联结、缠绕，形成一个网状的含水胶体。这就是淀粉完成糊化后所表现出来的糊状体。

预糊化淀粉的复水性是关系到其应用的重要指标。粒度细，产品溶于水生成的糊具有较高的冷糊黏度、较低的热糊黏度，表面光泽也好，但是复水过快，组织内部无法与水接触，造成分散不均匀，易造成结团现象；粒度粗，产品溶于冷水的速度较慢，存在水分传递时间过长的问题，因此应该适当控制最终产品的粒度。

预糊化淀粉由于生产方法不同，其颗粒的形状及视密度不同。喷雾干燥法生产的产品为空心球状，视密度小；微波法生产的产品为不规则的类球形，视密度大；挤压法生产的产品为薄片状，视密度介于上述两者之间；转鼓上原淀粉糊层干燥而得的产品为立方形，视密度大，复水速度慢，转鼓上很薄的淀粉糊层干燥而得的产品为薄片状，视密度小，复水速度快，但常凝块。但无论哪种方法生产的预糊化淀粉，它们的共同特点是能够在冷水中溶胀溶解，形成具有一定黏度的糊液，且其凝沉性比原淀粉小，使用方便，因而被广泛应用于食品、医药、铸造和石油钻井等领域。

5.2.2 预糊化淀粉的应用

（1）在预糊化过程中，水分子破坏了淀粉分子间的氢键，从而破坏了淀粉颗粒的结晶结构，使之溶胀溶于水中，因此易被淀粉酶作用，有利于人体消化吸收。利用预糊化淀粉的这一性质，可用于生产老人及婴幼儿代乳食品。

（2）预糊化淀粉的吸水性和保水性强、黏度及黏弹性都比较高。可添加在烘烤食品中，如在蛋糕、面包的加工中添加 4% 左右的预糊化淀粉，加水时易混成面团，包含水分和空气多，可使其体积膨松，改善口感。另外，可作为西式糕点表面糖霜的保湿剂，可抑制蔗糖结晶。在速冻食品中加入适量预糊化淀粉，可避免产品在速冻过程中裂开，提高成品率，从而降低生产成本。

(3) 预糊化淀粉分散性能好，而且有增稠稳定作用。在食品工业中使用预糊化淀粉可省去蒸煮操作，并且还起到增稠、改善口感的作用。因而可用于软布丁、调料剂、脱水汤料、果汁软糖、休闲食品、油炸食品等作增稠剂和保形剂。例如，用预糊化淀粉配制的各种营养糊类、速溶汤料等，用温水即可冲服食用。

(4) 预糊化淀粉冷水可溶，省去了食品蒸煮的步骤，且原料丰富，价格低，比其他食品添加剂经济，故常用于各种方便食品中。在面条中添加适量预糊化淀粉可减少面条断头，并可快速煮熟。

(5) 医药工业中作为药片黏合剂。一般的西药药片是由药用成分、淀粉、黏合剂等组成，其中淀粉主要起到物质平衡作用。用预糊化淀粉除了起物质平衡作用外，还起到黏合剂作用，这样就减少了加入其他黏合剂引起的不必要的副作用。用预糊化淀粉代替淀粉和黏合剂制成药片除了能满足医用要求外，还具有成型后强度高、服用易消化、易崩解及无副作用等特点。

(6) 在铸造工业中作为砂心黏合剂。在铸造工业中应用预糊化淀粉作为铸模砂心胶粘剂，冷水溶解容易，胶粘力强，倒入熔化金属时燃烧完全，不产生气泡，因而制品不致含"沙眼"，表面光滑，且强度高。此外，用预糊化淀粉代替膨润土作为矿粉冶炼黏合剂，可减少环境垃圾及污染。

(7) 在石油钻井中作泥浆降滤失剂，能降低泥饼的渗透性，对稳定井壁、预防粘卡和不堵塞油气层都是有利的。纺织工业应用预糊化淀粉于织物整理，家庭用衣物浆料也用预糊化淀粉配制。造纸工业用预糊化淀粉为施胶剂。

加入少量氯化钙或尿素对预糊化有促进作用，并使得产品具有更优良的性质，适于钻井应用。

(8) 用于养殖业，主要是配用在鳗鱼、甲鱼饲料中。通常用的鳗鱼饲料为颗粒状，由富含维生素等营养成分的饲料粉、油脂及一定比例的黏合剂等组成，要求有较强的黏性和弹性，并能在水中长时间不散 (16~20h)，另外还要具有以下特点：无毒、易消化、有营养、透明；直至鳗鱼吃完前一直维持颗粒整体状态；不被水溶解，加工时不粘设备。预糊化淀粉用于鳗鱼饲料黏合剂不仅很好地满足上述要求，而且还能使其营养成分增加，无任何副作用。随着研究的不断深化，预糊化淀粉在饲料工业中的应用会越来越广泛。

同一生产方法，不同原料生产的预糊化淀粉性能亦不相同。例如，预糊化马铃薯淀粉的黏弹性比其他预糊化淀粉好，比较适合于用作鳗鱼饲料的黏结剂。它也可用作观赏鱼浮性饲料的黏结剂，使饲料颗粒光滑度增大，同时鱼也喜欢食用。

(9) 香制品行业的应用。近年来，国外用预糊化淀粉来代替滑石粉和淀粉制造新型爽身粉，除了具有普通爽身粉的特点外，还具有皮肤亲和性好、吸水性强的特点。

拓 展 学 习

预糊化淀粉性质分析测定 1   预糊化淀粉糊化度的测定

1. 实验原理

淀粉由许多葡萄糖分子通过 α-1，4 苷键连接而成，酶对糊化淀粉和原淀粉有选择性的分解，在一定温度下，TaKa 淀粉酶能将定量的熟淀粉在一定时间内转化成一定量的麦芽糖和葡萄糖，而转化糖的数量与淀粉生熟程度有比例关系，故可根据生成的糖量计算出糊化度。

2. 分析步骤

①分别称取通过 60 目筛的磨碎试样 1g（水分 14%）置于 2 个 100mL. 的锥形瓶中，分别标记为 A_1、A_2，另取 1 个 100mL 的锥形瓶，不加试样作为空白，标记为 B。向这 3 个瓶中各加入蒸馏水 50mL。

②把 A_1 置于电炉上煮沸（微）或在沸水浴中煮沸 20min，然后将 A_1 锥形瓶迅速冷却到 20℃（夏天高温时应将 A_2、B 与 A_1 三个锥形瓶一起迅速冷却到 20℃）。

③在 A_1、A_2、B 三个锥形瓶中各加入 5mL 5% 的 TaKa 淀粉酶液（用时现配），在 37~38℃ 水浴中保温 2h，每 15min 搅拌一次，然后在 3 个锥形瓶中迅速加入 2mL 1mol/L 的盐酸溶液，用蒸馏水定溶至 100mL，过滤后作检定液用。

④各取检定液 10mL，分别置于 3 个 100mL 具塞磨口锥形瓶中，依次加入 10mL 0.1mol/L 的碘液，18mL 0.1mol/L 的 NaOH 溶液，然后加塞静置 15min。

⑤静置后在上述 3 个锥形瓶中各加入 10% 的硫酸溶液 2mL，用 0.1mol/L $Na_2S_2O_3$ 标准溶液进行滴定，待试样颜色变为淡黄色时加入 1% 淀粉液作指示剂，继续滴定至蓝色消失，记录所消耗的 $Na_2S_2O_3$ 标准溶液的体积。

3. 结果计算

预糊化淀粉的糊化度，按以下公式计算。

$$糊化度(\%) = \frac{Q - P_2}{Q - P_1} \times 100$$

式中：

Q——空白试验所消耗的硫代硫酸钠标准溶液的体积，mL；

P_1——糊化完全时所消耗的硫代硫酸钠标准溶液的体积，mL；

P_2——待测试样所消耗的硫代硫酸钠标准溶液的体积，mL。

第6章　酸变性淀粉

内容提要

主要介绍酸变性淀粉的生产原理，即在用酸处理淀粉的过程中，酸作用于糖苷键使淀粉分子水解、断裂，分子量变小，其流度增大，黏度变小。介绍酸变性淀粉的生产工艺，酸的种类、用量、温度、时间、淀粉乳浓度等工艺参数对酸变性淀粉性能的影响。酸变性淀粉黏度低，能配制高浓度糊液，含水分较少，干燥快，黏合快，胶粘力强，适合于成膜性及黏附性的工业，如经纱上浆、纸袋黏合、纸板制造等。总之，由于酸变性淀粉的这些优良的性能，使其广泛应用于造纸、纺织、食品以及建筑等工业领域。

6.1　酸变性淀粉的生产原理及生产工艺

用酸处理一般淀粉乳使之改性的变性淀粉，属于可溶性淀粉。用酸处理后的淀粉，凝胶性增强，凝胶强度增高(以酸变性玉米淀粉为最)，冷黏度和热黏度的比值增大，致使其应用领域大大增加。

在糊化温度以下，用无机酸处理淀粉，改变其性质得到的产品称为酸变性淀粉。在糊化温度以上的酸水解或酸热解产品都不属于酸变性淀粉的范畴。工业上通常用稀盐酸或稀硫酸来制取酸变性淀粉。淀粉乳浓度为40%，反应温度为25~55℃，当达到所需黏度时即终止反应。为了制得质量稳定的酸变性淀粉，必须在相同的淀粉浓度、酸、酸浓度以及温度下进行反应。即使细心控制，生产相同酸变性淀粉的反应时间也是有变化的。

6.1.1　酸变性淀粉的生产原理

在用酸处理淀粉的过程中，酸作用于糖苷键使淀粉分子水解、断裂，分子量变小。淀粉颗粒是由直链淀粉和支链淀粉组成，而直链淀粉和支链淀粉的酸解程度有很大差异。直链淀粉是由 α-1，4 糖苷键连接而成，支链淀粉是由 α-1，4 糖苷键和少量 α-1，6 糖苷键连接而成。直链淀粉分子间由氢键结合成结晶态结构，酸渗入比较困难，致使 α-1，4 糖苷键不易被酸解。而颗粒中无定形区域的支链淀粉分子的 α-1，4 糖苷键和 α-1，6 糖苷键较易被酸渗入而发生水解。

用酸水解玉米淀粉研究直链淀粉和支链淀粉含量变化情况，在反应初期阶段直链淀粉含量增高，表明酸催化是优先水解支链淀粉。用 0.2mol/L 盐酸，45℃处理马铃薯淀粉，颗粒没有发生膨胀，仍有偏光十字，表明酸水解是发生在颗粒无定形区域，没有影响原来的结晶结构。在反应初期，直链淀粉含量有所提高，支链淀粉首先被水解。这些结果表明，酸水解分为两步进行，首先是快速水解无定形区域的支链淀粉，然后是水解结晶区域的直链淀粉和支链淀粉，后者速度较慢。最后用显微镜观察发现被作用的淀粉粒中有许多小孔，原淀粉的特性因而亦发生了变化。

6.1.2　酸变性淀粉的生产工艺

通常生产酸变性淀粉的工艺流程如图 6-1 所示：

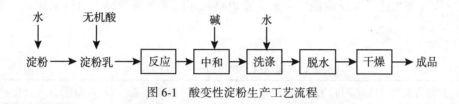

图 6-1　酸变性淀粉生产工艺流程

首先把稀盐酸或稀硫酸加入到浓度为 36%～40% 的淀粉悬浮液中，在低于糊化温度，一般为 40℃。60℃下搅拌加热一段时间，达到要求的反应程度后，中和到 pH 值约为 6，过滤、洗涤、干燥得产品。

酸解淀粉的终点通常用流度来判断。流度是黏度的倒数，流度越高黏度越小。工业上习惯用流度表示不同的酸变性淀粉，这种情况与次氯酸钠氧化淀粉相似。测定流度用一只特制的玻璃漏斗，下方连有玻璃毛细管。若 100mL 蒸馏水流经此漏斗为 70s，在一定条件下配制的酸变性淀粉样品溶液由于稠度较高，流速较慢，在 70s 中只流过 60mL，则其流度为 60。淀粉种类、酸种类和浓度、温度、时间对反应都有影响。

在反应过程中按时取样测定流度，绘制反应时间和流度关系曲线，根据关系曲线决定反应时间从而获得要求的流度。但需要控制淀粉浓度、酸浓度、温度、时间等因素不变才能保证各批产品质量一致。流度测定较简单，但也有缺点，有的厂家改用黏度计分析，但还是转换成相应流度来表示不同产品。

通常制取酸变性淀粉的条件是：淀粉乳浓度为 36%～40%，温度低于糊化反应温度（35～60℃），反应时间为 0.5h 至数小时。当达到所需求的黏度或转化度时，中和、过滤、洗涤、干燥即得产品。

工艺条件对酸变性淀粉性能的影响：

1. 酸的种类及用量

酸作为催化剂而不参与反应。不同的酸催化作用不同，盐酸最强，其次为硫酸和硝酸。酸的催化作用与酸的用量有关，酸用量大，则反应激烈。当温度较高，酸用量较大时，硝酸变性淀粉因发生副反应而使产品呈浅黄色，所以实际生产中很少使用。通常情况下用盐酸，盐酸易控制，易去除。

淀粉中的杂质(如蛋白质、脂肪、灰分、磷酸盐等)能与酸作用，因而会影响酸的有效浓度及酸的催化作用。

2. 温度

反应温度是影响酸变性淀粉性能的主要因素，如表 6-1 所示。当温度在 40~55℃时，黏度变化趋于稳定，温度升至 70℃时已经糊化，因此反应温度一般选在 40~55℃范围。

表 6-1　　　　　　　　反应温度对盐酸酸变性淀粉黏度的影响

温度/℃	常温	37	40	45	50	55	65	70
黏度/mPa·s	3.341	1.300	1.123	0.844	0.733	0.667	0.650	糊化

注：酸用量 5%，反应时间 4h，淀粉乳浓度为 40%，常温为 25℃。

水解程度与加酸量、反应温度有关，要想得到相同流度的产品，可以采用表 6-2 所示的条件。

表 6-2　　　　　　　　加酸量、反应温度、反应时间与流度的关系

流度/mL	盐酸含量/%	反应温度/℃	反应时间/h	流度/mL	盐酸含量/%	反应温度/℃	反应时间/h
60	7.5	室温	168	60	1~3	50~55.5	12~14
60	7.5	40	72	60	0.5~2.0	55~60	0.5~4.5

3. 反应时间

反应时间与淀粉品种、反应温度、加酸量密切相关，如表 6-2 所示。

要制得质量稳定的酸变性淀粉，必须控制淀粉浓度、酸的种类及酸浓度，使其保持一致，并在相同的温度下进行反应。即使细心控制，生产相同酸变性淀粉的反应时间也是有变化的。可通过测定流度的变化，对时间作图，用外插法预测反应完成的时间。达到这一时间后立即中和，终止反应。

4. 添加剂

为了有利于反应的顺利进行，降低水溶性物质的生成，在制备高流度酸变性淀粉时，通常向反应体系中加入少量水溶性六价铬盐。具体操作可反应到全部铬盐被还原为止，加碱调到 pH 值为 8~9，立即加酸回调到 pH 值为 6，过滤、洗涤、干燥。

5. 淀粉乳的浓度

淀粉乳浓度应控制在 36%~40%。

拓 展 学 习

酸变性淀粉的制备 1　盐酸酸解制备酸变性淀粉

1. 概念

酸变性淀粉又称林特纳淀粉，是指淀粉在糊化温度以下被无机酸局部腐蚀而改变了部分特性的淀粉。

2. 实验步骤

①调制淀粉乳：用适量水将原淀粉调制成浓度为 36%~40%的淀粉乳，搅拌均匀。

②酸解：接通加热和控温设备，使淀粉乳升温到 40~55℃ 范围时，加入一定量的稀盐酸（盐酸用量为 5%~8%），恒温酸解 3.5h。

③回收酸液：把酸变性淀粉乳倒入不锈钢甩干机中，开机甩约 20min，添加一定量自来水，再甩约 5min，回收酸液供下批生产用，如果没有不锈钢甩干机，或者不需要回收酸液，可以免去这一操作。

④中和：用 Na_2CO_3 溶液中和含酸变性淀粉乳至 pH 值等于 6，甩干或吊滤。

⑤清水冲洗：用自来水冲洗至流出液无咸味为止，甩干或吊滤，即得酸变性淀粉湿粉，宜直接使用。

⑥烘干：60℃下烘干酸变性淀粉，使含水量在 12% 以下，即得酸变性淀粉干粉。

6.2 酸变性淀粉的性能及应用

6.2.1 酸变性淀粉的性能

生产酸变性淀粉的主要目的是降低淀粉糊的黏度。降低黏度通过酸解断链，降低分子量来完成。

酸变性淀粉基本保持原淀粉颗粒的形状，但在水中受热时情况就不同了，原淀粉受热后膨胀系数很大，体积增大几倍，而酸变性淀粉颗粒因酸的作用具有辐射形裂纹，受热后沿裂纹裂解而不是膨胀，最后导致裂成碎片，流度越大，裂解程度亦越大。酸变性淀粉由于其分子变小，在水中分散程度超过原淀粉，流度越高越易分散。

酸变性淀粉由于支链解聚较快，因此酸变性淀粉中直链淀粉含量增加，导致其凝沉作用增强。酸变性淀粉具有较低的热糊黏度和较高的冷糊黏度。常用热黏度和冷黏度的比表示其胶凝性质。比值越大，凝沉性越强。在热糊时酸变性淀粉是较透明的流体，一旦冷却由于其老化，失去透明度，形成浑浊的坚实凝胶。例如，80~90 流度的产品，凝沉性较强，稳定性下降，糊在室温下过夜形成不透明的凝胶，当然使用新配糊液，稳定性还是可以的。另外，改变酸变性条件能得到流度相同而胶凝性不同的产品。例如，0.1mol/L 硫酸，在 40℃ 处理玉米淀粉 12h 得 60 流度的产品；提高酸的浓度缩短反应时间，得到相同流度的产品，但其凝胶性能强于前者；而降低酸的浓度延长反应时间则得到相反的结果，即凝胶强度降低。

不同品种淀粉经酸处理所得的变性淀粉产品的性质存在差别。玉米、小麦、高粱等谷类酸变性淀粉，热糊相当透明，凝沉性较强，冷却后透明度降低，生成不透明、强度高的凝胶。糯玉米淀粉是由支链淀粉组成的，不含直链淀粉，经酸变性后，凝沉性很弱，热糊透明度和流动性都高，冷却不形成凝胶。80~90 流度酸变性淀粉由于产生较多链状分子水解物，凝沉性增强，稳定性有所降低。酸变性木薯淀粉糊，在 0~40 流度范围内稳定性和透明度与糯玉米粉相同；约 50 流度以上的产品的热糊透明度都高，但冷却后透明度降低。酸变性马铃薯淀粉热糊的流动性和透度都高，且胶凝性强，冷却后很快形成不透明的凝胶。

此外，由于酸变性淀粉黏度较原淀粉低，在高浓度下可成糊，而且可吸水膨胀，形成的薄膜干燥速度较快，而且比原淀粉形成的薄膜厚。

酸变性淀粉黏度低，能配制高浓度糊液，含水分较少，干燥快，黏合快，胶粘力强，适合于成膜性及黏附性的工业，如经纱上浆、纸袋黏合、纸板制造等。酸变性淀粉的薄膜强度略低于原淀粉。

6.2.2　酸变性淀粉的应用

酸变性淀粉广泛应用于造纸、纺织、食品以及建筑等工业领域。

1. 造纸工业

在造纸工业中利用酸变性淀粉成膜性好、膜强度大、黏度低等特性，将其作为特种纸张表面涂胶剂，以改善纸张的耐磨性、耐油墨性，提高印刷的性能。

2. 纺织工业

在纺织工业中，酸变性淀粉用来进行棉织品和棉-合成纤维混纺织品的上浆和整理处理。较高流度的酸变性淀粉有良好的渗透性和较强的凝聚性，能将纤维紧紧地黏聚，从而提高纺织品的表面光洁度和耐磨性，在布料和衣服洗涤后整理时，能显示出良好的坚挺效果和润滑感。

3. 食品工业

在食品工业中酸变性淀粉主要用来制造糖果，如软糖、胶姆糖，还可以制作淀粉果子冻、胶冻婴儿食品。高流度的酸变性淀粉制作的糖果，质地紧凑、外形柔软、富有弹性、耐咀嚼、不粘纸，在高温下不收缩、不起砂，能在较长时间内保持质量的稳定性。将酸变性淀粉添加于软糖和果酱中，不但减少了产品甜度，改善口感，而且能缩短生产周期，降低能耗，减少成本，也便于掌握，适合工业化生产，经济效益十分显著。

4. 建筑工业

酸变性淀粉可用于制造无灰浆墙壁结构用的石膏板。

5. 微粒淀粉

马铃薯淀粉平均直径是 $40\mu m$，玉米淀粉是 $15\mu m$，小麦淀粉是 $20\sim35\mu m$ 和 $2\sim10\mu m$，大米淀粉是 $5\mu m$。颗粒的大小决定了油脂代用品的风味和口感以及降解塑料薄膜的张力性质。直径为 $2\mu m$ 的小颗粒淀粉具有许多功能特点与脂类相似，可以很好地作为油脂代用品。微粒淀粉还可用于化妆品、纺织上浆(微粒淀粉可穿透纤维并且熨过后光亮挺括)。

微粒淀粉是将淀粉在乙醇(100%或70%)溶液中或在水中用酸水解后，过滤，重新分散在蒸馏水中，中和、脱水、水洗，用乙醇脱水、干燥，再分散在 100% 乙醇中，在球磨机中球磨 8h 即得。

拓 展 学 习

酸变性淀粉性质测定 1　酸变性淀粉流度的测定

1. 概念

流度是黏度的倒数，黏度越低，流度越高。由于淀粉用酸变性的主要目的是降低淀粉糊的黏度，因此在酸变性淀粉的生产过程中经常用测定流度的方法来控制反应程度或用流度来表示酸变性淀粉的黏度大小。酸变性淀粉的流度一般用经验方法测定，其范围在 0~90 之间。

2. 分析步骤

①在烧杯中用 10mL 蒸馏水浸湿 5g 干淀粉，然后在 25℃ 下加入 90mL1% 的 NaOH 溶液，边加边搅拌，在 3min 内加完。

②在 25℃ 下放置 27min 后，将其注入具塞的、下方连有玻璃毛细管的专用玻璃漏斗中(25℃，100mL 蒸馏水在该玻璃漏斗中的流出时间为 70s)，测定淀粉糊在 70s 内流出的体积(mL)，以流出体积表示该酸变性淀粉的流度。

酸变性淀粉性质测定 2　分解度的测定

1. 仪器与试剂

(1)恒温水浴锅、乌氏黏度计、秒表。

(2)1mol/LKOH 溶液，5mol/LKOH 溶液。

2. 操作步骤

①准确称取 2.0~2.5g 氧化或酸解淀粉(绝干)，分散在 300mL 蒸馏水中，在沸水浴中加热 30min(不停地搅拌)。冷却至室温，加入 100mL5 mol/LKOH 溶液，并用蒸馏水稀释至 500mL，制得含 0.4%~0.5% 淀粉的 1mol/LKOH 溶液。还可用 1mol/LKOH 溶液稀释成含 0.1%~0.3% 淀粉的 1mol/LKOH 溶液。

②用乌氏黏度计在 (35±0.2)℃ 温度测定 1mol/LKOH 溶液流过黏度计的时间 t_0，测定上述浓度淀粉试液的流过时间 t_1、t_2 及 t_3。由公式 $\eta_{SP} = (t-t_0)/t_0$ 计算出增比黏度，然后以 η_{SP}/c 对 c(c 为浓度，单位为 g/100mL) 作图，在图上至少得到 3 点(c_1：η_{SP}/c_1，c_2：η_{SP}/c_2，c_3：η_{SP}/c_3)，用这 3 点连线并外推使 $c \to 0$，得 $[\eta]$。称取同质量的原淀粉，作空白，操作与上述样品相同，得到 $[\eta_0]$，按以下公式计算。

$$分解度 = \frac{[\eta_0] - [\eta]}{[\eta_0]} \times 100\%$$

第7章 糊 精

　　介绍糊精的生产过程，包括水解反应、苷键转移反应、再聚合反应和焦糖化反应，而每种反应的相对地位随着所生产糊精的种类而异。另外，详细介绍糊精的生产工艺及工艺条件的影响，如水分含量、酸的种类及用量、反应温度及加热时间等。与原淀粉相比，糊精的性质主要表现在颗粒结构、色泽、水分、溶解度、还原糖含量、黏度、水溶液的稳定性、碱值、碱不稳定性、糊精含量、薄膜的性能等方面。由于以上特殊的性质，糊精广泛应用于医药、食品、造纸、铸造、壁纸、标签、邮票、胶带纸等的黏合剂。

7.1 糊精的生产原理和生产工艺

　　糊精是淀粉分解而成的分子量较小的多糖。它的含义十分广泛，广义上是指淀粉经过不同降解方法得到的产物，但不包括低糖和低聚糖。

　　糊精的分子结构有直链状、支链状和环状，都是脱水葡萄糖聚合物$(C_6H_{10}O_5)_n$。常见的糊精产物有热解糊精、麦芽糊精和环状糊精三大类。淀粉经酸、酶或酸与酶共同作用催化水解得到的葡萄糖值在20或20以下的产物叫麦芽糊精；淀粉用嗜碱芽孢杆菌发酵发生葡萄糖基转移反应得到的环状分子叫环状糊精，常见的有α-环状糊精、β-环状糊精、γ-环状糊精，它们分别是由6、7和8个脱水葡萄糖单位组成，具有独特的包接功能。生产以上糊精用湿法工艺。

　　利用干热法使淀粉降解所得的产物叫热解糊精，热解糊精又分为白糊精、黄糊精和英国胶(或称不列颠胶)三种。白糊精是加酸(硝酸或盐酸)于淀粉中低温加热而得，温度为10~130℃，颜色为白色；黄糊精是加酸于淀粉中高温加热而制得，温度为130~170℃，颜色为黄色；英国胶是淀粉不加酸直接高温加热，温度为180~220℃，反应时间约20h，颜色为棕色。因为最初是在英国开始生产而得此名。1812年英国都柏林城一家纺织工厂失火，附近储存的一些马铃薯淀粉受热，颜色变为棕色，被发现能溶于水成黏稠的胶液，具有黏合力，能用为胶粘剂，后来工业上开始生产，被称为英国胶。这是最早生产的一种变性淀粉，这类热解糊精产量较大，应用广，一般人讲的"糊精"就是指这一类糊精，其他类糊精需要加"麦芽"或"环状"等形容词加以区别。本章主要介绍这类热解糊精的生产原理、生产工艺、性质及应用。

7.1.1 糊精的制备机理

淀粉经干燥转化成糊精的过程中发生的化学反应很复杂，至今仍未完全清楚，但可能包含水解反应、苷键转移反应、再聚合反应和焦糖化反应。每种反应的相对地位随着所生产糊精的种类而异。

1. 水解反应

在干燥和转化的初期阶段，由于水分的存在，酸可催化断裂淀粉中的 α-1，4 糖苷键和 α-1，6 糖苷键，使淀粉分子变小，分子量降低，表现出淀粉的水分散体系黏度下降，淀粉的还原端基量增加。水解反应程度基本决定了糊精产品的黏度，水解程度越高，黏度越低；糖苷键水解产生更多的还原尾端基，还原性增加。水解反应主要发生在预干燥工序和糊精化工序的初级阶段。生产白糊精是在较低温度加热，水解反应是主要的。

2. 苷键转移反应

在这类反应中，α-1，4 糖苷键水解，接着与邻近分子的游离羟基再结合，形成分支结构。

3. 再聚合反应

葡萄糖在酸的存在下，在高温时具有聚合作用的能力，发生聚合反应，生成支链分子。聚合反应引起分子增大，还原性降低，黏度稍增高。在糊精化过程中，取样分析还原性先增高，到达最高值后又降低。这是由于先发生水解反应，后又发生聚合反应的缘故。水解和聚合反应是相反的化学反应，水分促进前者的进行，少水和高温促进后者的发生。生产黄糊精有聚合反应发生。例如，黄糊精转化过程中出现明显的葡萄糖或新生态糖的再聚作用，生成较大的分子。具体表现在淀粉分散体系的黏度升高，淀粉还原糖量下降，以及溶解于混合溶剂(90%乙醇，10%水)中的糊精的百分率降低。

4. 焦糖化反应

水解反应产生的葡萄糖和其他低碳糖(如麦芽糖)在酸性或碱性条件下，温度升高时还具有焦糖化作用。即糖在高温下会发生脱水、裂解、缩合等复杂反应，形成浅棕色至深褐色的有色物质。这就是黄糊精和英国胶具有米黄色至棕色的原因。

7.1.2 糊精的生产工艺

糊精的生产工艺包括酸化、预干燥、糊精转化、冷却和中和等工序。酸化是混酸于原料淀粉中，预干燥到水分为 1%~5%，加热糊精化到要求的转化程度，冷却、停止反应、中和酸性。白糊精、黄糊精和英国胶三类产品的生产工艺基本相同，但在酸度、加热温度和时间方面存在差异。

不同品种淀粉都能用作生产糊精的原料，但在转化难易、产品性质方面存在差异。木薯、马铃薯淀粉最易糊精化，产品水溶液透明度和稳定性都高。玉米、小麦淀粉较难糊精化，需要较高的温度和较长的时间，产品的胶粘力强，水溶液的透明度和稳定性较差，储存过程中黏度会增高。糯玉米和糯高粱淀粉的糊精化难易和产品性质与木薯、马铃薯淀粉大致相同。

(一)生产糊精的工艺条件

1. 水分含量

反应体系的含水量对产品的溶解度、糊精含量影响较大,体系的含水量增大,产品的溶解度、糊精含量增加,当水分含量达一定值后,溶解度和糊精含量都有所下降。

制造英国胶时淀粉水分必须小于3%,这样有利于缩合反应的进行,因此,在英国胶的制备过程中干燥是必需的。

2. 酸的种类及用量

在糊精的制造中,常用的酸性催化剂有盐酸、硝酸、一氯乙酸等。生产中常用酸作催化剂,盐酸是强酸,催化效率高,用量少,价格低廉,易混合均匀,产品中残留量较少。氧化性催化剂有氯气等,碱性催化剂有碳酸钠、氨水、碳酸铵或尿素等。在制取白糊精和黄糊精时常用挥发性无机酸,如盐酸。氯气也可用来处理淀粉,其突出的优点是不像盐酸水溶液会使淀粉膨胀,并具有氧化作用,制得的糊精稳定性高,不易凝沉。一氯乙酸也可用来酸化淀粉,一氯乙酸除起酸化作用外,还起到氧化作用,制得的产品稳定性好,不易凝沉,升高温度后会分解成氯化氢。当淀粉含水量高时,干燥阶段的盐酸水解效应最小。

在英国胶的制备中,常不希望有酸的催化水解作用,可在淀粉上喷洒碱性催化剂或缓冲剂,如磷酸三钠或二钠、碳酸氢钠、碳酸氢铵、三乙醇胺等,有时也可在热处理时以干态掺入。也可将碱性催化剂或缓冲剂水溶液加入淀粉悬浮液,然后过滤、烘干,进行热处理。

生产糊精的工艺条件及产品性能见表7-1。

表 7-1　　　　　　　　　　　生产糊精的工艺条件及产品性能

生产条件及产品性能	白糊精	黄糊精	英国胶
反应温度/℃	110~130	135~160	150~180
反应时间/h	3~7	8~14	10~14
催化剂用量	高	中	低
溶解度	从低到高	低	从低到高
黏度	从低到高	低	从低到高
颜色	白色至乳白色	米黄至深棕色	浅棕色至棕色

3. 反应温度及加热时间

反应温度与加热时间有很大的差异,这取决于所制产品的种类及设备类型。温度范围一般在100~200℃,加热时间从几分钟到数小时。

(二)生产糊精的工艺流程

糊精的生产工艺流程如图7-1所示。

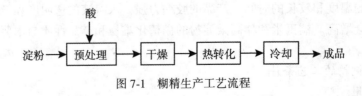

图 7-1　糊精生产工艺流程

热糊精的生产过程有 4 个主要阶段，包括预处理(酸化)、干燥、热转化和冷却。

1. 预处理

预处理过程通常是把酸性催化剂、氧化性催化剂或者碱性催化剂的稀溶液喷于含水 5% 以上的淀粉上，也可将干淀粉浸渍于催化剂稀溶液中，然后将淀粉过滤或脱水，这样可保证催化剂均匀分布于淀粉中，也可将催化剂混入干淀粉中。

该工序的关键是要把催化剂混合均匀，常用的方法是喷洒法。

2. 干燥

干燥能否成为一个独立阶段，取决于制取糊精的种类和设备。淀粉中的水分会引起水解，抑制缩合反应，尤其是在低 pH 值及加热时。所以，无论是哪一种糊精，热转化前的淀粉含水量应干燥到 1%～5% 的范围内。有些干燥过程十分必要，有些不需要严格的干燥过程，例如在白糊精的生产过程中，由于水解作用有助于获得所需性能，无需十分严格的干燥过程，而制备黄糊精时十分必要，该过程的水解程度应该最小。常用气流干燥、真空干燥，快速去除水分达到干燥的目的。而在某些英国胶的制备过程中很少用酸，但干燥是必需的，因为淀粉水分大于 3%，缩合反应难以进行。

3. 热转化

热转化作用常常在带有夹套的混合器中进行，可以用蒸汽浴或油浴加热。要得到满足性能要求的糊精，设备应该设计成温度可以准确控制，并用能控制的空气流或以惰性气体保护，这样水分在初始阶段就能快速除去，使温度达到要求。在此过程中，必须要做到受热均匀，防止局部过热，局部过热会引起淀粉焦化，甚至会引起粉尘爆炸。因此整个转化过程的关键是保持良好的搅拌及热量的均匀分布。

热转化的设备有间歇操作和连续操作两类。振动床和流动床设备被认为可缩短转化时间，提高产品质量。转化温度和时间有很大的差异，取决于所制产品种类及设备类型。温度范围一般在 100～200℃，加热时间从几分钟到几小时。

4. 冷却

转化阶段结束时，转化终点是根据色泽、黏度或溶解性来确定的，温度可能在 100～200℃ 之间，甚至更高。此时糊精正处于转化的活化状态，需要使用快速冷却的方法使它尽快停止转化反应。为此，通常将热糊精倾入冷却混合器中冷却。如转化时 pH 值非常低，需将酸中和，以防止冷却期间及随后储存时的进一步转化。常用干态碱性试剂如碳酸钠、磷酸盐等进行中和。

由于最后的糊精产品只有很少的水分，与水混合时会发生结块及起泡现象。为此在过筛和包装之前，还需将糊精暴露在湿空气中，使糊精吸收水分，含水量升高到 5%～12% 或更高。

拓　展　学　习

糊精的制备 1　糊精的制备

1. 预处理

称取 100kg 干淀粉，加入 200mL 浓硫酸和 300mL 浓盐酸，再用 10L 水稀释，确保混合酸催化剂均匀分布在淀粉中。

2. 干燥

在 50℃下干燥处理，使淀粉含水量下降到 1%～5%的范围内即可。

3. 热转化

再经 110～140℃加热处理 1h，使酸在加热中逸出。

4. 冷却

将热糊精倾入冷却混合器中快速冷却，即可得成品糊精。

糊精的制备 2　白糊精的制备

1. 预处理

称取一定量干淀粉，加入浓盐酸，加水稀释，控制体系含水量为 22%，浓盐酸量占淀粉质量的比例为 0.25%，确保盐酸催化剂均匀分布在淀粉中。

2. 干燥

在 50℃下干燥处理，使淀粉含水量下降到 1%～5%的范围内即可。

3. 热转化

再经 130℃下反应 3h。

4. 冷却

将热糊精倾入冷却混合器中快速冷却，即可得成品白糊精。

糊精的制备 3　黄糊精的制备

1. 预处理

称取一定量干淀粉，加入浓盐酸，加水稀释，控制体系含水量为 18%，浓盐酸量占淀粉质量的比例为 0.12%，确保盐酸催化剂均匀分布在淀粉中。

2. 干燥

在 50℃下干燥处理，使淀粉含水量下降到 1%～5%的范围内即可。

3. 热转化

再经 145℃下反应 2.5h。

4. 冷却

将热糊精倾入冷却混合器中快速冷却，即可得成品黄糊精。

7.2　糊精的性质及应用

7.2.1　糊精的性质

热糊精在物理性质和化学性质方面与淀粉有很大的差异，这些差异随转化度而异。主要表现在以下几个方面。

1. 颗粒结构

在显微镜下将淀粉颗粒放在甘油中观察时，糊精颗粒外形与制造它的原淀粉相似，糊精仍以颗粒存在，还可区别原料淀粉的品种。但在水与甘油混合液中用显微镜观察淀粉颗粒时，结构脆弱，部分溶解，溶解程度因糊精化程度和生产条件而不同，对较高转化度的热糊精有明显的结构弱点及外层剥落现象。

2. 色泽

糊精的外观色泽受转化温度、pH 值及时间的影响。一般转化温度越高，转化时间越长，色泽越深；pH 值越高，颜色越深，且加深的速度越快。对黄糊精来说，溶解度达到100%之后颜色变深的速率增大。

3. 水分

在干燥及热转化阶段，糊精的含水量是逐渐降低的。如果不经过吸潮处理，一般情况下最后的水分：白糊精是 2%～5%；黄糊精和英国胶都少于 2%。而原淀粉的含水量在13%左右。在储存时，由于有吸水倾向，平衡含水量为 8%～12%。

4. 溶解度

随着转化程度不断增加，糊精在冷水中的溶解度逐渐增加。白糊精的溶解度在高黏度时为 60%，高转化率时低黏度类型的溶解度为 95%。黄糊精的溶解度几乎都是 100%。英国胶的溶解度范围为 70%～100%，对相同转化度的糊精而言，英国胶的溶解度大于白糊精。

5. 还原糖含量

还原糖含量取决于品种，而糊精含量取决于转化程度。白糊精随着转化作用的进行，还原糖稳定的上升到最高值。除高转化度类型外，所有白糊精的这个值是不断上升的。但是，在转化作用的后期，还原糖增加的速度较缓慢。对黄糊精和英国胶，当黏度开始下降时还原糖含量开始减少。一般白糊精的还原糖在 10%～12%，黄糊精还原糖接近 1%～4%，而英国胶还原糖含量更低。

6. 黏度

糊精的黏度通常用热黏度（即在热水中的黏度）和冷黏度（即在室外温水中的黏度）来表示。白糊精的黏度随着转化度的提高，黏度逐渐下降。黄糊精也是如此，但是当转化作用使溶解度达 100%时，黏度降低速率减慢，最后降到一定值。英国胶的黏度较白糊精及黄糊精大，随着转化度的提高，开始黏度有所下降，随后逐渐上升。

7. 水溶液的稳定性

糊精水溶液的稳定性有很大的差异，取决于转化度、糊精种类、原淀粉的特性及添加剂的影响。一般的原淀粉中含有较多的直链淀粉，而直链淀粉的热水溶液稳定性比支链淀粉差。在制备过程中，由于分解及苷键转移再聚合作用，直链淀粉分子转化成分支型结构，故水溶液稳定性大大提高。分支型结构的增加量随糊精种类及转化度而异。一般来说，由于白糊精制备中水解占主导地位，支链化程度较低，因此其水溶液的稳定性较差，冷却及放置时会形成不透明的浆液。英国胶是在含酸量最少情况下转化的，水解反应最小，形成糊精的支化度达 20%～25%，因此，在相同转化度情况下，英国胶的水溶液稳定性比白糊精高。在黄糊精的生产中，水解作用最初占主导地位，随着转化温度的提高有利于苷键的转移及再聚作用，也由于它们有较高转化度，因此黄糊精水溶液比英国胶溶液更稳定。

添加剂也有利于增加糊精溶液的稳定性，如硼砂，它易与淀粉分子上的羟基形成络合物，增加溶液的黏度、稳定性和透明度，并可增加它的内聚性及黏着性，同时易使糊精薄膜中的水分浓度降低，形成含水胶体，还能增加薄膜的黏结性。

制取糊精的原淀粉性质也是一个重要因素，原淀粉中直链淀粉的含量及微量脂肪酸的存在都会影响糊精水溶液的稳定性。高支链的糯玉米淀粉比普通玉米淀粉转化成的糊精溶液稳定性好得多。原淀粉中存在微量脂肪，使转化成的糊精溶液具有触变性。这是因为所含的脂肪酸与直链淀粉形成络合物所致。所以，从不含脂肪酸的木薯淀粉及马铃薯淀粉制取的黄糊精溶液没有触变性。

8. 碱值

由于水解作用，糊精碱值随转化度的增加而升高。但随着转化过程的进行，温度的升高，苷键转移及再聚合作用，碱值开始下降。

9. 碱不稳定性

在转化过程中，随着分子链变短，醛基量增加，醛基是衡量转化的指标。随着醛基量增加，碱不稳定性达到峰值，随着继续加热，碱不稳定性开始下降。这是由于苷键转移及可能再聚作用形成了支链结构所致。

10. 糊精含量

将 1g 产品溶于 100mL 半饱和的氢氧化钡溶液中，淀粉、水可溶性淀粉及低转化度糊精会被半饱和（half-saturated）氢氧化钡沉淀。可溶解的那部分为糊精和还原糖，糊精的含量一般是用经验试验的方法来测定的。对于各种热转化糊精，其糊精含量都随转化程度而升高。

11. 薄膜的性能

用原淀粉特别是高直链淀粉制取的薄膜具有较好的强度和韧性。而由热转化制品溶液制取的薄膜其拉伸强度要低得多。由于制备糊精主要是水解和聚合反应，对同一类型的转化产品来说，其薄膜拉伸强度随转化程度增加或黏度降低而逐渐降低。黏度较低的糊精和原淀粉相比，糊精分散在水中的固体较多，因而形成高固体含量的薄膜。所形成的薄膜干燥速度较快，有较强的黏着性，并能迅速与固体表面黏结。

糊精与硼砂配合，不仅对糊精的黏度及稳定性有作用，而且使薄膜中的水分浓度降低，形成含水胶体，还能增加薄膜的黏结性。

对同一转化度的糊精而言，黏度越低或转化度越高，薄膜越容易溶解。黄糊精制得的薄膜溶解性最大，白糊精制得的薄膜溶解性最差。

糊精薄膜有结晶化特征，使薄膜有变脆及剥成碎片的倾向，添加硼砂等交联剂及增塑剂或吸湿剂可大大改善这一缺陷。

7.2.2　糊精的应用

热转化糊精广泛用作医药、食品、造纸、铸造、壁纸、标签、邮票、胶带纸等的黏合剂。例如，造纸行业可用作表面施胶剂和涂布黏合剂，能提高表面强度、平滑度和印刷性；纺织工业中用于织物整理、上浆，在纺织印染中可作为印花糊料；食品行业可作香料、色素的载体；医药行业作片剂黏合剂；铸造行业作铸模砂的胶粘剂等。而对不同类型的热转化糊精，由于其性能不同，应用的范围和领域亦有差别。例如，在作片剂黏合剂时，需要快速干燥，快速散开，快速黏合及再湿可溶性，可选择白糊精或低黏度黄糊精产品；在作标签、邮票黏合剂时，需要黏度高，形成的薄膜具有强韧性，适宜用白糊精或英国胶。

拓 展 学 习

糊精性质的分析测定　白糊精溶解度的测定

（一）烘箱法

1. 实验原理

室温下配制 2%的糊精溶液，充分溶解后离心分离，吸取一定量上清液于表面皿中，放入烘箱中烘干后称重，由此计算出白糊精的溶解度。

2. 分析步骤

准确称取 2g 试样（精确到 0.0001g），溶于 1000mL 蒸馏水中，置于水浴振荡器中，振荡 30min（水温为 25℃）后转移到离心管中，在 3000r/min 条件下离心 5min，取出静置，用移液管吸取 20mL 上清液放入已恒重的表面皿中，将表面皿放入 105~110℃干燥箱中烘 3h 后取出，冷却、称重。

3. 结果计算

白糊精的溶解度，按公式(7-1)计算。

$$X = \frac{(G_1 - G_2) \times 5 \times 100}{G \times (1 - W)} \tag{7-1}$$

式中：

X——试样溶解度，g/100g；

G_1——含溶解糊精的表面皿质量，g；

G_2——表面皿净重量，g；

G——试样质量，g；

W——试样水分质量分数，%。

（二）旋光法

1. 实验原理

糊精的比旋光度为 1500，其水溶液的旋光度与其浓度成正比，因此可通过测定水溶液的旋光度求得溶解度。

2. 分析步骤

①准确称取 2g 试样（精确到 0.0001g），溶解并稀释至 100mL，混匀后过滤，滤液备用。

②开启旋光仪，待光源稳定后，将旋光管内装满蒸馏水并放入旋光仪的长槽内，按照旋光仪的使用规则调整零点。

③倒出旋光管内的蒸馏水，用样品溶液①冲洗旋光管两次后，将样品溶液装满旋光管并放入旋光仪的长槽，按照旋光仪的使用规则测定其旋光度。

④每一样品测定三次，以平均值作为样品的旋光度。

3. 结果计算

样品的质量分数，按公式(7-2)计算。

$$C = \frac{Q}{[\alpha]L} \tag{7-2}$$

式中：

C——溶液质量浓度，g/100mL；

Q——实测的旋光度，（°）；

$[\alpha]$——溶质的旋光度，（°）；

L——旋光管长度，dm。

被测试样的溶解度，按公式(7-3)计算。

$$X = \frac{100 \times 100 \times C}{G \times (1 - W)} \tag{7-3}$$

式中：

G——样品质量，g；

W——试样水分质量分数，%。

第8章 氧化淀粉

> **内容提要**
>
> 主要介绍次氯酸钠氧化淀粉、高锰酸钾氧化淀粉、过氧化氢氧化淀粉及双醛淀粉的氧化机理、生产工艺以及工艺条件，氧化淀粉的性质以及在造纸、纺织、食品、医药、建筑等行业的广泛应用。

8.1 次氯酸钠氧化淀粉

淀粉在酸、碱、中性介质中都可与氧化剂反应，使淀粉氧化，氧化所得的产品称为氧化淀粉。氧化淀粉具有低黏度、高固体分散性、极小的凝胶化作用等特点。

由于在反应过程中淀粉分子链上引入了羰基和羧基，使直链淀粉的凝沉作用降到最低，大大提高了糊液的稳定性、成膜性、黏合性和透明度。由于氧化淀粉具有上述优点，加之制备工艺简单，价格低廉，因此在造纸、纺织等工业中有着广泛的应用。

淀粉氧化过程和氧化反应进行的程度主要取决于氧化剂的种类、淀粉的种类、介质的pH 值、反应温度和反应时间等，但起决定作用的主要是氧化剂的种类和介质的 pH 值。除了氧化形成羧基外，淀粉分子的还原端的葡萄糖单体的环状结构容易在 C_1 位上的氧原子处断环，在 C_1 位形成醛基。采用不同的氧化工艺、氧化剂和原淀粉可以制成性能各异的氧化淀粉。氧化淀粉的原料主要是马铃薯、木薯、甘薯和玉米淀粉等。氧化剂的种类很多，按氧化反应所要求的介质，所用氧化剂一般分为三类：

①酸性介质氧化剂：如硝酸、铬酸、高锰酸盐、过氧化氢、卤化物、卤氧酸（次氯酸、氯酸、高碘酸）、过氧化物（过硼酸钠、过硫酸铵、过氧乙酸、过氧脂肪酸）和臭氧等；

②碱性介质氧化剂：如碱性次卤酸盐、碱性亚氯酸盐、碱性高锰酸盐、碱性过氧化物、碱性过硫酸盐等；

③中性介质氧化剂：如过氧化物、溴、碘等。

氧化剂的主要作用是漂白作用和氧化作用。漂白作用主要是漂白、消毒、除去霉菌和杂质，淀粉没有被氧化，不属于氧化淀粉。制备氧化淀粉最常用、经济效果又好的氧化剂主要是次氯酸钠、过氧化氢和高锰酸钾。

氧化终点通常通过测定羧基含量和糊化液黏度判断。羧基含量的分析方法是将氧化淀粉样品浸泡在 0.1mol/L 的盐酸中，使羧基盐转变成游离酸基，用蒸馏水将置换出来的阳离子和过剩盐酸洗掉，将洗好的样品溶于水中，用 0.1000mol/L 的氢氧化钠标准溶液滴定，用原淀粉进行空白滴定。由下列公式计算羧基含量(%)：

$$羧基含量(质量分数) = \frac{(样品滴定-空白滴定) mL \times 0.1000 \times 0.045}{样品质量(绝干，g)} \times 100\%$$

$$羧基含量(摩尔分数) = \frac{(样品滴定-空白滴定) mL \times 0.1000 \times 162}{样品质量(绝干，g)} \times 100\%$$

食品工业主要用来制糖果及果冻食品，氧化淀粉制作的糖果质地紧凑，外形柔软，富有弹性，耐咀嚼，不粘纸，高温下不收缩，不起砂，提高了食品的稳定性。

另外，羰基含量的分析采用羟胺法。在盐酸羟胺溶液中加入氢氧化钠溶液，产生游离羟胺，与氧化淀粉中的羰基起反应生成肟。再用 0.1000mol/L 的盐酸滴定剩余的羟胺，用原淀粉样品进行空白滴定。这两个滴定的差为氧化淀粉消耗羟胺量，与羰基的摩尔分数相等，羰基含量的计算公式如下。

$$羰基含量(质量分数) = \frac{(样品滴定-空白滴定) mL \times 0.1000 \times 0.023}{样品质量(绝干，g)} \times 100\%$$

$$羰基含量(摩尔分数) = \frac{(样品滴定-空白滴定) mL \times 0.1000 \times 162}{样品质量(绝干，g)} \times 100\%$$

次氯酸钠氧化生产氧化淀粉是研究最多、最成熟、应用最广泛的一类。次氯酸钠还可溶解淀粉中大部分含氯杂质，使有色物质除去而脱色。长时间处理可减少淀粉中游离脂肪酸的含量，有利于提高产品纯度，改善各方面性能。

8.1.1　次氯酸钠氧化淀粉的氧化机理

在某种条件下，淀粉分子的还原端的葡萄糖环状结构容易在 C_1 位的氧原子处断裂(开环)，而在 C_1 位上形成一个醛基，所以，通常认为有三个类型的基团可以被氧化成羧基和羰基，即还原端的醛基和葡萄糖分子中的伯、仲醇羟基。

淀粉的氧化反应复杂，曾有不少有关机理研究的报道。用玉米淀粉研究次氯酸钠氧化机理，氧化主要发生在葡萄糖单位 C_2 和 C_3 碳原子仲醇羟基，生成羰基、羧基，环形结构开裂，如下式所示。先氧化成羰基，再氧化成羧基，有两个不同的过程，(Ⅰ)是经过 α, α-三羰结构；(Ⅱ)是烯二醇结构。与高碘酸的氧化相似，将 C_2 和 C_3 碳原子的羟基氧化成醛基，得双醛淀粉，醛基再进一步能被氧化成羧基，成双羧淀粉。

氧化剂渗入到淀粉颗粒中，主要作用于非结晶区，用偏光显微镜观察仍有双折射性，可以证明这一点。可能在某些淀粉分子中会发生剧烈的局部反应，导致淀粉分子解聚(糖苷键断裂)而产生高度降解的碎片，这些碎片可溶于碱性介质中，当洗涤淀粉时，它们被洗掉(对原料而言大约损失 15%)。

如氧化淀粉颗粒表面发生碎裂或裂纹，就是这种局部过度氧化造成的，扫描电子显微镜观察证明了这一点。

反应介质不同，原料的存在形式不同，氧化结果和反应速率也有差异。例如，在酸性、碱性条件下氧化反应很慢，而在中性、微酸或微碱性条件下，反应最快。

在碱性介质中，淀粉形成带负电荷的淀粉盐离子，其数量随 pH 值的升高而增加，而此时作为氧化剂的次氯酸钠主要以次氯酸根的形式存在。在这种情况下，两种带负电荷的离子团因相互排斥很难发生反应，因此 pH 值升高，会限制氧化反应进行的速度。

$$H—\overset{|}{\underset{|}{C}}—OH + NaOH \longrightarrow H—\overset{|}{\underset{|}{C}}—ONa + H_2O$$

$$2H—\overset{|}{\underset{|}{C}}—O^- + OCl^- \longrightarrow 2C=O + H_2O + Cl^-$$

在酸性介质中，次氯酸盐很快转变成氯，氯和淀粉分子中的羧基反应形成次氯酸酯和氯化氢。接着酯分解成一个酮基和一个氯化氢分子。在这两步反应中，氢原子都以质子形式从氧原子和碳原子上游离出来。因此，在质子过剩的酸性介质中，质子的释放会受到抑制，从而随着酸度的增加，氧化反应的速度减慢。

$$2NaOCl \xrightarrow{H^+} Cl—Cl$$

$$H—\overset{|}{\underset{|}{C}}—OH + Cl—Cl \xrightarrow{快} H—\overset{|}{\underset{|}{C}}—O—Cl + HCl$$

$$H—\overset{|}{\underset{|}{C}}—O—Cl \xrightarrow{慢} C=O + HCl$$

在中性、微酸性或微碱性条件下，次氯酸盐主要呈非离解态，淀粉呈中性。非离解的次氯酸盐能产生淀粉次氯酸酯和水，酯分解产生氧化产物和氯化氢。

$$H—\overset{|}{\underset{|}{C}}—O—H + HOCl \longrightarrow H—\overset{|}{\underset{|}{C}}—O—Cl + H_2O$$

$$H—\overset{|}{\underset{|}{C}}=O—Cl \longrightarrow C=O + HCl$$

$$H—\overset{|}{\underset{|}{C}}—OH + OCl^- \longrightarrow C=O + H_2O + Cl^-$$

在不同 pH 值条件下反应，测定的—COOH 与—CHO 的比例不同，如表 8-1 所示。

表 8-1　　　　　　　　　　　　**pH 值对氧化淀粉羧基和羰基含量的影响**

反应 pH 值	羧基含量/%	羰基含量/%	反应 pH 值	羧基含量/%	羰基含量/%
7.0	0.72	0.26	10.0	0.75	0.065
8.0	0.77	0.14	11.0	0.70	0.045
9.0	0.81	0.11			

在不同 pH 值条件下氧化淀粉时，产品的羧基含量随 pH 值增加而增加，在 pH 值为 9 时达到最高值，然后下降，但羰基含量随 pH 值增加而迅速下降。

8.1.2　次氯酸钠氧化淀粉的性质

1. 颗粒特性

与原淀粉相似，氧化淀粉颗粒仍保持有偏光十字；X 光衍射图像没有变化，可以看到表明氧化反应发生在颗粒的无定形区，仍保持与碘染色的特征。经扫描电镜拍照可以看到原淀粉和氧化淀粉颗粒形貌有很大变化。氧化淀粉颗粒表面受到侵蚀，表明氧化反应主要发生在颗粒表面。

氧化淀粉相比原淀粉尽管在结构上无大变化，但分子颗粒有明显差异，颗粒呈放射状裂纹，在水中加热时不像原淀粉那样膨胀而是破碎。

由于次氯酸盐的漂白作用，在氧化过程中含氮杂质、脂肪酸杂质及其他有色物质被去除，而有些物质被氧化漂白，所以氧化淀粉比原淀粉色泽白，并且随氧化程度的加深，颜色显得更白。氧化淀粉一般对热敏感，高温下变成黄色或褐色。干燥过程中的变黄与醛基含量有关。在储藏时随着醛基含量的提高，氧化淀粉变得越来越黄。氧化淀粉的水分散系糊化时或加碱时都会变黄，也与醛基的含量有关。

氧化淀粉的特征之一是对亚甲基蓝及其他阳离子染料的染色敏感性，染色强度随氧化程度的增加而增加。但这并不是氧化淀粉所独有的特性，所有阴离子取代基的淀粉衍生物均能染上色。从染色的均匀性可以看出反应的均匀程度。

2. 糊化温度

氧化淀粉的糊化温度比原淀粉的糊化温度低，因而易于糊化。

氧化淀粉的糊化温度随次氯酸钠用量的增加而下降，木薯氧化淀粉的糊化温度下降更快。

3. 热黏度

随着氧化程度的增大，糊化温度降低，达到热黏度最高值的温度降低，热黏度最高值也降低，热黏度稳定提高，凝沉性减弱，冷黏度降低。

4. 糊透明度

以透光率来表明透明度。测定方法如下：准确称取 2.0000g（绝干）过 40 目筛的次氯酸钠氧化淀粉，用蒸馏水配制成 50mL 淀粉乳，在沸水浴中加热糊化，冷却后，用分光光度计，用 0.5cm 比色皿，以蒸馏水作空白，在 480nm 波长下测定透光率。放置 24h 后，再测定一次透光率，并与 24h 前测定的透光率比较计算出 24h 后透光率降低的百分率，降低越多，则表明淀粉的凝沉性越强。

氧化淀粉的透光率随次氯酸钠用量增加而增大，玉米淀粉呈直线上升，木薯淀粉透光率增加快，很快达到平衡值后，基本不再随次氯酸钠用量的增加而增大。还可以看出，随着次氯酸钠用量的增加，氧化程度增高，凝沉性大大减弱，木薯氧化淀粉糊的透光率不降低，凝沉性极弱。

5. 糊黏合力

氧化淀粉黏合力随氧化程度的增加而增大。氧化木薯淀粉的黏合力上升较快，在有效氯为3%时已达到很高值，超过3%时黏合力增加很少。木薯氧化淀粉黏合力高于玉米氧化淀粉，特别是较低氧化程度的产品。

6. 流变性

10%的淀粉乳在45min内从室温逐渐升至100℃并保温45min后，冷至室温，玉米氧化淀粉在次氯酸钠浓度大于3g/L活性氯时成流体。米淀粉要达到玉米氧化淀粉的流变程度，活性氯要求达到6g/L。

7. 薄膜性能

氧化淀粉能形成强韧、清晰、连续的薄膜。比酸解淀粉或原淀粉的薄膜更均匀，收缩及爆裂的可能性更小，薄膜也更易溶于水。

8.1.3 次氯酸钠氧化淀粉的生产工艺

1. 氧化剂的制备

实验室一般直接用 NaClO 作为氧化剂。企业大规模的生产中一般都是自行制备，氧化过程中的 NaClO 是新配制的，通常是把氯气通入冷的10%的氢氧化钠溶液中，吸收温度不超过30℃，根据氧化工艺的要求控制通入氯气的量，反应方程如下：

$$2NaOH+Cl_2 \longrightarrow NaOCl+H_2O+NaCl+103.14J（放热）$$

另外一种制备氧化剂的方法是在漂白粉中加入碳酸钠，反应方程如下：

$$Ca(OCl)_2+Na_2CO_3 \longrightarrow 2NaOCl+CaCO_3$$

淀粉氧化属于温和氧化反应，次氯酸钠的浓度不要求很高，一般采用含有效氯为6%~8%的次氯酸钠。

反应为放热反应，需要冷却，并保持碱性，以减少 $CaCO_3$ 的生成和 NaOCl 的分解；大于30℃会生成不需要的氯酸钠（$NaClO_3$），当 pH 值为7时，其生成量可达28.8%。产生的氯酸钠不能作为氧化剂，从而降低有效氯的生成。

2. 氧化淀粉制备的工艺条件

常见的制备氧化淀粉的工艺流程如图8-1所示。

常用的生产方法是碱性氧化：向反应釜内加入浓度为33%~44%（一般为40%）的淀粉乳，不断搅拌下加入2%的氢氧化钠溶液调 pH 值至8~10，慢慢加入次氯酸钠，用稀盐酸调节到反应要求的酸碱度。次氯酸钠用量随氧化程度而定，氧化程度越高，次氯酸钠用量越大，次氯酸钠用量和氧化淀粉中羧基与羰基含量的关系见表8-3、表8-4。一般有效氯约占淀粉干重的5%。氧化结束后，调 pH 值至6~6.5，并用亚硫酸钠终止反应。然后用真空过滤机过滤，用水清洗，除去其中的无机盐及其他水溶物，于65℃以下干燥到含水分10%~12%，温度过高会导致氧化淀粉颜色发黄。

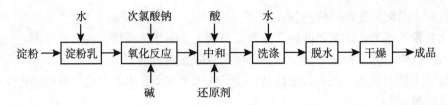

图 8-1　次氯酸钠氧化淀粉生产工艺流程

　　氧化过程中温度不能高于在该分散体系中淀粉的糊化温度，因为碱性条件下，糊化温度降低。一般氧化温度控制在 50℃ 以内，温度升高会给过滤工序带来困难。

　　(1) 淀粉乳的浓度。

　　淀粉乳浓度控制在 33%～44%，一般为 40%。

　　(2) 反应温度。

　　反应温度一般控制在 30～50℃。氧化反应是放热反应，因此必须细心地操作，谨防温度上升太高，要控制 NaOCl 添加速度或冷却。如果温度上升过高会引起淀粉颗粒膨胀，促进水溶物增加，造成后处理困难，得率下降，特别是制备高氧化程度的淀粉时，一开始就应对淀粉悬浮液进行冷却。

　　(3) 反应 pH 值。

　　pH 值影响氧化反应的速度，因此在氧化反应过程中，应要求严格控制反应体系的 pH 值。一般 pH 值控制在 8～9。另外在氧化过程中，因酸性物质的生成导致 pH 值降低(表 8-2)，因此反应过程中应不时地滴加碱使 pH 值保持一定值。

表 8-2　　　　　　　　　　　　　　　**氧化过程中 pH 值的变化**

反应时间/min	0.0	5.0	10.0	20.0	30.0	60.0	90.0	120.0	150.0	180.0
pH 值	10.00	8.99	8.60	8.30	8.00	7.00	5.50	4，20	3.90	3.63
次氯酸钠浓度/(mmol/L)	167.9	157.0	151.0	145.2	136.3	75.5	48.0	40.5	35.7	30.4

　　(4) 次氯酸钠用量。

　　次氯酸钠用量直接影响氧化淀粉的羧基和羰基含量，如表 8-3、8-4 所示。

表 8-3　　　　　　　**次氯酸钠用量与玉米氧化淀粉中羧基和羰基含量的关系**

次氯酸钠用量/%	羧基含量/%	羰基含量/%	羧基/羰基比值
0.20	0.065	0.14	0.46
0.50	0.14	0.18	0.78
1.0	0.36	0.18	2.0
3.0	1.1	0.24	4.58
5.0	2.2	0.60	3.67
7.0	3.0	0.60	5.0
9.0	4.3	1.0	4.3

表 8-4   次氯酸钠用量与木薯氧化淀粉中羧基和羰基含量的关系

次氯酸钠用量/%	羧基含量/%	羰基含量/%	羧基/羰基比值
0.20	0.22	0.13	1.69
0.50	0.35	0.10	3.5
1.0	0.61	0.16	3.81
3.0	2.1	0.32	6.56
5.0	3.5	0.52	6.73
7.0	4.9	0.65	7.54
9.0	6.2	0.85	7.29

由表 8-3 中可以看出，在低次氯酸钠用量时，羰基生成量高于羧基生成量，但随氧化程度的增加，羧基生成量高于羰基。

拓 展 学 习

次氯酸钠氧化淀粉的制取

配制 33%~44%（18~24°Be，一般为 40%）淀粉乳，保持不停搅拌，搅拌速度为 60r/min，用 2% NaOH 调 pH 值至 8~10，在规定时间内（至少 1~2h）缓慢加入次氯酸钠溶液（含有效氯 5%~8%），不断搅拌，并加稀盐酸保持要求的反应 pH 值。在氧化过程中，羧基的生成导致 pH 值下降，应加入稀碱液控制 pH 值在稳定的范围内。次氯酸用量随要求的氧化程度而定，氧化程度高，用量高。达到要求的氧化程度后，用稀酸中和至 pH 值 6.0~6.5，再加亚硫酸钠（$NaHSO_3$）或通二氧化硫气体还原过量的次氯酸钠。用真空过滤机过滤或用多级旋液分离器清洗，除去淀粉降解产生的水溶物和氯化钠等。于气流干燥机干燥得水分为 10%~12% 的氧化淀粉。氧化淀粉对热敏感，干燥温度过高会引起颜色变黄，这是由于含有醛基的缘故。

8.2 高锰酸钾氧化淀粉

8.2.1 高锰酸钾氧化淀粉的氧化机理

高锰酸钾氧化淀粉其反应机理十分复杂，有些反应机理至今尚不十分明确，而且它的选择性较差，在不同的部位即 C_1、C_2、C_3、C_6 以及糖苷键位置氧化。既可以在碱性条件下氧化，也可以在酸性条件及中性条件下氧化。

在中性或弱酸性介质中，反应如下：

$$2KMnO_4 + H_2O \longrightarrow 2MnO_2 + 2KOH + 3[O]$$

在强酸性介质中，反应如下：

$$2KMnO_4+3H_2SO_4\longrightarrow 2MnSO_4+K_2SO_4+3H_2O+5[O]$$

在酸性条件下，氧化反应依靠释放出的活性氧进行，由于选择性差，因此很难判断氧化位置，一般人们认为在 C_6 位上氧化成羧基的概率大一些，也会导致糖苷键断裂。由于在酸性介质中淀粉颗粒不易溶胀活化，使得淀粉分散效果差，氧化剂很难渗入淀粉内部进行，因此氧化速度较慢。而且高锰酸钾在酸性介质中不稳定，分解生成二氧化锰，反应式如下：

$$4MnO_4^-+4H^+===3O_2+4MnO_2+2H_2O$$
$$2MnO_4^-+3Mn^{2+}+2H_2O===5MnO_2+4H^+$$

这就是在酸性介质中用高锰酸钾氧化的缺点。因此反应时间不易太长，常通过加热达到缩短反应时间的目的。

在碱性介质中，高锰酸钾在整个氧化过程中颜色由紫色变成棕色最后成白色，由紫色变成棕色这个过程进行的很快，而由棕色褪至白色这个过程很慢。如果能把碱性介质中氧化和酸性介质中氧化两种工艺结合起来，就可以充分发挥高锰酸钾的氧化能力。

在碱性介质中主要发生如下反应：

$$MnO_4^-+3e+2H_2O\longrightarrow MnO_2+4OH^-$$

8.2.2　高锰酸钾氧化淀粉的生产工艺

高锰酸钾氧化淀粉的生产工艺流程如图 8-2 所示：

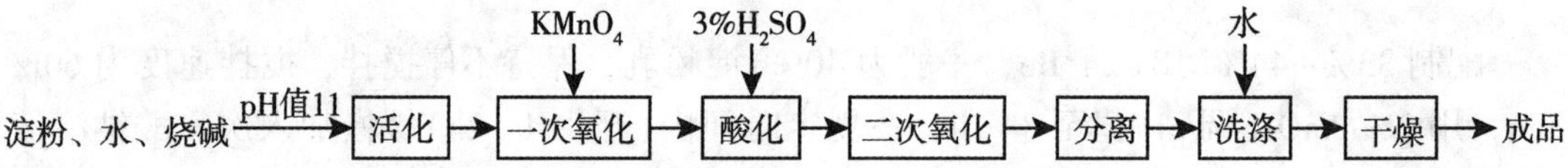

图 8-2　高锰酸钾氧化淀粉生产工艺流程

该工艺是把碱性氧化和酸性氧化结合起来，充分利用高锰酸钾的氧化性，反应的终点很容易判断，即体系由紫红色变为白色即为反应终点。在反应过程中，原料浆液浓度、反应温度、酸用量等是反应的主要影响因素。

1. $KMnO_4$ 加入量

随着 $KMnO_4$ 加入量的增加，活性氧也随之增加，从而导致产品的羧基含量增加。

2. H_2SO_4 的加入量

酸用量越大，pH 值越小，高锰酸钾的氧化性越强，氧化淀粉的羧基含量增加。硫酸用量对高锰酸钾氧化反应的影响如表 8-5 所示。

表 8-5　　　　　　　　　硫酸用量对高锰酸钾氧化反应的影响

硫酸用量/mL	2.00	2.50	3.00	3.50	4.00	4.50	5.00
羧基含量/%	0.09	0.13	0.235	0.310	0.330	0.320	0.375

3. 反应温度

氧化温度越高越有利于反应的进行。常温下，反应十分缓慢，随着温度的升高，反应速度明显加快。55℃时达到相同羧基含量仅需要 30min，20℃时需要 16h。反应温度对高锰酸钾氧化反应的影响如表 8-6 所示。

表 8-6　　　　　　　　　　反应温度对高锰酸钾氧化反应的影响

温度/℃	20	25	30	35	40	45	50	55
羧基含量/%	0.320	0.351	0.328	0.351	0.351	0.353	0.350	0.350
反应时间/min	960	600	360	220	140	90	60	30

4. 淀粉乳浓度

淀粉浆液的浓度要考虑两方面的因素：一是反应的有效浓度，淀粉乳太稀，淀粉和氧化剂的有效接触太少，反应效率太低；淀粉乳浓度太高，黏度太大，不利于分散和传质传热，也导致氧化不均匀。在生产中淀粉乳浓度一般控制在 30%~35% 为宜。淀粉乳浓度对高锰酸钾氧化反应的影响见表 8-7 所示。

表 8-7　　　　　　　　　　淀粉乳浓度对高锰酸钾氧化反应的影响

淀粉量/g	20	25	32	35	40	42.7
水量/mL	128	86	50	37	22	15
羧基含量/%	0.351	0.370	0.350	0.410	0.400	0.450
反应时间/min	180	150	140	110	105	105

拓 展 学 习

高锰酸钾氧化淀粉的制取

将 30%~35% 的淀粉乳用泵打入反应釜内，每千克淀粉加入硫酸 0.1L(硫酸的浓度为 3mol/L)，搅拌均匀，慢慢地加入淀粉干基重量的 1.8% 的高锰酸钾，在一定温度下反应直至分散体系由咖啡色变成白色为止，再保温一段时间后过滤、洗涤、干燥。

8.3　过氧化氢氧化淀粉

8.3.1　过氧化氢氧化淀粉的氧化机理

1. 在碱性条件下氧化

过氧化氢在碱性条件下生成活性氧，它可使淀粉糖苷键断裂、氧化，从而在淀粉分子上引入羰基和羧基。

将 25%~30% 的淀粉乳泵入反应罐中，用 2% 氢氧化钠溶液调 pH 值至 10，维持温度在 50℃，加入淀粉(干基)量 1.5% 的过氧化氢，反应一定时间(视产品所需黏度而定)，过滤、洗涤、干燥即得产品。

　　2. 在酸性条件下氧化

　　在酸性介质中，用过氧化氢作氧化剂可得较低氧化度的氧化淀粉。氧化后的淀粉白度增加，过氧化氢被还原生成水，没有环境污染，因此越来越受到人们的重视。

　　过氧化氢的氧化性较强，分解产物是水，是一种无污染的氧化剂。过氧化氢氧化淀粉在非催化条件下，反应速度较慢，通常采用催化氧化工艺，常用的催化剂是 Fe^{2+} 或 Cu^{2+}，亚铁盐催化氧化是游离基反应。

　　游离基的形成有三种途径：热裂法、光解法和单电子氧化还原法。催化下的淀粉氧化反应属于单电子氧化还原法，是三种途径中需要能量最低的一种。其反应机理分为链的引发、链的传递和链的终止三步。

　　第一步链的引发：

$$Fe^{2+} + H_2O_2 \longrightarrow Fe^{3+} + OH^- + \cdot OH$$

　　Fe^{2+} 把一个电子转移到 $HO\cdot$，使其成为 OH^-，同时产生活泼的自由基 $HO\cdot$，该反应的活化能仅有 $39.3 kJ \cdot mol^{-1}$，因此链的引发容易进行。

　　第二步链的传递：

　　(1)羟基自由基和淀粉的反应。

$$HO\cdot + H-\overset{|}{\underset{|}{C}}-OH \longrightarrow HO-\overset{|}{\underset{|}{C}}-OH + H\cdot$$

$$HO-\overset{|}{\underset{|}{C}}-OH \longrightarrow \overset{|}{C}=O + H_2O$$

　　(2)羟基自由基和 H_2O_2 的反应。

　　$HO\cdot + HO-OH \rightarrow H_2O + \cdot O-OH \quad \cdot O-OH + HO-OH \longrightarrow H_2O + \cdot OH + O_2 \uparrow$

　　(3)$H\cdot$ 和 H_2O_2 的反应。

$$H\cdot + HO-OH \longrightarrow HO\cdot + H_2O$$

　　第三步链的终止：

$$HO\cdot + \cdot OH \longrightarrow H_2O_2$$

$$HO\cdot + \cdot H \longrightarrow H_2O$$

　　由于链的引发和传递均很容易进行，就其机理而言，酸性条件下双氧水氧化性强，但由于淀粉分子上的羟基，使淀粉抱合作用较强，因此，反应阻力主要来自于淀粉羟基中的氢键，而氢氧化钠是破坏氢键最有效的试剂，所以反应起始加入过量氢氧化钠使羟基自由，以便氧化反应可以立刻进行。

8.3.2　过氧化氢氧化工艺

　　过氧化氢氧化工艺流程如图 8-3 所示：

　　1. 打浆

　　淀粉浆液的浓度一般控制在 30%~40% 的范围内，通常在工业生产中用 30% 的浆液。

　　2. 氧化

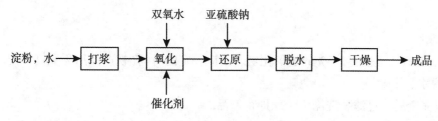

图 8-3 双氧水氧化工艺流程

氧化工序是影响氧化淀粉性能的关键环节。由于双氧水不稳定，在氧化工序中通常使用 10% 左右的双氧水。浓度高时，不仅导致分解加剧，而且容易引起淀粉分子断裂，降低其固含量和胶粘性，在碱性条件下虽然有利于淀粉的溶胀、分散，但在碱性条件下双氧水氧化性较弱，而且双氧水分解加剧。实验证明在酸性条件下反应速度较快。酸性越强，氧化程度越深，在生产中通常控制氢离子浓度为 0.15mol/L 左右为宜。

非催化条件下，氧化反应进行得十分缓慢。所以这一反应通常在催化条件下进行，常见的催化剂有硫酸亚铁、硫酸铁、硫酸亚铁铵、硫酸铜、氯化钴等。其中，硫酸亚铁铵在酸性条件下催化效果最好。而硫酸铜在酸性条件和碱性条件下催化效果不及在中性条件下，氯化钴也有类似的情况。

最佳反应温度是 60℃，温度太低，反应进行的太缓慢。在室温下要达到与 60℃、1.5h 条件下相同的反应程度，反应需要进行 20 多个小时。

3. 还原

加入亚硫酸钠还原未反应完的双氧水，终止氧化反应的进行。

4. 脱水、干燥

氧化还原之后的变性淀粉需要进行脱水处理，脱水后的湿淀粉含水量较高，不宜储存，应将其干燥。干燥后的淀粉即可进行称重、包装，得到成品变性淀粉。

8.3.3 过氧化氢氧化淀粉的性质及应用

近几年来过氧化氢氧化淀粉的研究越来越多，主要用做黏合剂和配制水溶性建筑涂料。氧化淀粉配制的黏合剂在流动性、黏结性等方面都较好，但由于氧化程度的不同，黏合剂的耐水性变化较大，导致在受潮或水浸后容易开裂。氧化程度越大，耐水性越差；碱用量越大，耐水性也越差。因此氧化后的淀粉作为黏合剂耐水性都达不到要求，通常采用交联的办法提高其耐水性，如尿素、甲醛、乙二醛、己二酸、草酸、环氧氯丙烷、硼砂、多聚磷酸盐及其他磷酸盐都可以作为氧化淀粉的交联剂。此外，和其他水溶性高分子化合物混配也可以改善耐水性。

拓 展 学 习

碱性条件下制取过氧化氢氧化淀粉

1. 打浆

配制浓度为 25%~30% 的淀粉乳，并装入反应罐中，用 2% 的氢氧化钠溶液调 pH 值至 10。

2. 氧化

加入淀粉(干基)量 1.5% 的过氧化氢,反应一定的时间(视产品所需黏度而定)。

3. 脱水、干燥

反应完全后,过滤、洗涤、干燥即得产品。

8.4 双醛淀粉

用次氯酸钠、高锰酸钾、双氧水作为氧化剂的氧化反应虽可生成少量的双醛基,但是毕竟数量很少,所以它不是氧化淀粉性能的决定因素。如果采用高碘酸或高碘酸盐作为氧化剂,情况就截然不同了。高碘酸或高碘酸盐有高度的专一性,氧化反应只发生在 C_2 和 C_3 上的羟基生成醛基,同时 C_2—C_3 键断裂形成双醛淀粉。双醛淀粉也属于氧化淀粉,被广泛地应用于造纸、皮革、食品、医药、建材和日用品等领域。

8.4.1 高碘酸氧化反应机理

高碘酸及其钠盐氧化具有高度的专一性,它只氧化 C_2 及 C_3 上的羟基生成醛基,C_2—C_3 键断裂,得到双醛淀粉。反应式如下:

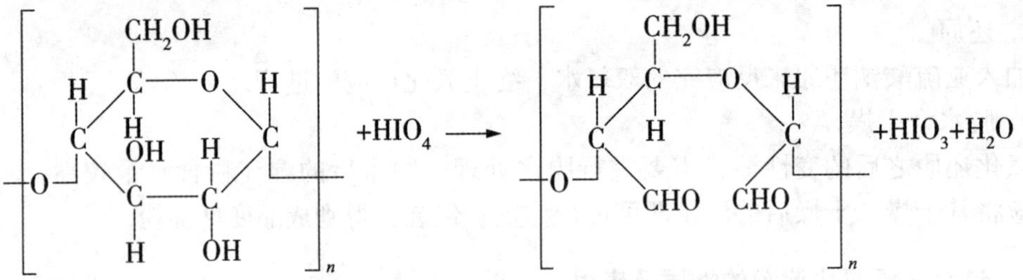

淀粉分子还原末端和非还原末端分别被氧化成甲醛和甲酸。

双醛结构具有较高的化学活性,可被水解或还原成赤丁四醇、乙二醇、乙二醛等衍生物。自身也可作为天然或合成高分子的交联剂。

8.4.2 高碘酸氧化制备双醛淀粉的工艺流程及工艺条件

尽管高碘酸或高碘酸盐是一种十分有效的氧化剂,但由于高碘酸价格昂贵,商业上制备双醛淀粉时,高碘酸需回收反复使用。回收的方法有电解法和化学法。

最初使用一步工艺,即淀粉的氧化和碘酸的氧化在同一个反应器中进行。目前采用两步法,即淀粉的氧化和碘酸的氧化过程分别进行。电解法和化学回收法制备双醛淀粉的工艺流程分别如图 8-4、图 8-5 所示。

1. 高碘酸和淀粉的摩尔比

高碘酸与淀粉的摩尔比对氧化反应的影响如表 8-8 所示。

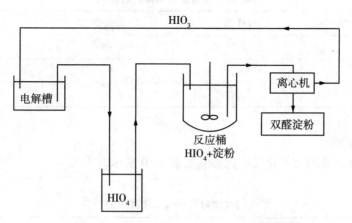

图 8-4 电解法生产双醛淀粉工艺流程图

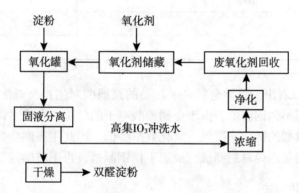

图 8-5 化学法生产双醛淀粉工艺流程

表 8-8   高碘酸和淀粉的摩尔比对氧化反应的影响

高碘酸与淀粉的摩尔比	氧化效率/%	双醛含量/%	高碘酸与淀粉的摩尔比	氧化效率/%	双醛含量/%
1.0	95	92	1.4	87	93
1.1	95	94	1.6	81	92
1.2	93	94			

从表 8-8 中可以看出,高碘酸与淀粉的摩尔比增大对产品的质量影响不大,但氧化效率明显降低。工业上一般选用高碘酸与淀粉的摩尔比在 1.05~1.20 之间。

2. pH 值

随 pH 值的增大,醛基含量明显增多(表 8-9),但 pH 值增大,淀粉易凝胶化,给产品的分离、洗涤带来困难,一般工业上生产采用的 pH 值为 1~1.5。

表 8-9　　　　　　　　　　　　**pH 值对高碘酸氧化反应的影响**

高碘酸与淀粉的摩尔比	pH 值	氧化效率/%	双醛含量/%
1.2	0.7	95	92
1.2	1.2	94	95
1.2	4.2	96	98

3. 氧化剂的纯度

氧化剂纯度对高碘酸氧化反应的影响如表 8-10 所示。

表 8-10　　　　　　　　　　**氧化剂纯度对高碘酸氧化反应的影响**

纯度	碘酸/高碘酸转化率/%	氧化效率/%	双醛含量/%	碱溶性
纯高碘酸	100	93	93	易溶
不锈钢容器	74	74	82	微溶
不锈钢电解池	99	88	92	难溶

从表 8-10 中可以看出，不被金属离子污染的高碘酸对生产高碱溶性的双醛淀粉最有效。若在生产中使用不锈钢容器，由于受到碘酸离子的作用，会使不锈钢中的铬等溶解下来，造成污染，使碘酸的转化率降低，氧化效率降低。因此用高碘酸制备双醛淀粉所用设备必须是聚乙烯、聚氯乙烯材料制成，或用不锈钢制造，再用玻璃衬里。

8.4.3　高碘酸的回收方法

1. 电解法

电解法是将 HIO_3 转换成 HIO_4 的一种常用方法。阳极液是含有 HIO_3 的氧化剂回收液，阴极是 5% 的 NaOH。

阳极：$IO_3^- + H_2O - 2e = IO_4^- + 2H^+$

阴极：$2H^+ + 2e = H_2$

一般电解条件是，阳极液是由 0.25mol/L HIO_3 和 1mol/L Na_2SO_4（目的是为了降低内阻，增加电导）组成。电流密度一般选择 0.024A/cm² 或更大一些，电解池的电压为 4.5～5.0V。控制阳极的 pH 值为 0.7～2.0，达到要求后，停止电解，静置 1/4h 以除去悬浮的 PbO_2。用泵输入到氧化剂储罐备用。阴极室产生的 NaOH 要定期地除去，副产品 H_2 经纯化后可利用。

使用电解法回收率高，但对淀粉纯度要求高。

2. 化学回收法

在碱性条件下，用氯作氧化剂可将 $NaIO_3$ 转换成 $Na_3H_2IO_6$，然后用 H_2SO_4 或 HNO_3 将其转换成 HIO_4。

$$HIO_3 + 5NaOH + Cl_2 \longrightarrow Na_3H_2IO_6 \downarrow + 2NaCl + 2H_2O$$
$$2Na_3H_2IO_6 + 3H_2SO_4 \longrightarrow 2HIO_4 + 3Na_2SO_4 + 4H_2O$$

使用化学回收法，得到的产品纯度高，而且对淀粉的纯度要求不严格。一般最有效的提纯方法是 $Na_3H_2IO_6$ 沉淀，化学法回收。

8.4.4 双醛淀粉的性质和用途

双醛淀粉主要用于造纸、皮革、纺织、照相材料、黏合剂等方面。例如在纸张加工过程中，往纸张中加入具有良好扩散性能的湿润双醛淀粉，使双醛淀粉的水化羰基和纤维素的醛基之间发生交联反应形成半缩醛，使得双醛淀粉成为纸纤维的有机组成部分，可增加湿强度，其他如耐油性、裂断长度、耐折度、表面强度等都有较大改善。

拓 展 学 习

双醛淀粉的制备

玉米淀粉 16.2g(干基)加入 600mL 烧杯中，混入 100mL 水，搅拌。将 23.5g 高碘酸钠溶于 300mL 水中，调 pH 值 4，滴入淀粉乳，约 1h 加完，保持不停搅拌，25℃下反应 18h。抽滤，每次用 50mL 水洗双醛淀粉滤饼，洗 6 次以上，至洗液基本上不含碘酸盐为止。最后用 100mL 丙酮洗，以防止干燥后结块。在约 40℃干燥 24h，得白色双醛淀粉 15.7g(干基)。

工业上生产双醛淀粉的条件：pH 值为 1.0~1.2，反应温度为 35~40℃，高碘酸与淀粉的摩尔比为 1.0~1.2，反应时间 2~4h，可制得醛基含量大于 90%、收率为 98% 的双醛淀粉。

8.5 氧化淀粉的性质及应用

8.5.1 氧化淀粉的性质

采用不同的氧化工艺、氧化剂和原淀粉可以制成性能各异、牌号不同的氧化淀粉。例如，采用高碘酸氧化可制得对纸张既有干强又有湿强作用的双醛淀粉；而采用次氯酸钠、高锰酸钾及双氧水等氧化剂则可制得价格比较低的普通型氧化淀粉。与原淀粉相比，氧化淀粉在物化性能上发生了较大的变化。

(1)氧化淀粉的颗粒与原淀粉相似，仍保持原有的偏光性和 X 射线衍射图像，表明氧化反应发生在颗粒的无定形区，仍保持与碘的显色反应。

(2)由于氧化剂对淀粉有漂白作用，所以氧化淀粉比原淀粉色泽要白些，而且氧化处理的程度越高，淀粉越白。氧化淀粉一般对热敏感，高温下变成黄色或褐色。干燥过程、储存以及氧化淀粉的悬浮液糊化或加碱变黄，都与醛基的含量有关。

(3)与原淀粉相比，氧化淀粉糊化容易，糊化温度低，最高热糊黏度降低，热糊黏度稳定性提高，凝沉性减弱，冷黏度降低，溶解性增加，糊液的透明度增加(表 8-11)，渗透性及成膜性提高。与酸变性淀粉相比，薄膜更均匀，收缩及断裂的可能性更少，薄膜也更易溶于水。

表 8-11　　　　　　　　　氧化淀粉的透光率与反应温度、反应时间的关系

反应温度与透光率[①]		反应时间与透光率[②]	
温度/℃	透光率/%	时间/h	透光率/%
20	18.9	0.5	16.3
30	26.0	1.0	26.3
40	28.4	1.5	28.7
50	38.4	2.5	33.4

（4）用次氯酸盐氧化后的氧化淀粉颗粒具有羧基，带有负电荷，能吸收带正电荷的颗粒，如亚甲基蓝。吸收能力的高低与氧化程度成正比，而原淀粉则无此特性。利用这一性质能确定样品是否为次氯酸钠所氧化。另外，从染色的均匀性可以看出反应的均匀程度。需要说明的是其他带有负电荷的变性淀粉也同样能吸收亚甲基蓝，必要时需要同时进行其他检验。

（5）氧化淀粉的颗粒也不同于原淀粉，其颗粒中径向裂纹随氧化程度增加而增加。当在水中加热时，颗粒会随着这些裂纹裂成碎片，这与原淀粉颗粒的膨胀形态不一样。

（6）氧化淀粉随氧化程度增加，分子量和特性黏度降低，羧基或羰基含量增加。大多数商业用的次氯酸盐氧化淀粉的羧基含量约在 1.1% 以上。由于淀粉分子经氧化"切成"碎片，氧化淀粉的胶化温度下降，糊液清晰度、稳定性增加。糊液经干燥能形成强韧、清晰、连续的薄膜。

8.5.2　氧化淀粉的用途

1. 造纸工业

（1）用作表面施胶剂。

氧化淀粉糊化温度低、黏度低、黏结力强，是理想的印刷纸表面施胶剂，可改善纸张印刷和书写的表面性能。由于氧化淀粉糊液稳定性好，黏度低，凝沉性弱，黏合力强，成膜性好，且价格便宜，用作表面施胶可提高纸张表面的平滑度和强度。

（2）用作涂布胶粘剂。

据报道，在美国有 85% 氧化淀粉产品用于造纸工业，主要用于涂布加工纸的涂料胶粘剂，能赋予纸张光滑的表面、高的强度、良好的书写和印制性能。

（3）湿布添加。

添加双醛淀粉改善了纸张的湿强度。

（4）黏合剂。

瓦楞纸板最早用泡花碱做黏合剂，由于成本低、干燥速度快等特点，至今还有厂家在应用。但泡花碱对纸和物品腐蚀性大，其制品存在耐湿性和耐压性差，易返潮，易泛碱露楞等缺点。

氧化淀粉黏合剂具有强度高、初粘力强、流动性好、无腐蚀、无污染、消耗低等优点，在美国生产的瓦楞纸板几乎全部用淀粉黏合剂。

2. 纺织工业

在纺织工业中，氧化淀粉作为纺织工业的上浆剂主要是利用氧化淀粉可以在较低的温度下以高浓度使用，大量渗入棉纺中，提供良好的耐磨性。在印染织物的精整中，氧化淀粉的透明膜可避免织物色泽暗淡。

3. 食品工业

在食品工业中轻度氧化淀粉可用于炸鸡、鱼类食品的敷面料中，对食品有良好的黏合力并可得到酥脆的表层。氧化淀粉在食品工业中还可以用作冷菜乳剂、淀粉果子冻。由于氧化淀粉成膜性好，在制备胶姆糖和软果糕时，可代替阿拉伯胶。由于黏度低可用于柠檬酪、色拉油和蛋黄酱的增稠剂等。

4. 其他

在建筑材料工业中氧化淀粉可以用作糊墙纸、绝热材料、墙板材料的黏合剂；双醛淀粉是皮革的良好鞣料，特别对制衣服的皮革，鞣得的皮革颜色浅；可用作防水黏合剂，照相纸和感光胶片的硬化剂和不溶乳胶剂，以及医药工业中用于治疗尿毒症等。

拓 展 学 习

氧化淀粉性质的分析测定1　氧化淀粉羧基含量的测定

（一）醋酸钙法

氧化淀粉中的羧基含量可采用醋酸钙与氧化淀粉中的羧基进行离子交换，再用碱滴定阳离子交换所放出的醋酸来测定。

1. 分析步骤

①准确称取经充分混合、折算成绝干试样约 10g 的样品，放入 150mL 烧杯中，加入 75mL 0.1mol/L 的盐酸溶液，搅拌成糊状并不断用电磁搅拌器搅拌之，用 3 号砂芯漏斗抽滤。淀粉糊用无 N_2 及 CO_2 的冷却蒸馏水（可用刚煮沸后冷却的蒸馏水）漂洗数次直到无氯离子为止（用 $AgNO_3$ 检验氯离子）。

②将漂洗干净的样品转移至 250mL 的容量瓶中，加入 25mL 0.5mol/L 的醋酸钙溶液，用无 N_2 及 CO_2 的冷蒸馏水稀释至刻度（即 $Ca(Ac)_2$ 最后的浓度为 0.05mol/L），在 30min 内不时地摇动容量瓶，然后过滤到一个干燥的吸滤瓶中。

③吸取上述滤液 50mL 于 250mL 锥形瓶中，滴入 2 滴 1% 酚酞指示剂，用 0.05mol/L 氢氧化钠标准溶液滴定至终点，消耗的 NaOH 标准溶液的体积为 V_1(mL)。

④空白试验：准确称取折算成绝干样原淀粉（未氧化）约 10g（与试样等质量），除了不用 0.1mol/L 盐酸脱灰处理外，其他步骤与上述相同。用相同容积的无 N_2 及 CO_2 的冷却蒸馏水漂洗，然后按上述方法用醋酸钙处理，再用 0.05mol/L 氢氧化钠标准溶液滴定，所消耗的 NaOH 标准溶液的体积为 V_2(mL)。

2. 结果计算

氧化淀粉的羧基含量，按公式（8-1）计算。

$$羧基(\%) = 5M\left(\frac{V_1}{W_1} - \frac{V_2}{W_2}\right) \times 0.045 \times 100 \tag{8-1}$$

式中：

M——氢氧化钠标准溶液的浓度，mol/L；

V_1——滴定样品时所消耗氢氧化钠标准溶液的体积，mL；

V_2——滴定空白试样时所消耗氢氧化钠标准溶液的体积，mL；

W_1、W_2——样品及原淀粉的质量，g；

0.045——与1mL 1.000mol/L氢氧化钠标准溶液所相当的羧基的质量，g；

5——化简后的系数(50/250)。

(二)酸碱滴定法

1. 实验原理

在均匀取样的氧化淀粉中加入无机酸将羧酸盐转变为酸的形式，过滤，用水洗去阳离子和多余的酸，洗涤后的试样在水中糊化并用标准氢氧化钠溶液滴定。

对马铃薯氧化淀粉，用磷酸盐含量校正结果。

2. 样品的制备

将样品过孔径为800μm试验筛。对不能通过试验筛的样品，再用螺旋式磨粉机研磨，至其全部通过800μm试验筛。充分混匀样品。

温馨提示

测定玉米氧化淀粉或小麦氧化淀粉羧基含量时，可以用索氏抽提法，用丙酮和水(体积比为3∶1)混合物去除脂肪，以校正脂肪对羧基含量的影响。

---

3. 分析步骤

①称样：称取约5g(精确到0.0001g)已准备好的试验样品，置于100mL烧杯中。

②羧基盐转化：向烧杯中加入25mL 0.1mol/L盐酸溶液，用磁力搅拌器搅拌30min。

③洗涤：用玻璃砂芯坩埚或布氏漏斗过滤悬浮液(用中速滤纸过滤)，用水洗涤滤饼直至滤液中无氯离子。可通过加入1mL10g/L硝酸银溶液到5mL的滤液中检验是否存在氯离子。如果有氯化物存在，1min之内将出现混浊或沉淀。大约用300mL的水洗涤滤饼。

④糊化：将滤饼定量地转移到装有100mL水的600mL烧杯中，再加入200mL水，将烧杯放入水浴锅中，用机械搅拌器连续搅拌直到淀粉糊化，再继续搅拌15min。

⑤滴定：取出烧杯趁热以1g/L酚酞乙醇(体积分数90%)溶液作指示剂，用0.1mol/L氢氧化钠标准溶液(不含二氧化碳)滴定至溶液呈粉红色，且粉红色30s内不褪即为滴定终点。

4. 计算

羧基含量，按公式(8-2)计算。

$$\omega_C = \frac{cVM_C \times 100}{m} \times \frac{100}{100 - \omega_m} \tag{8-2}$$

式中：

ω_C——总的羧基质量分数(以干淀粉计)，%；

c——滴定消耗氢氧化钠溶液的摩尔浓度，mol/L；

V——滴定用去氢氧化钠溶液的体积，mL；

M_C——羧基的毫摩尔质量（$M_C = 0.045 \text{g/mmol}$）；

m——试样样品的质量，g；

ω_m——试样样品的水分质量分数，%。

氧化淀粉性质的分析测定 2　氧化淀粉羧基含量的测定

羧基与羟胺反应生成氨，用酸滴定生成的氨即可求得氧化淀粉的羧基含量。

1. 羟胺试剂制备

将 25.00g 分析纯盐酸羟胺溶于蒸馏水中，加入 100mL 0.5mol/L 的 NaOH 溶液，加蒸馏水稀释到 500mL。此溶液不稳定，过 2d 应重新配制。

2. 分析步骤

称取过 40 目筛的绝干氧化淀粉样品 0.5000g，放入 250mL 烧杯中，加入 100mL 蒸馏水，搅匀，在沸水浴中使淀粉完全糊化。冷却到 40℃，调 pH 值至 3.2，移入 500mL 带玻璃塞的三角瓶中，准确加入 60mL 羟胺试剂，加塞，在 40℃ 放置 4h。用 0.1000mol/L HCl 标准溶液快速滴定至 pH 值为 3.2，记录 HCl 标准溶液消耗的体积。称取同样质量的原淀粉进行空白滴定。

3. 结果计算

氧化淀粉中的羧基含量，按公式(8-3)计算。

$$\text{羧基含量}(\%) = \frac{(V_1 - V_2) \times 0.1000 \times 0.028}{m} \times 100 \qquad (8\text{-}3)$$

式中：

V_1——空白滴定消耗盐酸标准溶液的体积，mL；

V_2——样品滴定消耗盐酸标准溶液的体积，mL；

m——样品的质量，g。

氧化淀粉性质的分析测定 3　双醛淀粉双醛含量的测定

1. 实验原理

双醛淀粉中双醛含量的测定方法有对硝基苯肼分光光度法、氢硼化钠还原法和酸碱滴定法等，但一般采用对硝基苯肼分光光度法。其测试原理是对硝基苯肼与双醛淀粉中的醛基反应生成深红色的对硝基苯腙，后者在 450nm 波长处有最大吸收，其吸光度与浓度成比例关系。

2. 分析步骤

(1) 方法一。

每百个脱水葡萄糖单元(AGU)中含有小于 1 个双醛的双醛淀粉中双醛含量的分析。

称取 25mg(含 1% 左右双醛的氧化淀粉)或 250mg(含 0.1% 左右双醛的氧化淀粉)样品于 18mm×150mm 试管中，加 20mL 水，在热水浴中加热 1.5h，不时用玻璃棒搅动。加入 1.5mL 对硝基苯肼溶液(0.25g 对硝基苯肼溶于 15mL 冰醋酸中)，加热 1h，并不断搅拌至完全生成深红色的对硝基苯肼(反应时间并不要求严格控制，因为 98% 的苯腙在 15min 内形成，1h 后生成的苯腙达 99.8%)。冷却试管，加 0.4g 助滤剂，用玻璃砂芯漏斗真空过滤，用 5mL 7% 的醋酸溶液洗涤两次，再用 5mL 水洗涤两次，并用水淋洗试管，淋洗液倒入漏斗中。将漏斗放至一清洁、干燥的 500mL 的过滤瓶中，反复用 95% 的热乙醇洗涤漏斗和试管，直至对硝基苯腙全部溶解。将其定量转移至 250mL 的容量瓶中，用乙醇定容至刻度，在 450nm 波长处以原淀粉作空白测定吸光度。

（2）方法二。

每百个脱水葡萄糖单元（AGU）中含有大于 1 个双醛的双醛淀粉（高度氧化的双醛淀粉）中双醛含量的分析。

称取高度氧化的双醛淀粉样品（80~100 个双醛基/100 个 AGU）50~62mg 于 200mL 容量瓶中，加入 180mL 蒸馏水，加热并不断搅拌 2~3h。冷却，稀释至 200mL。吸取 20mL（约 5mg 氧化淀粉）置于试管中，按方法一处理，但加入 1.5mL 对硝基苯肼溶液（即 0.25g 对硝基苯肼溶于 15mL 冰醋酸中即可）。

第9章 交联淀粉

内容提要

主要介绍交联淀粉的反应机理、制备工艺及工艺条件。介绍交联淀粉的颗粒、黏度、抗剪切性、淀粉颗粒的膨胀度、薄膜性能、耐氧化性、稳定性、可消化性、可吸收性能等，并由此决定交联淀粉在食品、医药、造纸、纺织等工业领域的广泛应用。

9.1 交联淀粉的反应机理及制备工艺

交联淀粉是淀粉分子中的醇羟基与具有二元或多元官能团的化学试剂反应形成二醚键或二酯键，使两个或两个以上的淀粉分子之间"架桥"在一起，呈多维空间网状结构的反应，称为交联反应。参加此反应的多元官能团成为交联剂，淀粉交联的产物称为交联淀粉。

交联作用是指在分子之间架桥形成化学键，加强了分子之间氢键的作用。当交联淀粉在水中加热时，可以使氢键变弱甚至破坏，但由于化学架桥的存在，淀粉颗粒仍保持着一定的完整性。由于交联反应是以颗粒状淀粉进行处理，引入淀粉中交联剂的量相对来说十分少，所以一般是每100~3000个脱水葡萄糖单元含一个交联化学键。

交联剂的种类很多，归纳起来有五大类：①双或三盐基化合物，如三聚磷酸盐、三偏磷酸盐、己二酸盐、柠檬酸盐、多元羧酸咪唑盐、多羧酸脒基衍生物、丙炔酸酯等；②卤化物，如环氧氯丙烷、磷酰氯、碳酰氯、二氯丁烯、β, β-二氯二乙醚、脂肪族二卤化物、氰尿酰氯等；③醛类，如甲醛、丙烯醛、琥珀醛、蜜胺甲醛等；④混合酸酐，如碳酸和有机羧酸的混合酸酐等；⑤氨基哑氨基化合物，如醇二羟甲基脲、二羟甲基乙烯脲、N, N-亚甲基二丙烯酰胺、尿素甲醛树脂等。最常见的交联剂为甲醛、环氧氯丙烷、三偏磷酸钠和三氯氧磷等。

淀粉交联的形式有酰化交联、酯化交联、醚化交联等。其中酯化交联和醚化交联较为常见。

淀粉和其他分子之间也可以交联，如淀粉和纤维交联，可制成抗水交联剂。淀粉交联后，平均分子量明显增加，淀粉颗粒中的直链淀粉和支链淀粉分子是由氢键作用而形成颗粒结构,再加上新的交联化学键,可增强保持颗粒结构的氢键,随着紧密程度进一步加强,颗粒更坚韧,导致受到糊化时颗粒的膨胀受到限制,限制程度与交联量有关,因此交联剂有时又称抑制剂,交联淀粉又称为抑制淀粉。

常见淀粉的交联是通过醚化和酯化进行的,淀粉和三偏磷酸钠及三氯氧磷的交联反应为酯化反应,淀粉和甲醛或环氧氯丙烷的交联反应是醚化反应。

9.1.1 交联反应机理

1. 酯化交联反应机理

(1)三氯氧磷与淀粉的交联反应。

三氯氧磷($POCl_3$)在 pH 值 $10\sim12$ 的条件下,于 $20\sim30℃$ 时与淀粉发生交联反应。反应温度不能太高,否则三氯氧磷分解,效率低。另外在反应体系中加入一些盐(如氯化钠、硫酸钠),可以防止三氯氧磷分解,提高其穿透率,也可以阻止淀粉分子从颗粒中渗出,防止淀粉糊化。

$$Cl-\overset{\overset{O}{\|}}{\underset{\underset{Cl}{|}}{P}}-Cl +2St-OH \xrightarrow[\text{pH 值 8～12}]{NaOH} StO-\overset{\overset{O}{\|}}{\underset{\underset{ONa}{|}}{P}}-OSt + 3HCl$$

三氯氧磷　　　　　　　　　　磷酸二淀粉酯

(2)三偏磷酸钠或六偏磷酸钠与淀粉的交联反应。

在 pH 值 $9\sim12$ 的条件下,反应温度为 $50℃$ 左右时,三偏磷酸钠与淀粉的交联反应式如下:

$$StOH+ (NaPO_3)_3 \xrightarrow{Na_2CO_3} St-O-\overset{\overset{O}{\|}}{\underset{\underset{ONa}{|}}{P}}-O-St + Na_2H_2P_2O_7$$

三偏磷酸钠　　　　　磷酸二淀粉酯　焦磷酸二氢钠

(3)混合酸酐与淀粉的交联反应。

在 pH 值 8 的条件下,温度为 $50℃$ 左右时,混合酸酐(己二酸与醋酸)与淀粉的醇羟基进行酰化反应生成己二酸淀粉双酯、单酯及醋酸淀粉酯,反应方程式如下:

$$StOH+ CH_3-\overset{\overset{O}{\|}}{C}-O-\overset{\overset{O}{\|}}{C}-(CH_2)_4-\overset{\overset{O}{\|}}{C}-O-\overset{\overset{O}{\|}}{C}-CH_3 \xrightarrow{NaOH, \text{ pH 值 8}}$$

$$StO\overset{\overset{O}{\|}}{C}(CH_2)_4\overset{\overset{O}{\|}}{C}OSt + Na O\overset{\overset{O}{\|}}{C}CH_3 + StO\overset{\overset{O}{\|}}{C}(CH_2)_4\overset{\overset{O}{\|}}{C}ONa + StO\overset{\overset{O}{\|}}{C}CH_3$$

2. 醚化交联反应机理

(1)环氧氯丙烷与淀粉的交联反应。

环氧氯丙烷分子中具有活泼的环氧基和氯基,是一种交联效果极好的交联剂,由于反应条件温和,易于控制,是经常选用的交联剂。环氧氯丙烷交联速度很慢,但控制较高的

反应温度和碱性可明显加速淀粉和环氧氯丙烷的反应速率。淀粉和环氧氯丙烷交联的反应方程式为

$$2St\text{—}OH + CH_2\text{—}CH\text{—}CH_2Cl \longrightarrow St\text{—}O\text{—}CH_2\text{—}CH\text{—}CH_2\text{—}O\text{—}St + HCl$$

环氧氯丙烷　　　　　　　　　二淀粉甘油

在整个反应过程中，有少量环氧氯丙烷和水起反应被水解生成甘油和氯丙醇，这是不利的副反应。

（2）甲醛交联。

醛类是最先使用、应用最多的一类交联剂。醛和淀粉的反应历程分两个阶段：第一阶段为起始阶段，此时醛类和淀粉的醇基形成半缩醛，该反应在酸性条件下有利，低浓度质子(H^+)对甲醛的交联反应有催化作用，可能是由于能降低羰基电子浓度的关系，pH 值高时(大于 7.5)，反应被抑制，故反应应在酸性条件下进行。

第二阶段为交联 $2St\text{—}OH + CH_2\text{==}O \xrightarrow{H^+} St\text{—}O\text{—}CH_2\text{—}O\text{—}OH$ 阶段，此时半缩醛进一步生成缩醛，反应式如下：

$$St\text{—}O\text{—}CH_2\text{—}O\text{—}OH + St\text{—}OH + H^+ \longrightarrow St\text{—}O\text{—}CH_2\text{—}O\text{—}St + H_2O$$

由于反应有水生成，为避免水解，应及时脱水。

不同交联剂的反应速度差别很大。三氯氧磷及混合酸酐(己二酸和醋酸)的交联反应十分迅速，未与淀粉反应的部分被迅速水解。三偏磷酸钠交联反应的速度稍慢些，而环氧氯丙烷交联反应的速率则要慢得多，往往需要采取一些措施来加快反应。

9.1.2 交联淀粉的制备工艺

制备交联淀粉的反应条件在很大程度上取决于使用的双官能团或多官能团试剂。一般情况下，大多数反应是在淀粉悬浮液中进行的，反应温度从室温到 50℃ 左右，反应在中性到适当的碱性条件下进行，通常为了加快反应的进行可用一些碱，但碱性过大，会使淀粉胶溶或膨胀。在某些情况下，如使用醛类做交联剂时，交联反应可以在酸性条件下进行，当交联反应完成后，中和淀粉悬浮液，过滤，洗涤，除去盐、未反应的试剂、交联剂与水的副反应所生成的其他杂质，干燥后即得产品。

拓 展 学 习

交联淀粉的制备 1　以三偏磷酸钠为交联剂制备交联淀粉

将 180g 玉米淀粉(水分含量为 10%)加入到 325mL 三偏磷酸钠水溶液中(含 3.3g 三偏磷酸钠)，搅拌均匀，用碳酸钠调 pH 值至 10.2，加热淀粉乳至 50℃，在此温度下保温反应 80min，反应完毕后，中和至 pH 值至 6.7，过滤、洗涤、干燥，即得产品。

温馨提示

pH 值对三偏磷酸钠的交联反应影响很大，如表 9-1 所示。

表 9-1   **pH 值对三偏磷酸钠酯化反应的影响**

反应时间/min	黏度/(s/50mL, Scott)			
	pH 值 8	pH 值 9	pH 值 10	pH 值 11
0	93	93	93	93
5	—	—	—	119
30	—	—	—	38
45	—	—	106	23
60	—	—	113	20
80	—	—	172	16
100	93	100	140	—
120	—	100	96	13
180	93	107	34	—
240	90	112	23	—
300	92	108	19	—
1440	134	49	11	—
2880	—	17	—	—

注：反应条件为玉米淀粉(含水量 10%)180g，水 325mL，三偏磷酸钠 1g，50℃反应。

从表 9-1 中可以看出，pH 值的降低对酯化反应有很强的抑制作用。pH 值为 11，反应 5min，黏度即可达到最高值，反应 2h 可达到高度交联；在 pH 值为 8 时需要 24h 黏度达到最高值，反应很长时间也达不到高度交联的程度。

交联淀粉的制备 2   以环氧氯丙烷为交联剂制备交联淀粉

将 100g 绝干玉米淀粉，在搅拌下加到 150mL 碱性硫酸钠溶液(每 100mL 溶液含 0.66g 氢氧化钠和 16.66 无水硫酸钠)中，在 3~5min 内滴加 50mL 碱性硫酸钠溶液(溶解了 20~900mg 环氧氯丙烷)。于 25℃反应 18h 后，用 3mol/L 硫酸中和至 pH 值为 6，过滤、洗涤、干燥，即得成品。

温馨提示

　　环氧氯丙烷交联反应的反应效率在较高淀粉浓度、氢氧化钠和淀粉的摩尔比为 0.5~1.0 时最高，温度上升，反应速度加快，但在低温下反应均匀，气化环氧氯丙烷的反应效率高。交联后的淀粉颗粒仍保持有偏光十字，说明交联发生在非结晶区。

交联淀粉的制备 3　以三氯氧磷为交联剂制备交联淀粉

　　将 200g 绝干马铃薯淀粉与 250mL 水混合，用 3% 氢氧化钠溶液调 pH 值至 11，加入 1g 氯化钠，以防止三氯氧磷分解，使试剂能较深的进入颗粒内部，获得均匀的反应。保持缓慢搅拌，加入淀粉量 0.015%~0.030% 的三氯氧磷，室温下反应 2h，用 2% 盐酸溶液中和至 pH 值为 5，过滤、洗涤、干燥即得成品。

温馨提示

　　反应的 pH 值为 8~12，加入量 0.005%~0.25%，若加入量大于 1%，得到耐糊化性质的交联淀粉。为使反应均匀，经常加入淀粉量 0.1%~10% 的盐，如氯化钠或硫酸钠。盐的存在可以防止交联剂的水解，增加交联剂对淀粉颗粒的渗透能力，反应速度加强。

　　研究表明，在相同反应试剂用量条件下，产物取代度随反应 pH 值的增高而增大，在高 pH 值下，淀粉易与氢氧化钠作用形成淀粉氧负离子(淀粉-O⁻)，淀粉-O⁻ 亲核性越强，越容易同三氯氧磷发生 SN_2 亲核取代反应。pH 值小于 9 时，pH 值对取代度和交联度影响较小，此时三氯氧磷的多少影响也不大，当 pH 值大于 9 时，交联效果明显，并随 pH 值升高而增大，也随三氯氧磷量的增加而增大。

　　反应温度最好控制在 30℃，温度较高时，反应太快不易控制，温度太低，反应进行太慢。并且反应温度只有在较高 pH 值下对取代度和交联度的提高有贡献。

交联淀粉的制备 4　以甲醛为交联剂制备交联淀粉

　　向淀粉乳中加入绝干淀粉量 0.077%~0.155% 的甲醛或多聚甲醛，用酸将 pH 值调至 1.6~2.0，在 38~40℃ 反应 3~6h，达到要求的反应程度后，用碳酸钠中和 pH 值至 7，加氨水或亚硫酸氢钠与剩余甲醛反应，过滤、洗涤、干燥，即得产品。

交联淀粉的制备 5   以混合酸酐为交联剂制备交联淀粉

方法一：将 100 份糯高粱淀粉溶于 145 份水中，用 2.5% 氢氧化钠调 pH 值至 9.0，加入 4.5 份己二酸和醋酸酐(1 份己二酸和 30 份醋酸酐)，搅拌反应，反应完成后用酸中和 pH 值至 5.0，过滤、洗涤、干燥，即得成品。

方法二：将 100 份糯高粱淀粉溶于 145 份水中，用 2.5% 氢氧化钠调 pH 值至 9.0，加入 4 份柠檬酸和醋酸酐(1 份柠檬酸和 40 份醋酸酐)，搅拌反应，反应完成后用酸中和 pH 值至 5.0，过滤、洗涤、干燥，即得成品。

9.2   交联淀粉的性质及应用

9.2.1   交联淀粉的性质

1. 颗粒

交联后，在室温下用显微镜检测水中或甘油中的淀粉，发现交联淀粉的颗粒形状仍与原淀粉相同，未发生变化。只有当颗粒受热或被化学试剂糊化，性质发生很大变化时，才显现出交联作用对颗粒的影响。淀粉在热水中受热膨胀，并有少部分溶解于水中，而交联能抑制膨胀度，降低在水中的溶解性，随着交联度的增加，这种现象越突出。

2. 黏度

淀粉颗粒中淀粉分子间由氢键结合成颗粒结构，在热水中受热时氢键强度减弱，颗粒吸水膨胀，黏度上升，达到最高值，表明膨胀颗粒已达到了最大的水合作用。继续受热使氢键破裂，颗粒破裂，黏度下降。交联化学键的强度远高于氢键，能增强颗粒结构的强度，抑制颗粒膨胀、破裂和黏度下降。随着交联程度的增加，淀粉分子间交联化学键的数量增加。约 100 个 AGU(脱水葡萄糖单元)有一个交联键时，则交联几乎完全抑制颗粒在沸水中的膨胀，不糊化。

交联对马铃薯、木薯和糯玉米等淀粉糊黏度性质的影响更为显著。这类淀粉受热糊化产生热黏度高峰，但稳定性差，继续加热，黏度降低快，特别是在较低 pH 值的酸性条件下。

3. 抗剪切性

高速搅拌产生剪切力，使淀粉颗粒迅速破裂，淀粉糊黏度降低。通过交联提高了淀粉的抗剪切能力。

交联淀粉的糊黏度对热、酸和剪切力的影响具有较高的稳定性。其稳定性随交联化学键的不同而有差异。环氧氯丙烷交联为醚键，化学稳定性高，所得交联淀粉抗酸、碱、剪切力和酶作用的稳定性高。三偏磷酸钠和三氯氧磷交联为无机酯键，对酸作用的稳定性高，对碱作用的稳定性较低，中等碱度时能被水解。己二酸交联为有机酯键，对酸作用的稳定性高，对碱作用的稳定性低，很低碱度便能被水解。

经交联的淀粉具有较高的冷冻稳定性和冻融稳定性，在低温下较长时间冷冻或冻融、融化重复多次，食品仍能保持原来的组织结构不发生变化。

4. 淀粉颗粒的膨胀度

　　淀粉颗粒在热水中膨胀，并有少部分溶解于水中，交联能抑制膨胀度，降低热水溶解度，随交联度增加，这种影响越大。膨胀度和溶解度的测定方法如下：

　　将淀粉悬浮在水中，85℃条件下搅拌加热 30min，在 2000r/min 转速下离心 15min，糊下沉部分为膨胀淀粉。将上部清液分离、干燥，即得水溶淀粉的量，计算出溶解度，由膨胀淀粉质量计算膨胀度。

$$溶解度 = \frac{水溶淀粉质量}{淀粉样品质量(干)} \times 100\%$$

$$膨胀度 = \frac{膨胀淀粉质量}{淀粉样品质量(干) \times (100-溶解度\%)} \times 100\%$$

　　5. 薄膜性能

　　原淀粉糊制成的薄膜置于沸水中加热，强度不断降低，这是由于直链淀粉和支链淀粉分子溶出量不断增加的原因。通过交联能减少淀粉的水溶性，从而保持膜强度不变。可以认为，通过交联，保持了膨胀颗粒的完整性，支链淀粉选择性的保留在膨胀颗粒中，因此在整个烧煮期间保持着浓直链淀粉液的优点。

　　6. 耐氯化锌稳定性

　　交联淀粉对氯化锌作用的稳定性高，适用于干电池电解液的增稠剂，能防止黏度降低、变稀、损坏锌皮外壳、漏液发生，并能提高电池保存性。

　　7. 可消化性、可吸收性

　　交联淀粉的交联程度对可消化性没有很大影响。

　　交联程度相当于 1.7%~4.5% 的羟基起交联作用，若落入伤口中易被人体组织吸收，加热消毒液不会变黏。

9.2.2　交联淀粉的应用

　　交联淀粉的糊液对热、酸和剪切力的影响具有较高稳定性，冻融稳定性好。在工业上常与其他变性方法联合使用，使产品具有更实用、更有效的特性。

　　1. 食品工业中的应用

　　在食品工业中，用作增稠剂和稳定剂。可做色拉汁的增稠剂。罐头制品在灭菌时需要添加凝胶剂，使罐头制品在灭菌过程中具有黏度低、传热快、升温快等特点，利于瞬间灭菌，灭菌后又能增稠。

　　交联淀粉具有较高的冷冻稳定性和冻融稳定性，特别适合在冷冻食品中的应用。在低温较长时间冷冻或冻融，融化重复多次，食品仍保持原来的组织结构，不发生变化。

　　酸变性淀粉经交联后是冰淇淋的主要原料。交联淀粉还用于灌装汤、汁、酱、婴儿食品和奶油玉米等产品中，也用于甜饼果馅、布丁和油炸食品的面拖料中。

　　经滚筒干燥后的交联淀粉可增加糕点体积，使糕点酥脆、柔软和耐储藏。

　　2. 医药工业中的应用

　　在医药工业中，用作橡胶制品的防粘剂和润滑剂。能用作外科手术橡胶手套的润滑剂。它无刺激性，对身体无害，在高温消毒过程中不糊化，不会和手套粘在一起。若落入伤口也易被人体组织吸收，加热消毒也不会变粘。可使用干粉，也可混于溶剂中，涂于外科医生的手指上，以便戴上橡胶手套。

3. 造纸工业中的应用

由于交联淀粉在常压下受热，颗粒膨胀但不破裂，被湿纸页吸着量多，故用于造纸打浆机施胶效果好。交联淀粉抗机械剪切稳定性高，为瓦楞纸和纸箱纸的胶粘剂。

4. 纺织工业中的应用

在纺织工业中，用交联淀粉浆纱，容易附着在纤维表面上增加耐磨性和耐热稳定性。目前我国使用的变性淀粉浆料，大多是经交联处理的复合变性淀粉。交联羟烷基淀粉可做印花糊料。交联淀粉还可与海藻酸钠、CMC 等混合做印花糊料，具有匀染性好、给色量高、洗除性好等特点。

5. 在其他方面的应用

干电池中用交联淀粉做阻漏和防漏材料，能提高电池的保存性和放电性。

交联羧甲基淀粉，有吸水和吸尿的能力，1g 能吸收 20g 左右，体积膨胀，不粘，不溶解，适用于做卫生纸巾、外科用棉塞、尿布等吸收剂。

另外，交联淀粉还可用作石油钻井泥浆、印刷油墨、煤饼、木炭、铸造砂心、陶瓷的黏合剂等。

拓 展 学 习

交联淀粉性质分析测定 1　交联淀粉交联度的测定

大多数交联淀粉的交联度都很低，因此很难直接测定交联淀粉的交联度。低交联度的交联淀粉，受热糊化时黏度变化较大，可根据低温时的溶胀和较高温度时的糊化进行测定。而高交联度的交联淀粉在沸水中也不糊化，因此只能测定淀粉颗粒的溶胀度。

1. 分析步骤

准确称取已知水分的交联淀粉样品 0.5g 于 100mL 烧杯中，加入蒸馏水 25mL 配成 2% 的淀粉溶液，放入恒温水浴中，稍加搅拌，在 82~85℃溶胀 2min（用秒表计时），取出冷却至室温后，在 2 支刻度离心试管中分别倒入 10mL 糊液，对称装入离心机内，开动离心机，缓慢加速至 4000r/min 时，用秒表计时，离心 2min，停转，取出离心管，将上层清液倒入一个培养皿中，称取离心管中沉积浆质量，再将沉积浆置于另一培养皿中于 105℃烘干，称得沉积物干质量。

2. 结果计算

交联淀粉颗粒的溶胀度，按公式（9-1）计算。

$$溶胀度（\%）= \frac{m_1}{m_2} \times 100 \tag{9-1}$$

式中：

m_1——沉积浆质量，g；

m_2——沉积物干质量，g。

交联淀粉性质分析测定 2　交联淀粉中残留甲醛含量的测定

1. 实验原理

交联淀粉中残留甲醛含量的测定原理是试样在一定的温度条件下，用水萃取一定时间，淀粉中的残留甲醛被水吸收，萃取液用乙酰丙酮显色，用分光光度计测定显色液中的甲醛含量。

2. 分析步骤

(1)甲醛标准溶液工作曲线的绘制。

用移液管移取 1.3mL 37%~40% 的甲醛溶液，放入 500mL 容量瓶中，用蒸馏水定容至刻度，摇匀，即为 1g/L 左右的甲醛溶液。

准备 2 只 250mL 的碘量瓶，用移液管吸取 10mL 1g/L 的甲醛溶液，移入其中一只碘量瓶中，另一只作为空白试验(即不加甲醛溶液，用 10mL 蒸馏水代之)，用移液管分别吸取 25mL 0.1mol/L 的碘液于两只碘量瓶中，再用刻度移液管加入 10mL 1mol/L 的氢氧化钠溶液，加盖放置暗处 10~15min，取出加入 15mL 0.5mol/L 的硫酸溶液，用 0.1mol/L 的硫代硫酸钠标准溶液滴定至溶液呈淡黄色，再加入 1~3mL 淀粉指示剂，继续用 0.1mol/L 硫代硫酸钠标准溶液滴定至蓝色消失即为终点。

甲醛标准溶液的质量浓度，按公式(9-2)计算。

$$甲醛质量浓度(mg/L) = \frac{(a-b) C_{Na_2S_2O_3} \times 0.015}{10} \times 10^6 \qquad (9-2)$$

式中：

a——空白试验消耗硫代硫酸钠标准溶液的体积，mL;

b——甲醛溶液消耗硫代硫酸钠标准溶液的体积，mL;

0.015——与 1.00mL 1.000mol/L 硫代硫酸钠标准溶液所相当的甲醛的质量，g。

用移液管吸取约 50mL 1g/L 的甲醛溶液，置于 500mL 容量瓶中，用蒸馏水定容至刻度，即为 0.1g/L 左右的甲醛溶液。再用 0.1g/L 左右的甲醛溶液分别配制成质量浓度为 1mg/L、2mg/L、4mg/L、6mg/L、8mg/L 的甲醛标准溶液。

取 5 支试管，用移液管各吸取 10mL 乙酰丙酮溶液，分别注入每支试管中，再用移液管分别吸取 10mL 1mg/L、2mg/L、4mg/L、6mg/L、8mg/L 的甲醛标准溶液注入上述试管中，另取一支试管同样吸取 10mL 蒸馏水及 10mL 乙酰丙酮溶液于其中做空白对照试验。加盖、摇匀，置于 (40±2)℃ 水浴中加热 30min 显色，反应完毕后，冷却 30min，用分光光度计在最大吸收峰 415nm 波长处测其吸光度 A，然后根据在甲醛标准溶液的不同浓度下的吸光度，在坐标纸上绘制甲醛标准溶液工作曲线。

(2)交联淀粉残留甲醛含量的测定。

准确称取折算成干样的样品 5g，放入 250mL 具塞锥形瓶中。用移液管吸取 100mL 蒸馏水于锥形瓶中，在 (40±1)℃ 的水浴中萃取 1h，期间摇动 2~3 次，然后冷却至室温，用滤纸过滤，用移液管吸取 10mL 萃取液，加 10mL 蒸馏水于试管中。另以蒸馏水为空白对照液，直接用分光光度计在最大吸收峰 415nm 波长处测其吸光度 A_1。

吸取 10mL 萃取液加入等体积的乙酰丙酮试剂溶液于试管中，加盖摇匀，在 (40±2)℃ 水浴中加热 30min，进行显色。然后取出放置 30min，以 10mL 蒸馏水加入等体积的乙酰丙酮溶液作空白对照，用分光光度计在最大吸收峰 415nm 波长处测定吸光度 A_2。如果测得的吸光度 A_2 太大，可以将萃取液稀释数倍后再测。用 A_2-A_1 吸光度在甲醛标准溶液工作曲线上查得对应的质量浓度。

3. 结果计算

交联淀粉中的残留甲醛含量，按公式(9-3)计算。

$$残留甲醛(mg/L) = \frac{CDF}{W} \qquad\qquad (9\text{-}3)$$

式中：

C——在甲醛标准溶液工作曲线上查得稀释萃取液甲醛质量浓度，mg/L；

D——萃取液稀释倍数；

F——萃取液总体积，mL；

W——试样质量，g。

第 10 章　醚 化 淀 粉

内容提要

主要介绍羟烷基淀粉、羧烷基淀粉、阳离子淀粉的醚化机理、反应条件及生产工艺(如湿法、干法、有机溶剂法和半干法等),醚化淀粉在造纸、纺织、食品、日用化工和医药工业等领域的应用。简要介绍氰乙基淀粉、丙酰胺(氨基甲酰乙基)淀粉、苯甲(苄)基淀粉、两性淀粉及多元变性淀粉的反应机理、反应工艺、工艺条件。

10.1　羟烷基淀粉

醚化淀粉又叫淀粉醚。醚化淀粉是淀粉分子中的羟基与反应活性物质反应生成淀粉的取代基醚,主要包括羟烷基淀粉、羧甲基淀粉、阳离子淀粉等。由于淀粉的醚化作用提高了淀粉的黏度稳定性,且在强碱性条件下醚键不易发生水解,醚化淀粉十分稳定,因此,在许多氧化淀粉、酯化淀粉不能使用的环境中,醚化淀粉却能使用,因而在许多工业领域被广泛应用。

常见的羟烷基淀粉有羟乙基淀粉和羟丙基淀粉,主要是通过淀粉与环氧烷化合物反应得到的。这类反应在葡萄糖单元分子的 C_2、C_3 和 C_6 碳原子上都可发生。在常见产品的生产中,C_2 上发生反应的几率较高,C_3 和 C_6 上较低。它们主要应用于食品、造纸、纺织及其他工业领域。

10.1.1　羟乙基淀粉

1. 醚化机理

常见的羟乙基淀粉是分子取代度(MS)小于 0.2 的低取代度产品,是淀粉与环氧乙烷或氯乙醇在碱性条件下发生亲核取代反应而制的,其反应式分别为:

$$St—OH+OH^- \longrightarrow St—O^- +H_2O$$

$$St—O^- + \overset{\displaystyle O}{\overset{\diagup\diagdown}{CH_2—CH_2}} \longrightarrow St—O—CH_2CH_2O^-$$

$$St—O—CH_2CH_2O^- +H_2O \longrightarrow St—O—CH_2CH_2OH+OH^-$$

$$StO^- +ClCH_2CH_2OH \longrightarrow StOCH_2CH_2OH+Cl^-$$

该反应是淀粉的羟乙基化亲核取代反应。首先氢氧根离子从淀粉羟基中夺取一个质子，带有负电荷的淀粉分子作用于环氧乙烷使环开裂，生成一个烷氧负离子，烷氧负离子再从水分子中吸引一个质子形成羟乙基淀粉，游离的氢氧根离子继续反应。

在羟乙基化反应中，环氧乙烷能与脱水葡萄糖单元中的 C_2、C_3 和 C_6 上的三个羟基中的任何一个起反应，还能与已取代的羟乙基进一步反应生成多氧乙基侧链，反应方程式为

$$St\!-\!O\!-\!CH_2CH_2OH + nCH_2\!-\!CH_2 \xrightarrow{\ OH^-\ } St\!-\!O\!-\!(CH_2CH_2O)_n\!-\!CH_2CH_2OH$$

因此该反应的反应程度一般不用 DS 表示，而用摩尔取代度(MS)表示，即每个脱水葡萄糖单元与环氧乙烷反应的分子数。工业上生产的羟乙基淀粉主要是低取代度产品，MS 在 0.2 以下，多聚侧链生成量很少，MS 基本与 DS 相当。有机溶剂或干法生产的为较高取代度产品，由于多聚侧链的生成，MS 可能高过 DS 很多。

另外，淀粉与环氧乙烷或氯乙醇反应的同时还有下列副反应发生。

$$CH_2\!-\!CH_2 + H_2O \longrightarrow HOCH_2CH_2OH$$

$$CH_2\!-\!CH_2 + OH^- + H_2O \longrightarrow HOCH_2CH_2OH + OH^-$$

$$CH_2\!-\!CH_2 + HOCH_2CH_2OH \longrightarrow HOCH_2CH_2OCH_2CH_2OH$$

$$CH_2\!-\!CH_2 + SO_4^{2+} + H_2O \longrightarrow {}^-OSO_3CH_2CH_2OH + OH^-$$

淀粉和氯乙醇的副反应如下：

$$ClCH_2CH_2OH + OH^- \longrightarrow CH_2\!-\!CH_2 + H_2O + Cl^-$$

$$ClCH_2CH_2OH + OH^- \longrightarrow HOCH_2CH_2OH + Cl^-$$

$$CH_2\!-\!CH_2 + OH^- + H_2O \longrightarrow HOCH_2CH_2OH + OH^-$$

$$CH_2\!-\!CH_2 + StO^- \longrightarrow StOCH_2CH_2OH$$

2. 反应条件

羟乙基淀粉的制备视产品的要求可用湿法(低取代度产品)、有机溶剂法生产(高取代度产品)，也可采用干法生产。

(1)催化剂。

羟烷基化反应一般是在碱性催化剂存在的条件下进行的。催化剂包括氢氧化钠、氢氧化钾、吡啶、三乙胺、季铵氢氧化物、氢氧化钙、氢氧化钡、磷酸盐、羧酸(一元、二元、三元羧酸，如醋酸、柠檬酸、酒石酸、磺酸、抗坏血酸等)盐，最常用的催化剂是氢氧化钠。

催化剂用量一般为干淀粉质量的 0.5%~2.0%。氯乙醇作醚化剂时，n(碱)：n(卤乙

醇)>1(n 为物质的量)。

(2)膨胀抑制剂。

为防止在反应过程中，由于淀粉的膨胀或糊化给反应和脱水带来困难，在反应时需要添加膨胀抑制剂。常用的膨胀抑制剂有硫酸钠、氯化钠等。

膨胀抑制剂的加入量视反应程度不同而有差异，取代度越高，膨胀抑制剂加入量越多。

在制备羟丙基淀粉时，羟丙基含量<10%时，硫酸钠的加入量为总水量的 5%~25%；羟丙基含量为 10%~30%时，硫酸钠加入量为总水量的 10%~30%。在制备羟乙基淀粉时，羟乙基含量为 3%~7%时，硫酸钠加入量为总水量的 5%~10%；羟乙基含量为 7%~10%时，硫酸钠加入量为总水量的 15%~20%；羟乙基含量为 10%~25%时，硫酸钠加入量为总水量的 20%~25%。

(3)醚化剂。

制备羟乙基淀粉时，醚化剂为环氧乙烷和氯乙醇，其加入量视不同要求而定。但需要注意的是环氧乙烷和空气混合易爆炸。因此，在通入环氧乙烷前，必须先通入氮气，将反应器中空气除净后，才能通入环氧乙烷。用氯乙醇制备羟乙基淀粉就比较安全。

(4)淀粉乳浓度。

低取代度产品以水作为介质，淀粉乳的含量一般为 30%~40%(质量)。高取代度产品在有机溶剂中进行，常用的有机溶剂有乙醇、丙酮和异丙醇等。淀粉：醇≥1(质量：体积)；酒精水溶液的体积分数为≤75%~95%(视反应程度而定)。干法反应，淀粉含水 6%~20%。

(5)反应温度及反应时间。

在湿法生产中反应温度一般控制在淀粉的糊化温度以下，以 30~50℃为佳，该条件下反应时间在 10h 以上。在干法生产中控制反应温度在 70~100℃，反应时间在 5~10h 范围。溶剂法生产也通常控制在 30~50℃范围内，反应时间也在 10h 以上。当然在此范围内温度越高，越有利于反应进行。

3. 制备工艺

羟乙基淀粉的制备方法可分为：湿法、干法和有机溶剂法。

(1)湿法工艺。

将淀粉分散成悬浮液，在碱性催化剂存在下和环氧乙烷进行反应。为了避免环氧乙烷和空气混合爆炸，先用氮气除去反应器中的空气后再进行反应。反应完后脱水、洗涤、干燥，即得产品。该方法一般用来制备低取代度羟乙基淀粉，由于反应过程中淀粉颗粒没有明显的溶胀和淀粉降解，产品的后处理比较容易，能得到高纯度的羟乙基淀粉。

工业上常见的工艺为：先将淀粉配成 40%~45%的悬浮液，用氢氧化钠调至碱性，把环氧乙烷溶解在悬浮液中，反应温度低于淀粉的糊化温度，一般不超过 50℃，通常控制在 25~26℃，反应时间约 24h，提高反应温度可以缩短反应时间。为了防止反应过程中由于淀粉的溶胀和糊化给后处理带来困难，反应时常添加膨胀抑制剂，如硫酸钠、氯化钠等中性盐，添加量的多少视反应程度而异。该抑制剂还可以有效地促进淀粉和环氧乙烷的反应。

(2)干法工艺。

干法制备反应是气态的环氧乙烷和含水 10%~15% 的淀粉进行气-固相反应。为了加快反应速度,一般先用碱将淀粉浸透,再在高压釜中反应,反应完后中和即得产品。

干法工艺制备取代度较高的羟乙基淀粉时对设备的要求较高,并且由于产品是可溶的,难以除去杂质,产品纯度不高。

(3)溶剂法工艺。

有机溶剂法通常是用来制备高取代度羟乙基淀粉。常用的有机溶剂有:乙醇、甲醇、丙酮、异丙醇等。

4. 羟乙基淀粉的性质和应用

低取代度(MS 为 0.05~0.1)的羟乙基淀粉颗粒形状与原淀粉十分相似,但由于醚化作用,糊的性质随取代度而改变,如糊化温度较原淀粉低,一般来说,随取代度的增高,糊化温度降低。例如:DS = 0.05 时,糊化温度为 68℃;DS = 0.10 时,糊化温度为 63℃;DS = 0.15 时,糊化温度为 56℃。形成的糊液黏度稳定,透明度高,胶粘性强,凝沉性弱,冻融和储存稳定性高。羟乙基淀粉形成的膜比原淀粉形成的膜清晰,较易弯曲、柔软、光滑、均匀,没有微孔,改善了抗油性。在较高温度下不变粘,水溶性好。

羟乙基淀粉是一种非离子型淀粉衍生物,因此其糊液对电解质稳定,也不会引起离子、颜料和填料等填充物凝沉,具有较好的兼容性。

羟乙基淀粉中的醚键对酸、碱、热和氧化剂的稳定性较高,在较宽的 pH 值范围使用仍能保持较好的性质。

高取代度的羟乙基淀粉(MS>0.5),具有热塑性和水溶性,溶于冷水,其糊液耐剪切、耐 pH 值和耐酶的侵蚀,生物降解能力下降。

羟乙基淀粉由于具有以上特性被广泛用于造纸、纺织、医药等行业。

低取代度的羟乙基淀粉广泛应用于造纸工业,由于其薄膜具有良好的清晰度、平滑性及弯曲性,在纸张涂布时,由于它的高保水性,控制了胶液对纸张的渗透,它流动性好,颜料胶液涂布均匀,使产品光泽好、柔软、干燥收缩少,具有好的印制性和书写性,且羟乙基淀粉的非离子性和纸张中的添加成分具有较好的相容性。由于其抗溶剂性能较好,可用于制造胶带及各种油品包装材料。

在各类纸张的湿部添加羟乙基淀粉,可提高纸张强度,还被广泛用于各类纸制包装材料加工用黏合剂。

纺织工业主要用作经纱浆料,印花糊料,耐久抗皱整理。

羟乙基淀粉浆膜强度高,柔软,纱线耐磨,由于其黏度稳定,上浆均匀,糊化温度低,被广泛用作棉、合成纤维及其混纺纱的浆料。

由于羟乙基淀粉糊液稳定、均匀,和各种颜料、填料兼容性好,且对氧化剂、还原剂、酸、碱稳定,因此被广泛用作印花糊料。印花色泽清晰、均匀、鲜艳丰富。

羟乙基淀粉和热固性树脂反应,可作为纺织行业的耐久性抗皱整理剂,可使纺织物长久性保持柔软、舒适的手感。

在医药工业主要是将高取代羟乙基淀粉用作代血浆。如分子取代度为 0.4~1.0,特性黏度为 0.1~0.3,平均相对分子质量为 5 万~30 万的羟乙基淀粉可用作代血浆,它不会沉积,出血倾向小,可以和抗菌物质并用,保存性能良好。此外还可作为冷冻时血红细胞的保护剂,防止红血球细胞在冷冻和融解过程中发生溶血现象。

10.1.2 羟丙基淀粉

1. 醚化机理

羟丙基淀粉是在 20 世纪 40 年代初发明的，其醚化机理与羟乙基淀粉类似，是环氧丙烷在碱性条件下和淀粉反应制的，反应式如下：

$$St—OH+NaOH \longrightarrow St—O^-Na^+ + H_2O$$

$$St—O^-Na^+ + CH_2—CH—CH_3 \xrightarrow{NaOH} St—O—CH_2CHCH_3 + NaOH$$

由于环氧丙烷环张力大，易发生开环反应，其活性大于环氧乙烷。该反应也是亲核取代反应，为二分子取代反应，反应动力取决于淀粉与环氧丙烷二者的浓度。取代主要发生在淀粉分子中脱水葡萄糖单位的 C_2 碳原子的仲醇羟基上，为何其反应活性高于 C_6 碳原子上的伯醇羟基，目前尚不清楚。一种可能的解释是因为 C_2 碳原子仲醇羟基接近 C_1 半缩醛中心，具有较高的酸性。C_2、C_3 和 C_6 各碳原子羟基的反应常数比为 $K_2 : K_3 : K_6 = 33 : 5 : 6$。

除上述主要反应外还有副反应发生，与环氧乙烷类似，环氧丙烷还可与已取代的羟丙基淀粉起反应生成多氧丙基侧链，反应方程式如下：

$$St—O—CH_2CHCH_3 + nCH_2—CH—CH_3 \xrightarrow{OH^-} St—O(CH_2—CH—O)_n CH_2CH—OH$$

除上述反应外还有副反应发生。

2. 反应条件

与羟乙基淀粉类似，视产品的要求可采用湿法、有机溶剂法及干法生产。在有机溶剂中反应比在含水介质中反应或干法优越，可在高温下较短时间内制得较高取代度的产品。

（1）催化剂及用量。

催化剂的用量一般为干淀粉的 0.5%~1.0%，常用的催化剂是氢氧化钠，可将其配制成 5%~7% 的溶液后使用（含水介质中反应）。干法反应的催化剂为氢氧化钠、磷酸盐（如磷酸氢二钠）、硫酸钠、氯化钙、氯化钠、羧酸（同羟乙基淀粉）及叔胺等，用量为干淀粉质量的 1%~2%。

（2）膨胀抑制剂。

常用的膨胀抑制剂有硫酸钠、氯化钠，但氯化钠易与环氧丙烷起反应生成氯丙醇，美国食品法规限定氯丙醇残余量在 5mg/kg 以下。可在中和之前，通压缩空气排除多余的环氧丙烷，能有效地防止氯丙醇的生成。膨胀抑制剂的加入量视羟丙基含量而定，一般为干淀粉质量的 5%~15%。

（3）反应介质。

低取代度的产品以水为介质，淀粉乳浓度为 35%~45%。高取代度产品，以有机溶剂为反应介质或干法反应。常用的有机溶剂有甲醇、乙醇、异丙醇、苯等。干法反应时水分含量一般是干淀粉量的 10%~20%，含水量低于 5%，反应慢且困难。

（4）环氧丙烷的用量。

　　环氧丙烷的用量视产品的反应程度而定，低取代度产品用量为干淀粉质量的 5% ~10%。

　　(5) 反应温度。

　　一般在 40~50℃，温度低于 40℃时反应速度慢，高于 50℃时淀粉颗粒有可能膨胀或糊化。干法反应温度一般为 75~85℃。

　　(6) 反应的前处理。

　　加入环氧丙烷于 18℃保持 30min，再升高反应温度能提高醚化效率。

　　环氧丙烷与空气混合有可能爆炸，故需要通入氮气排出空气再加环氧丙烷，反应在密闭容器中进行。

　　3. 制备工艺

　　羟丙基淀粉的制备工艺和羟乙基类似，归纳起来有三种工艺：湿法工艺、干法工艺和溶剂法工艺。

　　(1) 湿法工艺。

　　湿法工艺是在含水介质中反应，该工艺中淀粉能保持颗粒状，反应后易于过滤、水洗。可得到高纯度的产品，但一般只用来生产取代度低的产品，并且有副产物生成。该方法是制备羟丙基淀粉最广泛使用的方法。一般采用 35%~45% 的淀粉乳，加入硫酸钠抑制淀粉颗粒的膨胀和老化，硫酸钠用量为干淀粉质量的 5%~15%。用氢氧化钠作碱性催化剂，用量为干淀粉质量的 0.5%~1.0%(通常配制成 5%~7% 的溶液使用)。反应温度一般控制在 40~50℃，温度太低反应进行缓慢，温度太高淀粉易糊化。环氧丙烷用量一般为干淀粉质量的 5%~10%，反应时间为 10~20h。在醚化过程中为防止爆炸，反应前也要用氮气排除空气。

　　(2) 干法工艺。

　　干法工艺是在催化剂作用下淀粉和环氧丙烷的气-固相反应。该法可以得到洁白、黏状、取代度较高的羟丙基淀粉。由于是气-固相反应，反应温度必须首先保证环氧丙烷气化。但温度升高常常伴随着淀粉的降解，环氧丙烷的聚合等副反应，环氧丙烷遇空气还会爆炸，因此目前很少利用干法大规模生产羟丙基淀粉。

　　干法工艺中水分含量一般是干淀粉质量的 10%~20%，含水量低于 5%时，反应比较缓慢。为了混合均匀，保持高的反应效率，一般要将催化剂(如氢氧化钠)研磨成 0.02~0.04mm 的粉末。再与淀粉混合均匀，将混合物置于密闭的容器内，通入环氧丙烷，在 0.3MPa 压力和 85℃左右醚化反应既得产品。

　　(3) 溶剂法工艺。

　　该法出现较晚，是 1958 年由 Kesler 成功开发的。常用的溶剂有：甲醇、乙醇、异丙醇、苯、丙酮、烷基酮等。该工艺简单，反应条件温和，收率高，产物的取代度高，易于水洗，过滤，但溶剂较贵，易燃，有污染，并且溶剂的回收及提纯比较麻烦。具体方法是先把淀粉分散在有机溶剂中，搅拌下加入碱性催化剂，再加入环氧丙烷，进行醚化反应，然后除去溶剂、中和、水洗、干燥等方法对产品进行纯化。可制得取代度较高的产品。

　　还有一种方法是用有机溶剂作为分散剂，借助于表面活性剂的乳化作用，使淀粉、环氧丙烷、水、碱所组成的独立水溶液反应体系悬浮在有机溶剂中，可制得水溶性或水溶胀性羟丙基淀粉。此法反应条件温和，可以定量回收溶剂，产物精制简单，反应效率大于

75%，取代度可达 0.5~2.5，但反应体系不够稳定，工艺要求高。

4. 羟丙基淀粉的性质和应用

（1）羟丙基淀粉的性质。

①羟丙基淀粉属于非离子型，它的性能受电解质、重金属离子、pH 值影响小，取代醚键的稳定性高，在水解、氧化、糊精化、交联等反应过程中，醚键不会断裂，取代基团不会脱落。

②羟丙基具有亲水性，由于引入了羟丙基，削弱了淀粉分子间的氢键，使淀粉易于膨胀和糊化，随着羟丙基淀粉取代度的增加，糊化温度随之降低，在冷水中即可膨胀。取代度由 0.4 增加至 1.0，在冷水中分散好，更高取代度的产品在醇中溶解度增加，能溶于甲醇或乙醇。羟丙基淀粉糊化容易，糊液透明，流动性好，凝沉性弱，稳定性高。

③羟丙基淀粉糊液具有良好的黏度稳定性。在室温条件下放置 120h，黏度几乎没有什么变化。冷却时黏度增大，但增加的趋势减弱，重新加热后，仍能恢复到它原来的热黏度和透明度。

④羟丙基淀粉在加热蒸煮过程中，糊液的成膜性能好，主要是因为羟丙基的亲水性能保持糊中水分稳定，不析出，多次重复也不至破坏胶体结构。形成的膜透明、光滑、均匀、柔韧、抗折叠，对酸、碱、氧化剂都非常稳定。糊化后不能在高温度区停留，否则将产生分子裂解，黏度随之下降。当冷却到 50℃ 以下时，黏度稳定。羟丙基淀粉黏度因淀粉品种不同差异较大。

（2）羟丙基淀粉的应用。

羟丙基淀粉被广泛应用于造纸、纺织、食品、日用化工和医药等工业。

①食品工业。

在食品工业中，羟丙基淀粉主要用作增稠剂、悬浮剂和涂料等。

a. 用作食品的增稠剂。羟丙基淀粉糊液黏度稳定，特别是用于冷冻食品和方便食品中，使食品在低温储藏时具有良好的保水性。可加强食品耐热、耐酸和抗剪切的性能。用作肉汁、沙司、布丁、果汁的增稠剂，使之平滑，浓稠透明、清晰、无颗粒结构，并有良好的冻融稳定性及耐煮性，而且口感好。经交联后的羟丙基淀粉，在高温时黏度高，且稳定，适于作罐头食品的增稠剂和胶粘剂。也可用于酸性食品和中性食品中，如柠檬布丁、沙司、酱料、巧克力布丁、儿童食品等。

b. 用作悬浮剂。例如，加入浓缩橙汁中，流动性好，放置也不分层和沉淀。

c. 用作食品涂料和包装薄膜。高直链（含直链淀粉 71%）的羟丙基淀粉能溶于水，形成透明并能食用的薄膜，氧气不能渗透，在 25℃ 和不同相对湿度时都是如此，适于作食品涂料和包装用。

②造纸工业。

造纸工业的应用主要体现了羟丙基淀粉良好的流动性、稳定性、成膜性、黏合性和膜的透明性。不仅可以作为纸张表面施胶剂还可以作为内部施胶剂。内部施胶能使纸张纤维间相黏结，起到架桥作用，大大增强纸张的强度和硬度，并且有很好的抗折叠性能。表面施胶和涂布后，使纸张表面柔软、光滑、均匀、手感好，耐磨损性能提高，解决了纸张易拉毛、掉粉等问题，能抑制油墨的浸透，使印刷纸油墨鲜明、均匀、胶膜平滑，减少油墨的消耗。

③纺织工业。

纺织行业中由于羟丙基淀粉糊的稳定性、流动性和成膜性使其在纺织工业的纱线上浆上得到广泛应用。膜的强度、柔韧及耐弯曲特性大大提高了纱线的耐磨性。浆料上浆率高，提高了织造效率，退浆容易，由于其形成的膜透明，降低了纬线对着色经线的遮盖。该产品几乎对所有纤维都适用，并且都有较理想的黏结特性，既可以单独使用也可以和其他黏合剂如聚乙烯醇等混合使用，性能均匀稳定，可大大降低成本。在上浆过程中由于其均匀、稳定、流动性好、不凝沉使得均匀上浆，均匀增重，浆斑大大下降，保证着色均匀。

④医药工业。

医药工业上可用作医药片剂的崩解剂，由于其较好的稳定性、黏度、良好的保水性和冷水溶胀特性，用于片剂崩解剂不仅施胶容易、均匀，而且对保持药效有十分重要的意义。此外，较低取代度的羟丙基淀粉可用作人造红血球的抗冷凝剂和血浆增稠剂，替代血浆，并且注射到血液中不会引起过敏反应。

⑤石油工业。

石油工业中羟丙基淀粉是一种新开发的钻井液添加剂，可以代替羟乙基或羟丙基纤维。由于羟丙基淀粉具有降失水、稳定井壁、改善井眼条件、防塌、絮凝钻屑等作用，能显著降低饱和盐水泥浆的失水能力，具有较好的抗钻和抗湿能力，也具有较好的抗钙和抗温能力，可用作饱和盐水泥浆的降滤失剂。

⑥日用化工。

在日用化工和化妆品中用作黏合剂、悬浮剂和增稠剂。洗涤剂中加入少量羟丙基淀粉，能提高污物悬浮性，防止再沉淀于衣服上，洗涤效果好。由于具有保护胶体的性质，用于皮肤洗净剂中作悬浮剂。

此外，还可作建筑材料的黏合剂、涂料，或有机液体的凝胶剂、广告画浆料等。

拓 展 学 习

醚化淀粉制备 1　湿法制备低取代度羟乙基淀粉

将淀粉分散在水中，淀粉：水 = 30 : 70，每 100 份水中含 20 份硫酸钠，每 100 份淀粉加 1.5 份氢氧化钠，盐和碱在慢慢搅拌下加入到淀粉中。通氮气除去空气，加入 5 份环氧乙烷，密封反应器，在 38℃ 下反应 22h。用盐酸中和至 pH 值为 5，过滤、水洗、干燥，即得产品。

醚化淀粉制备 2　干法制备低取代度羟乙基淀粉

将淀粉干重 1%～2% 的氢氧化钠（作为催化剂）磨成颗粒大小为 0.02～0.04mm 的粉末，再与淀粉均匀混合，淀粉含水为 7%～15%。反应前先用氮气净化反应釜，然后通入环氧乙烷气体，环氧乙烷用量为淀粉干基的 3%～5%。在 85℃，约 0.3MPa 压力下反应，反应结束后再通入氮气，并用柠檬酸调 pH 值等于 5.0，即得产品。若产品供食品用，还需用体积分数为 50%～90% 乙醇溶液清洗，调 pH 值 5.5～6.5，搅拌 0.5h，再经过滤、洗涤、干燥，即得产品。

醚化淀粉制备 3　乙醇作溶剂制备高取代度羟乙基淀粉

将 200 份玉米淀粉分散在 133 份含 5%水和溶有 6 份氢氧化钠的乙醇溶液中，然后加入 32 份环氧乙烷，在密闭容器中，38℃反应 22h。用醋酸中和、过滤、洗涤、干燥，即得产品。

醚化淀粉制备 4　异丙醇作溶剂制备高取代度羟乙基淀粉

在密闭容器中，将 100 份玉米淀粉(含水 20%)分散在 100 份异丙醇中，加入 3 份氢氧化钠溶液(溶于 7.7 份水中)，25 份环氧乙烷，在 44℃反应 24h。用醋酸中和、过滤，用 80%乙醇洗至不含乙酸钠和其他副产物为止，干燥，即得产品。反应效率可达 80%~90%。

醚化淀粉制备 5　丙酮作溶剂制备高取代度羟乙基淀粉

将含有 5%水分的玉米淀粉用丙酮调成 40%的分散液，加入 15%氢氧化钠溶液(氢氧化钠总量为淀粉的 2.5%)，陆续加入 15%的环氧乙烷，在 50℃反应，反应过程中，添加丙酮保持流动性，易于搅拌。反应结束后用酸中和、过滤，除去丙酮，干燥，产品含羟乙基可达 38%，MS2.2。产品遇冷水立即溶解。

醚化淀粉制备 6　湿法制备低取代度羟丙基淀粉

将 500g 玉米淀粉(含水 10%)分散在 800kg 水(内含 5kg 氢氧化钠和 70kg 硫酸钠)中，在 19℃下搅拌 0.5h，加入 50L 环氧丙烷，温度升至 50℃反应 8h 后，用盐酸中和至 pH 值为 5.5，过滤、洗涤、干燥。产品的取代度为 0.050。如果不在 19℃下搅拌 0.5h，直接在 50℃加入环氧丙烷反应，则产物的取代度为 0.035。

醚化淀粉制备 7　干法制备羟丙基淀粉

将蜡质玉米淀粉用环氧丙烷进行抑制。把抑制过的干淀粉分别用 0.25%、1.00%、2.50%的冰醋酸浸渍，用 30g/L 氢氧化钠溶液中和至 pH 值为 8，过滤、干燥至含水 8%。取 50 份浸渍过的干淀粉，置于用氮气将空气完全除去的压力容器中，加入 12.5 份环氧丙烷，在 90~95℃反应 5h，冷却至室温后用 0.4:1(水:乙醇)溶液分散，用醋酸中和至 pH 值为 5.5，过滤，重复操作两次，水的比例分别为 20%和 10%。然后过滤、洗涤、干燥，即得产品。

醚化淀粉制备 8　异丙醇作反应介质制备高取代度羟丙基淀粉

在装有回流冷凝器的反应器中，加入 16.7 份水、6 份氢氧化钠、150 份异丙醇及 100 份 85mL 流度的蜡质玉米淀粉，加入 100 份环氧丙烷，加热至 45℃，回流开始时，加入 0.3 份过氧化氢，在随后的 7h 内温度逐渐升至 75℃，在此温度下回流停止，表示反应完全，用冰醋酸中和，洗涤(86%异丙醇)，干燥即得产品。

醚化淀粉制备 9   淀粉先氧化处理再在异丙醇中反应制备高取代度羟丙基淀粉

先用次氯酸钠或氯对淀粉进行抑制处理,使淀粉颗粒保持完整的键合力,减少淀粉的溶解度。进而再进行羟丙基化反应,可制得无味、无残留氯代醇的羟丙基淀粉。

将 1 份未变性的淀粉与 3 份水混合,用稀盐酸将 pH 值调至 2.9~3.0,加入含 8% 活性氯的次氯酸钠,使氯的浓度为淀粉的 0.1%~1%,最好为 0.4%~0.6%。在温度 34~40℃下反应 3.0~3.5h 后,用亚硫酸氢钠还原未反应的次氯酸钠,再用 2% 的氢氧化钠溶液中和,用水稀释两倍后,过滤,用水分散再过滤、水洗、干燥。

在装有搅拌和压力表的反应罐内,加入 3 份 100% 的异丙醇、0.18 份 50% 的氢氧化钠溶液、0.3 份水、3 份用次氯酸钠氧化过的淀粉和 0.35 份环氧丙烷,密封,在 55℃下开始反应,24h 后压力下降,再加入 0.35 份环氧丙烷,继续反应 24h,用 0.15 份醋酸中和,过滤,重新分散在 3 份体积分数为 86% 的异丙醇中,搅拌、过滤、烘干,产品含有羟丙基 17.4%。

醚化淀粉性质分析测定 1   羟丙基淀粉取代度的测定

1. 分光光度法

(1)实验原理。

测定羟丙基淀粉取代度的原理与测定丙二醇相同,测定中用 1,2-丙二醇作标准溶液。1,2-丙二醇、羟丙基淀粉在浓硫酸中均生成丙醛的烯醇式和烯醛式脱水重排混合物,此混合物在浓硫酸介质中与茚三酮生成紫色络合物,在 595nm 处测其吸光度,可推导出羟丙基含量。

(2)分析步骤。

①标准曲线的绘制。

制备 1.00mg/mL 的 1,2-丙二醇标准溶液,分别吸取 1.00mL、2.00mL、3.00mL、4.00mL、5.00mL 此标准溶液于 100mL 容量瓶中,用蒸馏水定容至刻度,得到每毫升含 1,2-丙二醇 10μg、20μg、30μg、40μg、50μg 的标准溶液。分别取这五种标准溶液 1.00mL 于 25mL 具塞刻度试管中,缓慢加入 8mL 浓硫酸(避免局部过热,防止脱水重排产物挥发逸出)混合均匀,于 100℃水浴中加热 3min(加热分解时间应用秒表严格控制),立即放入冰浴中冷却,然后加入 0.6mL3% 的茚三酮溶液,在 25℃水浴中放置 100min,再用浓硫酸稀释到 25mL,倾倒混匀(注意不要振荡),静置 5min,用 1cm 比色皿以试剂空白作参比,在 595nm 处测定其吸光度,并在 15min 内测定完毕。作吸光度-浓度标准曲线。

②分析样品。

称取经充分混合的羟丙基淀粉 0.05~0.1g 于 100mL 容量瓶中,加入 25mL 0.5mol/L 的硫酸溶液,于沸水浴中加热至试样完全溶解,冷却至室温后用蒸馏水定容至 100mL。必要时可进一步稀释,以保证每 100mL 溶液中所含的羟丙基不超过 4mg。吸取该溶液 1mL 放入具有玻璃塞的 25mL 刻度试管中,将试管浸入冷水中,滴加 8mL 浓硫酸。混匀后将试管置于 100℃沸水浴中准确加热 3min,立即将试管移入冰浴中急冷。沿试管壁小心加入 0.6mL3% 的茚三酮试液,立即摇匀,于 25℃水浴中保持 100min。用浓硫酸调整试管内体积至 25mL,倒转试管若干次以混匀(不得摇动)。立即将部分溶液移入分光光度计的 1cm

比色皿内，准确静置 5min 后，以试剂空白作参比，在 595nm 处测量其吸光度，在标准曲线上查出相应丙二醇的含量。

③原淀粉空白值的测定。

称取相同质量相同来源的未变性淀粉，按相同方式制备未变性淀粉试样溶液，然后按相同比例稀释空白淀粉。取 1.00mL 此溶液于 25mL 具塞刻度试管中按处理样品的方法处理，以试剂空白作参比，在 595nm 处测定其吸光度，在标准曲线上查出相应丙二醇的含量。

（3）结果计算。

羟丙基淀粉的摩尔取代度（MS），按公式（10-1）、（10-2）计算。

$$MS = \frac{2.79H}{100-H} \tag{10-1}$$

$$H = F \times \left(\frac{M_{样}}{W_{样}} - \frac{M_{原}}{W_{原}} \right) \times 0.7763 \times 100 \tag{10-2}$$

式中：

H——羟丙基百分含量,%；

F——试样或空白样稀释倍数；

$M_{样}$——在标准工作曲线上查得的试样中的丙二醇质量，g；

$M_{原}$——在标准工作曲线上查得的原淀粉空白样中的丙二醇质量，g；

$W_{样}$——试样质量，g；

$W_{原}$——原淀粉质量，g；

0.7763——丙二醇含量转换成羟丙基含量的转换系数；

2.79——羟丙基百分含量转换成取代度的转换系数。

2. 质子核磁共振波谱法

（1）实验原理。

变性淀粉在氯化氘的重水溶液中被部分水解。测出羟丙基官能团中甲基基团上的三个质子的信号。采用 3-三甲基硅烷基-1-丙磺酸的钠盐作为内标。

（2）实验样品的制备。

将样品过 800μm 的筛子。样品不能通过筛子部分，再用螺旋式磨粉机研磨，至其全部通过 800μm 的筛子。充分混匀样品。

（3）分析步骤。

①洗涤样品。

a. 称取约 20g 已准备好的试样，置于 400mL 烧杯中，加入 200mL 水在室温下搅拌 15min。

如果样品难分散或过滤速度慢，可用冷水重复上述步骤。

b. 在真空条件下，用布氏漏斗过滤淀粉。

c. 重复上述步骤两次。

d. 在真空烘箱(压力≤10kPa)中用(30±5)℃干燥已洗涤好的淀粉样品 4h 以上。

②配制溶液。

a. 称约 12mg(干基，精确至 0.1mg)洗涤并干燥过的试样，置于 5mL 试管中。

b. 在 5mL 试管中，加入 1 安瓿重水(纯度≥99.95%，储存于 0.75mL 密封的安瓿中)和用微量吸液器吸取 0.1mL 2mol/L 氯化氘溶液。

c. 盖上试管，混合，然后放入沸水浴中。

d. 3min 后，若得到澄清溶液，取出并冷却至室温；若溶液不澄清，继续在沸水浴中加热直至得到澄清溶液(加热最长时间为 1h)。

e. 烘干 5mL 试管外表面，称重(精确至 0.1mg)。用微量吸液器吸取 0.05mL 内标溶液加入试管中，称重(精确至 0.1mg)，计算出加入 5mL 试管中内标溶液的质量。

内标溶液：称取大约 50mg 3-三甲基硅烷基-1-丙基磺酸(TSPSA)钠(精确至 0.1mg)，溶解于约 5g(精确至 0.1mg)重水(纯度≥99.8%，储存于 25mL 备有螺纹盖的瓶中)中，储存于密封瓶中。

f. 充分混匀，调整好旋转仪并把 5mL 试管放置于核磁共振波谱仪(最小频率为 60MHz)中，旋转试管。

③记录光谱。

a. 调整好测定仪至最佳状态，以得到合适的光谱。对于傅里叶变换仪，建议弛豫时间为 15s。

b. 3-三甲基硅烷基-1-丙基磺酸钠的甲基信号在 0μg/g 处，故采用-0.5μg/g 至+6μg/g 的波谱范围。

c. 对于傅里叶变换-核磁共振波谱仪，将 FID(自由感应衰减)变换成光谱，并在相位校正后开始子程序的积分。

d. 在基线校正后，测出来源于羟丙基官能团中的甲基团在+1.2μg/g 和 3-三甲基硅烷基-1-丙基磺酸钠中的甲基团在 0μg/g 下的双重线间的峰面积。

(4)结果计算。

干燥样品中羟丙基含量，按公式(10-3)计算。

$$\omega_h = \frac{3A_h}{A_{is}} \times \frac{\omega_{is} \times m_{is}}{M_{is}} \times M_h \times \frac{100\%}{m} \times \frac{100\%}{100\% - \omega_m} \tag{10-3}$$

式中：

ω_h——干燥后样品中羟丙基的质量分数，%；

A_h——羟丙基的甲基基团的峰面积；

A_{is}——内标样 TSPSA 中甲基基团的峰面积；

3——TSPSA 中的甲基基团数；

ω_{is}——内标样 TSPSA 溶液的质量分数，%；

m_{is}——NMR 试管中内标溶液的质量，g；

M_{is}——TSPSA 的摩尔质量，$M_{is}=218$g/mol；

M_h——羟丙基基团的摩尔质量，$M_h=59$g/mol；

m——NMR 试管中洗涤并干燥后试样的质量，mg；

ω_m——洗涤并干燥后试样的水分质量分数，%。

醚化淀粉性质分析测定 2　羟丙基类淀粉残留氯丙醇的测定

羟丙基淀粉、羟丙基磷酸酯淀粉及氧化羟丙基淀粉中残留有氯丙醇，其含量可用气相色谱法进行测定。

1. 实验仪器

气相色谱仪：配有火焰电离检测器的双柱气相色谱仪。

2. 实验试剂

(1)无水乙醚。

无水乙醚纯度为分析纯。若乙醚质量未知或可疑时，可在浓缩器中将 50mL 乙醚蒸发至剩下约 1mL，然后按下面的操作条件取 2.0μL1 份进行气相色谱分析。如果对气相色谱分析有极度干扰(有噪声)并含有信号峰，且在测量由氯丙醇异构体产生的峰时重叠或干扰，则乙醚需重蒸。

(2)硅胶镁载体。

PR60~100 目。

(3)氯丙醇。

其中含 25%1-氯-2-丙醇。

3. 分析步骤

(1)氯丙醇标准溶液的配制。

在 50μL 的注射管中注入 25μL 氯丙醇，精确称量注射管及氯丙醇的总质量，将氯丙醇注入 500mL 预先装有部分水的容量瓶中，再准确称量注射管质量。取两次质量差即为氯丙醇的质量。用水稀释定容至刻度，混匀。溶液(储液)约含氯丙醇 27.5mg 或 55μg/mL，此溶液(储液)需新鲜配制。

(2)试样制备。

称取混合均匀的具有代表性的样品 50.0g，放入压力瓶中，加入 125mL 1mol/L 的硫酸溶液。在适当位置夹住顶部，振荡内容物直至样品完全分散，置于水浴上加热 10min，振摇转动再加热 15min，冷却。用 25% NaOH 溶液中和至 pH 为 7，用 Whatman 1 号滤纸或相当的滤纸于布氏漏斗中，真空过滤。用 25mL 水洗涤压力瓶和滤纸，洗液与滤液合并，加入 30g 无水硫酸钠，用磁力搅拌器搅拌 5~10min，直至硫酸钠全部溶解。将此溶液转移至一具有聚四氟乙烯塞子的分液漏斗中，用 25mL 水洗涤烧瓶。用 50mL×5 份乙醚萃取，每次萃取后静置 5min，使两相充分分离。将合并的乙醚萃取液放入浓缩器中，在 50~55℃的水浴中蒸发浓缩至 4mL。冷却至室温，用少量乙醚将浓缩物定量转移至 5.0mL 的容量瓶中，用乙醚稀释定容至刻度，混合均匀。

(3)淀粉标准液的制备。

分别称取 50.0g 未变性的蜡质玉米淀粉于 5 个压力瓶中，各加入 125mL 1mol/L 硫酸溶液，再向 5 个压力瓶中依次加入 0mL、0.5mL、1.0mL、2.0mL 及 5.0mL 氯丙醇标准溶液，相当于淀粉中含 0、0.5mg/kg、1.0mg/kg、2.0mg/kg、5.0mg/kg 氯丙醇。然后按照和样品制备相同的方法进行水解、中和、过滤、萃取和浓缩。

(4)测定。

色谱分析条件为，柱温 110℃，入口温度 210℃，检测器温度 240℃，用氢气(30mL/min)，氦气(40mL/min)或空气(350mL/min)作载气，进样量 2μL。

4. 结果计算

以峰面积(或峰高)和氯丙醇浓度作校正曲线。

样品中的氯丙醇含量,按公式(10-4)计算。

$$样品中氯丙醇含量(mg/kg) = \frac{m \cdot a}{A} \tag{10-4}$$

式中:

m——标准液氯丙醇的量,μg;

a——样品氯丙醇的峰面积,cm^2;

A——标准溶液氯丙醇的峰面积,cm^2。

10.2 羧烷基淀粉

在碱性条件下,淀粉和一卤代羧酸可发生羧烷化反应制得各类羧烷基淀粉。淀粉在碱性条件下和一氯乙酸反应生成羧甲基淀粉。几乎所有类型的丙烯酸酯加到碱性淀粉乳中都能制得羧乙基淀粉。α-溴代戊酸钠与淀粉作用,可以生成羧戊烷基淀粉。

在众多的羧烷基淀粉中羧甲基淀粉应用最广泛,价格最低,这里主要介绍羧甲基淀粉。羧甲基淀粉是一种阴离子淀粉醚,是能溶于冷水的高分子电解质。羧甲基的引入降低了产品的糊化温度,使其亲水性增强,糊液黏结力大,流动性好,溶解性大,透明,细腻,具有较好的乳化性、稳定性和渗透性,也不易腐败。

羧甲基淀粉(CMS)自 1924 年问世以来,经过半个世纪已发展成为一种重要的淀粉醚类衍生物,应用领域涉及合成洗涤剂、纺织、印染、油田、医药、食品、造纸、建筑涂料等行业。进入 20 世纪 90 年代后,国内外对羧甲基淀粉的研究更为活跃,主要是因为羧甲基纤维素钠市场价格日益上涨,而羧甲基淀粉来源广泛,价格低廉。此外,羧甲基淀粉也相继在新的领域得到应用,如种子包衣剂、化肥缓释控制剂、矿石造粒、鱼箱供氧等方面。

10.2.1 羧烷基淀粉的反应机理

在碱性条件下,淀粉与一氯醋酸或其钠盐发生双分子亲核取代反应,所得产物为钠盐,反应式如下:

$$St—OH+NaOH \longrightarrow St—O^- \ Na^+ + H_2O$$
$$St—ONa+ClCH_2COOH \longrightarrow St—O—CH_2COO \ Na+NaCl+H_2O$$

羧甲基取代反应优先发生在 C_2 和 C_3 碳原子上。C_2 和 C_3 碳原子上的羟基能被高碘酸钠($NaIO_4$)定量的氧化成醛基,被羧甲基取代后则不能被 $NaIO_4$ 氧化,利用高碘酸钠的这一反应能测定羧甲基在 C_2、C_3 和 C_6 碳原子上的取代比例。

除上述反应外,在含水介质中,NaOH 和氯乙酸发生下列副反应:

$$ClCH_2COOH+NaOH \longrightarrow HOCH_2COONa+NaCl$$

氢氧化钠的浓度越高,一氯乙烯与氢氧化钠起反应生成羟基乙酸钠的速度快于与淀粉的醚化反应,影响反应效率,取代度也降低。同时增高一氯乙烯钠和氢氧化钠的浓度可以提高取代度,但降低反应效率。

10.2.2 羧烷基淀粉的反应条件

一般在含水介质中反应制得低取代度(DS≤0.1)的产品,而高取代度的产品是在非水介质中反应或采用干法制备。一氯乙烯为结晶固体，熔点是63℃，溶于水、乙醇和苯。

1. 含水介质中反应

Hebeish 和 Khalil 研究指出，在含水介质中制取羧甲基淀粉时，淀粉乳浓度、氢氧化钠浓度、一氯乙酸加入量、反应温度以及反应时间均影响反应效率和取代度。

(1) 淀粉乳浓度。

随着淀粉乳浓度的增加，淀粉分子与一氯乙酸分子间碰撞的几率增加，有利于醚化反应的进行。

(2) 氢氧化钠的浓度。

从理论上来说，1mol 一氯乙酸与 1mol 淀粉进行羧甲基化反应时，需要 2mol 的氢氧化钠，1mol 用以中和一氯乙酸生成一氯乙酸钠，另 1mol 氢氧化钠用以中和一氯乙酸钠与淀粉反应生成的酸。实际上反应所需的氢氧化钠应大于 2mol。

$$ClCH_2COOH+NaOH \longrightarrow ClCH_2COONa+H_2O$$
$$ClCH_2COONa+StOH \longrightarrow StOCH_2COONa+HCl$$
$$HCl+NaOH \longrightarrow NaCl+H_2O$$

Hebeish 等研究指出，固定一氯乙酸的添加量，一般随着 NaOH 浓度的增加，反应效率和取代度随之增加；当 NaOH 的浓度达到 4mol/L 时，反应效率和取代度达到最高值。之后随着 NaOH 浓度的增加，反应效率和取代度下降。这是由于 NaOH 浓度较高时，副反应生成的羟乙酸速度加快，导致反应效率和取代度下降。

(3) 一氯乙酸的加入量。

固定 NaOH 的加入量，随着一氯乙酸加入量的增加，一方面，在淀粉分子的周围有较多的酸分子，因而取代度增加。另一方面，由于一氯乙酸增加后，也增大了其水解形成羟乙酸钠的几率，因此反应效率下降。

同时增加一氯乙酸和氢氧化钠的浓度，取代度提高，但反应效率下降。不同反应温度下的情况都是如此，如表 10-1 所示。

表 10-1   一氯乙酸和氢氧化钠浓度对取代度及反应效率的影响

一氯乙酸质量/g	NaOH 质量/g	50℃		60℃	
		反应效率/%	DS	反应效率/%	DS
1	1	67.5	0.19	68.2	0.19
2	2	45.7	0.26	54.6	0.31
3	3	31.9	0.27	41.8	0.36
4	4	29.8	0.34	39.2	0.45
6	6	25.6	0.43	29.3	0.50

(4) 反应时间。

随着反应时间的延长，导致淀粉充分膨胀，促进反应剂的扩散和吸收，使淀粉和反应剂之间有较好的接触，因而取代度和反应效率随之增加。

(5) 反应温度。

提高反应温度可以加快醚化反应的速度，取代度随之增加。也就是要获得相同取代度的产品，高温反应时间较短，如表 10-2 所示。

表 10-2　　　　　　　　　反应温度对取代度 (DS) 及反应效率的影响

一氯乙酸质量/g	NaOH 质量/g	25℃ [1]		80℃ [2]	
		反应效率/%	DS	反应效率/%	DS
10	10	52. 6	0. 22	46. 6	0. 20
20	20	46. 6	0. 40	42. 6	0. 36
30	30	38. 0	0. 49	34. 0	0. 44
40	40	33. 4	0. 57	27. 0	0. 46

[1] 米淀粉 40g，水 200mL，反应时间 16h；
[2] 米淀粉 40g，水 200mL，反应时间 8h。

2. 在非水介质中反应

在含水介质中反应，随着反应的进行，反应物越来越黏稠，给搅拌带来困难，进而给脱水、洗涤带来一系列问题。因此在含水介质中，一般用于制备取代度低于 0.1 的羧甲基淀粉。高取代度的羧甲基淀粉的制备都是在非水介质中反应，与在含水介质中相似，反应产物的取代度与碱和氯乙酸的浓度、反应时间、反应温度、反应介质以及溶剂与水的比例等因素有关。以下着重讨论反应介质及其与水的比例对反应的影响。

(1) 反应介质。

应用能与水混溶的有机溶剂为介质，在少量水分存在的条件下进行醚化，能提高取代度和反应效率，产品仍保持颗粒状态。

常用的有机溶剂有甲醇、乙醇、丙酮和异丙醇等。在相同的条件下制备羧甲基淀粉，在不同的介质中，所得的羧甲基淀粉如表 10-3 所示。

表 10-3　　　　　　　　　　不同反应介质对取代度的影响

反应介质	水	甲醇	丙酮	乙醇	异丙醇
取代度	0. 1755	0. 2294	0. 3793	0. 4756	0. 5897

从表 10-3 可以看出，除水以外，甲醇的效果较差，其次为丙酮、乙醇，异丙醇的效果最佳。异丙醇不挥发，更适用，在 30℃反应 24h，反应效率高于 90%。

(2) 溶剂和水的比例。

一氯乙酸和氢氧化钠都是水溶性的，要与淀粉反应必须有水存在。张镜吾等研究表明，在 3. 21 ~ 5. 32mol 浓度范围内当水的用量增加时，产物的取代度和黏度随水分增加而增加，超过 5. 32mol 时，羧甲基淀粉的取代度下降。原因与反应体系内大分子线团的机械强度和线团的范德华引力大小有关。反应体系中淀粉颗粒溶胀程度大，反应基团与试剂接触量增大，增加了有效分子碰撞几率，有利于反应发生。但溶胀到一定程度又降低了大分子线团的机械强度,结果大分子线团断裂的数量增多,降低了相对分子量,同时黏度和取代度下降。

当乙醇中含水率为13%~14%时,可获得高取代度的产物。在高于95%(体积)的乙醇中,羧甲基化难以发生。

(3)分子量和黏度的关系。

当淀粉相对分子质量相近时,羧甲基淀粉的黏度随取代度增加而增加,如表10-4所示。

表10-4   **数均分子量与黏度的关系**

项目	数均分子量 $M_n(\times 10^5)$	DS	黏度/mPa·s	项目	数均分子量 $M_n(\times 10^5)$	DS	黏度/mPa·s
1	1.50	0.31	1.34	6	1.58	0.81	4.53
2	1.58	0.41	2.90	7	1.58	0.89	6.08
3	1.54	0.48	2.97	8	1.54	1.04	3.83
4	1.55	0.68	3.40	9	1.49	1.61	5.85
5	1.56	0.69	8.10				

3. 干法反应

干法反应是淀粉在少量水(或有机介质)的状态下,与一氯乙酸反应。反应无污染,无废水和废渣排放,反应效率高于90%。反应时间短,设备简单,成本低。但反应不太均匀,副产物均不能去除。

与湿法反应(含水或非水介质)相类似,一氯乙酸和氢氧化钠的用量、反应温度、反应时间及加水量影响产品的取代度和性能。

干法制备羧甲基淀粉(CMS)一般有以下几种工艺。

(1)二步碱化法。

淀粉和部分碱混合,碱化后再加入剩余的碱和一氯乙酸,升温反应。

(2)一步加碱法。

全部的碱一次性与淀粉混合碱化,再加入一氯乙酸反应。

(3)干淀粉与固体氢氧化钠、一氯乙酸干混,在高温下或在流化床中反应一定的时间。

(4)干淀粉与一氯乙酸、氢氧化钠溶液在33℃混合10min,制片,于90℃加热70min。

在干淀粉中加入碱液会引起淀粉的碱化结团,若用醇-水溶液溶解碱,可以避免上述现象的出现。由于用醇-水溶液会增加成本,因此可先在干淀粉中加入碱,经碾碎后再加少量醇-水,这一工艺比较经济合理。

4. 挤压膨化法

顾正彪等利用挤压膨化机作反应器制备羧甲基淀粉,具有反应时间短,反应同时淀粉又发生了 α 化,便于其产品的复水性,增加了溶解度,节省了能源,降低了废水及废气的污染。

羧甲基化反应程度与氢氧化钠的用量、挤压机螺杆转速、一氯乙酸用量及温度有关。

羧甲基淀粉的取代度随着氢氧化钠用量的增加而降低，在不加氢氧化钠时取代度最大。取代度随一氯乙酸加入量的增加而增加，但加入量太大，会使淀粉降解，一般不超过 15%。

10.2.3　羧甲基淀粉的性质

羧甲基淀粉为白色或淡黄色粉末，无臭无味，具有吸湿性，羧甲基淀粉具有羧基所固有的螯合、离子交换、多聚阴离子的絮凝作用及酸功能等性质；也具有溶液的性能，如增稠、糊化、水分吸收、黏附性及成膜性(包括抗脂性和抗水性)。不溶于乙醇、乙醚、丙酮等有机溶剂，与重金属离子、钙离子等生成沉淀。

低取代度的产品加热时才能糊化。随着取代度的增加，糊化温度下降，当取代度为 0.15 左右时在冷水中就能溶胀。随着取代度的增加，在水中的溶解度随之增加。若不发生解聚，则黏度随取代度的提高而增加。羧甲基淀粉在中性到碱性环境下很稳定，但当有强酸和金属盐存在时，会产生白色混浊物或沉淀。在较高取代度时，在冷水中可形成清澈透明的溶液。取代度大于 0.3 时，可溶于碱性水溶液，当取代度在 0.5~0.8 时，在酸性溶液中也不沉淀。

羧甲基淀粉具有吸水性，溶于水，充分膨胀，其体积可达到原来的 200~300 倍。其吸水性能优于羧甲基纤维素。

此外，羧甲基淀粉还具有一定的成膜、保水、增稠、渗透、乳化和稳定性能。

10.2.4　羧甲基淀粉的应用

因为羧甲基淀粉具有以上特性，在食品、合成洗涤剂、纺织印染、油田、制药、造纸等工业得到了广泛应用。

1. 食品工业

(1)作增稠剂。

羧甲基淀粉用于冰淇淋中作为增稠剂，比其他增稠剂(如海藻酸钠、CMC)具有更好的稳定性，加入量为 0.2%~0.5%。

(2)作稳定剂。

羧甲基淀粉作为稳定剂加入果汁、蔬菜汁、奶、软饮料中，可以保持产品的均匀稳定，防止奶蛋白的凝聚，从而提高产品的质量，并能长期、稳定的储存不腐败变质。作为冰淇淋的稳定剂，添加量为 0.3%~0.75%。

(3)作保鲜剂。

将羧甲基淀粉的稀水溶液喷洒到肉类制品、蔬菜、水果等食品表面，可形成一种极薄的膜，能长期储存，保持食品的鲜嫩。

(4)作改良剂。

羧甲基淀粉对人体无毒无害，可作为品质改良剂用于面包和糕点加工，制成品具有优异的形状、色泽和味道，用于果酱、沙司、肉汁等食品中，可使其平滑、稠浓、透明；用于面条加工使面条表面平滑、不粘连，煮面时汤不易变浊。

另外，羧甲基淀粉用于速溶食品加工效果良好。把天冬酰苯胺酸甲醛溶于 40% 的甲醇中，加入 1% 的羧甲基淀粉溶液，再冷却至 5℃ 使之结晶，于 50~60℃ 干燥后，即可得到纯度为 97.2% 的速溶甜味剂。

2. 合成洗涤剂工业

羧甲基淀粉作为抗污垢再沉淀剂，用于洗衣粉的生产配方中。传统的洗衣粉生产配方中用的是羧甲基纤维素（CMC）。实验研究表明，羧甲基淀粉对金属离子有较好的封锁能力，对固体污垢有较理想的悬浮分散能力，并可防止污垢再污染衣物。在达到羧甲基纤维素相同效果的前提下，羧甲基淀粉成本更低，从20世纪80年代末开始至今已得到广泛应用，并有逐步取代羧甲基纤维素的趋势。

羧甲基淀粉可生物降解，不会造成环境污染。羧甲基淀粉也可用于液体柔软洗涤剂，卫生间擦拭去污纸，尼龙地毯清洁剂的制造。用表面活性剂、氯化钠、丁二酸和CMS按一定比例混合压成片剂，可作速溶洗涤片剂。

3. 医药工业

（1）作崩解剂。

在制药行业中CMS作片剂崩解剂。当它在一定的取代度时，具有良好的吸水性和吸水膨胀性。CMS吸水后体积增大300倍，使药片在崩解介质中迅速吸水膨胀崩解，同时促进药物溶出，有利于人体对药物的吸收。它的效果是CMC的数千倍，使用它的药物流动性好，可直接打片。例如，在潘生丁控释药片中，加入适当比例的酸和适量的CMS，药物周围即可形成稳定的酸性微环境，直至药物充分释放。在肠溶胶囊中，CMS使药物具有长效功能，使疗效大为改善。

（2）具有抑制肿瘤的作用。

我国的研究工作者将羧甲基淀粉注射到老鼠体内，结果有50%的老鼠减少了恶性肿瘤。

（3）用作代血浆。

羧甲基淀粉还可用作血浆体积扩充剂，滋糕型制剂的增稠剂及口服悬浮剂的药物分散剂。随着国家有关部门将药片崩解速度定为必检项目，CMS的使用将会大量增加。

4. 纺织印染工业

（1）作经纱浆料。

CMS用于经纱上浆，可单独使用也可以和聚乙烯醇等混合使用，具有分散快速，成膜性好，浆膜柔软，退浆容易等特点。其稳定的黏性和成膜性，使其可用于液体浆衣淀粉和速溶浆衣淀粉，CMS和糊精、硼酸、硅油、氢化蓖麻油环氧乙烷加成物及与聚乙二醇、十六醚配成的浆料，在喷雾处理聚酯棉混纺衬衫时，可使其易熨烫，手感柔软，并具有良好的防沾污性和去污渍性。在玻璃纤维编织中，CMS是有效的上浆剂。对天然纤维有较好的黏附性，可用于中、细号棉纱、麻纱及亚麻纱上浆及涤/棉等混纺纱中代替CMC。

（2）用作印花增稠剂。

CMS可用于各种印染配方中作增稠剂和改良剂，CMS与瓜耳树胶配合用于印染浆，可显著改善瓜耳树胶印染的效果。

5. 油田工业

CMS作为泥浆降失水剂在油田业中得到广泛使用，它具有抗盐性，可抗盐至饱和，并具有防塌效果和一定的抗钙能力，是一类优质的降失水剂。不过由于其抗温性较差，只能用于浅井作业。研究表明CMS的抗温性能受取代度影响较大，取代度为0.2~0.4的CMS可抗温120~130℃，并可改善钻井泥浆的流动性、触变性及失水值。取代度为0.8时可抗温140~150℃，同时抗腐蚀性能也明显提高，因此开发和使用高取代度的CMS在油田工业中是发展方向之一。

6. 造纸工业

CMS 在纸张涂布中用作黏着剂,可使涂料具有良好的均涂性和黏度稳定性。它的保水性能控制黏合剂对纸基的渗透,使涂布纸具有良好的印刷性能。CMS 也可配成喷雾浆料通过锥形纱管喷雾处理纸或纸板表面,以改善其强度性能。在亚硫酸盐纸浆磨浆过程中,加入 5~39.8mg/L 的 CMS 可使纸的抗强强度、撕裂度、伸长度及表面强度都得到改善。添加的 CMS 在纤维素纤维上的留着率接近 100%,无论添加量的多少,在残液中的含量小于 0.1mg/L。

7. 吸湿材料

经交联的 CMS 可作面巾、卫生餐巾及生理吸湿剂。

8. 污水处理

取代度大于 0.3 的 CMS 糊液黏度高,在强酸性溶液中生成沉淀,能与重金属离子生成不溶性的沉淀。因此可用作除去污水中的重金属离子。

9. 其他

CMS 的成膜性和保水性在瓦楞纸板黏合剂、胶带黏合剂和纸张黏合剂中得到广泛应用。CMS 用于高填充纸黏合剂中,可改进其内部黏合性,并使填料保持其原有性能。用于煤浆或油煤混合燃料浆减黏剂,使其具有良好的悬浮稳定性和流动性。还可作水基乳胶漆的增黏剂,建筑行业中和 CMC 混合用于墙体腻子中的胶料、种子包衣剂、化肥造粒等。

在日化工业中用作肥皂的抗污垢再沉淀剂,牙膏的添加剂,化妆品中加入 CMS 可保持皮肤湿润。还可用于高温筑炉,建筑涂料,陶瓷黏结,皮革,电子和焊条、壁纸的黏合剂、絮凝剂、乳胶增稠剂等。

拓 展 学 习

醚化淀粉的制备 1　在含水介质中制备羧甲基淀粉

表 10-5　　　　在含水介质中一氯乙酸和氢氧化钠对羧甲基化反应的影响

一氯乙酸质量/g	NaOH 质量/g	25℃[①]		80℃[②]	
		反应效率/%	取代度	反应效率/%	取代度
10	10	52.6	0.22	46.6	0.20
20	20	46.6	0.40	42.6	0.36
30	30	38.0	0.49	34.0	0.44
40	40	33.4	0.57	27.0	0.46

①米淀粉 40g,水 200mL,反应时间 16h。

②米淀粉 40g,水 200mL,反应时间 8h。

米淀粉 40g,水 200mL,加入不同浓度的一氯乙酸和氢氧化钠,于室温(25℃)下醚化

16h 或 80℃醚化 2h，取代度和反应效率见表 10-5。

醚化淀粉的制备 2　制备具有吸水能力的交换羧甲基淀粉

将马铃薯淀粉 1000g 分散于 950mL 水（其中含有 8.4mL 环氧氯丙烷）中，加入 50mL 含有 5g 氢氧化钠的水溶液，通过 140℃热辊压，糊化成片状水不溶的交联淀粉。将 100g 此交联糊化淀粉与含有 34g 氢氧化钠、39g 一氯乙酸和 377mL 水溶液混合，放置一夜，水洗，干燥，磨碎。产物取代度 0.69，水溶解度 0.6%，每克淀粉吸收水和尿的能力分别为 24.75g 和 13.00g。吸收水后，体积膨胀，但基本保持干燥状，不粘。用 1mol/L 盐酸和氢氧化铵处理，将交联羧甲基淀粉转成铵盐，每克淀粉吸水能力为 22g。

醚化淀粉的制备 3　制备阳离子交换剂

将 50 份淀粉、3 份多聚甲醛和 200 份丙酮混合，用盐酸调到 pH 值为 2，保持搅拌，加热回流 5h，过滤，热水清洗，干燥。所得的交联淀粉 10 份分散于 17.5 份一氯乙酸和 10 份水中，将悬浮液缓慢加入到 40%氢氧化钠溶液中，保持缓慢搅拌，冷却，过滤，水洗，丙酮洗，干燥得离子交换剂，交换容量为 1.33mmol/L。

醚化淀粉的制备 4　在甲醇介质中制备羧甲基淀粉

将淀粉分散于 80%甲醇水溶液（内含一定量的氢氧化钠）中，加入一定量一氯乙酸，混合 30min，在一定温度反应一定时间，中和，过滤，用 80%甲醇溶液洗涤，干燥。反应结果如表 10-6 所示。

表 10-6　　　　　　　在甲醇介质中，不同反应条件对羧甲基化反应的影响

试验批号	淀粉质量/g	氢氧化钠质量/g	一氯乙酸质量/g	反应温度/℃	取代度	黏度(1%溶液)/Pa·s
1	162	60	28.2	55	0.2	0.4
2	162	72	75.2	60	0.5	4.0
3	162	72	75.2	60	0.9	0.4
4	162	60	28.2	55	1.2	1.0

醚化淀粉的制备 5　在丙酮介质中制备羧烷基淀粉

在丙酮介质中，淀粉和一氯乙酸质量比为 2：1，在 20℃反应 11h，产品取代度为 0.59，产率为 60%；40℃反应 11h，取代度为 0.81，产率为 80%。或将 500g 玉米淀粉与 1000mL 丙酮混合，加入 650mL 氢氧化钠溶液，搅拌 1h，加入 250g 一氯乙酸，在一定温度下搅拌一定时间。

醚化淀粉的制备 6　在乙醇介质中制备羧烷基淀粉

在反应器中加入 250g 淀粉和 400L 86%乙醇，开动搅拌，升温至 45~50℃，然后将事

先用600L 86%乙醇与112kg氢氧化钠溶液配制成的溶液，连续加到淀粉乳中，再加入94.5kg氯乙酸(溶于200L 86%乙醇中)，反应3h，离心分离，用86%乙醇洗涤，再离心分离，烘干。

醚化淀粉的制备7 异丙醇水溶液作反应介质制备羧烷基淀粉

将100份淀粉分散在100份水及900份异丙醇溶液中，在低于30℃的温度下，边搅拌边加入108份氢氧化钠，搅拌1h，加入240份一氯乙酸钠，在30~40℃反应3h。产品取代度为2.3。

醚化淀粉的制备8 乙醇作为反应介质生产低黏度的羧甲基淀粉

将20kg淀粉，加入0.6kg 30%的过氧化氢溶液，在室温下搅拌30min，加入80kg 17.8%的一氯乙酸钠溶液，85.6kg 40%氢氧化钠溶液，再加入80%乙醇，搅拌1h。此产品具有较低的黏度，20%的溶液黏度只有7.5×10^{-3}Pa·s，若用1.6g次氯酸钠(游离氯0.79%)代替过氧化氢，所得产品20%溶液的黏度为9.5×10^{-3}Pa·s。

醚化淀粉的制备9 半干法制备羧甲基淀粉

玉米淀粉100份，先通氮气，在此状态下喷24.6份40%的氢氧化钠溶液，于23℃搅拌5min，再喷16份75%一氯乙酸钠溶液，于34℃反应4h后，温度自行上升到48℃，在此期间，保持通入氮气，控制速度，使反应物水分降低到约18.5%。在60~65℃反应1h，80~85℃反应2.5h，冷却至室温，得到羧甲基淀粉。产品含水分7%，羧甲基含量8%，pH值9.7。

醚化淀粉的制备10 干法制备羧烷基淀粉

将100g淀粉(含水分13.3%)、25g一氯乙酸钠(含水分3.30%)和5g氢氧化钠(含水分0.01%)混合，20℃保持搅拌反应24h，产品取代度0.47。此法生产所得的产物水溶性低。

醚化淀粉性质的分析测定1 羧甲基淀粉(CMC)取代度的测定

1. 实验原理
用盐酸酸化淀粉溶液或淀粉悬浮液使羧甲基盐全部转化成酸式。淀粉用甲醇沉淀，澄清后，再用砂芯玻璃漏斗进行过滤，过量的酸性物质可以通过甲醇洗涤而完全除去，将淀粉干燥。称取一定量的干燥淀粉，加入适度过量的氢氧化钠标准溶液处理，样品中过量的氢氧化钠用盐酸标准溶液反滴定。

2. 样品的制备
将样品过孔径为800μm的筛子。不能通过筛子的样品，再用螺旋式磨粉机研磨，至其全部通过800μm的筛子。充分混匀样品。

3. 分析步骤
(1)称取约3g(精确至0.001g)已准备好的实验样品，置于150mL的烧杯中。
(2)羧甲基淀粉盐的转化。

用 3mL 100% 甲醇润湿样品并用刮勺搅拌均匀，加入 75mL 水(不含二氧化碳)搅拌至完全分散。

对于高黏度的淀粉，需加入 6mL 甲醇和 100mL 水才能得到完全搅拌均匀的溶液。

用 4mol/L 盐酸将溶液酸化至 pH 值为 1，用搅拌器搅拌 30min。

(3)酸式羧甲基淀粉的沉淀。

向 500mL 的烧杯中加入 300mL100% 甲醇，将溶解好的实验样品溶液滴入甲醇中，同时用力搅拌。

如果实验样品是用 100mL 水分散，则需用 400mL 甲醇使淀粉沉淀。

样品悬浮液加完后，继续搅拌约 1min，盖上烧杯，静置 2h。

(4)酸式羧甲基淀粉的洗涤。

将烧杯中的上清液慢慢倒出，并收集在一合适的容器中，在真空状态下用砂芯玻璃漏斗过滤残余物，抽干后，再向滤饼中加入 25mL100% 甲醇，搅拌，重复上述步骤，直至过滤残液的 pH 值大于 3.5，用甲醇进行最后一次洗涤。

将滤饼从砂芯玻璃漏斗中转移到表面皿上，置于 40℃ 的烘箱中干燥几小时。

(5)实验样品的滴定。

用研杵和研钵研碎干燥的沉淀物，称取约 1.5g(精确到 0.0001g)上述试样放入 150mL 烧杯中。

(6)滴定。

用 2mL100% 甲醇润湿样品并加入 75mL 水(不含二氧化碳)使之溶解，在沸水浴中将烧杯中的物质加热到 90℃，然后使之冷却至室温再继续下一步骤。

加入 25.00mL 0.1mol/L 氢氧化钠溶液于上述溶液中，在烧杯上盖上箔片并用磁力搅拌器搅拌 1h。滴入 2~3 滴酚酞乙醇溶液，然后用 0.1mol/L 稀盐酸溶液滴定至刚好无色。

温馨提示

1. 如果采用电位滴定法，则滴定应在密闭容器中进行，滴定终点为 pH=9.0。

2. 如果用于滴定的溶液非常黏稠，可以加入 50mg 氯化钠(最大量)降低其黏度。

---

(7)空白的滴定。

加入 25.00mL 0.1mol/L 氢氧化钠溶液于 150mL 的烧杯中，再加 2mL 100% 甲醇和 75mL 水，按照分析步骤(6)中所述，用 0.1mol/L 稀盐酸溶液滴定至刚好无色。

温馨提示

甲醇是此分析中的关键原料，其使用量相当大，甲醇有毒且易燃，所以要有必要的安全防范措施，防爆通风橱必须一直工作，所有使用的机械和电气设备，应该具有防爆功能，除此之外，废弃甲醇的处置应当与法定的要求一致。

---

4. 结果计算

(1)干燥的实验样品羧甲基含量,按公式(10-5)计算。

$$\omega_C = \frac{c \times M_C \times (V_b - V_s) \times 100\%}{m} \times \frac{100\%}{100\% - \omega_m} \qquad (10\text{-}5)$$

式中:

ω_C——酸式羧甲基的质量分数(干基),%;

c——用于滴定的稀盐酸的标准摩尔浓度,mol/L;

M_C——酸式羧甲基的摩尔质量(—CH₂—COOH), $M_C = 58\text{g/mol}$;

V_b——空白滴定时消耗稀盐酸的体积,mL;

V_s——样品滴定时消耗稀盐酸的体积,mL;

m——用于滴定的实验样品的质量,mg;

ω_m——滴定用实验样品的水分质量分数,%。

(2)羧甲基淀粉取代度的计算。

取代度即为每摩尔脱水葡萄糖单位结合的羧甲基的量。

干燥实验样品的羧甲基取代度,按公式(10-6)计算。

$$x_C = \frac{\omega_C \times M_a}{(100\% - \omega_C) \times M_C} \qquad (10\text{-}6)$$

式中:

x_C——干燥实验样品的羧甲基淀粉取代度;

ω_C——干燥实验样品的羧甲基质量分数,%;

M_a——脱水葡萄糖的摩尔质量, $M_a = 162\text{g/mol}$;

M_C——与淀粉反应后酸式羧甲基的摩尔质量, $M_C = 58\text{g/mol}$。

醚化淀粉性质的分析测定 2　氯化物的测定(GB 29937—2013)

1. 试剂与材料

①硝酸。

②盐酸。

③硝酸银。

④盐酸溶液: $c(\text{HCl}) = 0.01\text{mol/L}$。量取 9mL 盐酸缓缓注入 1000mL 水中,摇匀。量取上述配制好的盐酸溶液 100mL 缓缓注入 1000mL 水中,稀释 10 倍,摇匀。

⑤硝酸银溶液: $c(\text{AgNO}_3) = 0.1\text{mol/L}$。

2. 样品溶液的制备

取试样 0.1g,加 10mL 水和 1mL 硝酸,在水浴中加热 10min 后冷却,必要时可加过滤。用少量的水淋洗残渣,合并洗液与滤液,加水至 100mL,取其中 25mL,作为试样溶液。

3. 分析步骤

在试样溶液和 0.30mL 盐酸溶液中分别加入 1mL 硝酸银溶液,充分混匀,静置 10min,在背光处观察并比较两份溶液的浊度,试样溶液的浊度不应超过盐酸溶液的浊度。

醚化淀粉性质的分析测定 3　硫酸盐的测定（GB 29937—2013）

1. 试剂与材料
①盐酸。
②硫酸。
③氯化钡。
④硫酸溶液：$c(1/2H_2SO_4)=0.01mol/L$。量取 3mL 硫酸缓缓注入 1000mL 水中，摇匀。量取 100mL 溶液，缓缓注入 1000mL 水中，稀释 10 倍，摇匀。
⑤氯化钡溶液：$c(BaCl_2)=8.5\times10^{-3}mol/L$。1.779g 氯化钡分散于 1000mL 水中，摇匀。

2. 样品溶液的制备
称取试样 0.1g，精确至 0.01g，加 10mL 水和 1mL 盐酸，在水浴中加热 10min 后冷却，必要时可加过滤。用少量水淋洗残渣，合并洗液与滤液，加水至 50mL，取其 10mL，作为试样溶液。

3. 测定步骤
在试样和 0.40mL 硫酸溶液中分别加入 2mL 氯化钡溶液，充分混匀，静置 10min，在背光处观察并比较两份溶液的浊度，试样溶液的浊度不应超过硫酸溶液的浊度。

10.3　阳离子淀粉

阳离子淀粉是一类非常重要的淀粉醚。自 1957 年美国的 C. C. Cald Wall 发表了阳离子淀粉第一个专利以来，各国相继开始研究，不论是从数量上，还是在质量以及应用方面都得到较大的发展，并被广泛用于造纸、水处理、纺织、洗涤剂、油田钻井等工业领域。

淀粉与胺类化合物反应生成含有氨基和铵基的醚衍生物，氮原子上带有正电荷，因此称之为阳离子淀粉。根据胺类化合物的结构和产品的特征，可分为叔胺型、季铵型、伯胺型、仲胺型阳离子淀粉、双醛阳离子淀粉、络合阳离子淀粉、就地生产的阳离子淀粉以及两性阳离子淀粉等。其中以叔胺型阳离子淀粉、季铵型阳离子淀粉、两性阳离子淀粉以及就地阳离子淀粉最为常见。

10.3.1　阳离子淀粉的醚化机理

1. 叔胺型阳离子淀粉的醚化机理
叔胺型阳离子淀粉是较早开发的品种，用于造纸打浆机施胶。在碱性条件下，醚化剂与淀粉分子的羟基发生双分子亲核取代反应，且反应适宜于极性溶剂中进行。常见的醚化剂为具有 β-卤烷基、2，3-环氧丙基或 3-氯-2-羟丙基的叔胺化合物。其反应式为

$$St-OH+X-\underset{R^2}{\overset{R^2}{\underset{|}{\overset{|}{C}}}}-\underset{R_2}{\overset{R^2}{\underset{|}{\overset{|}{C}}}}-\underset{R^1}{\overset{R^2}{\underset{|}{\overset{|}{N}}}}-R^1\xrightarrow{NaOH}St-O-\underset{R^2}{\overset{R^2}{\underset{|}{\overset{|}{C}}}}-\underset{R^2}{\overset{R^2}{\underset{|}{\overset{|}{C}}}}-\underset{R^1}{\overset{R^2}{\underset{|}{\overset{|}{N}}}}-R^1+NaX+H_2O$$

$$St-OH+ClCH_2CH_2N(CH_2CH_3)_2\xrightarrow{NaOH}St-O-CH_2CH_2N(CH_2CH_3)_2+NaCl+H_2O$$

159

式中：X 为卤元素氯、溴或碘；

R^{1}为任何 $C_1 \sim C_{18}$ 烷基或取代的 $C_1 \sim C_{18}$ 烷基；

R^{2}为氢或 $C_1 \sim C_{18}$ 烷基或取代的 $C_1 \sim C_{18}$ 烷基。

氢氧化钠起催化作用，可提高淀粉的反应活性，同时它也参与反应。

若是氮和卤素原子之间被两个以上的碳原子分开，或氮原子取代基 R^1 中一个被氢原子取代，则无醚化作用，不能作为醚化剂。

醚化取代反应主要发生在 C_2 碳原子羟基上。曾有人研究在水介质反应的产品中，淀粉与 2-二乙基氨乙基醚反应，取代比例：C_2 为 43%，C_3 为 18%，C_6 为 39%，没有二或三取代醚化反应发生；在有机介质中反应得到的产品，取代比例：C_2 为 55%，C_3 为 27%，C_6 为 16%。被取代的葡萄糖总数量中有 8% 发生二取代，没有三取代。

在碱性醚化条件下，所得的产品为游离碱，若用酸中和则转变为季铵盐，氮原子带正电荷，反应式如下：

$$St—O—CH_2CH_2N(CH_2CH_3)_2 \xrightarrow{HCl} St—O—CH_2—CH_2—\underset{\underset{H}{|}}{N^+}(CH_2CH_3)_2Cl^-$$

制备叔胺烷基淀粉醚也能用环氧叔胺作为醚化剂，如 N-(2，3-环氧丙基) 二乙基胺，N-(2，3-环氧丙基) 二丁基胺，N-(2，3-环氧丙基)-N-甲基苯胺，N-(2，3-环氧丙基) 呱啶等。其反应式如下：

$$St—OH+\underset{\underset{O}{\diagdown \diagup}}{CH_2—CH}—CH_2N(CH_2CH_3)_2 \xrightarrow{NaOH} St—O—CH_2—\underset{\underset{OH}{|}}{CH}—CH_2N(CH_2CH_3)_2$$

环氧叔胺与卤胺比较，前者的反应效率一般不及后者，特别是具有较小分子量的烷基，这是因为分子之间自行结合成季铵结构。

制备叔胺烷基淀粉醚也能用 3-氯-2-羟丙基二乙基叔胺，反应效率与环氧叔胺相同，但 3-氯-2-羟丙基二乙基叔胺的稳定性高过环氧叔胺，其反应过程中受碱的作用先转变成环氧结构，再与淀粉起醚化反应，反应式如下：

$$Cl—CH_2—\underset{\underset{OH}{|}}{CH}—CH_2—N(CH_2CH_3)_2+OH^- \underset{}{\overset{快}{\rightleftharpoons}}$$

$$Cl—CH_2—CH_2—CH_2—N(CH_2CH_3)+H_2O \xrightarrow{慢}$$

$$\underset{\underset{O}{\diagdown \diagup}}{CH_2—CH}—CH_2—N(CH_2CH_3)_2 \xrightarrow[NaOH]{St—OH} St—O—CH_2—\underset{\underset{OH}{|}}{CH}—CH_2—N(CH_2CH_3)_2+NaOH$$

同时，3-氯-2-羟丙基叔胺也易发生季铵化反应，反应式如下：

$$Cl—CH_2—\underset{\underset{OH}{|}}{CH}—CH_2—N(CH_2CH_3)_2 \longrightarrow (C_2H_3CH_2)_2N^+\underset{\underset{CH_2}{}}{\overset{CH_2}{\diagup \diagdown}}CHOH+Cl^-$$

2. 季铵型阳离子淀粉醚化机理

季铵型阳离子淀粉是一种阳离子特性突出，在较宽的 pH 值范围可使用的产品。

季铵型阳离子淀粉是叔胺或叔胺盐与环氧丙烷反应生成的具有环氧结构的季铵盐,再与淀粉醚化反应生成季铵型阳离子淀粉。

$$R_3H + Cl-CH_2-\underset{\displaystyle O}{CH}-CH_2 \longrightarrow H_2\underset{\displaystyle O}{C}-CHCH_2N^+R_3Cl^- \xrightarrow[\text{NaOH}]{\text{St—OH}}$$

$$St-O-CH_2-\underset{\displaystyle \underset{OH}{|}}{CH}-CH_2\overset{+}{N}R_3Cl^-$$

也可用叔胺与丙烯氯起反应,得到丙烯三甲基季铵氯,再用氯气进行次氯酸化(HOCl),除去丙烯基中的双键生成氯乙醇,氯乙醇与环氧试剂在不同 pH 值条件下可以互相迅速转移,反应式如下:

$$R_3N + Cl-CH_2-CH=CH_2 \longrightarrow CH_2=CH-CH_2-\overset{+}{N}R_3Cl^- \xrightarrow[\text{或 } Cl_2]{\text{HOCl}}$$

$$H_2\underset{\underset{Cl}{|}}{C}-\underset{\underset{OH}{|}}{CH}-CH_2\overset{+}{N}R_3Cl^- + H_2\underset{\underset{OH}{|}}{C}-\underset{\underset{Cl}{|}}{CH}-CH_2\overset{+}{N}R_3Cl^-$$

$$H_2\underset{\underset{Cl}{|}}{C}-\underset{\underset{OH}{|}}{CH}-CH_2\overset{+}{N}R_3Cl^- + H_2\underset{\displaystyle O}{C}-CH-CH_2\overset{+}{N}R_3Cl^-$$

季铵型阳离子淀粉可在全 pH 值范围内带有电荷,因而比叔胺型阳离子淀粉更优越。在造纸工业中,特别是已成为世界发展趋势的中性抄纸的生产中,季胺型阳离子淀粉已成为应用最广的一个品种。

从上面的反应机理分析可以知道,粗品阳离子剂含有残余的环氧氯丙烷及其副产物,如 1,3-二氯丙醇等,因此可能交联淀粉,并降低产品的分散性和应用效果,因此必须精制。另外,环氧基团过于活泼,其水溶液不够稳定,随着储存时间的延长,往往会影响与淀粉的反应转化率。

10.3.2 阳离子淀粉的生产工艺及反应条件

阳离子淀粉的制备工艺有湿法、干法和半干法 3 种。

1. 湿法工艺

湿法工艺是在碱性催化剂催化条件下,在水介质中发生阳离子化反应制得取代度为 0.01~0.07 的产品。

湿法工艺的特点是反应条件温和,生产设备简单,反应转化率高。其缺点是阳离子剂必须经纯化处理,否则残余的环氧氯丙烷与副产物会影响产品的质量;反应过程中为防止淀粉分子膨胀必须增加化学试剂,如催化剂、抗凝胶剂等,由此会给产品引入杂质;湿法工艺和其他工艺相比后处理比较困难,需要反复水洗,洗后还要干燥,能源消耗多;三废问题突出,后处理时含有大量的未反应的试剂与淀粉的流失造成严重的废水污染问题。

在碱性条件下,添加 10%~20% 的硫酸钠或氯化钠以防止淀粉膨胀。制取取代度为 0.01~0.07 的产品,氢氧化钠和试剂的摩尔比为 2.6:1,试剂与淀粉的摩尔比为 0.05:

1；淀粉乳浓度为 35%~40%，反应温度为 40~55℃；反应介质的 pH 值为 11~11.5，反应时间 4~24h 不等。反应结束后，用盐酸中和至 pH 值为 5.5~7.0，然后离心、洗涤、干燥。

湿法生产工艺中，碱和醚化剂的摩尔比、反应温度、反应时间、pH 值及淀粉乳浓度影响反应的取代度及反应效率。碱和醚化剂的摩尔比不是越大越好，而是在比例为 2.8 时出现极大值。这可能是碱浓度过大反而造成醚化剂的水解而丧失活性。在一般情况下，反应效率均与反应温度和反应时间成正比，但反应温度一定要在淀粉的糊化温度以下，较低的反应温度需要较长的反应时间。淀粉乳浓度对反应效率的影响相当明显，一般淀粉乳浓度升高，反应效率提高。这可能是因为对浆液浓度的降低，碱浓度和醚化剂的相对浓度也随之减小，从而造成反应效率下降。但淀粉乳浓度过高，会造成输送困难，难以实现工业化生产，故而工业化生产中淀粉乳的浓度一般控制在 35%~40%。

2. 干法工艺

干法工艺是把淀粉和试剂掺和，60℃左右干燥到水分含量小于 1%，在 120~150℃反应 1h 所得的产物，反应转化率为 40%~50%。

干法工艺的优点在于阳离子试剂不必精制，多余的环氧氯丙烷与副产物的沸点比较低，一般在干燥过程中可以除去，对产品质量影响较小；不必添加催化剂、中性抑制剂与抗凝胶剂，降低成本；不必进行后处理；工艺简单，基本无三废；反应周期短。

缺点是反应转化率低，对设备工艺要求比较高，反应温度高，淀粉在此高温下易解聚。

3. 半干法工艺

该工艺是继干法及湿法工艺之后出现的。该方法是利用碱催化剂与阳离子剂一起和淀粉均匀混合，在 60~90℃反应 1~3h，反应转化率可达到 75%~95%。该工艺除具备干法工艺特点以外，还具有反应条件温和、转化率高等特点。因此，这是一种很值得推广使用的方法。

4. 就地生产阳离子淀粉工艺

这是指用户购买醚化剂和原淀粉就地进行现场制备和应用的方法，这在造纸行业中比较普遍。这种方法有如下工艺特点。

①价格低于商品阳离子淀粉。制备过程不必加抗凝剂（原因是不用担心淀粉凝胶化），产品也无需经过水洗、干燥、包装等处理，可一步到位，将合成好的淀粉胶液直接应用。

②用户可以根据自身的需要选择原淀粉的种类，调节取代度的大小。

该方法的缺点是工艺不易控制好，容易造成产品质量和应用效果波动。典型的做法是将原淀粉在冷水中配成质量分数为 3.5%~4.0%的悬浮液，再加入一定比例的醚化剂和氢氧化钠，升温至 90~95℃，保温 20~40min，加冷水稀释至 1%左右即可直接在造纸过程中添加使用。

10.3.3 阳离子淀粉的性质及应用

1. 阳离子淀粉的性质

常用的阳离子淀粉尽管取代度低，一般为 0.01~0.07，但产品的性质发生了很大的变化。

阳离子淀粉和原淀粉相比，糊化温度低，糊液清澈，流动性好，糊液黏度稳定，凝沉性弱，具有较高分散性、溶解性，当取代度达 0.07 以上时可冷水溶胀。

阳离子淀粉的另外一个特性是带有正电荷，季铵盐阳离子淀粉的阳离子最强。阳离子淀粉对负电荷纤维素显示了 100%的不可逆吸附，在纸张纤维中起到架桥作用从而提高其折叠性、伸长性、拉力等。

阳离子淀粉的 Zeta 电位呈阳性，并随取代度的升高而升高，但 pH 值对 Zeta 电位有明显的影响作用，对不同的阳离子淀粉影响各不相同。

各类阳离子淀粉中，除季铵盐阳离子淀粉外，其他都只有在酸性环境中离子化，也只有在酸性条件下才能表现出 Zeta 电位显阳性。因为在碱性条件下它们取代基上的质子会脱落和氢氧根离子结合生成水。

季铵盐阳离子淀粉则在较宽的 pH 值范围内呈阳性，因此应用的 pH 值范围较宽。

2. 阳离子淀粉的应用

阳离子淀粉被广泛用于造纸、纺织、水处理等方面。

(1)造纸湿布添加剂。

这是阳离子淀粉的重要应用领域，起增强、助留、助滤等功效，从而改善纸张的耐破度、拉伸力、耐折度、抗掉毛性等。阳离子淀粉优先吸附于纸浆的微小纤维上，增加了微小纤维的留着率，并通过长纤维包围微小纤维，形成内聚网络，改善了纸张的强度，同时也提高了纸张的滤水性。

(2)造纸工业施胶剂及表面施胶剂。

在造纸工业中，目前日趋重要的是利用阳离子淀粉来乳化合成施胶剂，如烷基乙烯酮的二聚体，即 AKD 中性施胶剂。另外，阳离子淀粉也可用作表面施胶剂，这时常常需要高固形物的淀粉分散体，所以阳离子淀粉要通过降解来降低黏度，以满足使用要求。

(3)涂布。

阳离子淀粉在造纸工业中还可作涂布黏合剂，能增加白土和纤维的电化学结合力，可增加纸张强度，但取代度要低，否则造成白土聚结。据报道，含羧基 0.5%~1.5%的取代度为 0.015~0.025 的两性淀粉具有较好的黏着性，并形成稳定的白土分散体系。

(4)在纺织工业中的应用。

阳离子淀粉和两性淀粉都可以用作纺织经纱上浆剂，代替较贵的化学浆料，减少环境污染。其糊液黏度稳定，成膜性好，与合成浆料共溶性好，易于退浆，因而适用于纯棉及合成纤维。阳离子淀粉作为纤维上浆剂在 38℃下即可上浆，并有较好的印染性，对棉的黏合力为 2.56%，对聚酯—棉纤维的黏合力为 1.87%。而一般淀粉要在 82℃下才能上浆，且印染性黏合力都差。

用它处理织物不但可以提高阴离子染料的上染率，还可以改善织物的光亮度。用上浆率低于 0.6%的阳离子淀粉对玻璃纤维上浆，可使玻璃纤维具有较高的耐磨性，并且比用其他浆料更易变形。

(5)作为絮凝剂。

阳离子淀粉对带有负电荷的有机或无机颗粒，如白土、二氧化钛、煤、碳、铁矿、淤泥、阴离子淀粉或纤维素等都有良好的絮凝作用。在工业废水处理上用作絮凝剂，可以吸附带负电荷的物质。用作阳离子交换剂，除去废水中的铬酸盐、重铬酸盐、高锰酸盐等。其交换容量与阳离子化取代度有关。交换失活后也可以再生。

(6)其他。

阳离子淀粉除了在以上几方面有较好应用之外，还可作为泥浆处理剂用于钻井工业，其优点是对盐、沙、热和剪切等作用稳定性良好。阳离子淀粉还可用于耐久性海绵状吸水橡胶制备(用于化妆品及印刷用吸墨滚筒上)，其吸水率可由 1.52 倍提高到 5.89 倍。阳离子淀粉也用于洗涤剂洗涤织物，能改善织物的刚性和平滑性。含疏水基的阳离子淀粉可以用于地毯及室内装饰品中吸附并除去污物。羟烷基化季铵盐淀粉与其他配料混合可制得洗发香波。具有 2.63%的季铵型马铃薯淀粉，可用作洗盘子用的液体去垢剂。DS 约为 0.05 的季铵盐阳离子淀粉，在 10~75μg/g 计量范围内是水包油及油包水乳液的有效乳化剂。叔胺基高直链(直链淀粉含量大于 50%)淀粉可以用作头发定型剂。

拓 展 学 习

醚化淀粉的制备 1　β-二乙基氨乙基氯盐酸盐作为醚化剂制备叔胺烷基阳离子淀粉

干玉米淀粉 500g 分散在 700mL 水中，用 NaOH(每 mol 淀粉加 0.1mol 的 NaOH)调 pH 值至 11.0，加热到 50℃，加入 20g β-二乙基氨乙基氯盐酸盐，保持搅拌，反应 2h，用盐酸调 pH 值至 4.5 左右，过滤，用水清洗，干燥，即得叔胺烷基阳离子淀粉。

醚化淀粉的制备 2　环氧叔胺作为醚化剂制取叔胺烷基阳离子淀粉

18.5g(0.2mol)环氧氯丙烷与 20.2g(0.2mol)三乙基胺混合，分散在 100mL 水中，在室温下搅拌 5h。于 30℃(真空压力为 1.333~3.999KPa)真空浓缩成浓浆，用冰水收集挥发物。将 162g(1mol)绝干玉米淀粉分散于 250mL 水中，加入 10g(0.17mol)NaCl 和 2.8g (0.07mol)NaOH，在 40℃搅拌 17h。用盐酸调 pH 值至 7，过滤，用水清洗。干燥得叔胺烷基阳离子淀粉，取代度为 0.065。此产品为中性，在酸性和碱性条件下都能带正电荷，是效果很好的絮凝剂。

醚化淀粉的制备 3　环氧化合物醚化剂与淀粉反应制取叔胺烷基阳离子淀粉

100g 小麦淀粉、400g 水、2gNaOH(溶于 10mL 水中)和 2g 二乙基氨乙基氯(溶于 20mL 水中)混合，在 60~65℃下搅拌 2h。加入 1g 环氧丙烷，在 70~75℃下搅拌 4h。加酸调 pH 值为 5~6，滚筒干燥，得糊化的叔胺烷基阳离子淀粉，取代度为 0.02，是较好的乳化剂和纸张施胶剂。

醚化淀粉的制备 4　三甲基胺和环氧氯丙烷作为醚化剂制备季铵型阳离子淀粉

18.5g(0.2mol)环氧氯丙烷与 11.8g(0.2mol)三甲基胺混合，分散在 100mL 水中，在室温下搅拌 5h。于 30℃(真空压力为 1.333~3.999kPa)真空浓缩成浓浆，用冰水收集挥发物。将 162g(1mol)绝干玉米淀粉分散于 250mL 水中，加入 10g(0.17mol)NaCl 和 2.8g (0.07mol)NaOH，在 40℃搅拌 17h。用盐酸调 pH 值至 7，过滤，用水清洗。干燥得阳离子季铵淀粉醚。

叔胺与环氧氯丙烷在甲醇溶剂中起反应生成具有环氧结构的季铵盐醚化剂，所得产品的甲醇溶液性质稳定。例如，23g 环氧氯丙烷溶于 29.2mL 甲醇中，在冰水中冷却至 5℃以下，加入 59g 25%的三甲基胺甲醇溶液，2h 加完，放置，让温度回升到室温，生成 1，2-环氧丙基二甲基铵盐，反应效率达 94%以上。

醚化淀粉的制备 5　挤压法生产季铵型阳离子淀粉

玉米淀粉、氢氧化钠、缩水甘油三甲基胺氯、羟丙基三甲基季铵氯和水混合，在 2.205×10³MPa 的压力、124℃下挤压得阳离子淀粉，取代度为 0.165。

醚化淀粉的制备 6　干法生产季铵型阳离子淀粉

200g（绝干计）小麦淀粉（含水 14%，氮 0.08%），与 1.4gNaOH 粉末（相当于干淀粉重的 0.7%）混合，搅拌 30min，喷入 12g 3-氯-2-羟丙基三甲基季铵氯水溶液（50%），10min 喷完。继续搅拌 30min，在 60℃下搅拌 6h。所得产品含 11%水、0.32%氮，pH 值为 8，反应效率达 99%。

醚化淀粉的制备 7　就地生产阳离子淀粉糊

将 120 份马铃薯淀粉、1880 份水、4.8 份 NaOH 和 4.8 份 β-二乙基氯盐酸混合，混合料通过连续加热器，加热温度在 100℃（或者 100℃以上），流出速度为 100～150mL/min，得阳离子淀粉糊，取代度约为 0.014。此产品可用于配制纸张涂料，典型的涂料含 0.25%阳离子淀粉，10%二氧化钛，pH 值为 7.4 和 6.0，二氧化钛颜料吸着率分别达 62%和 78%。

醚化淀粉的制备 8　阳离子双醛淀粉的制备

100 份玉米淀粉与 150 份含有 4.2 份 NaOH 和 33.4 份 Na_2SO_4 的水溶液混合，用 20 份水溶解 2.9 份 β-二乙基氨乙基氯盐酸，然后加入淀粉乳中，在室温下反应 19h，用 3mol/L H_2SO_4 中和到 pH 值为 6.1，过滤，水洗，得阳离子淀粉。溶解 10 份此阳离子淀粉于 50 份水中，加入 125 份含有 15.84 份 Na_2SO_4 的溶液，在室温下反应 16h，过滤，水洗，干燥，得阳离子双醛淀粉。产品含 0.15%氮，取代度为 0.17。

阳离子双醛淀粉可先进行醚化再用高碘酸氧化制得。阳离子双醛淀粉主要用作纸张涂料施胶剂，能提高染料和颜料等加料的吸着率，并提高纸张的湿强度和干强度。

醚化淀粉的制备 9　阴阳两性淀粉的制备

100 份玉米淀粉、3 份 $(C_2H_5)_2NCH_2CH_2Cl \cdot HCl$、6 份 $Ca(OH)_2$ 和 125 份水混合，在室温下搅拌反应 16h，用酸调 pH 值至 3，得二乙基氨乙基阳离子淀粉。取 100 份此产品与 125 份水和 4 份 $NaH_2PO_4 \cdot H_2O$ 混合，pH 值为 6，在室温下搅拌 1h，在通风炉中于 130℃加热 3h，冷却，水洗，干燥，得两性淀粉。产品含磷 0.067%，磷酸根基和二乙基氨乙基的摩尔比为 0.12。

阳离子淀粉分子上再引入阴离子基，如磷酸、硫酸、磺酸或羧酸基团得阴阳两性淀粉衍生物。所得的两性淀粉，如引入磷酸根基或羧酸基的淀粉，可用作纸张涂料的施胶剂，能提高颜料吸着率。引入黄原酸基（—CS_2—）的淀粉，用于牛皮纸浆施胶能提高湿强度，效果类似树脂。

醚化淀粉的性质分析测定 阳离子淀粉取代度的测定

阳离子淀粉取代度的测定常用凯氏定氮法测定其含氮量(结合氮),再计算。

1. 分析步骤

样品先用蒸馏水洗去未反应的阳离子醚化剂,烘干后按测定淀粉中蛋白质含量的凯氏定氮法测定其结合氮。

2. 结果计算

阳离子淀粉取代度,按公式(10-7)计算。

$$W_N = \frac{(V_1 - V_0)C \times 0.028}{m(1 - W_{水})} \times 100 \tag{10-7}$$

式中:

W_N——阳离子淀粉的含氮量,%;

C——用于滴定的硫酸标准溶液的浓度,mol/L;

V_0——空白试验消耗 0.05mol/L 硫酸标准溶液的体积,mL;

V_1——滴定样品消耗 0.05mol/L 硫酸标准溶液的体积,mL;

m——样品的质量,g;

$W_{水}$——样品的水分含量,%。

以季铵盐作醚化剂时的阳离子淀粉取代度,按公式(10-8)计算。

$$DS = \frac{11.57(W_N - W_{N_0})}{100 - 13.44(W_N - W_{N_0})} \tag{10-8}$$

式中:

W_{N_0}——原淀粉中氮质量分数,%;

11.57、13.44——换算系数。

如以其他阳离子醚化剂时,则阳离子淀粉取代度,按公式(10-9)计算。

$$DS = \frac{11.57(W_N - W_{N_0})}{100 - [M/14(W_N - W_{N_0})]} \tag{10-9}$$

式中:

M——阳离子醚化剂的摩尔质量,g/mol。

10.4 其他淀粉醚

10.4.1 氰乙基淀粉

1. 氰乙基淀粉的反应机理

氰乙基淀粉是在碱性催化剂条件下,由淀粉和丙烯腈反应而制得。反应式如下:

$$St—OH + CH_2{=\!=}CH—CH \xrightarrow{NaOH} St—O—CH_2CH_2CN$$

另外还有如下反应发生:

$$St-O-CH_2CH_2CN+H_2O \xrightarrow{NaOH} St-O-CH_2CH_2CONH_2$$

$$St-O-CH_2CH_2CONH_2+H_2O \xrightarrow{NaOH} St-O-CH_2CH_2COONa+NH_3$$

2. 反应条件

(1)液料比。

随着液料比的增加，反应产物中氮含量、取代度及反应效率随之下降。液料比为5时最佳，氮含量为3.56%，DS为0.48，反应效率为16%。

(2)氢氧化钠的浓度。

随着NaOH浓度从0.5mol/L到8.0mol/L增加时，氰乙基淀粉中的氮含量、DS及反应效率随之下降。主要由于碱的浓度增大后，氰乙基淀粉和丙烯腈水解所致。当NaOH浓度为0.5mol/L时，DS为0.68，反应效率为22.7%，氮含量为4.82%。

(3)丙烯腈浓度。

随着丙烯腈加入量的增加，氰乙基淀粉中氮含量、DS随之增大，而反应效率下降。

(4)反应温度和反应时间。

①含氮量。

在30~40℃时，氮含量随反应时间(0.25~4h)增加而增加；在50℃时反应3h达最高值；60℃时反应0.5h达最高值；之后随着反应时间的延长而下降。

反应时间为0.25h时，氮含量随反应温度从30~60℃增加而增加。说明主反应发生在这一时间段。当温度超过50℃，反应0.5h后，会发生副反应。

②羧基含量

在30~60℃反应温度范围内，羧基含量随时间延长而增加。羧基含量也随温度升高而增加。在2~4h这段时间内，60℃时的羧基含量低于50℃。

③氮和羧基的总量

在30~40℃，随反应时间从0.25~4h增加，氮和羧基的总含量也增加。在30℃和40℃时，以醚化反应为主。在50℃和60℃时，分别在3h和0.5h时最大，之后下降。醚化反应最佳的条件为40℃，反应时间4h，液料比为7.5∶1，NaOH浓度为0.5mol/L，SaOH为4g，丙烯腈为4mL。

④取代度和反应效率

40℃反应4h，DS达1.20，反应效率为40%。

3. 性能

①低取代度(DS<0.1)的氰乙基淀粉作为浆料和涂料的黏合剂具有良好的性能，能紧紧地保持在纤维一类产品上(如纸张、纺织品)，形成的薄膜提高了涂料的物理机械性能。

②颗粒状氰乙基淀粉在储存时会使浆液黏度逐渐升高，经再乙酰化作用则可避免这个问题，取代的氰基还能抑制细菌及霉菌的活性。氰乙基淀粉的碱水解可转化为酰胺乙基，经过中间体酰胺，最后形成羧基。

③在水中的分散性随取代度的提高而降低。

4. 应用

(1)造纸。

氰乙基淀粉经酸解、氧化(NaClO或H_2O_2氧化)、酶解或经γ射线照射，使黏度降低后可作为纸张表面施胶剂。

（2）纺织工业。

作经纱浆料；在纯棉织物用活性染料印花时可代替海藻酸钠用作增稠剂。

（3）其他。

氰乙基淀粉可作电发光显示板条配方中的黏合剂；可作为热塑树脂的一种组分；经交联的氰乙基淀粉可用来除去废水中金属及微量的放射性元素等。

10.4.2　丙酰胺（氨基甲酰乙基）淀粉

1. 反应原理

在碱性催化剂条件下，淀粉与丙烯酰胺反应生成丙酰胺淀粉，反应方程式如下：

$$St-OH+CH_2=CH-\overset{\overset{\displaystyle O}{\|}}{C}-NH_2 \xrightarrow{NaOH} St-O-CH_2CH_2CONH_2$$

$$St-O-CH_2CH_2CONH_2+H_2O \xrightarrow{NaOH} St-O-CH_2CH_2COOH+NH_3(或CH_2=CHCONH_2)$$

2. 反应条件

（1）反应介质。

反应可在水和溶剂中进行，不同反应介质中反应效率的顺序为：环己烷>异丙醇>二甲基甲酰胺>水。

在水与溶剂的比例为 20：80 时，环己烷和二甲基酰胺的反应效率达最高，而异丙醇则在 40：60 时产物中的含氮量最高。

在含水介质中反应时，淀粉乳浓度为 33%，膨胀抑制剂为 25g/100mL 左右。

（2）料液比。

随着料液比增加，产物中含氮量下降。

（3）催化剂。

常见的碱性催化剂及催化效果顺序为：NaOH>Na_3PO_4>Na_2CO_3>乙酸钠>苯甲酸钠>甲酸钠，其中 NaOH 最好。当反应介质中 NaOH 的浓度达到 1mol/L 时，产物中的含氮量达最大；当 NaOH 浓度大于 1mol/L 时，由于引起酰胺水解，反应效率反而下降。

（4）丙烯酰胺的浓度。

丙烯酰胺浓度在 25%~150% 范围内，产物含氮量随丙烯酰胺浓度增加而增加。浓度超过 150% 之后，呈相反趋势。

（5）反应温度和反应时间。

温度升高一方面有利于反应的进行；另一方面也增加了副反应的速率。在 20℃ 时，产物中氮的含量随反应时间的延长（0.5~4h）而增加；在 30~50℃ 时，氮含量达最大的时间分别为 2h、1h 和 0.5h，之后氮的含量下降。反应时间为 0.5h 时，氮含量随反应温度（20~50℃）升高而增加；反应时间为 1h 时，在 20~40℃，氮含量随温度升高而增加。羧基含量在 20~50℃ 范围内，随着反应时间的增加而增加；随着温度升高，水解加速，羧基含量升高；催化剂浓度高时，羧基含量升高。

3. 性质

（1）溶解度。

溶解度随变性淀粉中酰胺基和羧基含量的增加而增大。在酰胺基和羧基含量大致相等时,30~50℃制得的样品比20℃制得的样品溶解度高;在30~50℃范围内制得的产物,其溶解度与温度无关,只与酰胺基和羧基的总量有关。在1mol/L和2mol/L的氢氧化钠溶液中,所制得的样品,在酰胺基和羧基总量相等时,溶解度相同。

(2)含湿度。

含湿量与溶解度情况相似,随着酰胺基和羧基含量的增加,含湿量增大。

(3)黏度。

丙酰胺淀粉的黏度随酰胺基和羧基含量的提高而增加,最后下降,而且在最大黏度值的时间短。

(4)交联反应。

丙酰胺淀粉很易与甲醛、尿素等发生交联反应,得到的交联产品具有较高的抗水性。用胺及铵盐处理可实现阳离子化作用。

4. 应用

丙烯酰胺(氨基甲酰乙基)淀粉与甲醛羟甲基化后,可用作瓦楞纸黏合剂,以提高制品的抗水性。在pH值为12时经三氯氧磷交联作为湿部添加剂,使纸张具有永久的湿强度;用次氯酸钠处理后,可用作纸张的表面施胶剂。

10.4.3 苯甲(苄)基淀粉

1. 反应机理

在碱存在下,淀粉与活性的卤代甲苯反应引入苯甲(苄)基,反应式如下:

$$St—OH+Cl—C_6H_4—CH_3 \xrightarrow{OH^-} St—O—C_6H_4—CH_3+Cl^-+H_2O$$

反应可在水、有机介质或浓碱中进行,同时需加入Na_2SO_4等盐抑制淀粉的膨胀。

2. 性质

在淀粉上引入苯甲基后,使淀粉具有高度的疏水性,能与含油物质形成水性乳液。它在水中的溶解度降低,取代度为0.19的产品在煮沸时只有轻微的膨胀,但在150℃烧煮时则分裂成细小球状颗粒的分散液。较高取代度的苯甲(苄)基淀粉可溶于丙酮、乙醇及芳香烃中,由于是低黏度的分散液,可制得抗水性薄膜。

3. 应用

苯甲(苄)基淀粉可用作铸件造型粉、丙烯酸树脂的添加剂、洗涤剂成分、黏合剂及纺织整理中的乳化剂、脲甲醛胶囊(直径为1μm)中挥发油的乳化剂。经羟乙基化后的苯甲(苄)基淀粉与苯甲(苄)基淀粉可作为土壤的稳定剂,可防止水土流失。羧甲基化的苯甲(苄)基淀粉是造纸的良好施胶剂。

苯甲(苄)基淀粉颗粒经粉碎后(DS0.1~1.0)制成的水分散液,可浇注成防水性薄膜,用于纸的涂布,具有抗水性。苯甲(苄)基淀粉可作为不饱和聚酯树脂混合物的一个组分,可得到具有促进收缩及表面光洁的塑模造型。

10.4.4 两性淀粉及多元变性淀粉

两性淀粉及多元变性淀粉是在阳离子、阴离子和非离子等普通变性淀粉基础上发展起来的新型淀粉衍生物，它与通常的阳离子、阴离子和非离子变性淀粉相比，应用效果更明显。

研究和应用结果表明，两性淀粉及多元变性淀粉与阳离子淀粉相比，具有添加量少、对 pH 值敏感度低等优点。添加 0.50% 的两性淀粉，对麦草浆的耐破度、裂断长、耐折度均有较好的增强效果，对撕裂度的影响不大。填料留着率也有很大的提高。

两性淀粉及多元变性淀粉的作用机理：①所含阴离子基团有助于消除体系中有碍于淀粉吸附在纤维上的"杂"阳离子；②其分子中的阴离子基团对阳离子基团起保护作用，电性排斥那些体系中存在的高活性的"杂"阴离子，从而使淀粉中的阳离子基团不会发生过早的反应或被中和掉；③纤维常带负电荷，很容易吸附阳离子淀粉，但它也易吸附其他带正电荷的物质，这会减弱淀粉与纤维的吸附，而两性淀粉中的阴离子基团能给予弥补；④两性淀粉电荷基本平衡，那些未被留着的淀粉随白水排出后，再循环使用白水时，不会失去电荷平衡，从而保持良好的机械运转状态；⑤在中性或碱性体系中，离子电荷平衡敏感度较大，即体系较容易出现过阳离子化，就构成了"失控"状态，使用两性淀粉使体系的可控程度大大提高。

拓 展 学 习

醚化淀粉的制备 1　氰乙基淀粉的制备

方法一：将 420 份玉米淀粉分散在含有 4 份 NaOH、100 份 Na_2SO_4 的 700 份水中，加入 11.14 份丙烯腈，在 50~55℃反应 2h，冷却，调 pH 值至 5.0~5.5，过滤，用乙醇和丙酮洗至无 SO_4^{2-}，干燥，产物含 0.62% 的氮，DS 为 0.07。

方法二：将 1 份淀粉分散在 7.5 份水（含 0.5mol/LNaOH）中，搅拌均匀，加入 1 份丙烯腈，于 40℃恒温反应 4h，反应终了，用醇沉淀，过滤，用 70% 乙醇洗至 pH 值为 7，然后用无水乙醇洗涤，80℃干燥。

醚化淀粉的制备 2　丙烯酰胺（氨基甲酰乙基）淀粉的制备

1. 在含水介质中反应

将 162g 玉米淀粉分散在 234mL 饱和硫酸钠溶液中，加 60g 丙烯酰胺，滴加 17.5g 24%NaOH 溶液，在 40~42℃反应 18h，用蒸馏水稀释至约 1200mL，用稀盐酸中和至 pH 值为 6.8，过滤，产品取代度为 0.433。

2. 在溶剂介质中反应

将 100mL 80% 环己烷（含 4gNaOH）置于 30℃水浴中 10min 后，加 2g 淀粉及 2g 丙烯酰胺，反应 2h 后，用稀盐酸中和，用 500mL 乙醇沉淀，过滤，用 400mL 水/乙醇混合液（30∶70）洗 4 次，最后用无水乙醇洗，50℃干燥。

醚化淀粉的制备 3　苯甲（苄）基淀粉制备

将 50 份淀粉用水调成浓度为 35.5% 的淀粉乳（温度为 37.5℃），在 1h 内加入冷至室温的 6.05 份 Na_2SO_4 和 0.78 份 NaOH（溶于 24 份水中），再加入 10% 氯代甲苯，温度升至

50~52℃，定期取 10g 反应液用标准酸滴定，碱量下降后，加入碱(其量比开始时低)以防止淀粉的膨胀，维持 1~3 份 NaOH/100 份淀粉。约 90h 后，终止反应，用盐酸调 pH 值至6，脱水，用水洗涤数次，干燥。产品的取代度为 0.19。

例如，在浓碱液中反应，加入膨胀抑制剂，在 60℃下反应 10h，制得产品的取代度为0.28；在二甲基亚砜中反应，以甲亚磺酰甲基阴碳离子做催化剂，可制得 2，3，6-三-*O*-苯甲基直链淀粉醚，收率为 86%。

第11章 酯化淀粉

内容提要

　　主要介绍淀粉醋酸酯、淀粉磷酸酯、淀粉黄原酸酯、淀粉烯基琥珀酸酯、脂肪酸淀粉酯的反应机理、制备工艺及工艺条件，其在纺织工业、食品工业、废水处理、造纸工业、橡胶工业、农药行业、制药行业及日用化学品等领域广泛应用。同时，简要介绍了淀粉硫酸酯、淀粉氨基甲酸酯(尿素淀粉)、淀粉丁二酸酯、淀粉磺酸基丁二酸酯及淀粉乙酰乙酸酯的反应机理、工艺流程、性质及应用。

11.1 淀粉醋酸酯

　　淀粉分子中含有丰富的羟基，羟基的存在就有可能与酸发生酯化反应，生成淀粉酯。在淀粉分子单位中有三个游离的羟基，因此可以形成单酯、双酯和三酯化物。因为与淀粉发生反应的酸分为无机酸和有机酸，酯化淀粉可分为淀粉无机酸酯和淀粉有机酸酯两大类。淀粉无机酸酯有淀粉磷酸酯、淀粉硝酸酯、淀粉硫酸酯等。淀粉有机酸酯的品种较多，但目前在工业上广泛应用的有淀粉醋酸酯、淀粉顺丁烯二酸酯等。

　　淀粉醋酸酯是酯化淀粉中出现较早、较普遍的一种，包括高取代度醋酸酯和低取代度醋酸酯。最早出现在 1900 年前，主要是为了替代乙酸纤维素而研究的。淀粉醋酸酯又称为乙酰化淀粉或醋酸酯淀粉，是酯化淀粉中最普通也是最重要的一个品种。工业上生产的主要为低取代度的产品(DS<0.2)，它广泛应用于食品、造纸、纺织和其他工业。它是淀粉与乙酰剂在碱性条件下反应得到的酯化淀粉，常见的乙酰化试剂有醋酸、醋酸酐和醋酸乙烯酯等，但一般以醋酸酐居多。

11.1.1 淀粉醋酸酯反应机理

　　1. 以醋酸酐作酯化剂

　　醋酸酐是最常用的酯化试剂，可以单独使用，也可以与醋酸、吡啶和二甲基亚砜结合使用。常用的碱试剂有 NaOH、Na_2CO_3、Na_3PO_4 和 $Mg(OH)_2$ 等。淀粉分子中单位环上的羟基，在碱性条件下能和酯化试剂反应，制取低取代度的醋酸酯淀粉，其化学反应式如下：

$$St\text{—}OH+(CH_3CO)_2O \xrightarrow[\text{pH 值}7\sim11]{OH^-} St\text{—}O\overset{\overset{\textstyle O}{\|}}{C}\text{—}CH_3+CH_3COONa+H_2O$$

在反应过程中除发生酯化反应外，还伴随着酸碱中和、酸酐水解、淀粉与醋酸酯的水解等副反应，反应方程式如下：

$$(CH_3CO)_2O+H_2O \longrightarrow 2CH_3COOH$$

$$CH_3COOH+NaOH \xrightarrow{NaOH} CH_3COONa+H_2O$$

$$St\text{—}O\overset{\overset{\textstyle O}{\|}}{C}\text{—}CH_3+H_2O \xrightarrow{NaOH} St\text{—}OH+CH_3COONa$$

显然严格控制反应的 pH 值是取得高反应效率的关键因素。一般 pH 值 7~11 较好。最佳 pH 值为 8~10。

2. 以醋酸乙烯酯作酯化剂

淀粉和醋酸乙烯酯在水介质中，通过碱催化的酯基转移作用发生乙酰化反应，同时生成副产品乙醛。其反应式如下：

$$St\text{—}OH+OH^- \longrightarrow St\text{—}O^-+H_2O$$

$$St\text{—}O^-+CH_2\!\!=\!\!CH\text{—}O\overset{\overset{\textstyle O}{\|}}{C}\text{—}CH_3 \longrightarrow St\text{—}O\overset{\overset{\textstyle O}{\|}}{C}\text{—}CH_3+CH_3CHO$$

另外，可利用释放出来的乙醛在 pH 值为 2.5~3.5 时交联乙酰化淀粉。

$$2St\text{—}OH+CH_3CHO \longrightarrow St\text{—}O\overset{\overset{\textstyle H}{|}}{\underset{\underset{\textstyle CH_3}{|}}{C}}\text{—}O\text{—}S+H_2O$$

在碱性催化剂的条件下，还发生下列副反应：

$$CH_2CHOOCH_3+H_2O \xrightarrow{OH^-} CH_3COONa+CH_3CHO$$

$$St\text{—}O\overset{\overset{\textstyle O}{\|}}{C}\text{—}CH_3+H_2O \xrightarrow{OH^-} St\text{—}OH+CH_3COONa$$

应选择合适的生成条件以抑制副反应的发生。

(1) 催化剂。

常用的碱催化剂有碱金属氢氧化物、季铵、氨及碳酸钠。

(2) 反应介质。

反应介质为水，反应效率随水含量提高而增大。

(3) pH 值。

酯化反应在 pH 值 7.5~12.5 进行，但最好用碳酸钠作缓冲剂，在 pH 值 9~10 进行反应，此时的反应效率较高。

3. 以醋酸作酯化剂

醋酸作酯化剂时，反应方程式如下：

$$St\text{—}OH+CH_3COOH \longrightarrow St\text{—}O\overset{\overset{\textstyle O}{\|}}{C}\text{—}CH_3$$

淀粉与 25%~100% 的冰醋酸，在 100℃ 条件下加热反应 5~13h，可制得含乙酰基 3%~6% 的醋酸酯淀粉，用冰醋酸可以制取部分降解的、低取代度的产品，但不能制备高取代度（DS 为 2~3）的醋酸酯淀粉。

4. 以乙烯酮作酯化剂

乙烯酮作酯化剂时，通常用硫酸作催化剂，以冰醋酸、乙醚、丙酮或氯仿等为溶剂，乙烯酮可与淀粉发生反应生成醋酸酯淀粉。反应温度较低，一般为 25℃。反应方程式如下：

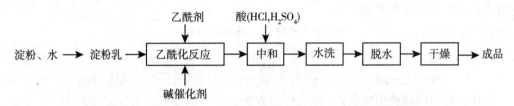

11.1.2 醋酸酯淀粉制备工艺

淀粉与酯化剂（如醋酸酐、醋酸乙酰）反应制取醋酸酯淀粉的工艺流程如图 11-1 所示。

图 11-1 醋酸酯淀粉的制备工艺

醋酸酯淀粉的制备过程中，各影响因素对产品质量和反应效率至关重要。

1. 淀粉乳的初始浓度

一般淀粉乳的浓度控制在 40%，最高为 44%，此浓度为淀粉乳流动状态的极限浓度。

对于用醋酸乙烯作酯化剂的反应，淀粉的水分含量影响其反应效率。随水分含量的增加，醋酸乙烯与淀粉乙烯化反应的效率提高。

2. 碱浓度及碱催化剂

碱浓度一般控制在 3%，碱浓度过高，在使用过程中有可能引起体系中局部 pH 值过高，使淀粉糊化而阻塞反应器和管道，并给离心带来困难。常用的碱催化剂有氢氧化钠、碳酸钠、磷酸三钠、氢氧化镁等。

对于醋酸乙烯与淀粉的乙酰化反应，不同碱催化剂的反应效率不同。碳酸钠作催化剂的反应效率为 65%~70%，而氢氧化钠、氢氧化钾或氢氧化锂作催化剂的反应效率为 45%。

3. 反应体系的 pH 值

由于乙酰化反应是经 OH⁻ 作用于淀粉的羟基而促进取代的，故 pH 值应在碱性范围内。但 pH 值太高，会使水解副反应加剧，因此，对醋酐作为乙酰剂，pH 值应控制在 7~11，最佳为 8~10。而对醋酸乙烯作为乙酰剂，pH 值应控制在 7.5~12.5，最佳为 9~10。

4. 反应温度

反应温度应控制在糊化温度以下，一般在室温或更低温度下，这对提高反应率有利，较高温度有利于副反应的发生。反应温度与 pH 值有关。如醋酐的反应，温度为 25~30℃

时，适宜的 pH 值为 8~8.4；而在 38℃时，适宜的 pH 值为 7；在 20℃以下时，则反应的 pH 值可在 8.4 以上。

5. 反应时间

醋酐与淀粉的反应是速度控制反应，一般滴加完醋酐后反应即中止，但考虑到充分利用反应物，滴加完醋酐后再继续反应少许时间(以 pH 值变化慢或很少变化为终止)。工业生产中反应时间控制在 2~4h，依取代度高低而具体确定。反应时间过长，因处在碱性条件下，淀粉醋酸酯会发生水解。醋酸乙烯反应与此类似。

11.1.3　淀粉醋酸酯的性质及应用

1. 淀粉醋酸酯的性质

淀粉醋酸酯是在淀粉中引入少量的酯基团，因而阻止或减少了直链淀粉分子间氢键的缔合，使淀粉醋酸酯的许多性质优于原淀粉。例如，糊化温度降低，糊化容易；乙酰化程度越高，糊化温度越低；糊液稳定性增加，凝沉性减弱，透明度好，成膜性好，膜柔软光亮，又较易溶于水；淀粉醋酸酯易被碱分解，脱去乙酰基的淀粉颗粒与原淀粉颗粒完全一样。

由于淀粉醋酸酯具有上述特性，因此广泛应用于纺织、食品、造纸等工业领域。

2. 淀粉醋酸酯的应用

(1)在纺织工业的应用。

在纺织工业上淀粉醋酸酯主要用于棉纺、棉花、聚酯混纺及其他人工合成纤维的经纱上浆，成膜性好，纱强度高，柔软性好，耐磨性高，织布效率高，水溶解性高，易用酶处理退浆，适于进一步染色和整理。

糊化温度低，黏度又稳定，适于低温上浆；又能与树脂合用于织物整理，可增加织物的重量和改进"手"感。

(2)在食品工业的应用。

取代度(DS)为 0.02~0.05 的淀粉醋酸酯，淀粉糊液稳定性好，不易老化，有抗凝沉性能，糊液黏度稳定性高，因此广泛用作食品的增稠剂、保型剂。在食品加工中作为增稠剂，其优点是黏度高、透明度好、凝沉性弱、储存稳定。

经交联的淀粉醋酸酯在速冻食品、冷冻食品中使用有利于食品的低温保存。

淀粉醋酸酯在烘焙食品中使用，可使其具有较大的抗"渗水"能力。

FDA 规定用于食品的淀粉醋酸酯，其乙酰基含量不超过 2.5%，一般作为增稠剂。为适应更广泛的用途，又常进行复合变性，如交联、烷基化等，提高其剪切力、抗酸性和不同温度的糊液稳定性。

(3)在造纸工业的应用。

淀粉醋酸酯主要作为涂布施胶剂，由于该淀粉胶液稳定性高，泡沫少，流动性好，保水性能和黏结性能优良，与颜料和其他助剂相容性好，可部分取代丁苯乳胶、CMC、PVA 等价格昂贵的化工产品，作为纸张涂布胶粘剂可降低涂布成本。

淀粉醋酸酯应用于纸张表面施胶，增加纸张强度，改善印制性能，因为胶膜的柔软性使纸张的折叠性较好，不易破裂。淀粉醋酸酯还可用于胶纸带胶粘剂，胶膜光亮、柔软、重湿性也好。

拓 展 学 习

酯化淀粉的制备 1　淀粉与醋酸酐反应制取醋酸酯淀粉

将 162g 淀粉(干基)分散于 220mL 水中,于 25℃下,边搅拌边滴入 3% NaOH 溶液,调 pH 值至 8.0,缓慢滴入 10.2g(0.1mol)醋酸酐,同时加入碱液保持 pH 值 8.0~8.4。加完醋酸酐,用 0.5mol/L 盐酸调 pH 值至 4.5,过滤,水洗,干燥。产品取代度约 0.07,反应效率为 70%。

对于制备更低取代度的产品,可降低醋酸酐的用量,但制备较高取代度的产品,不宜再增加醋酸酐的用量,因为还需要增加碱液用量来调节 pH 值,体积增加,冲稀醋酸酐浓度,会降低反应效率。为避免这一缺点,可采取过滤去除水分再加入醋酸酐,重复操作多次,能制得最高取代度(DS)达 0.5 的产品(乙酰基含量为 13%)。

酯化淀粉的制备 2　淀粉与醋酸乙烯酯反应制取醋酸酯淀粉

将 100g 淀粉(干基)分散于 150mL 水中(内含 0.057mol 碳酸钠),于 38℃下,边搅拌边加入 10g 醋酸乙烯,反应 1h。用稀硫酸调节 pH 值至 6~7,过滤,水洗,干燥。在反应过程中,体系的 pH 值由 10 降至 8.6,产品的乙酰基含量为 3.6%,反应效率为 65%,5 次重复酯化,乙酰基含量可达 25%,共用 30g 醋酸乙烯,9g 碳酸钠。

醋酸乙烯乙酰化马铃薯淀粉能使用管道连续生产,产品质量与分批生产的产品相同,但成本较低,产品质量更稳定。反应管道内直径 0.15m,长 170m,每 6m 用 180° 的弯头连接,生产能力为 30m³/h(220°Bé)马铃薯淀粉乳。14t/h 淀粉醋酸醋(DS 为 0.024)。淀粉乳在管道内流速为 0.47m/s,压力降低少。

酯化淀粉的制备 3　淀粉与醋酸反应制取醋酸酯淀粉

淀粉与 25%~100% 冰醋酸于 100℃下反应 5~13h,产品的乙酰基含量为 3%~6%。如果将淀粉在过量的冰醋酸溶液中回流 18h,淀粉会溶解。

酯化淀粉的制备 4　淀粉与乙烯酮反应制取醋酸酯淀粉

用 0.2%H_2SO_4作催化剂,以冰醋酸、乙醚、丙酮或氯仿等作为溶剂,淀粉与气态乙烯酮在 90℃反应 4.5h,可得醋酸酯淀粉,乙酰基含量可达 42.5%。

酯化淀粉的制备 5　高取代度淀粉醋酸酯的制备

在液体 SO_2、1.2MPa 压力、催化剂为醋酸铵和乙酰胺的条件下,淀粉与醋酸酐反应,可制备取代度(DS)为 2.5~2.8 的淀粉醋酸酯。

以 1% 硫酸作为催化剂,淀粉与醋酐和醋酸于 50℃下反应 6h,产品的乙酰基含量可达 40.9%。随温度和酸浓度的提高,乙酰化程度增加。

酯化淀粉的性质分析测定 1　醋酸酯淀粉的鉴别试验

1. 显微镜检测

未经糊化处理保持颗粒结构的醋酸酯淀粉，可直接通过显微镜观察鉴定淀粉颗粒形状、大小和特征。在显微镜的偏振光下，可以观察到典型的偏光十字。

2. 碘染色

将 1g 的试样加入 20mL 的水中配成悬浮液，滴入几滴碘液，颜色范围应为深蓝色到棕红色。

3. 铜还原

(1) 碱性酒石酸铜试液的配制。

①溶液 A。

取硫酸铜($CuSO_4 \cdot 5H_2O$)34.66g，应无风化或吸潮现象，加水溶解定容到 500mL。将此溶液保存在小型密封的容器中。

②溶液 B。

取酒石酸钾钠($KNaC_4H_4O_6 \cdot 4H_2O$)173g 与 50g 氢氧化钠，加水溶解定容到 500mL。将此溶液保存在小型耐碱腐蚀的容器中。

③溶液 A 和溶液 B 等体积混合，即得碱性酒石酸铜试液。

(2) 分析步骤。

称取试样 2.5g，置于一烧瓶中，加入 0.82mol/L 的盐酸溶液 10mL 和水 70mL，混合均匀，沸水浴回流 3h，冷却。取 0.5mL 冷却溶液，加入 5mL 热碱性酒石酸铜试液，产生大量红色沉淀物。

4. 乙酰基鉴别

(1) 鉴别原理。

乙酸盐是由乙酰化淀粉皂化释放出来的。经浓缩后，通过与氢氧化钙共热，乙酸盐转变为丙酮，丙酮与邻硝基苯甲醛作用呈现蓝色。

(2) 鉴别方法。

将约 10g 试样分散于 25mL 水中，再加入 20mL 0.4mol/L 氢氧化钠溶液。摇动 1h 后过滤，滤液在 110℃烘箱中蒸发，用少量水溶解剩余物，并转移至测试管中。在测试管中加入氢氧化钙并加热。如果试样是醋酸酯淀粉，就会有丙酮蒸汽产生。其蒸汽能将经用 2mol/L 氢氧化钠溶液现配的邻硝基苯甲醛饱和溶液浸湿过的纸条变蓝色。如果用 1 滴 1mol/L 盐酸溶液去除上述试剂的原始黄色后，这种蓝色将更加清晰。

酯化淀粉的性质分析测定 2　醋酸酯淀粉乙酰基及取代度的测定

1. 酸碱滴定法

(1) 方法原理。

含有乙酰基的淀粉在碱性条件下(pH 值 8.5 以上)易皂化，故用过量碱将淀粉醋酸酯皂化，然后用盐酸标准溶液来滴定剩余的碱即可测定出乙酰基的含量。再换算出醋酸酯淀粉的取代度。

(2) 试剂与材料。

①0.2mol/L 盐酸标准溶液；

②0.1mol/L 氢氧化钠溶液，0.45mol/L 氢氧化钠溶液；

③10g/L 酚酞指示液。

（3）仪器和设备。

机械振荡器。

（4）分析步骤。

①准确称取 5g(精确至 0.001g)经充分混合的折算成绝干样的样品，置于 250mL 碘量瓶中，加入 50mL 蒸馏水混匀，再加 3 滴 1%的酚酞指示剂，然后用 0.1mol/L 氢氧化钠溶液滴定至微红色不消失即为终点。

②再加入 25mL0.45mol/L 氢氧化钠标准溶液，小心不要弄湿瓶口，塞紧瓶口，放在电磁搅拌器中搅拌 60min(或放入机械振荡器中振摇 30min)进行皂化处理。

③取下瓶塞，用洗瓶冲洗碘量瓶的瓶塞及瓶壁，将已皂化并含过量碱的溶液，用 0.2mol/L 盐酸标准溶液滴定至溶液粉红色消失即为终点。所用去的 0.2mol/L 盐酸标准溶液的体积为 V_1(mL)。

④空白实验：以 25.0mL 0.45mol/L 氢氧化钠溶液为空白，用盐酸标准溶液滴定的体积为 V_0(mL)。

5. 结果计算

乙酰基的质量分数 ω_0，按公式(11-1)计算。

$$\omega_0 = \frac{(V_0 - V_1) \times c \times M}{m \times 1000} \times 100\% \tag{11-1}$$

式中：

V_0——空白消耗盐酸标准溶液的体积，mL；

V_1——样品消耗盐酸标准溶液的体积，mL；

c——盐酸标准溶液的浓度，mol/L；

M——乙酰基的摩尔质量，(g/mol)$[M(C_2H_3O) = 43.03]$；

m——试样的质量，g。

1000——换算系数。

醋酸酯淀粉的取代度(DS)，按公式(11-2)计算。

$$取代度(DS) = \frac{162\omega_0}{4300 - 42\omega_0} \tag{11-2}$$

式中：

ω_0——乙酰基的质量分数，%；

162——淀粉的相对分子质量；

43——乙酰基的相对分子质量。

2. 酶法

（1）实验原理。

总的乙酰基含量测定是加热含有稀盐酸的样品，水解乙酰基成醋酸盐和溶解淀粉。在乙酰辅酶 A 合成酶(ACS)的存在下，用三磷酸腺苷(ATP)和辅酶 A(CoA)将醋酸盐转换成乙酰辅酶 A，在柠檬酸盐合成酶(CS)的作用下，后者再与草酰乙酸酯反应生成柠檬酸盐。

草酰乙酸酯是由苹果酸和烟酰胺腺嘌呤二核苷酸(辅酶Ⅰ，NAD)在苹果酸脱氢酶(MDH)作用下反应生成的。在这个反应中，辅酶Ⅰ不断减少并转化成 NADH，生成 NADH 的量可以通过其在某一特定波长下的吸光值增加而测定。

游离的乙酰基含量测定是将变性淀粉分散在水中形成悬浮液、过滤，按照上述方法测定过滤液中的乙酰基含量。结合的乙酰基含量则为总的乙酰基含量减去游离的乙酰基含量。

(2)材料与试剂。

①缓冲溶液。

将 7.5g 三乙醇胺(三羟乙基胺)、420mg L-苹果酸、210mg 氯化镁水合物($MgCl_2 \cdot 6H_2O$)溶解在 70mL 蒸馏水中，再加入大约 8mL 5mol/L 的 KOH 溶液，使缓冲液的 pH 值维持在 8.4。

此溶液在 4℃下，可稳定储存一年。

②ATP-CoA-NAD 溶液。

将 500mg ATP-Na_2H_2-$3H_2O$(质量分数为 98%)、500mg 无水碳酸氢钠、50mg 冷冻干燥的 CoA 三锂盐(CoA 的质量分数约为 85%)、250mg 冷冻干燥的游离 β-NAD 一水化物(β-NAD·H_2O 的质量分数大于 98%)溶于 20mL 蒸馏水中即可。

此溶液在 4℃下，可稳定储存一年。

③MDH-CS 分散悬浮液。

分散约 1100U(国际单位)的 MAD(来自于猪心，酶学编号为 EC 1.1.1.37)和约 270 U CS(来自于猪心，酶学编号为 EC 4.1.37)于 0.4mL 浓度为 3.2mol/L 的$(NH_4)_2SO_4$溶液中。

此溶液在 4℃下，可稳定储存一年。

④ACS 溶液。

溶解 20mL 冻干的并含有 5mg 乙酰辅酶 A 合成酶(ACS 来自酵母，EC 6.2.1.1，约 16U)于 0.4mL 蒸馏水中。

此溶液在 4℃下，可稳定储存一年。

(3)样品的制备。

将样品过孔径为 800μm 的筛子。样品不能通过筛子部分，再用螺旋式磨粉机研磨，至其全部通过 800μm 的筛子。充分混匀样品。

(4)分析步骤。

①乙酰基水解。

a. 颗粒状淀粉的分散：称取约 lg(精确至 1mg)准备好的实验样品，置于 250mL 锥形瓶中，加入 50mL 1mol/L 盐酸，搅拌至较好的分散状态。后续步骤见③。

b. 预糊化淀粉的分散：加 50mL 1mol/L 盐酸至 250mL 锥形瓶中，放入磁力搅拌器的搅拌子并开始搅拌，缓慢并小心地加入约 1g(精确至 1mg)准备好的实验样品，确保分散均匀。

c. 水解和过滤：将锥形瓶盖上塞并放入带有振荡器的沸水浴中，振荡 30min。

取出锥形瓶，放入冰水浴中快速冷却至(20±5)℃。完全冷却后，打开塞子，加入 10mL 5mol/L NaOH 溶液，混匀。将样品转移至 200mL 的容量瓶中，用蒸馏水定容。将容量瓶置于 20~25℃的水浴里(淹没刻度线)，使温度平衡。用滤纸过滤，弃去最初的 20~

30mL 滤液，其余作为(4)所示的酶法测定溶液。

②游离乙酰基测定。

a. 颗粒状淀粉的分散：称取 10g 准备好的样品于 250mL 具塞锥形瓶中，边搅拌边加入 100mL 蒸馏水，后续步骤见③。

b. 预糊化淀粉的分散：在 250mL 具塞锥形瓶中加入 100mL 蒸馏水，放入磁力搅拌器的搅拌子并开始搅拌，缓慢并小心地加入约 2g(精确至 1mg)准备好的实验样品，确保分散均匀。

c. 溶解和过滤：盖上锥形瓶塞子并振荡 30min。将样品转移至 200mL 的容量瓶中，用蒸馏水定容。将容量瓶放置于 20~25℃ 的水浴里(淹没刻度线)，使温度平衡。用滤纸过滤，弃去最初的 20~30mL 滤液，其余作为(4)所示的酶法测定溶液。

③验证实验。

为验证本方法，可以用纯的无水醋酸钠等试样作参考。称取约 100mg(精确至 0.1mg)无水醋酸钠(乙酰基的质量分数为 52.4%)放入 1000mL 容量瓶中，用蒸馏水定容，将容量瓶放置于 20~25℃ 的水浴里(淹没刻度线)，使温度平衡。其余步骤如(4)进行测定。

④乙酸的酶法测定。

在波长为 340nm、温度为 20~25℃ 的条件下用 1cm 的石英比色皿(或其他在 340nm 处可透光的材料)以蒸馏水为空白参比进行乙酸的测定(试剂加入顺序见表 11-1)。

表 11-1 　　　　　　　　　　　　乙酸酶法测定的分析方案

试剂和作用量	空白	样品溶液
缓冲溶液	1.00mL	1.00mL
ATP-CoA-NAD 溶液	0.20mL	0.20mL
双重蒸馏水	2.00mL	1.50mL
待测溶液	—	0.50mL
混合每个比色杯中的样品，读出吸光值 A_0。在每个比色杯中加入		
MDH-CS 悬浮液	0.01mL	0.01mL
混合每个比色杯中的样品，3min 后读出吸光值 A_1。在每个比色杯中加入下列试剂，让其反应		
ACS 溶液	0.02mL	0.02mL
混合每个比色杯中样品，等反应停止(需用 10~15min)，读出吸光值 A_2；		
如果 15min 后反应不能停止，每隔 2min 读吸光值一次，直至每 2min 吸光值增加幅度不变		
注意，样品溶液的体积可以根据乙酰基的含量的高低适当调节，但最终总的体积必须维持在 3.23mL		

5. 结果计算

(1)吸光值之差。

吸光值的之差，按公式(11-3)计算。

$$\Delta A = \left[(A_2 - A_0)_{\text{s}} - \frac{(A_1 - A_0)_{\text{s}}^2}{(A_2 - A_0)_{\text{s}}} \right] - \left[(A_2 - A_0)_{\text{b}} - \frac{(A_1 - A_0)_{\text{b}}^2}{(A_2 - A_0)_{\text{b}}} \right] \tag{11-3}$$

式中：

ΔA——吸光值之差；

A_0，A_1，A_2——通过表29-1中的各分析条件下测出的吸光值；

s——含有样品的溶液；

b——空白溶液。

（2）总的乙酰基含量测定。

总的乙酰基含量，按公式（11-4）计算。

$$\omega_a = \frac{5.56 \times \Delta A}{\chi m_1} \times \frac{100}{100 - \omega_m} \qquad (11\text{-}4)$$

式中：

ω_a——待测样品中总的乙酰基质量分数，%；

ΔA——式（11-3）计算出来的吸光值之差；

χ——NADH在340nm处的摩尔吸光系数（$\chi = 6.30 \text{L} \cdot \text{mmol}^{-1} \cdot \text{cm}^{-1}$）；

m_1——待测样品的质量，g；

ω_m——样品中水分质量分数，%。

（3）游离乙酰基含量的测定。

游离乙酰基含量，按公式（11-5）计算。

$$\omega_f = \frac{5.56 \times \Delta A}{\chi m_2} \times \frac{100}{100 - \omega_m} \qquad (11\text{-}5)$$

式中：

ω_f——待测样品中游离乙酰基质量分数，%；

ΔA——式（11-3）计算出来的吸光值之差；

χ——NADH在340nm处的摩尔吸光系数（$\chi = 6.30 \text{L} \cdot \text{mmol}^{-1} \cdot \text{cm}^{-1}$）；

m_2——待测样品的质量，g；

ω_m——样品中水分质量分数，%。

（4）结合乙酰基含量的测定。

结合乙酰基含量，按公式（11-6）计算。

$$\omega_{ba} = \omega_a - \omega_f \qquad (11\text{-}6)$$

式中：

ω_{ba}——待测样品中结合乙酰基的质量分数，%；

ω_a——待测样品中总的乙酰基的质量分数，%；

ω_f——待测样品中游离乙酰基的质量分数，%。

11.2 淀粉磷酸单酯

由于磷是天然淀粉的组成部分，测定的几种天然淀粉含磷量如下：马铃薯含0.083%磷（DS为4.36×10^{-3}），小麦淀粉含0.055%磷（DS为2.89×10^{-3}），而玉米及糯玉米淀粉仅含0.015%磷（DS为7.86×10^{-4}）及0.004%磷（DS为2.13×10^{-4}）。

马铃薯淀粉中有0.07%~0.09%磷，以共价键与支链淀粉组分相连接，并以磷酸单酯形式存在。相当于每212~213个葡萄糖单位含有一个正磷酸盐，其中60%~70%的磷与

C_6 相连，其余则位于葡萄糖残基 C_3 位置上。

淀粉易与磷酸盐起反应生成磷酸酯淀粉，即使很低的取代度也能明显地改变原淀粉的性质。磷酸为三价酸，能与淀粉分子中 3 个羟基起反应生成磷酸一酯、二酯和三酯，淀粉磷酸一酯也称为磷酸单酯，是工业上应用最广泛的磷酸酯淀粉，也是本节重点介绍的内容。美国食品及药物管理局允许用正磷酸单钠、三偏磷酸钠及三聚磷酸钠（在淀粉中最大的残磷量为 0.4%）、氯氧磷（在淀粉上的最大处理量是 0.1%）生产磷酸酯淀粉，用于食品中。只许使用 6%（最大值）的磷酸及 20%（最大值）的尿素相结合的方法制得的淀粉衍生物产品，用于食品包装物中。

常用于制备淀粉磷酸单酯的试剂有正磷酸盐（NaH_2PO_4/Na_2HPO_4）、焦磷酸盐（$Na_3HP_2O_7$）、偏磷酸盐（$Na_4P_2O_7$）、三聚磷酸盐（$Na_5P_3O_{10}$，STP）、有机含磷试剂等。三聚磷酸盐（$Na_5P_3O_{10}$，STP）和焦磷酸盐（$Na_3HP_2O_7$）被称为部分酸酐，即脱水不完全的磷酸酐。

11.2.1　淀粉磷酸单酯的酯化机理

1. 淀粉与正磷酸盐反应制取淀粉磷酸单酯

用磷酸氢二钠和磷酸二氢钠混合盐为酯化剂，与淀粉在 155℃加热反应可生成淀粉磷酸酯。

$$St—OH+NaH_2PO_4/Na_2HPO_4 \longrightarrow St—O—\overset{\overset{\displaystyle O}{\|}}{\underset{\underset{\displaystyle OH}{|}}{P}}—ONa$$

氢离子对此酯化反应有催化作用，在 pH 值 6.5 以上反应效率很低。这两种正磷酸盐在 155℃条件下受热都脱水分解生成焦磷酸盐，酯化剂中酸性较强的磷酸二氢钠比例较高，有利于磷酸氢二钠的脱水，使其脱水速度加快，分解反应方程式如下：

$$2Na_2HPO_4 \longrightarrow Na_4P_2O_7+H_2O$$
$$2NaH_2PO_4 \longrightarrow NaH_2P_2O_7+H_2O$$

由此看来磷酸氢二钠和磷酸二氢钠的酯化是通过焦磷酸盐这一中间体反应完成的。

磷酸氢二钠和磷酸二氢钠混合盐能方便地制得 DS 为 0.2 以上的淀粉磷酸单酯，但淀粉也发生部分水解，产品具有很宽的流度范围，随反应的 pH 值、温度及反应时间的改变而改变。

2. 淀粉与焦磷酸盐反应制取淀粉磷酸单酯

焦磷酸钠酯化淀粉的反应方程式如下：

$$St—OH+Na_3HP_2O_7 \longrightarrow St—O—\overset{\overset{\displaystyle O}{\|}}{\underset{\underset{\displaystyle OH}{|}}{P}}—ONa + Na_2HPO_4$$

3. 淀粉与三聚磷酸盐（STP）反应制取淀粉磷酸单酯

在低水分存在条件下受热，淀粉分子中的羟基与三聚磷酸钠起水解反应，与水分子反应相似，得淀粉磷酸酯。酯化反应方程式如下：

$$St-OH+ \ Na_5P_3O_{10} \longrightarrow St-O-\overset{\displaystyle O}{\underset{\displaystyle OH}{P}}-ONa \ + \ Na_3HP_2O_7$$

三聚磷酸钠

混有三聚磷酸钠的湿淀粉滤饼在低温干燥中生成 $Na_5P_3O_{10} \cdot 6H_2O$，再在 110～120℃ 条件下受热，又发生如下分解反应：

$$Na_5P_3O_{10} \cdot 6H_2O \longrightarrow Na_5P_3O_{10}+6H_2O$$
$$Na_5P_3O_{10} \cdot 6H_2O \longrightarrow Na_4P_2O_7+NaH_2PO_4+5H_2O$$
$$2Na_5P_3O_{10}+H_2O \longrightarrow Na_4P_2O_7+2Na_3HP_2O_7$$

分解得到的焦磷酸钠与淀粉起反应得到淀粉磷酸单酯。该方法生产的淀粉酯降解很少，或基本不发生，取代度也较低(DS 约为 0.02)。

淀粉与三聚磷酸盐的反应温度(100～120℃)比淀粉与正磷酸盐的反应温度(140～160℃)要低一些。反应期间，STP-淀粉混合物的 pH 值从 8.5～9.0 下降到小于 7.0，副产品焦磷酸盐(也可通过 STP 水解得到)也可以与淀粉起酯化反应。

4. 淀粉与有机含磷试剂反应制取淀粉磷酸单酯

在生产低取代度、非交联的淀粉磷酸盐及高取代度淀粉磷酸酯时，有机的含磷试剂比无机磷酸盐有效得多。

有机含磷试剂有邻羧基磷酸盐，分子式如下：

$$R-\overset{\displaystyle O-\overset{\displaystyle O}{P}-OX}{\underset{\displaystyle C-OX}{\underset{\displaystyle \| \atop O}{|}}}\quad OX$$

其中，R 为苯基、萘基、烷基代苯基、烷基代萘基(烷基取代基具有 6 个碳原子)、卤代苯基、卤代萘基；X 是 H^+ 或其他阳离子(如 Na^+、K^+、Li^+、NH_4^+ 等)。例如，水杨基磷酸盐(Ⅰ)、N-苯酰磷酸铵(Ⅱ)、N-磷酰基-N′-甲基咪唑盐(Ⅲ)等。淀粉与有机磷试剂在 30～50℃下进行反应，反应 pH 值为 3～8[(Ⅰ)和(Ⅱ)]或 pH 值为 11～12[(Ⅲ)]。用这些试剂处理阳离子淀粉或使用两性离子有机磷试剂[如 $X-CH_2CH_2-N-(CH_2PO_3M)_2$，X 为卤素，M 为 H^+、NH_4^+ 及碱金属离子]处理淀粉，可得两性淀粉磷酸酯衍生物，这类产品在造纸工业上有良好的应用价值。

生产取代度大于 1.0 的淀粉磷酸单酯常常是困难的，因为有电荷相斥，而采用有机磷试剂则可避免。例如，将二甲基甲酰胺中的四聚磷酸及三烷基胺(按 3∶1 摩尔数比)的混合物，在中性到微碱性 pH 值条件下，120℃ 处理淀粉 6h 就可以制得取代度为 1.75 的产品。

11.2.2 淀粉磷酸酯制备工艺

制备淀粉磷酸酯有湿法和干法两种。

干法是把磷酸盐粉末和干淀粉混合，直接加热制得淀粉磷酸酯。湿法是把淀粉分散于磷酸盐水溶液中，在一定的温度、酸碱度条件下反应制得淀粉磷酸酯。

湿法生产由于在水分散相中进行反应，淀粉分子和磷酸盐混合比较均匀，一方面反应较快；另一方面产品性质均匀稳定。干法中原料混合的均匀程度和反应的均匀程度都较差，不论是反应效率还是产品性能都不理想，现在已经很少使用，但干法用药量少，无三废污染。两种工艺的具体流程如图 11-2、图 11-3 所示。

图 11-2 湿法生产淀粉磷酸酯工艺流程图

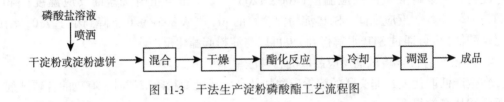

图 11-3 干法生产淀粉磷酸酯工艺流程图

两种生产方法基本都包括三个阶段：前处理、酯化反应和后处理。

1. 前处理

(1)浸泡法。

浸泡法工艺通常是将淀粉悬浮在磷酸盐溶液中，将混合物搅拌 10~30min，过滤，滤饼采用气流干燥或在 40~45℃下干燥或采用滚筒干燥至含水 5%~10%，然后加热反应，冷却，调湿，即得成品。

浸泡法生产工艺的优点是试剂与淀粉由于渗透，混合均匀度好；缺点是滤饼的存在会产生三废问题，且由于滤饼含水多，干燥和反应时间长。

(2)干法。

干法生产工艺是直接将试剂用喷雾法喷到干淀粉上，然后混合，干燥，发生酯化反应。干法反应的优点是无三废，去湿时间短，但干法反应对喷雾混合设备要求高，其均匀度不如湿法。

2. 酯化反应

淀粉-磷酸盐混合物的热反应有两个典型阶段。开始阶段淀粉在较低温度下干燥以除去过多水分，然后在较高温度时热反应磷酸化。两个阶段在连续带式干燥机、喷淋式搅拌反应罐、沸腾床反应器或挤压机中完成。其中挤压机中制得的淀粉磷酸酯反应时间短，无污染，相同的取代度磷酸盐用量只有通常所用干法的1/3，产品的黏度比通常所用干法的要低，但比原淀粉高，而且产品的糊化温度也比通常所用干法的要低。

3. 影响酯化反应的因素

影响酯化产物质量的主要因素有 pH 值、反应温度、磷酸盐用量、催化剂等。

(1)pH 值的影响。

pH 值不但影响磷酸盐在水中的溶解度，而且影响酯化反应的方式和产品的黏度。

pH 值较低时有利于磷酸盐的溶解，如 25℃，水中三聚磷酸盐(STP)的溶解度为 13%，而 pH 值在 4.2~4.8 时，三聚磷酸盐(STP)的溶解度可达 20%~36%。

不同的磷酸盐酯化反应的 pH 值不同。三聚磷酸钠酯化的 pH 值范围为 5.0~8.5。磷酸氢二钠和磷酸二氢钠混合盐酯化的 pH 值范围为 5.0~6.5，一般为 5.5~6.0。pH 值 6.5 以上，反应效率降低，而 pH 值低会引起淀粉水解。较高 pH 值下酯化促进交联二酯反应的发生。三偏磷酸钠在 pH 值 4.0~8.5 范围酯化，交联反应的程度随 pH 值的增高而增加。三聚磷酸钠和三偏磷酸钠合并酯化，pH 值 7.9 时，于 120℃ 反应，制得单酯和双酯的混合物，pH 值为 11 时，所得产品以双酯为主。

在较低 pH 值酯化，会引起淀粉水解，降低产品糊黏度。例如，玉米淀粉中含磷酸二氢钠 7.5%，水分 5.7%，pH 值 4.65，于 160℃ 加热 30min，所得产品含磷量 0.42%。由于发生水解的缘故，黏度较低，相当于 75 流度淀粉。它适用于纺织上浆、造纸表面施胶、涂布或清洁剂中。

(2)酯化反应温度和时间的影响。

不同的磷酸盐要达到相同的酯化效果所需要的温度和时间不同，取决于磷酸盐的种类及产品的性能，如表 11-2、表 11-3 所示。

表 11-2 不同磷酸盐对酯化反应的影响

种类	用量/mol	反应条件	反应效率/%	DS
$NaH_2PO_4 \cdot 2H_2O$	0.019	130℃，2h	73.42	0.0232
$Na_2HPO_4 \cdot 12H_2O$	0.019	130℃，2h	36.01	0.0115

由表 11-2 可见，不同磷酸盐的酯化反应效果不一样。主要由于反应时的 pH 值不同所致。

表 11-3 酯化反应温度、时间对酯化反应的影响

温度/℃	时间/min	DS	反应效率/%
140	40	0.019	34.54
160	40	0.023	42.03
160	20	0.0078	14.21
160	30	0.0137	24.93
160	70	0.036	65.15
180	20	0.040	73.43

从表 11-3 中可以看出，随着反应温度的升高，酯化反应效率、取代度也随之增加。在一定温度(160℃)下，酯化反应效率与取代度随反应时间增加而增加，但高温、反应时间长会导致淀粉裂解，而且色泽加深。因此，酯化反应温度以 150~160℃、反应时间以 2~3h 为宜。

（3）磷酸盐的用量。

磷酸盐的用量影响产品的取代度、反应效率及特性黏度，如表11-4、表11-5所示。

表11-4 　　　　　　　　磷酸盐加入量对酯化反应的影响（160℃，1.5h）

磷酸盐用量/mol	反应效率/%	DS
0.01939	69.46	0.023
0.02901	75.51	0.029

表11-5 　　　　　　正磷酸盐用量和木薯淀粉磷酸酯取代度、特性黏度的关系

正磷酸用量/mol	结合磷量/%	DS	特性黏度/（dL/g）
0	0	0	2.21
10	0.14	0.007	1.32
20	0.29	0.015	1.10
30	0.45	0.024	0.98
40	0.52	0.028	1.08

从表11-4、表11-5可以看出，随着磷酸盐加入量的增加，反应效率、产物的取代度随之增加，而特性黏度反而下降。

（4）催化剂的影响。

磷酸酯化反应中常加入尿素起催化作用，能提高反应效率，降低反应温度，缩短反应时间。产品颜色洁白，糊黏度高，透明度也高，尿素起着交联剂作用和取代基作用，使降解产物减少，淀粉交联后分子量增加，阻止了有色物质生成，并有氨基甲酸酯基团的衍生物生成。尿素加入量对反应的影响如表11-6所示。

表11-6 　　　　　　　　尿素加入量对磷酸酯化反应的影响

尿素加入量/%	DS	反应效率/%
2	0.0152	48.47
5	0.0232	73.42

注：反应条件130℃，2h，总磷0.019mol（NaH_2PO_4）。

从表11-6看出，随尿素加入量的增加，酯化效率和取代度提高，酸化反应的温度降低。一般尿素的加入量为淀粉质量的2%~5%。

11.2.3 淀粉磷酸酯的性质和应用

1. 淀粉磷酸酯的性质

淀粉磷酸单酯是阴离子淀粉衍生物，仍为颗粒状，是一种良好的乳化剂，它的分散液

能与动物胶、植物胶、聚乙烯醇和聚丙烯酸酯兼容。与原淀粉相比，糊液黏度、透明度和稳定性均有明显的提高。凝沉性减弱，冷却或长期储存也不凝结成胶冻，冻融稳定性好，即使是很低的酯化程度，糊液的性质也发生很大的变化。淀粉磷酸酯的分散液对冻结十分稳定，冷冻后又融化，再冷冻，如此重复20多次，食品性质不会发生变化。生产的罐头食品，在40℃储存数月或冷冻，无任何收缩、凝结、变浑浊或出水现象发生。当取代度约为0.07时，产品遇冷水膨胀，膨胀程度与水的硬度有关。大多数离子型淀粉衍生物都是如此，与多数高分子电解质相似。淀粉磷酸单酯的糊液黏度受pH值的影响，并能被钙、镁、铝、钛和锆离子沉淀。

淀粉磷酸单酯可用带正电荷的颜料着色(如甲基蓝)，颜料深浅能表示阴离子化程度，用显微镜观察样品颜色分布的均匀程度能了解酯化反应发生的均匀程度。

天然玉米淀粉糊为透明度不高的"短"糊，凝沉性强，冷却成为不透明的凝胶。经磷酸酯化，取代度为0.01，糊液性质改变很大，变为与马铃薯淀粉糊液相似的"长"糊，稳定性高，透明度高，粘胶性强。

制取淀粉磷酸酯的反应条件会显著影响产品的性质，反应温度、反应时间、pH值、天然淀粉以及磷酸盐的品种及其添加量的不同，将会生成具有不同特性的产品。因此可以根据需要改变反应条件来制取具有各种特性和用途的系列产品。

2. 淀粉磷酸酯的应用

(1)造纸工业。

①湿部添加剂：在造纸工业中磷酸酯淀粉作为湿部添加剂能提高纸张强度、耐折度，提高填料的留着率和降低白水浓度。

②黏合剂、增强剂及表面施胶剂：淀粉磷酸单酯主要用作铜版纸颜料黏合剂、纸板的增强剂、印刷纸的表面施胶剂。作为着色纸颜料的黏合剂，它具有保持纸张平整光滑、颜料不脱落、不吸潮等特点。低黏度尿素淀粉磷酸酯可用于纸张表面施胶，明显提高纸张的表面强度和伸长率。

(2)食品工业。

在食品工业中淀粉磷酸酯主要用作增稠剂、稳定剂等。

①低取代度的淀粉磷酸酯可用于中性和弱酸性食品，如作为奶油、奶酪、色拉油等的添加剂，可以改善食品味道，提高食品低温储存的稳定性。

②中取代度的淀粉磷酸酯可用于pH值为3.0~3.5的中等酸性食品，如儿童食品以及桃、杏、梨、香蕉、苹果等水果布丁的添加剂，能改善食品的稠度结构，并有一定的香味。

③高取代度的淀粉磷酸酯可用于强酸性食品，如果酱、无菌布丁、冰淇淋、番茄酱以及冷冻食品的改进剂。在日本用它作冰淇淋、果子酱等冷味点心及番茄酱、果汁、辣酱油以及制冷鱼、虾和蔬菜的改进剂。在俄罗斯用作沙拉油的稳定剂和代替蛋黄酱，作为烤制食品的改进剂，片状食品的凝固剂。

(3)纺织工业。

①经纱浆料：淀粉磷酸酯主要用作纱线和织物的上浆剂、处理剂，具有胶浆久存性好、纱线光滑不断头、织物平整、饱满、挺括，同时还有一定的保色效果。

②印花糊料：用作印花增稠剂，可以改善棉布印染的均匀性和渗透性。

（4）絮凝剂。

淀粉磷酸酯可作为洗煤场尾水的絮凝剂。含 4~10mg/kg 磷酸酯淀粉具有絮凝性能，如果与聚丙烯酰胺配合使用，絮凝作用可以提高。每 1t 尾水需 0.28kg 磷酸酯淀粉及 0.016kg 聚丙烯酰胺。鱼类加工、肉类包装、蔬菜及水果装罐、啤酒酿造水、浸泡水、纸浆废水、油钻井水及矿物加工废水中的悬浮固体，可用磷酸酯淀粉及金属盐相结合的方法来絮凝分离，在 1L 水中加入 10~30mg 马铃薯或玉米淀粉磷酸酯，可防止锅垢的形成。

（5）药物。

在干洗发剂中，淀粉磷酸酯可作为疏水性粉末主剂或药物的填充剂。磷酸酯淀粉可以提高前列腺素对热的稳定性。脱脂的磷酸酯淀粉与放射性核元素结合，制取生化上可接受的、标记放射线的诊断剂。增塑过的淀粉磷酸酯薄膜用以处理皮肤创伤，一般认为这种薄膜比原来的治疗过程感染小，组织生长快，干扰小。

（6）农业领域。

将 0.5%~5% 玉米淀粉磷酸酯混入表层土壤，能提高保水能力。可作家禽及反刍动物饲料添加剂。

（7）黏合剂。

淀粉磷酸酯可作为铸造砂模芯的黏合剂，与氯丁橡胶胶乳混合成强度良好、快速黏接的黏合剂，用以黏合木块，抗剪切强度高于氯丁橡胶胶乳。磷酸酯化的羧甲基淀粉与硼砂相结合是一种良好的黏合剂。

（8）其他。

高交联二酯淀粉可应用于干电池，单酯产品有助于棉籽油和大豆油的品质稳定，也是油脂的优良乳化剂。能和少量铁、铜、镍、铅等相混合，并防止这些金属离子对油脂氧化起催化作用。淀粉磷酸单酯还可以 0.01% 浓度添加到水泥中，能改进其可塑性和降低混凝土表面的水泥浮浆现象。

拓 展 学 习

酯化淀粉的制备 1　浸泡法制备淀粉磷酸单酯

浸泡法制备淀粉磷酸单酯的条件如表 11-7 所示。用蛋白酶，如木瓜酶或胃蛋白酶处理淀粉乳能提高滤饼中淀粉的含磷量（如胃蛋白酶处理小麦淀粉，湿滤饼淀粉含磷量由 0.24% 提高到 0.38%）。

表 11-7　　　　　　　浸泡法制备淀粉磷酸单酯的反应条件

磷酸盐	pH 值	浸泡条件		干燥后湿度/%	反应温度/℃	反应时间/h
		温度/℃	时间/min			
正磷酸盐	4~6.5	50~60	10~30	5~10	140~160	2
三聚磷酸盐	5~8.5	—	—	12	120~130	1

酯化淀粉的制备 2　淀粉与正磷酸盐反应制备淀粉磷酸单酯

将 180 份玉米淀粉加到含有 34.5 份磷酸二氢钠和 96 份磷酸氢二钠的 190 份水中，调 pH 值 5.5，于 50℃ 下搅拌 10~30min，过滤，干燥至含水 5.7%，于 150℃ 加热反应，得含磷 1.63% 的产品。

酯化淀粉的制备 3　淀粉与三聚磷酸盐反应制备淀粉磷酸单酯

将 12.6g 三聚磷酸钠溶于 67mol 水中，加入 100g 淀粉，搅拌，过滤，在 40~65℃ 干燥滤饼到含水 3%~5%，在 155℃ 下保持搅拌加热 20~25min，冷却，产品取代度约 0.02。重复酯化操作能提高取代度。

酯化淀粉的制备 4　淀粉与偏磷酸铵反应制备淀粉磷酸单酯

在 350 份水中，搅拌下加入 60 份偏磷酸，慢慢加入浓氨水（含 29%NH_3），待酸完全溶解后，严格控制 pH 值至 3.1~9.1（用 pH 值计），稀释至 500 份后，加入 180 份含水 10% 的玉米淀粉，在 25~30℃ 搅拌 20min，过滤、干燥至含水 9%~16%。将干燥后的混合物在真空下，120℃ 加热反应 2h。

以偏磷酸铵作酯化剂时，随着 pH 值增大 DS 下降。

酯化淀粉的制备 5　淀粉与三聚磷酸钠反应制备淀粉磷酸单酯（干法）

将占淀粉质量 5% 的三聚磷酸钠溶液喷雾到干淀粉上，混合均匀，干燥至含水 5%~10%，然后在 120~130℃ 下加热反应 1h，将产物冷却，水洗，干燥。产物含磷约 0.46%，DS 为 0.02（以磷酸根计）。

酯化淀粉的制备 6　淀粉与正磷酸盐和尿素反应制备淀粉磷酸单酯（干法）

将 200kg 淀粉、20kg 磷酸二氢钠、44kg 磷酸氢二钠和 8kg 尿素混合，混合物在 95℃、6.67kPa 压力下加热 3h，以除去水分，然后在 8.00~9.33kPa 压力下，155℃ 加热 3h 后真空下冷却，即可得冷水溶解的淀粉磷酸单酯。产品含磷为 0.31%，含氮为 0.08%。

酯化淀粉的制备 7　淀粉与水杨酸基磷酸盐反应

2 份水杨酸基磷酸盐加到 30 份溶有 12 份 Na_2SO_4 的溶液中，用 3%NaOH 溶液将 pH 值调至 6.0，加入 20 份玉米淀粉，搅拌反应 16h，反应温度为 45℃，过滤，水洗，干燥。产品含磷 0.11%，如果不加 Na_2SO_4，产品含磷 0.07%。

酯化淀粉的制备 8　淀粉与二乙基乙酸基磷酸盐 [$CH_2CHPO(OC_2H_5)_2$] 的反应

将 164g 二乙基乙烯基磷酸盐溶于 640mL 蒸馏水中，在 1.5h 内通入 72g 氯气，将反应物冷至 14~30℃，当溶液转成黄色时反应结束，鼓入空气直至无色。用 NaOH 调 pH 值至 5，用 200mL 二氯甲烷萃取一次，再用 100mL 二氯甲烷萃取 4 次，将萃取液合并在一起，用 Na_2SO_4 干燥，蒸去二氯甲烷，在 105℃/40Pa 至 105.5℃/47Pa 真空蒸馏得 118.7g 二乙基氯羟乙烷基磷酸盐。

用含有 13 份 $Ca(OH)_2$ 的 2105 份水将 1180 份玉米淀粉调制成浆，45℃下，5h 内逐滴加入上述制备的试剂 0.28mol（维持温度在 50℃），加入 35.36 份 $Ca(OH)_2$ 使 pH 值为 9~11.1，反应 19h 后，用 6mol/L HCl 溶液中和，过滤，水洗，干燥。产物含磷 0.29%，DS 为 0.015。

酯化淀粉的制备 9　两性淀粉的制备

方法一：将 100 份玉米淀粉分散于 125 份水中，加入 3 份二乙基胺乙基氯化物盐酸盐、6 份 $Ca(OH)_2$，室温下搅拌反应 16h，用盐酸调 pH 值至 3，过滤，干燥，产物含氮 0.25%，DS 为 0.030。

将上述制备的 100 份阳离子淀粉，125 份水，完全分散后，用氨水或 NaOH 溶液调 pH 值至 6，室温下搅拌 1h，过滤，干燥至含水量小于 10%，130℃ 反应 3h，冷却，产物含磷 0.067%。阴阳离子摩尔比为 0.126。

方法二：将 59 份（干）2，3-二氯羟丙基三甲基氢化铵加到 2000 份淀粉乳中（含淀粉 100 份）。用 NaOH 调 pH 值至 11，43℃ 反应 16h，用硫酸中和，干燥。阳离子淀粉的取代度为 0.036。

将 1100 份用上述方法制得的阳离子淀粉分散在 1100 份含有 14.4 份 Na_2HPO_4 和 81.4 份 NaH_2PO_4 的水中，调 pH 值至 5.6，搅拌 20min，过滤，干燥，取 200 份分别焙烧，水洗，干燥。结果如表 11-8 所示。

表 11-8　　　　　　　　　　　**反应时间对两性淀粉制备的影响**

反应时间/min	DS	阴/阳离子摩尔比	反应时间/min	DS	阴/阳离子摩尔比
30	0.0033	0.092	60	0.0118	0.33
45	0.0066	0.183	120	0.0254	0.71

方法三：将 29 份 2-氯乙基胺盐酸盐加到 41.5 份溶于 50 份水的磷酸中，在 0.5h 内慢慢加入 59 份 37% 盐酸，混合物在恒速下慢慢回流 1h，在 0.75h 内滴加 81 份 37% 的甲醛，回流 3h，冷却至 24℃，在旋转蒸发器中（用水抽气）40℃ 蒸发脱水浓缩，加入等量水（84 份）到浓缩物中，在低于 35℃ 下用 25% NaOH 溶液将 pH 值调至 7.5，即得 *N*-(2-氯乙基)亚胺双（亚甲基）二磷酸。

在 50 份玉米淀粉和 65 份水的浆液中加入 2 份 36% 的上述醚化剂，用 $Ca(OH)_2$（0.94 份）调 pH 值至 11.4，再加入 0.5 份 $Ca(OH)_2$，使 pH 值为 11.8，在 40℃ 搅拌 6h，加入 9.5% 的 HCl 溶液，使 pH 值从 11.4 下降至 3.6，过滤，产物含氮 0.12%。

酯化淀粉的性质分析测定 1　磷酸酯淀粉的鉴别试验

(一)显微镜检测

未经糊化处理保持颗粒结构的磷酸酯淀粉，可直接通过显微镜观察鉴定淀粉颗粒形状、大小和特征。在显微镜的偏振光下，可以观察到典型的偏光十字。

(二)碘染色

将 1g 试样加入 20mL 水中配成悬浮液，滴入几滴碘液，颜色范围应为深蓝色到棕红色。

（三）铜还原

1. 碱性酒石酸铜试液的配制

①溶液 A：取 34.66g 硫酸铜（$CuSO_4 \cdot 5H_2O$），应无风化或吸潮现象，加水溶解定容到 500mL。将此溶液保存在小型密封的容器中。

②溶液 B：取 173g 酒石酸钾钠（$KNaC_4H_4O_6 \cdot 4H_2O$）与 50g 氢氧化钠，加水溶解定容到 500mL。将此溶液保存在小型耐碱腐蚀的容器中。

③溶液 A 和溶液 B 等体积混合，即得碱性酒石酸铜试液。

2. 分析步骤

称取 2.5g 试样，置于一烧瓶中，加入 10mL 0.82mol/L 的盐酸溶液和 70mL 水，混合均匀，沸水浴回流 3h，冷却。取 0.5mL 冷却溶液，加入 5mL 热碱性酒石酸铜试液，产生大量红色沉淀物。

酯化淀粉的性质分析测定 2　磷酸酯淀粉乙酰基的测定

1. 方法原理

含有乙酰基的淀粉在碱性条件下（pH≥8.5）易皂化，故用过量碱将其皂化，然后用盐酸标准溶液来滴定剩余的碱即可测定出乙酰基的含量。

2. 试剂与材料

①0.2mol/L 盐酸标准溶液；

②0.1mol/L、0.45mol/L 氢氧化钠溶液；

③10g/L 酚酞指示液。

3. 仪器和设备

机械振荡器。

4. 分析步骤

①称取 5g 试样，精确至 0.001g，置于 250mL 锥形瓶中，加入 50mL 水及 3 滴酚酞指示液，混合均匀后用 0.1mol/L 氢氧化钠溶液滴定至微红色。再加入 25mL 0.45mol/L 氢氧化钠标准溶液，小心不要弄湿瓶口，塞紧瓶口，在机械振荡器上剧烈震荡 30min 进行皂化处理。

②取下瓶塞，用洗瓶冲洗碘量瓶的塞子及瓶壁，将已皂化过的含过量碱的溶液用 0.2mol/L 盐酸标准溶液滴定至溶液粉红色消失即为终点。所用去的 0.2mol/L 盐酸标准溶液的体积为 V_1(mL)。

③空白实验：以 25.0mL 0.45mol/L 氢氧化钠溶液为空白，用盐酸标准溶液滴定的体积为 V_0(mL)。

5. 结果计算

乙酰基的质量分数 ω_0，按公式（11-7）计算。

$$\omega_0 = \frac{(V_0 - V_1) \times c \times M}{m \times 1000} \times 100\% \qquad (11\text{-}7)$$

式中：

V_0——空白耗用的盐酸标准溶液的体积，mL；

V_1——样品耗用的盐酸标准溶液的体积，mL；

c——盐酸标准溶液的浓度，mol/L；

M——乙酰基的摩尔质量，（g/mol）$[M(C_2H_3O)=43.03]$；

m——试样质量，g；

1000——换算系数。

酯化淀粉的性质分析测定 3　乙酸乙烯酯残留的测定

1. 试剂与材料

①乙酸乙烯酯；

②淀粉：和试样具有相同植物来源的未变性淀粉。

2. 仪器和设备

气相色谱仪：推荐使用配有火焰离子化检测器的色谱仪。

3. 分析步骤

(1)标准溶液的制备。

称取 150mg 乙酸乙烯酯，精确至 0.1mg，置于 100mL 容量瓶中，用水溶解并稀释定容至刻度。取 1mL 配好的溶液放入 10mL 容量瓶并用水稀释定容至刻度。将 0.1mL 该稀释溶液加入到装有 4g 淀粉并配有隔膜塞的仪器专用瓶中，密封。此溶液中含有 15μg 的乙酸乙烯酯。

(2)测定。

称取 4g 试样，精确至 0.001g，置于配有隔膜塞的仪器专用瓶中，密封。分别将含有试样和标准溶液的专用瓶放入仪器中，用气相色谱仪在合适的色谱条件下测定，顶空取样，得到色谱图，根据两张图谱的峰面积计算试样中乙酸乙烯酯的含量。

4. 结果计算

乙酸乙烯酯残留 ω_1 以 mg/kg 表示，按公式(11-8)计算。

$$\omega_1 = \frac{c \times A_1}{A_2} \tag{11-8}$$

式中：

c——标准溶液中乙酸乙烯酯的浓度，mg/kg；

A_1——试样中乙酸乙烯酯产生的信号峰面积；

A_2——标准溶液中乙酸乙烯酯产生的信号峰面积。

酯化淀粉的性质分析测定 4　磷酸酯淀粉取代度的测定

1. 测定原理

测定磷酸酯淀粉的取代度时需先将样品中的游离磷除去，测定出结合磷含量。其测试原理是低取代度的磷酸酯淀粉在室温水中不膨胀，而游离磷以无机盐存在，可溶于冷水，因此可用水洗涤除去(对高取代度的在室温水中膨胀性大的样品，可用 2.5%~3.0% 的 NaCl 溶液洗涤或用 7:3 甲醇溶液或乙醇溶液洗涤)。再将样品中的有机物质用硫酸/硝酸混合酸破坏，并将磷转化为正磷酸盐，再加入钼酸铵和还原剂形成蓝色的磷酸钼，在波长 824nm 处用分光光度计测定吸光度，通过标准曲线查出结合磷含量即可计算出其取代度。

2. 分析步骤

(1)标准曲线的制作。

取 7 只 50mL 的锥形瓶，分别加入 0mL、1.0mL、2.0mL、3.0mL、4.0mL、5.0mL、10.0mL100μg/mL磷的磷标准溶液(准确称取在(105±2)℃下干燥1h，并在干燥器中冷却至室温的无水正磷酸二氢钾 0.4393g(精确至 0.5mg)，溶于水中，再定量地转移至1000mL 容量瓶中，稀释定容至刻度，并混合均匀，即为每 mL 含 100μg 磷的磷标准溶液)，它们分别对应于含 0、2μg、4μg、6μg、8μg、10μg 和 20μg 的磷。在 7 只锥形瓶中分别加入水，使每只瓶内的溶液总体积为 30mL，并混合均匀。再按次序在每只锥形瓶中先加入 4mL 钼酸铵溶液(10.6g 钼酸铵四水化合物溶于 500mL 水中，再加入 500mL10mol/L 的硫酸溶液)，再加入 2mL 50g/L 的抗坏血酸溶液，每加入一只即混合均匀。

将 7 只锥形瓶置于沸水浴中加热 10min，然后置于冷水浴中，冷却至室温。分别定量地将锥形瓶中的溶液转移到 50mL 容量瓶中，加水稀释定容至刻度，混合均匀。用分光光度计将不含磷标准溶液的试样作为其他 6 个溶液的参比溶液，在波长 824nm 处测定吸光度，以磷的毫克数作为吸光度的函数，画出标准曲线。

(2)游离磷的洗涤。

称取 0.5~1.0g 经充分混合的磷酸酯淀粉样品，放入 10mL 离心试管中，加水至刻度，对称地放入离心机中，开动离心机逐渐至最高转速，停机后，取出离心试管倒去上层清液，再向离心试管中加入水，用玻璃棒搅动淀粉成悬浮液，再放入离心机内，如此数次，直至上层的清液对钼酸铵及抗坏血酸溶液经加热后不显蓝色，说明该淀粉中的游离磷已基本去除。然后，将试样于干燥箱内烘至恒重，用研钵研细。

(3)结合磷的测定。

精确称取 0.5g 已洗去游离磷并已烘至恒重和研细的样品，倒入 100mL 凯氏烧瓶中，加入15mL 混合酸溶液($V_{浓硫酸(96\%)}$：$V_{浓硝酸(65\%)}$ = 1：1)，并使之混合均匀，将烧瓶置于加热器(安全电炉或煤气灯)上，渐渐加热至瓶内液体微沸，继续煮沸直至棕色气体变成白色，液体变成澄清为止。若溶液出现深暗色不褪去，可在继续加热的同时，逐滴加入 65% 的硝酸溶液。待冷却后，加入 10mL 水并加热至烧瓶内再次出现白色蒸气为止，用以除去过量的硝酸溶液。将瓶内消化好的溶液冷却至室温，并加入 45mL 水，用 10mol/L 氢氧化钠溶液将 pH 值调到 7，再将瓶内溶液定量地移入 100mL 容量瓶内，加水定容至刻度，充分摇匀。

准确量取 25mL 样品液放入 50mL 锥形瓶内，用移液管先加入 4mL 钼酸铵溶液，再加入 2mL 抗坏血酸溶液，立即混匀。将锥形瓶置于沸水浴中 10min，再放入冷水浴中冷却至室温，定量地移入 50mL 容量瓶内，加水定容至刻度，摇匀，用分光光度计在 824nm 波长处测定该溶液的吸光度，从标准曲线上查出相应的磷的毫克数。用水代替样品进行空白测定。

3. 结果计算

磷酸酯淀粉的取代度(DS)，按公式(11-9)计算。

$$DS = \frac{磷的物质的量}{葡萄糖残基的物质的量} = \frac{结合磷(\%)\times162/30.974}{[100-水分(\%)]-[结合磷(\%)\times K]} \quad (11-9)$$

其中，结合磷(%)的计算，按公式(11-10)计算。

$$结合磷(\%) = \frac{m_1 V_0 \times 100}{m_0 V_1 \times 10^3} \qquad (11\text{-}10)$$

式中：

　　162——淀粉分子中每个葡萄糖残基的相对分子质量；

　　30.974——磷的相对原子质量；

　　K——生成磷酸酯淀粉比原淀粉的增重系数，若以磷酸酯淀粉的一钠计，则换算系数为 3.8734；

　　m_0——样品的质量；

　　m_1——从标准曲线上查得的样品液的磷含量，mg；

　　V_0——样品液的定量体积，100mL；

　　V_1——用于测定的样品液的等分体积，25mL。

11.3　淀粉黄原酸酯

　　淀粉黄原酸酯是在发明了纤维黄原酸化反应后不久研制成功的。淀粉黄原酸化反应比纤维素更容易，这是因为淀粉颗粒的结晶性结构强度较纤维素弱的缘故。淀粉黄原化反应得率极好，可达 92%。近年来，对淀粉黄原酸酯的研究工作很多，促进了其生产和应用的发展。

11.3.1　淀粉黄原酸酯反应机理

　　在碱性条件下，二硫化碳(CS_2)与淀粉分子中的羟基发生酯化反应得淀粉黄原酸酯。其反应方程式如下：

$$St\text{—}OH + CS_2 + NaOH \longrightarrow St\text{—}OCSS^- Na^+ + H_2O$$

　　淀粉黄原酸钠的稳定性差，溶液在储存过程中发生氧化、水解等反应，从而引起含硫量降低。经喷雾干燥使其含水在 2% 以下，稳定性大大提高。

　　在空气中的氧化或其他氧化剂存在的条件下，淀粉黄原酸钠氧化反应生成交联淀粉黄原酸双酯，大大提高了它的稳定性。

$$2St\text{—}OCSS^- Na^+ + 2H^+ \xrightarrow{\text{氧化剂}} St\text{—}O\text{—}CSS\text{—}SSC\text{—}O\text{—}St + H_2O$$

　　常用的氧化剂有过氧化氢、次氯酸钠、亚硝酸钠或碘，其中过氧化氢效果最好。因为其原料易得且产物为水。

$$2St\text{—}OCSS^- Na^+ + 2H^+ + 2H_2O_2 \longrightarrow St\text{—}O\text{—}CSS\text{—}SSC\text{—}O\text{—}St + 2H_2O + 2Na^+$$

　　早期的研究表明，在淀粉黄原酸酯化反应中，淀粉中的葡萄糖残基的 C_6 伯醇羟基被取代的活性最高，其次是 C_2 仲醇羟基，最低是 C_3 仲醇羟基。例如，取代度为 0.12 产物的黄原酸基分布比 $C_6 : C_2 : C_3$ 为 56∶44∶0，而 DS 为 0.33 产物的分布比为 67∶27∶6。显然，在连续反应的条件下，C_6 位的伯羟基最易被黄原酸酯化。

　　反应中添加硫酸镁可增加产品的稳定性，体系容易过滤或离心机脱水。提高了气流干燥速度，并且用于除去水中重金属时的沉降速度快。所得产品为黄原酸($St\text{—}OCSS^- Na^+$)和镁盐($St\text{—}OCSS^-)_2 Mg^{2+}$)的混合物。

11.3.2 淀粉黄原酸酯的制备方法

淀粉黄原酸酯的制备方法很多,最简单的是将氢氧化钠溶液、淀粉和二硫化碳按计量比例混合,加入连续螺旋挤压机中,在高剪切下混合反应,大约 2min 后排出黏稠密物,干燥即得成品。

1. 影响黄原酸酯化反应的因素

反应温度、碱浓度、反应时间等影响淀粉黄原酸酯化反应的反应效率及产物的取代度,如表 11-9 所示。

表 11-9 影响黄原酸酯化反应的因素

温度/°C	碱浓度 /mol/AGU	反应时间			
		15min		30min	
		DS	反应效率/%	DS	反应效率/%
14	0.2	0.02	19	0.04	31
26	0.3	0.08	56	0.09	65
38	0.5	0.11	73	0.11	79
	0.2	0.08	57	0.09	63
	0.3	0.10	67	0.10	71
	0.5	0.10	69	0.10	50

从表 11-9 可以看出,淀粉黄原酸酯化反应的反应效率和产物的取代度随反应时间、反应温度、碱浓度及淀粉乳浓度的提高而增加。最适宜的温度是 22~34°C。

11.3.3 淀粉黄原酸酯的性质

淀粉黄原酸酯溶液是深黄色带有浓重硫味的黏滞性溶液。

水溶性的淀粉黄原酸酯不易从水溶液中分离,加酒精后能沉淀析出。

由于空气的氧化作用及黄原酸酯会转化成多种含硫单体,淀粉黄原酸酯溶液是不稳定的。

淀粉黄原酸酯能与重金属离子进行离子交换。反应方程式如下:

$$2St—O—\overset{\overset{\displaystyle S}{\|}}{C}—S^-Na^+ + Zn^{2+} \longrightarrow (St—O—\overset{\overset{\displaystyle S}{\|}}{C}—S)_2Zn + 2Na^+$$

通过锌原子,两个黄原酸基联结起来,所以也称为交联反应。利用此性质可用于除去工业废水中的重金属离子。

在 pH 值小于 3 的条件下,淀粉黄原酸钠镁盐具有强还原作用,能将 $Cr_2O_7^{2-}$ 还原成 Cr^{3+},本身被氧化成黄原酸物。反应方程式如下:

$$Cr_2O_7^{2-} + 14H^+ + 3(St—O—\overset{\overset{\displaystyle S}{\|}}{C}—S)^-Na^+ \longrightarrow 7H_2O + 3Na^+ + 3St—O—\overset{\overset{\displaystyle S}{\|}}{C}—S—S—\overset{\overset{\displaystyle S}{\|}}{C}—O—St + 2Cr^{3+}$$

$$Cr_2O_7^{2-}+14H^++3(St\!-\!O\!-\!\overset{\overset{S}{\|}}{C}\!-\!S)_2^-Mg^{2+}\longrightarrow 7H_2O+3Mg^{2+}+3St\!-\!O\!-\!\overset{\overset{S}{\|}}{C}\!-\!S\!-\!S\!-\!\overset{\overset{S}{\|}}{C}\!-\!O\!-\!St+2Cr^{3+}$$

电镀工厂和铬盐工厂的废水中含有重铬酸钾，应用淀粉黄原酸钠镁能有效地将其去除。

淀粉黄原酸钠镁除去重金属离子的能力随金属离子的种类而不同。如表 11-10 所示。

表 11-10　　　　　　　　　　淀粉黄原酸钠镁脱除重金属离子的能力

重金属离子	淀粉黄原酸钠镁∶金属离子	重金属离子	淀粉黄原酸钠镁∶金属离子
Ag$^+$	6.1∶1	Hg^{2+}	6.65∶1
Cd^{2+}	11.86∶1	Mn^{2+}	24.27∶1
Co^{2+}	22.63∶1	Ni^{2+}	22.71∶1
Cr^{3+}	38.47∶1	Pb^{2+}	6.43∶1
Cu^{2+}	20.99∶1	Sn^{2+}	11.23∶1
Fe^{2+}	23.87∶1	Zn^{2+}	20.40∶1

11.3.4　淀粉黄原酸酯的应用

淀粉黄原酸酯在工业生产中得到广泛的应用，主要用于废水处理、造纸工业、橡胶工业、农药行业等领域。

1. 废水处理方面

淀粉黄原酸酯在废水处理方面主要用于清除工业废水中的重金属离子。

稳定的非水溶性的交联淀粉黄原酸双酯可用于清除电镀、采矿、铅电池制造及黄铜冶炼等工业废水中的重金属离子，只需适当调整 pH 值为 9~10，就有 50%~60% 交联淀粉黄原双酯离解成黄原酸酯盐。首先，淀粉黄原酸酯钠盐与重金属离子进行离子交换，随后，调节 pH 值或加絮凝剂即可将沉淀除去。黄原酸酯钛盐悬浮液在 pH 为 4~8 时，经 3d 后能把海水中的 78% 的铀交换出来。

淀粉黄原酸钠镁可以除去重铬酸钾溶液中的 Cr^{6+}。淀粉黄原酸镁与重金属生成絮状沉淀，可除去工业废水中所含的重金属，沉淀可用澄清法分离，上部为澄清水，达到了环保条例所要求的排放标准。也可以采用离心法或过滤法分离。

2. 造纸工业

水溶性的淀粉黄原酸酯可作为造纸添加剂与纤维共沉淀，提高纸的干湿强度、破裂强度和耐折度。

交联淀粉黄原酸双酯可在纸浆存在下，从溶解的黄原酸盐溶液中沉淀出来。这种共沉淀纸浆是纤细的，因此可改善排水性能，如用于防油纸、绝缘纸及垫衬纸中。

3. 农药行业

在农药行业主要用于农药包胶剂。为了防止农药受光照分解造成药效下降，药分流失，把农药封装于淀粉基质中，该包胶剂储存寿命长，存放稳定。而当放入水中或土壤中时，有效成分可以从淀粉基质中释放出来，提高了农药的使用效率。

近年来开发了一种用于将多种化学农药封装于淀粉基质中的包胶新工艺，以提高其管理安全性和减少由于农药挥发、漏失以及光照分解而向周围环境散失的问题。以淀粉黄原酸酯为基料的制备方法包括：把农药（如除草剂）分散于淀粉黄原酸钠水溶液中，用氧化法、多价金属离子或环氧氯丙烷处理，使其发生交联反应，生成不溶黄原酸物，呈凝胶状，此反应很快，2s即可完成。再继续搅拌几秒钟得颗粒状固体，烘干，包胶的农药基本无任何损失，黄原酸酯的取代度为0.1~0.35即可。除淀粉外，含10%蛋白质的各类面粉，也可进行黄原酸酯化，用于包胶基质。用亚硝酸钠或过氧化氢氧化，pH值为4~5。由于在交联过程中始终是单相，并无液体和固体分离现象，这就保证了水溶性或水不溶性农药基本上全部被包胶。液体或细粉末状农药可以直接加到黄原酸酯钠盐溶液中，颗粒状农药则需先溶于适当溶剂中再加入溶液内。此方法可以制成含液体农药达55%（质量分数）的制剂，固体农药的量还要高些。

4. 橡胶工业

交联淀粉黄原酸双酯代替炭黑作橡胶的增强剂，用以生产粉末状橡胶。在橡胶中加入交联淀粉黄原酸双酯，所产生的强化作用和中级炭黑是相似的。除了增强作用外，还可加速硫化速率。由于在橡胶中加入淀粉黄原酸酯而改变了橡胶的加工过程，从而为制备粉末橡胶这一长期寻觅的目标开发出一种简单及在经济上可行的方法。

例如，将含3%~5%交联淀粉黄原酸双酯和95%~97%橡胶胶乳（如苯乙烯、丁二烯橡胶）混合，从而使两种聚合物共沉淀，产生一种凝聚物。将它干燥能产生表面为淀粉黄原酸酯包覆的易碎的橡胶屑粒，研磨后能使橡胶聚集形成由淀粉黄原酸酯强化的粉末橡胶。它能够容易地与各种橡胶添加剂混合，并可注塑成性能优良的橡胶产品。

拓 展 学 习

酯化淀粉的制备 1　实验室制备淀粉黄原酸酯

324g玉米淀粉（含水分0.01%）与240mL水混合，搅拌成淀粉乳，加入氢氧化钠溶液（40g NaOH溶于200mL水中），搅拌30min。加入24.3mL二硫化碳，将烧杯盖住，以防挥发，快速搅拌1h。所得水溶性黄原酸酯的取代度为0.11，产物的干物质浓度约为10%。

酯化淀粉的制备 2　挤压法制备淀粉黄原酸酯

将淀粉、CS_2和NaOH按计量比例混合（淀粉、NaOH和CS_2的摩尔比为1∶1∶1至1∶1/4∶1/6），加入连续螺旋挤压机中，在高压剪切下混合反应2min。连续卸出黏稠糊状物，干燥即得成品。产品的取代度为0.07~0.47，质量含量为53%~61%。

该方法至今仍被认为是最佳方法。增加NaOH-CS_2的比例，减少出料孔一般能提高二硫化碳的反应效率。

酯化淀粉的制备 3　交联淀粉黄原酸酯的制备

100g玉米淀粉（含水分10%）混入含有1.5g NaCl和7.0mL环氧氯丙烷的150mL水中。

30min 内缓慢加入 40mL KOH 溶液(含 6g KOH)到淀粉乳中，搅拌 16h，得高度交联的淀粉乳后，加入 245mL 水，30mL 二硫化碳，密封，搅拌 1h，即得产品。

11.4　淀粉烯基琥珀酸酯

淀粉烯基琥珀酸(丁二酸)酯是淀粉与烯基丁二酸酐在碱性条件下的反应产物，烯基为 5~18 个碳原子的烃链，它的主要用途是作为乳化剂和增稠剂，同时可用作微胶囊的壁材。

11.4.1　淀粉烯基琥珀酸酯的反应机理

在碱性催化剂的作用下，淀粉与烯基琥珀酸酐反应生成淀粉烯基琥珀酸酯，其反应方程式如下：

$$\text{StOH}+O\begin{array}{c}C=O\\ \diagdown\\ R-R'\\ \diagup\\ C=O\end{array}\xrightarrow{\text{OH}^-}\text{St}-O-\overset{\overset{\displaystyle O}{\|}}{C}-R-R'\ (C-ONa,\ O=)$$

R 为二甲或二亚甲基；R′为 5~18 个碳原子的烷基或烯基。

烯基琥珀酸酐与淀粉进行酯化反应时，酸酐的环被打开，其中一端以酯键与淀粉分子的羟基相结合，另一端则产生一个羧酸，整个反应体系的 pH 值随反应的进行而下降，反应中需要用碱性试剂去中和产生的这个羧酸，维持反应体系的微碱性，使反应向酯化反应的方向进行。

14.4.2　淀粉烯基琥珀酸酯的制备方法

制备淀粉烯基琥珀酸酯的方法有三种：湿法、干法和有机溶剂法。

1. 湿法

在一定的温度条件下，用 NaOH 和 Na_2CO_3 调淀粉乳至 pH 值为 8~10，向淀粉乳中加入烯基琥珀酸酐(可先用有机溶剂稀释，如乙醇、异丙醇等)，同时用碱控制体系的 pH 值为微碱性，反应进行一定时间后，用酸调 pH 值至 6~7，过滤，水洗，干燥，即得成品。

此反应中，烯基琥珀酸酐的用量、反应体系的 pH 值、反应时间和烯基琥珀酸酐的溶剂影响产品的取代度。

2. 干法

淀粉与一定量的碱(如 Na_3PO_4、Na_2CO_3)混合，再喷水至淀粉含水 15%~30%，然后喷入用有机溶剂事先稀释的烯基琥珀酸酐，混合均匀后加热反应。另一种方法是先将淀粉悬浮于 0.7%~1% 的 NaOH 溶液中，过滤，待淀粉干至所需要的水分时，喷入烯基琥珀酸酐，混合均匀后加热进行反应。

该反应中，淀粉的含水量、碱用量、碱化时间、烯基琥珀酸酐的丙酮稀释倍数、反应时间、反应温度及烯基琥珀酸酐的用量等影响产品的取代度。

3. 有机溶剂法

将淀粉悬浮于惰性有机溶剂介质中(或有机溶剂的水溶液,如苯、丙酮),再加入烯基琥珀酸酐进行反应,同时加入吡啶等碱性有机溶剂或无机碱溶液维持反应体系的 pH 值,反应一段时间后,中和,洗涤,干燥,即得产品。

该反应中,有机溶剂和水的比例、碱用量、反应时间、反应温度及烯基琥珀酸酐的用量等影响产品的取代度。

11.4.3　淀粉烯基琥珀酸酯的性质及应用

1. 淀粉烯基琥珀酸酯的性质

一般而言,淀粉与烯基丁二酸酐的衍生作用会使得黏度升高,糊化温度下降,不易回生形成凝胶,蒸煮物抗老化的稳定性提高。这种衍生物能改善淀粉的组织结构,例如玉米淀粉蒸煮后冷却时会老化,搅拌又会使凝块分解,而烯基丁二酸能使其更稳定,蒸煮物犹如橡胶状。

由于淀粉烯基琥珀酸酯分子中既含亲水基,又含疏水基,因此,它可以作为一种大分子乳化剂,它能稳定水包油型的乳浊液,但它不是乳化剂,在许多方面都与表面活性剂不同,使用前需经蒸煮才能溶解在水中。此淀粉酯分子量大,在油水界面处能形成一层强度很大的薄膜。由于烯基的大小不一,生成的淀粉酯黏度也各异,但都能用于稳定特定淀粉含量和所需黏度的乳浊液。淀粉烯基琥珀酸酯可用于乳化香精,低黏度的淀粉烯基琥珀酸酯可用作微胶囊壁材,产品的性能优于阿拉伯胶、糊精和麦芽糊精作壁材的产品,如表11-11 和 11-12 所示。

表 11-11　　　　　**低黏度淀粉辛烯基琥珀酸酯和乳液稳定性**

壁　　材	固含量/%	壁材/柠檬酸香料(心材)	乳液颗粒大小/μm	乳状液稳定性(过夜)
普通糊精	40	70/30	2~10	油分层
低黏度辛烯基	40	70/30	<2	稳定性良好
琥珀酸淀粉酯				
阿拉伯胶-USP	30	70/30	<3	表面有油

表 11-12　　　　　**低黏度淀粉辛烯基琥珀酸淀粉酯的包埋效果**

壁　　材	产品中香精的含量/%		干燥失重/%	表面香精油/%	包埋率/%
	起始①	终了			
普通糊精	30.7	23.5	23.6	35.6	17.4
低黏度辛烯基	30.1	30.0	0.3	1.0	29.4
琥珀酸淀粉酯					
阿拉伯胶	30.5	28.7	5.9	16.5	23.9

①包埋时加入的香精总量

　　由于烯基丁二酸淀粉酯只能作稳定剂使用，用它稳定的乳浊液必须首先通过剧烈搅拌和剪切才能形成，这同以往生产乳浊液的方法（如采用胶体磨制备乳浊液的方法）差不多。一旦形成了颗粒精细的乳浊液，烯基丁二酸淀粉酯就能通过防止颗粒凝聚而稳定。如在烯基琥珀酸酯乳液中加入松节油，通过胶体磨乳化得到的乳化液和纯淀粉分散液相比，松节油不会分层而后者很快分离。

　　2. 淀粉烯基琥珀酸酯的应用

　　由于烯基丁二酸淀粉酯的以上特性，其在食品、制药行业得到广泛的应用。美国食品药物管理局（FDA）已经批准含 3% 辛烯基丁二酸、DS 约为 0.02 的淀粉酯可在食品中使用。用作稳定剂的产品有：饮料乳浊液、食用香精、混浊剂、调味色拉油、稀奶油、芳香物质、乳化漆、乳胶、涂料及黏合剂等。

　　(1) 饮料乳浊液。

　　在食品工业中，烯基丁二酸淀粉酯的主要用途之一是在无醇饮料中稳定香料香味。一种橘子香精乳浊液的制作过程为：把色素、柠檬酸和苯甲酸钠溶于水中，在剧烈搅拌下，缓慢加入预糊化辛烯基丁二酸淀粉酯，继续搅拌直至淀粉酯溶解，加入香精搅拌混合15min，在均质机上均质两次，然后把该乳状液加至含糖和其他成分的水中，最后用水稀释，并充入 CO_2。在该成品饮料中，淀粉酯含量仅为 $100\sim200mg/kg$。

　　用这种冷水可溶性、低黏度的辛烯基丁二酸淀粉酯在充 CO_2 的饮料中代替阿拉伯胶起稳定作用非常成功。它的稳定性能好，用量少，无沉淀、分层现象。

　　(2) 调味色拉油。

　　高黏度的辛烯基丁二酸淀粉酯是诸如色拉调味油等高黏度油体系的优良稳定剂。在典型的色拉调味油中，油的用量大约是 35%。使用辛烯基丁二酸淀粉酯不仅能使调味油具有一定黏度，而且还能使油非常有效地分散开，得到的产品滑润，呈稀奶油状。

　　其制作过程如下：把预糊化辛烯基丁二酸淀粉酯加到水、醋和西红柿酱的混合物中，中度搅拌，混合 $15\sim20min$。将黄原胶、糖和盐混合后加入到上述混合物中，持续混合 $15\sim20min$，加入蛋黄，使其分散开，加入植物油混合 15min，在间隙为 0.025cm 的胶体磨上磨制，最后加入调味品和填料。

　　(3) 包胶作用。

　　烯基丁二酸淀粉酯的另一个主要用途是对水不溶性的挥发性、非挥发性物质的包胶作用。这些物质如：混浊剂、香料、维生素及化妆品用油等。包胶所采用的方法是喷雾干燥法。用低黏度辛烯基丁二酸淀粉酯包胶的产品优于阿拉伯胶、糊精和麦芽糊精等所包胶的产品。

　　用辛烯基丁二酸淀粉酯作包胶剂，香料损失少，成品颗粒表面滞留的油少，包胶效率高。

　　(4) 自由流动的疏水性淀粉。

　　烯基丁二酸淀粉酯经多价金属离子或碱土金属离子处理后，表现出优良的自由流动性和疏水性，能防止淀粉附集。此产品可用作书画刻印业的透印干喷料，油性化妆品或药物浆料的不透明剂和质构剂等。自由流动的疏水玉米淀粉酯可用于醇基洗涤剂及人体的脱臭喷雾剂，也可代替滑石粉作底粉使用；代替无机流动添加剂改善某些药粉和工业用粉的流动性；还可用作药片造粒粉的润滑剂，干果的抗粘剂及杀虫粉剂的基料等。FDA 已允许用 2%的辛烯基丁二酸酐与淀粉反应后，再用少量硫酸铝处理的产品在食品中应用。

拓 展 学 习

酯化淀粉的制备 1　癸烯基丁二酸淀粉酯的制备

将 5 份 Na_2CO_3 溶于 150 份水中，加入 100 份玉米淀粉，搅拌均匀，加入 10 份癸烯基丁二酸酐，室温下搅拌反应 14h，用稀盐酸将 pH 值调至 7，过滤，洗涤，干燥，即得成品。

酯化淀粉的制备 2　十八烯基丁二酸淀粉酯的制备

100 份木薯糊精分散在 100 份水中，用 2%NaOH 溶液将 pH 值调至 9，搅拌下加入 10 份十八烯基丁二酸酐，同时用 NaOH 溶液将 pH 值维持在 8~9 之间。反应结束后，用酸将 pH 值调至 5，将反应产物倒入足量的乙醇中，使之沉淀，过滤，干燥，即得成品。该产品冷水可溶，黏度十分低，含固量可达 50%。

酯化淀粉的制备 3　十二烯基琥珀酸淀粉酯的制备

将 20 份水(含 4 份 Na_2CO_3)喷入 100 份玉米淀粉中，混合均匀，再喷入 30 份十二烯基琥珀酸酐丙酮溶液(含 10 份烯基琥珀酸酐)，在 50℃条件下反应 2h，洗涤，干燥，即得成品。若用糊精作原料，则应该减少水和 Na_2CO_3 的用量。

酯化淀粉性质分析测定 1　辛烯基琥珀酸酯淀粉取代度的测定

1. 试剂
①异丙醇。
②盐酸。
③0.1mol/L 氢氧化钠。
④0.1mol/L 硝酸银。
⑤异丙醇溶液，量取 90mL 异丙醇，加入 10mL 水，混合均匀。
⑥盐酸-异丙醇溶液，量取 21mL 盐酸，置于 100mL 容量瓶中，小心用异丙醇稀释定容至刻度，摇匀。
⑦酚酞指示液，10g/L。

2. 分析步骤
准确称取 0.5g 试样(精确至 0.001g)放入 150mL 烧杯中，用数毫升异丙醇润湿。加入 25mL 盐酸-异丙醇溶液，并洗下烧杯壁上的试样。将试样在磁力搅拌器上搅拌 30min，加入 100mL 90%异丙醇溶液，继续搅拌 10min。用布氏漏斗过滤试样溶液，并用 90%异丙醇溶液洗涤滤饼直至滤液中无氯离子(用 0.1mol/L 硝酸银溶液检验)。将滤渣转移至 600mL 烧杯中，用 90%异丙醇仔细淋洗布氏漏斗，洗液并入 600mL 烧杯中，加水使总体积为 300mL。于沸水浴中加热搅拌 10min，以酚酞为指示剂，趁热用 0.1mol/L 氢氧化钠标准溶液滴定至终点。

3. 结果计算

辛烯基琥珀酸酯淀粉取代度(DS)，按公式(11-11)计算。

$$取代度 = \frac{0.162A}{1 - 0.210A} \tag{11-11}$$

式中：

A——每克辛烯基琥珀酸酯淀粉所消耗的 0.1mol/L 氢氧化钠标准溶液的物质的量，mmol。

酯化淀粉性质分析测定 2　辛烯基琥珀酸基团的测定

1. 测定原理

样品经酸化、洗涤后，用碱滴定。辛烯基琥珀酸基团的含量可根据碱消耗量计算得到。

2. 试剂与材料

①异丙醇。

②盐酸。

③0.1mol/L 氢氧化钠。

④0.1mol/L 硝酸银。

⑤异丙醇溶液，量取 90mL 异丙醇，加入 10mL 水，混合均匀。

⑥盐酸-异丙醇溶液，量取 21mL 盐酸，置于 100mL 容量瓶中，小心用异丙醇稀释并定容至刻度，摇匀。

⑦酚酞指示液，10g/L。

⑧淀粉，具有相同植物来源的未变性淀粉。

3. 仪器与设备

磁力搅拌器。

4. 分析步骤

称取 5.0g 试样(精确至 0.001g)，放入 150mL 烧杯中，用几毫升异丙醇润湿。加入 25mL 盐酸-异丙醇溶液，用酸洗下烧杯壁上的试样。将试样在磁力搅拌器上搅拌 30min，用量筒加入 100mL 异丙醇溶液，再搅拌 10min。用布氏漏斗过滤试样溶液，并用异丙醇溶液洗涤滤饼直至滤液中无氯离子(用硝酸银溶液检验)。将滤饼转移至 600mL 烧杯中，并将布氏漏斗中所有残留淀粉用异丙醇溶液洗入烧杯中，加水使总体积为 300mL。试样在沸水浴中搅拌 10min 后，加入酚酞指示液，趁热用氢氧化钠标准溶液滴定至终点。对原淀粉做空白试验。

5. 结果计算

辛烯基琥珀酸基团的质量分数 ω_0，按公式(11-12)计算。

$$\omega_0 = \frac{(V_1 - V_0) \times c \times M}{m \times 1000} \times 100\% \tag{11-12}$$

式中：

V_0——滴定空白消耗氢氧化钠标准溶液的体积，mL；

V_1——滴定试样消耗氢氧化钠标准溶液的体积，mL；

c——氢氧化钠标准溶液的浓度，mol/L；

M——辛烯基琥珀酸酐的摩尔质量，（g/mol）[$M(C_{12}H_{18}O_3)=210.20$]；

m——试样的质量，g；

1000——换算因子。

11.5 脂肪酸淀粉酯

脂肪酸淀粉酯属于一种长链淀粉酯。它是由淀粉及其衍生物与脂肪酸、脂肪酸甲酯、脂肪酸酰氯或脂肪酸酐反应得到的酯化产品。脂肪酸淀粉酯由于疏水性有机碳链的引入，淀粉的疏水性增强，使之具有了亲油和亲水的双亲性质，因而具有乳化性，可用于食品、医药、材料、日用化学品等领域。

11.5.1 脂肪酸淀粉酯的反应机理和工艺流程

（一）淀粉与脂肪酸的酯化反应

淀粉与脂肪酸在酸性催化剂的催化下发生的直接酯化反应称为费歇尔酯化反应（Fisher esterification），是可逆反应，反应式如下：

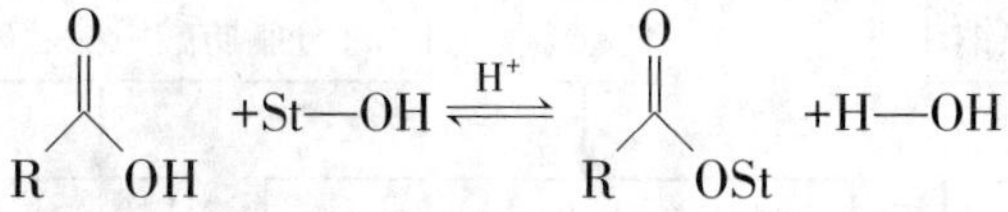

以盐酸为催化剂的反应机理如下：

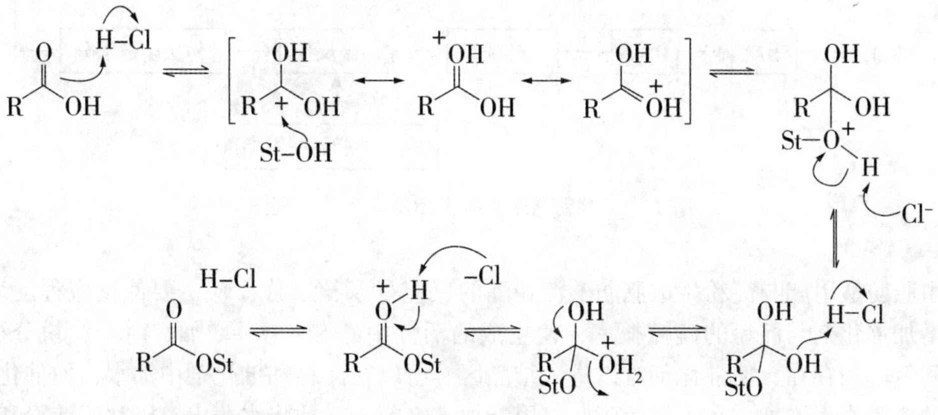

由于此反应为可逆反应，所以可通过加入过量的醇或有机酸，或及时排除反应生成的水来促进反应向正方向进行。

（二）淀粉与脂肪酸衍生物的酯化反应（亲核取代反应）

脂肪酸衍生物和亲核试剂（淀粉）的反应，首先是亲核试剂进攻羰基碳原子，形成四面体中间体；第二步是四面体中间体失去离去基团（L^-），恢复碳氧双键，生成另一种羧酸衍生物，其结果是取代反应。这种取代是通过加成和消除两步反应完成的，所以这种反应机理称为加成-消除机理。

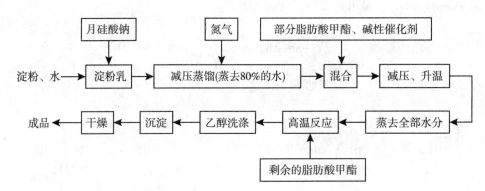

四面体中间体

(L⁻:OCH₃、Cl、OCOR)

1. 与脂肪酸甲酯进行酯交换反应

这种方法是将淀粉悬浮在水溶液中，同时加入一定质量的月桂酸钠以使淀粉和脂肪酸甲酯呈乳液状，然后减压蒸馏去除 80% 的水分，加入部分硬脂酸甲酯和碱性催化剂（如 K_2CO_3、Na_2CO_3 或 NaOH），升温继续减压蒸馏，当反应瓶中成无水状态时，加入剩余的硬脂酸甲酯，在一定温度下反应一段时间后，用工业酒精洗涤、沉淀、干燥，即得成品。反应方程式如下：

$$R-\overset{\overset{\displaystyle O}{\|}}{C}-OCH_3 + St-OH \longrightarrow RCOOSt + CH_3OH$$

工艺流程如图 11-4 所示。

```
月硅酸钠            氮气      部分脂肪酸甲酯、碱性催化剂
  ↓                 ↓              ↓
淀粉、水 → 淀粉乳 → 减压蒸馏(蒸去80%的水) → 混合 → 减压、升温 ┐
                                                              │
成品 ← 干燥 ← 沉淀 ← 乙醇洗涤 ← 高温反应 ← 蒸去全部水分 ←─────┘
                              ↑
                        剩余的脂肪酸甲酯
```

图 11-4　淀粉与脂肪酸甲酯反应工艺流程图

由脂肪酸甲酯与淀粉生成脂肪酸淀粉酯的反应是亲核取代反应。要使反应程度增大，必须增加催化剂与淀粉的碰撞概率，使生成的活性中心 St—O— 增加。由于淀粉分子内、分子间氢键的存在，使催化剂难以进入结晶区，所以在淀粉和催化剂中加水，使催化剂和淀粉的碰撞概率增加。在大量的脂肪酸甲酯加入之前，必须将水蒸出，以利于淀粉和脂肪酸甲酯进行酯交换反应。

2. 与脂肪酸酰氯的酯化反应

这种方法常用的催化剂和溶剂有二甲基甲酰胺、二甲基乙酰胺、四氯化碳、吡啶、三乙胺等，反应可分为均相反应和非均相反应，反应方程式如下：

$$R-\overset{\overset{\displaystyle O}{\|}}{C}-Cl + StOH \rightleftharpoons R-\overset{\overset{\displaystyle O}{\|}}{C}-\overset{+}{\underset{H}{O}}-St \rightleftharpoons R-\overset{\overset{\displaystyle O}{\|}}{C}-O-St + HCl$$

$+Cl^-$

（1）均相反应。

均相反应是将淀粉和水混合后，加入二甲基乙酰胺，然后减压蒸馏，并不时添加二甲基乙酰胺，当反应瓶中溶剂是无水状态时，加入 LiCl，搅拌几分钟后加入一定量的吡啶和脂肪酸酰氯，在一定温度下反应一段时间后，用乙醇洗涤、沉淀、干燥，即得产品。

反应的工艺流程如图 11-5 所示。

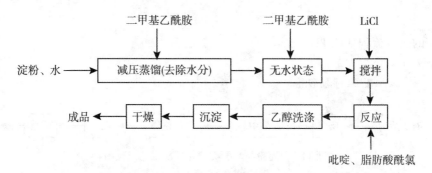

图 11-5　淀粉与脂肪酸酰氯均相反应工艺流程图

由于淀粉、LiCl 和二甲基乙酰胺可以形成三重复合物，所以将三者混合可以形成均相溶液，而化学反应在均相体系中是很容易进行的。而且二甲基乙酰胺可以形成氢键，从而能够破坏淀粉分子内和分子间的氢键，使羟基暴露易与亲电子试剂发生亲核反应。

（2）非均相反应。

非均相反应是在淀粉中加入有机溶剂（如四氯化碳），以三乙胺、吡啶等作催化剂，加入脂肪酰氯，在一定温度下反应一段时间后，用乙醇洗涤，沉淀，离心，干燥，即得产品。

反应的工艺流程如图 11-6 所示。

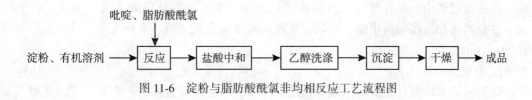

图 11-6　淀粉与脂肪酸酰氯非均相反应工艺流程图

这一反应是在有机溶剂中发生的，由于反应中生成了酸，所以需要碱性试剂的中和以保证反应的正向进行。三乙胺、吡啶等碱性试剂既作为催化剂又可以中和反应生成的酸。

3. 与酸酐类的酯化反应

这种方法是将淀粉悬浮在有机溶剂介质中，加入脂肪酸酐进行酯化反应，同时加入吡啶等碱性有机溶剂或无机碱溶液以维持反应体系的 pH 值。酯化反应一段时间后，中和、洗涤、干燥即得产品。

反应方程式如下：

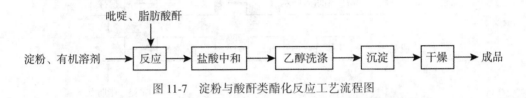

反应的工艺流程如图 11-7 所示。

淀粉、有机溶剂 → 反应 → 盐酸中和 → 乙醇洗涤 → 沉淀 → 干燥 → 成品

(吡啶、脂肪酸酐)

图 11-7 淀粉与酸酐类酯化反应工艺流程图

酸酐与淀粉的酯化反应属于双分子亲核反应, 即 SN2 型立体反应机理。淀粉颗粒中羟基在催化剂碱的作用下, 以亲质子 St—O—形式存在, 具有较高的反应活性; 淀粉分子发生亲核进攻时, 酸酐环被打开, 其中一端以酯键的形式与淀粉分子的羟基结合, 另一端则产生一个羧基, 整个反应体系的 pH 值随反应的进行而下降。酯化反应中碱试剂的另一个作用是中和游离出来的羧酸, 以维持反应体系的弱碱性环境, 使反应向酯化反应的方向进行。

11.5.2 脂肪酸淀粉酯的制备工艺

1. 水媒法工艺

以水作溶剂通过酯交换反应制得了脂肪酸淀粉酯。这种方法是先在脂肪酸甲酯和酸解淀粉中加水, 使体系均匀混合, 然后在反应过程中把水蒸出, 以利于脂肪酸淀粉酯的生成。在蒸水过程中, 通入氮气, 以防止产品氧化。为了提高反应效率, 以 K_2CO_3 作催化剂, 并分两次加入脂肪酸甲酯, 且第二次加入量要远远大于第一次加入量。反应温度控制在 $110 \sim 140℃$。

2. 有机溶剂法工艺

脂肪酸的直接酯化是一种低取代度的反应, 淀粉在反应过程中还会有一定的降解。目前脂肪酸淀粉酯的制备大多数都是采用有机溶剂法, 所用的有机溶剂有四氯化碳、吡啶、三乙胺、二甲基甲酰胺、二甲基乙酰胺等。为了提高反应效率, 通常加入三乙胺、吡啶等催化剂与脂肪酸酐或脂肪酰氯, 反应可制得高取代度的脂肪酸淀粉酯。

3. 干法工艺

淀粉与脂肪酸混合均匀后, 在催化剂的作用下于干法反应器或微波反应器中直接反应, 可制得低取代度的脂肪酸淀粉酯, 而且这种方法生产的产品不经过洗涤可直接用于食品, 是一种无污染的环保生产工艺。淀粉的含水量、催化剂的种类及用量、反应温度、反应时间、脂肪酸用量等都会影响产品的取代度。

11.5.3 脂肪酸淀粉酯的性质及应用

脂肪酸淀粉酯由于淀粉分子上引入了疏水性有机碳链，淀粉的疏水性增加，使之具备了亲油和亲水的双亲性质，因而具有乳化性，可用在食品、医药、材料、日用化学品等领域。

脂肪酸淀粉酯的各种性质取决于取代度、脂肪酸碳链的长度和饱和度，以及淀粉中直链淀粉与支链淀粉的比例等。脂肪酸淀粉酯的取代度越高，侧链越长，热塑性和亲水性的改变就越明显。酯基团可起到内增塑作用，并且这种作用随着碳链的增长而加强。淀粉可塑性的提高反映在材料的流变学、热学及力学性能的改变上。

高取代度的脂肪酸淀粉酯延伸性好，但抗张力低，相对于原淀粉其可降解性也有所下降。通过改变取代度和脂肪酸链长，可以得到不同性质的产品。傅里叶变换红外光谱显示在 $1745cm^{-1}$ 有明显的吸收峰，为酯键羰基的特征吸收峰。变性后淀粉的物理化学性质也发生变化。原淀粉只溶于有机溶剂二甲亚砜，但酯化淀粉在一般的溶剂中便可溶，如氯仿等。一个明显的变化是脂肪酸淀粉酯的亲水性的下降。接触角检测结果显示脂肪酸淀粉酯的接触角近似于疏水性合成聚合物甲基丙烯酸甲酯的接触角(85°)，且取代度越高，疏水性越大，烷基侧链越长，疏水性也越大，表现为接触角的增加。疏水性的增加还可由水摄取测量结果反映出来。取代度达1.8的淀粉，其亲水性变得很低。但对于低取代度的脂肪酸淀粉酯，例如取代度为0.54，还是存在较高的亲水性的。显然可以通过取代度的控制，得到具有适当亲水性的脂肪酸淀粉酯。差示扫描量热仪在 $-120\sim200℃$ 温度范围内扫描，测得不同取代度的硬脂酸淀粉酯的熔化温度均为 $31\sim32℃$，接近硬脂酸或硬脂酸甲酯的熔点。这说明脂肪酸淀粉酯的熔融温度不是取决于取代度和聚合物类型，而是决定于 C_{18} 侧链的结晶度。使用热重分析可以研究脂肪酸淀粉酯的热稳定性，酯化后的淀粉热稳定性增加。脂肪酸淀粉酯的内增塑作用影响淀粉的成膜性。原淀粉几乎不能成膜，但高取代度的脂肪酸淀粉酯很容易形成柔韧的膜。

硬脂酸淀粉酯在食品行业中能用作稳定剂、凝胶剂、乳化剂、脂肪替代品、微胶囊壁材等。硬脂酸淀粉酯在果冻生产中可取代琼脂作凝胶化剂，也可应用于果酱生产，其凝胶具有很好的透明度和稠度。酸降解淀粉通过脂肪酸酐或脂肪酸酰氯的酯化，可得到液体油脂的凝胶化剂，如添加到油酸中可得到一种无异味固体。将硬脂酸淀粉酯添加到肉浆中可增强肉浆的弹性、持水性和黏性，这在一定程度上也是利用了其乳化和增稠特性。在焙烤食品上，用硬脂酸淀粉酯和蛋白质、米粉、玉米粉、面包屑、盐等混合物料包裹在鸡块外面进行焙烤，可以得到类似油炸的外观，并且色泽均一、口感极脆。硬脂酸淀粉酯还可用作脂肪替代品。以淀粉为原料的脂肪替代物几乎可应用于所有的需要添加油脂的食品中，尤其是在蛋黄酱、人造奶油、色拉调味料、奶制品和焙烤制品中应用效果最佳。硬脂酸淀粉酯具有类似脂肪的口感，可用于冷冻食品的脂肪替代品。低黏度硬脂酸淀粉酯可用作微胶囊壁材，取代阿拉伯胶。由于淀粉黏度的降低，用其包埋柠檬油，包埋效果很好，可部分或全部取代阿拉伯胶。

硬脂酸淀粉酯在日用化学工业中可作为乳化剂、悬浮剂、洗涤剂、凝胶化剂和增稠剂。硬脂酸淀粉酯是化妆品护肤膜、护肤泡沫的一种有效成分，在防晒霜中使用这种产品，其活性成分能在皮肤上更长久地保持且效果更加显著。淀粉(平均聚合度3~20)和脂肪酸(如辛酸、月桂酸、油酸、亚油酸、硬脂酸)的酯化反应制得亲水性的淀粉酯,可作为乳化剂用在化妆品行业,如护肤面霜、洗面奶、爽身粉、眉笔或牙膏等。

硬脂酸淀粉酯在纺织工业中有广泛的用途,淀粉通过酯化反应在淀粉分子上引入疏水性酯基。此变性淀粉能增加淀粉对合成纤维的亲和力,适合于疏水性的合成纤维上浆。

硬脂酰氯和淀粉在有机溶剂中反应得到的硬脂酸淀粉酯具有生物降解能力,可用作生物降解材料,产品具有疏水性和内增塑作用。通过改变产品的取代度和取代基的碳链长度可以得到具有不同机械性能的产品。

硬脂酸淀粉酯可用作密度聚乙烯塑料的内增塑剂,还可改善聚乙烯塑料的耐热、机械和降解性能。

硬脂酸淀粉酯还可用于医药工业,可用作表面涂料、表面活性剂等。

拓 展 学 习

酯化淀粉的制备 1　淀粉与脂肪酸酰氯反应制备脂肪酸淀粉酯

将淀粉除去蛋白,以三乙胺作催化剂,在四氯化碳溶剂中,加入硬脂酰氯,在室温下反应一段时间后,用95%乙醇洗涤、沉淀、离心,然后真空干燥,所得的产品有类似脂肪的口感,可以用于冷冻食品的脂肪替代品。

将淀粉(干基)溶于吡啶中,然后加入一定量的脂肪酸酰氯,在105℃下反应3h,然后用无水乙醇沉淀,洗涤、过滤、干燥,即得产品。调节脂肪酸酰氯的加入量可以得到不同取代度的脂肪酸淀粉酯。

酯化淀粉的制备 2　直接酯化法制备脂肪酸淀粉酯

将硬脂酸用乙醇溶解,然后与原淀粉或酶解的预糊化淀粉混合,50℃下蒸干乙醇后,在高温下直接酯化。这种方法制得的是较低取代度的硬脂酸淀粉酯,可用作微胶囊的壁材,替代较为昂贵的阿拉伯胶。

酯化淀粉的制备 3　酯交换反应制备脂肪酸淀粉酯

烷氧基化的淀粉或糊精与 $C_8 \sim C_{40}$ 的脂肪酸进行酯交换反应制得一系列的脂肪酸淀粉酯,可用作塑料、黏合剂、涂料等。这种方法是将丙烷氧基糊精与水混合后,加入溶剂和催化剂,然后减压蒸馏,当反应瓶中的溶剂呈无水状态时,升高温度至200℃左右,反应1h,所得产品的 pH 值为9.8,黏度为150mPa·s。

酯化淀粉的制备 4　与酸酐反应制备脂肪酸淀粉酯

将淀粉(直链淀粉的质量分数为70%)和脂肪酸酐混合,以 NaOH 作催化剂,通过挤压反应制得了脂肪酸淀粉酯。在挤压过程中,淀粉分子会发生一定的降解。通过减少脂肪酸酐的添加量和增大脂肪酸酐的碳链长度可以降低分子量减少的程度。

酯化淀粉性质分析测定　硬脂酸淀粉酯取代度的测定——反滴定法

1. 实验原理

过量的碱处理硬脂酸淀粉酯，使硬脂酸水解下来生成硬脂酸钠，多余的碱再与酸反应，同时作一空白，即可测出硬脂酸的量。

2. 试剂

①0.1mol/L 的盐酸标准溶液。

②95% 的乙醇。

③0.25mol/L 的氢氧化钠标准溶液。

④酚酞指示剂。

3. 分析步骤

①样品测定：称取 15g 样品置于 250mL 碘量瓶中，加入 80mL 95%（体积分数）的乙醇（温度为 60℃），用以去除未反应的硬脂酸，浸泡并不断搅拌 10min，将样品倒入布氏漏斗，用 60℃80% 乙醇抽滤洗涤至无氯离子为止。再将样品在 50℃下烘干，然后在 105℃下烘至恒重。

②精确称量 4g 此纯净、干燥的样品于 250mL 锥形瓶中，加入 50mL 蒸馏水，再加入 20mL 0.25mol/L 的氢氧化钠标准溶液，置于振荡器中，于 110r/min 的转速下振荡 50min，然后加入两滴酚酞指示剂，用 0.1mol/L 的盐酸标准溶液滴定至粉红色刚好消失，记录消耗的盐酸体积 V_1(mL)。

③空白测定：称取 4g 原淀粉，加入 20mL 0.25mol/L 的氢氧化钠标准溶液，置于振荡器中，于 110r/min 的转速下振荡 50min，然后加入两滴酚酞指示剂，用 0.1mol/L 的盐酸标准溶液滴定至粉红色刚好消失，记录消耗的盐酸体积 V_0(mL)。

4. 结果计算

(1) 硬脂酰基质量分数 W(%)，按公式(11-13)计算。

$$W(\%) = \frac{267c(V_0 - V_1)}{1000m} \times 100 \tag{11-13}$$

式中：

W(%)——硬脂酰基的质量分数,%；

267——硬脂酰基 $CH_3(CH_2)_{16}CO^-$ 的分子量；

c——标准盐酸溶液的摩尔浓度，mol/L；

m——干样品的质量，g；

V_0——滴定空白溶液消耗盐酸标准溶液的体积，mL；

V_1——滴定样品溶液消耗盐酸标准溶液的体积，mL。

(2) 硬脂酸淀粉酯的取代度(DS)，按公式(11-14)计算。

$$DS = \frac{162W}{26700 - 266W} = \frac{162c(V_0 - V_1)}{1000m - 266c(V_0 - V_1)} \tag{11-14}$$

式中：

DS——取代度，定义为每个 D-吡喃葡萄糖残基中的羟基被取代的平均数目；

162——葡萄糖酐(AGU)单元的分子量；

c——盐酸标准溶液的摩尔浓度，mol/L；

m——干样品的质量，g；

V_0——滴定空白溶液消耗盐酸标准溶液的体积，mL；

V_1——滴定样品溶液消耗盐酸标准溶液的体积，mL。

11.6　其他酯化淀粉

11.6.1　淀粉硫酸酯

淀粉硫酸酯的酯化方法很多，最早用硫酸酯化。后来使用发烟硫酸和溶于 CS_2 中的 SO_3 作淀粉硫酸酯化剂，而这些酯化剂均使淀粉降解。淀粉和硫酸酯化剂的反应发生在葡萄糖单元分子的 C_3、C_6 上，可形成硫酸单酯、双酯或多酯。

1. 淀粉硫酸酯的制备

（1）在含水介质中反应。

将亚硝酸钠与亚硫酸盐、叔胺与 SO_3 配合物与淀粉颗粒在含水介质中反应制得淀粉硫酸酯。这类反应会使淀粉产生一定程度的降解（流度小于 10%），只能制取低取代度的淀粉硫酸酯。叔胺包括：三甲胺、二乙胺及吡啶。用这类酯化剂制得的产品难以消除它们的气味。

（2）在有机溶剂中用 SO_3 作酯化剂。

有机溶剂有 N，N-二甲基苯胺、二噁烷、甲酰胺、二甲基甲酰胺（DMF）、二甲基亚砜（DMS）。在有机溶剂中 SO_3 与淀粉反应制得淀粉硫酸酯。

（3）在有机溶剂中用氯磺酸作酯化剂。

有机溶剂有：吡啶、甲基吡啶、吡啶和苯、氯仿、甲酰胺等，与淀粉反应。

（4）在碱性介质中与氟磺酸盐反应。

（5）在碱性介质中与 N-甲基咪唑-N'-磺酸盐反应。

（6）干法。

①尿素、氨基磺酸与淀粉的反应。将淀粉在酰胺和氨基磺酸混合液中浸泡、过滤、干燥，100~300℃加热反应。

②将淀粉与 3~5 份亚硫酸氢钠和 1 份亚硝酸钠混合，100~120℃反应可制得低取代度的硫酸酯淀粉。

2. 淀粉硫酸酯的性质

淀粉硫酸酯在无机酸的作用下会发生水解，在碱性条件下稳定，与氯化钙、醋酸铅、硫酸镁和硫酸铜等不会生成相应盐的沉淀。淀粉硫酸酯的水溶液具有较高的黏度，糊液清晰，冷却后仍能保持稳定的黏度。

淀粉硫酸酯是强阴离子型的高分子物质，在整个 pH 值范围内差不多都能形成稳定的高黏度溶液。支链淀粉硫酸酯（取代度为 0.7）是多糖类中黏度最高的一种物质。此外淀粉硫酸酯还具有其他变性淀粉少见的生理活性功能，能呈现与肝素同等的抗凝血作用及抑制胃蛋白酶作用的活力。

3. 淀粉硫酸酯的应用

（1）在医药工业中的应用。

作为肝素替代品，与肝素一样具有抑制凝血酶作用和抗胃蛋白酶的活力，可用作溃疡处理剂。例如，支链淀粉硫酸酯可用作胃蛋白酶的抑制剂；羟乙基淀粉硫酸酯具有降低血液中胆甾醇和防止动脉硬化、抗脂血清、抗凝血、抗炎症的功能，是有效的血浆代用品；酶降解淀粉硫酸酯适用于治疗肠溃疡，还具有抑制核糖核酸酯，抑制血小板的可逆凝集、抑制血清 β-脂蛋白的沉淀作用，可作为药物和抗生素的载体。

（2）石油钻井工业。

可用作石油钻井时的增稠剂，岩层黏土中的二级原油回收。

3. 其他

淀粉硫酸酯还可用作黏合剂、高黏性胶水的添加剂、防护胶质及用于食品工业中。

11.6.2 淀粉氨基甲酸酯（尿素淀粉）

淀粉与尿素反应生成淀粉氨基甲酸酯，反应方程式如下：

$$H_2N\text{—}\overset{\overset{\displaystyle O}{\|}}{C}\text{—}NH_2 \Longleftrightarrow H\text{—}N\text{=}C\text{=}O+NH_3$$
异氰酸

$$St\text{—}OH+H\text{—}N\text{=}C\text{=}O \Longleftrightarrow St\text{—}O\text{—}\overset{\overset{\displaystyle O}{\|}}{C}\text{—}NH_2$$
淀粉氨基甲酸酯

反应温度应低于尿素的分解温度（100~125℃）。

由于淀粉分子上生成了氨基甲酸酯基团，增强了对棉、涤纶的黏附性。另外，尿素淀粉黏度较低，浆液稳定，流动性好。在国内尿素淀粉一般用作纺织经纱浆料（适于棉、涤、涤/棉等），由马铃薯淀粉制备的尿素淀粉性能优于木薯和玉米变性淀粉，其浆料具有不易凝胶，浆膜耐磨，韧性好，黏附力强等特点。

制备方法如下：

在国内一般将尿素和淀粉混合，经气流干燥制得产品。实际上是一个混合物，在煮浆过程中尿素分解生成中间体——异氰酸，异氰酸再与淀粉反应生成淀粉氨基甲酸酯。

11.6.3 淀粉丁二酸酯

1. 淀粉丁二酸酯的制备

淀粉与丁二酸酐反应生成淀粉丁二酸酯，其反应方程式如下：

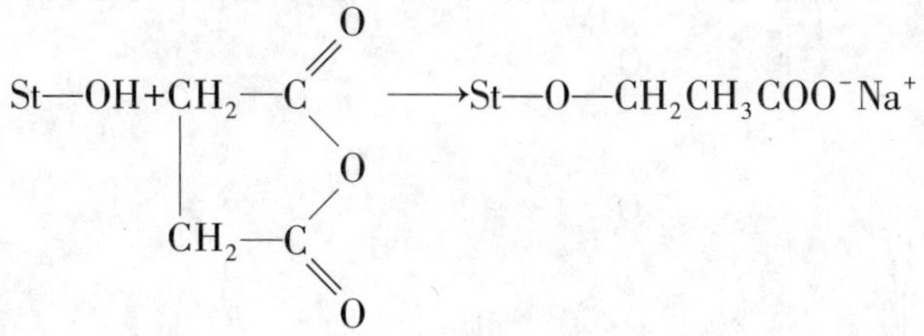

$$St\text{—}OH+\begin{matrix}CH_2\text{—}C \\ \ \ | \qquad \\ CH_2\text{—}C\end{matrix}\overset{O}{\underset{O}{}} O \longrightarrow St\text{—}O\text{—}CH_2CH_3COO^-Na^+$$

反应在碱性水溶液中进行可制得低取代度的淀粉丁二酸酯，在吡啶介质中反应可制得高取代度的淀粉丁二酸酯。另外，也可以采用干法反应，淀粉与丁二酸酐混合物（质量混合比为100∶5）在140℃反应1h。当丁二酸酐加入量大于3%时，由于淀粉颗粒膨胀，造成过滤困难。

2. 淀粉丁二酸酯的性质

随着丁二酸酐所加入量的增加，淀粉丁二酸酯的冷水膨胀度增大、糊化温度下降，如表 11-13 所示。随着引入基团的增加，峰值黏度依次增加；冷糊黏度稳定性增加，冷却时能形成透明的胶体。

表 11-13　　　　　丁二酸酐处理对玉米淀粉冷水膨胀及糊化温度的影响

丁二酸酐加入量/%	冷水膨胀性/mL	糊化温度/℃	丁二酸酐加入量/%	冷水膨胀性/mL	糊化温度/℃
0	34	72	3	47	63
1	33	67	4	49	58
2	40	65			

淀粉丁二酸酯糊液的耐酸碱性差，pH 值小于 5.0 时，淀粉分子开始发生降解；pH 值为 7.5 时，将会脱去淀粉分子上的丁二酸酯基团。淀粉丁二酸酯是阴离子型高分子电解质，因此，盐存在时峰值黏度有很大降低。淀粉丁二酸酯经轻度交联(0.01% 表氯醇)，可增强黏度稳定性。

3. 淀粉丁二酸酯的应用

(1)食品工业。

作为汤料、快餐、罐头食品及冷冻食品的增稠剂。

(2)医药工业。

用作药片的崩解剂。

(3)造纸工业。

用作表面施胶剂和涂布黏合剂。

11.6.4　淀粉磺酸基丁二酸酯

在碱性条件下先将淀粉与丁烯酸酐反应制得丁烯二酸淀粉酯后，再与亚硫酸氢钠反应制得磺酸基丁二酸淀粉酯，反应方程式如下：

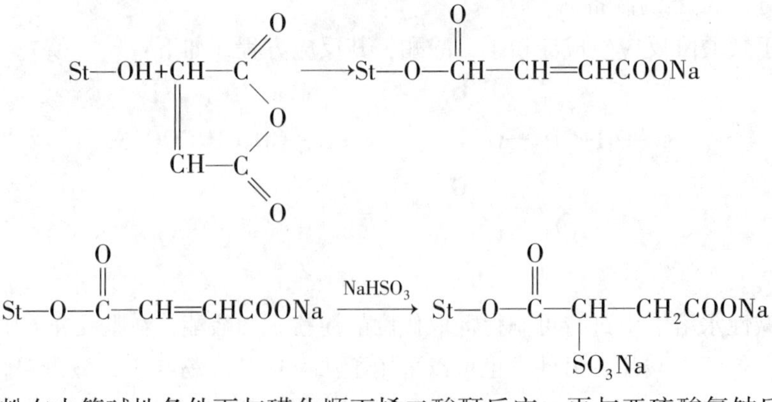

或者淀粉在中等碱性条件下与磺化顺丁烯二酸酐反应，再与亚硫酸氢钠反应生成双磺

基丁二酸酯，反应方程式如下：

$$\text{St—OH+CH—C} \xrightarrow{} \text{St—O—C—CH—COOH} \xrightarrow{\text{NaHSO}_3} \text{St—O—C—C—COOH}$$

反应在含水介质中进行可制得低取代度产品，也可以在有机溶剂（如二甲基亚砜、三丁胺等）中进行，或干法生产。

淀粉磺酸基丁二酸酯在黏度、糊化温度、黏度稳定性以及对盐的敏感性方面与淀粉丁二酸酯相似。由于淀粉分子中同时又引入了磺基，使其亲水性大大提高，能与大多数中性或阴离子型的水溶性聚合物相互混溶，形成强韧的、清澈的水溶性薄膜。高黏度淀粉磺酸基丁二酸酯可用作印花糊料。低黏度的淀粉磺酸基丁二酸酯流动性好，易煮浆，有良好的浆液稳定性和成膜性；易退浆，与天然及合成的亲水性浆料相容性好，特别适用棉及粘胶纤维的上浆。另外，淀粉磺酸基丁二酸酯可用作指甲油的增稠剂、皮革糊料、泡沫橡胶添加剂等。

11.6.5 淀粉乙酰乙酸酯

淀粉与双烯酮，在控制温度和 pH 值条件下，在含水或非水介质中反应制得淀粉乙酰乙酸酯，反应方程式如下：

$$\text{St—OH+ CH}_2\text{=C—CH}_2 \xrightarrow{} \text{St—O—C—CH}_2\text{—C—CH}_3$$

淀粉乙酰乙酸酯含有活性的次甲基，可以交联。当乙酰乙酸酯基超过 15% 时，在水、醇和酮中不易分散；如含量大于 55% 时，变成热塑性，可以用作塑料。淀粉乙酰乙酸酯可以用作纺织、造纸和玻璃纤维的上浆黏合剂，外科手术撒布粉和化妆品等。

拓 展 学 习

酯化淀粉的制备 1　淀粉磺酸基丁二酸酯的制备

将 10 份低沸淀粉（含水 5%，40 目；或含水 2.2%，40 目的糊精）与 0.5 份 60 目的顺丁烯二酸酐混合，在 144℃反应 75min，或在近中性、室温下反应 4h。

酯化淀粉的制备 2　淀粉乙酰乙酸酯的制备

将 150 份玉米淀粉分散在 225 份水中，加入 7.5 份双烯酮，搅拌 10min，体系用 3% NaOH 溶液维持 pH 值在 8.5，全部反应在 25℃下进行，时间为 25min，反应结束，用 3% HCl 溶液将 pH 值调至 3，过滤、水洗、干燥，即得产品。产品中的乙酰基含量为 3.68%，反应效率为 73.6%。

第12章 接枝共聚淀粉

内容提要

简要介绍了接枝共聚淀粉是淀粉经物理或化学方法引发，与丙烯腈、丙烯酰胺、丙烯酸、乙酸乙烯、甲基丙烯酸甲酯、苯乙烯等单体发生接枝共聚反应形成的聚合物。介绍了不同类型接枝共聚物的制备工艺、流程、性质及其应用。

12.1 概述

12.1.1 接枝共聚的概念

淀粉的接枝共聚物是一类新型的高分子材料。接枝共聚反应及其衍生物的研究，在淀粉转化技术中具有独特的意义。接枝共聚淀粉是淀粉经物理或化学方法引发，与丙烯腈、丙烯酰胺、丙烯酸、乙酸乙烯、甲基丙烯酸甲酯、苯乙烯等单体发生接枝共聚反应形成的聚合物。通过选择不同的接枝单体、控制适当的接枝率、接枝频率和支链平均分子量，可以制得各种具有独特性能的产品。它们既有多糖化合物分子间的作用力和反应性，又有合成高分子的机械与生物作用稳定性和线性链展开能力。因此在高分子絮凝剂、高吸水材料、造纸工业助剂、油田化学材料、可降解地膜和塑料等多方面的实际应用中具有优异的性能。淀粉接枝共聚物的结构如图 12-1 所示。

$$—AGU—(AGU)_n—AGU$$
$$—M—M—M \qquad M—M—M—$$

图 12-1　淀粉接枝共聚物的结构

AGU 代表淀粉分子中的一个失水葡萄糖单元，相对分子量为 162；M 表示接枝共聚反应单体的一个单元，来自 $CH_2{=}CHX$。当 X ${=}—COOH$，$—CONH_2$，$—COOCH_2NR_3$ 时，产品是水溶性的，可用作增稠剂、吸收剂、施胶剂、黏合剂和絮凝剂；当 X ${=}—CN$，$—COOR$，$—C_6H_5$ 时，产品是水不溶性的，可用作树脂和塑料。

单体在接枝反应中，一部分聚合成高分子链，接枝到淀粉分子链上，另一部分聚合，没有接枝到淀粉分子链上，后一种聚合高分子称为"均聚物"；接枝淀粉和均聚物的混合物称为"共聚物"，接枝量占单体聚合总量的百分率称为接枝效率。例如，单体聚合物为

100，其中 60%接枝到淀粉分子链上，那么接枝效率为 60%。

$$接枝效率 = \frac{淀粉接枝共聚物的质量}{均聚物的质量+淀粉接枝共聚物的质量} \times 100\%$$

接枝转化率是指接枝聚合物占加入单体总量的百分率。

$$接枝转化率 = \frac{接枝聚合物的质量}{加入单体的质量} \times 100\%$$

用接枝频率表示淀粉接枝共聚物中接枝链之间的平均葡萄糖单元数目，可由下式计算：

$$接枝频率 = \frac{m_1/162}{m_2/\overline{M_r}}$$

式中：

m_1——淀粉接枝共聚物中淀粉的质量；

m_2——接枝聚合物的质量；

$\overline{M_r}$——淀粉接枝共聚物中接枝聚合物的平均分子量。

用接枝共聚物侧链平均聚合度描述淀粉接枝共聚物中每个侧链平均长度，可由下式计算：

$$接枝侧链平均聚合度 = \frac{\overline{M_r}}{单体的分子量}$$

12.1.2 淀粉的接枝共聚引发体系

根据淀粉接枝共聚原理，将接枝共聚的方法分三类：自由基引发接枝共聚法、离子相互作用法和缩合加成法。在淀粉接枝共聚反应中主要采用自由基引发接枝共聚物法，此法包括物理引发(主要有光引发和辐射引发)和化学引发(主要有臭氧-氧混合物、H_2O_2氧化还原体系、有机过氧化物、$H_2O_2+Ac^-$、硝酸铈铵、$K_2S_2O_8$、偶氮二异丁腈、Mn^{3+}的焦磷酸配合物等)两种。下面介绍主要的引发体系。

1. 铈离子等盐引发体系

最常用的化学引发方法是采用铈盐(常用硝酸铈铵)作引发剂。自从 1958 年 Mino 和 Kaizerman 首次发现铈盐引发烯类单体在淀粉上接枝以来，人们对化学引发进行了广泛的研究。因为与一般引发法相比，化学引发具有以下特点：①分解活化能低，比一般自由基引发剂分解活化能低$(10\sim20)\times4.1868kJ/mol$；②产生自由基诱导期短，在较低的温度下也能产生足够数量和高活性的初级自由基，因而聚合反应可以在较低和较宽的温度范围内进行；③在较短时间内可以获得高分子量的支链；④可以通过氧化剂和还原剂的量，控制接枝速度和接枝效率；⑤通过改变氧化剂或还原剂能获得不同的引发体系。此外，氧化还原法操作简单、成本低，因而易于工业化生产。

硝酸铈铵$[Ce(NH_4)_2(NO_3)_6]$，溶于稀硝酸中，Ce^{3+}氧化淀粉生成络合结构的中间体淀粉-Ce^{4+}，分解产生自由基，与单体起接枝反应。分解时，Ce^{4+}还原为Ce^{3+}，而淀粉中的葡萄糖单元上羟基中的氢被氧化形成 H^+，使淀粉形成自由基，同时伴随着 C_2—C_3键的断裂。淀粉自由基遇单体随即引发单体接枝共聚，形成接枝链。自由基也能再被 Ce^{4+}氧化而消失。

铈盐是研究最多的引发剂，其引发反应活化能低，为 732.2kJ/mol。因而在室温附近就能顺利进行，而且引发速度快，这是其他引发剂不能比拟的。另外，铈盐不能引发烯类单体均聚，因此反应体系中均聚物含量较少。铈盐引发的主要是终止反应，所以铈用量不能太大，一般为 4.0×10^{-3} mol/L 左右，否则接枝效率下降。

2. 锰(Mn^{3+})盐和高锰酸钾体系

锰(Mn^{3+})与铈(Ce^{4+})相似，可与一些羟基化合物或多糖组成氧化还原体系，产生大分子自由基，引发烯类单体在高分子主干上接枝聚合。

Singh 报道用 Mn^{3+}–H_2SO_4 体系及 Mn^{3+}–Na_2SO_3 体系能引发烯类单体接枝共聚，但接枝效率均低。Ranby 等人报道用 $[Mn(H_2P_2O_7)_3]^{3-}$ 引发丙烯腈与淀粉接枝，反应的转化率、接枝效率高，均聚物含量少，如表 12-1 所示。

表 12-1　　　　　　　　　　　$[Mn(H_2P_2O_7)_3]^{3-}$引发丙烯腈在淀粉上接枝

淀粉形态	淀粉/丙烯腈/(g/mL)	接枝率/%	转化率/%	均聚物/%
颗粒	10/10	57	61	0.7
颗粒	10/20	141	77	0.7
糊化	10/10	82	88	1.0
糊化	10/20	173	93	1.0

注：反应条件30℃；3h；Mn^{3+}：1mmol/L；$H_2P_2O_7^{2-}$：3mmol/L；H_2SO_4：75mmol/L。

但 $[Mn(H_2P_2O_7)_3]^{3-}$ 与淀粉形成的络合物，分解所需能量比 Ce^{4+} 形成的络合物要高，所以反应温度比铈盐引发的反应温度要高。

Mn^{3+} 要用高锰酸钾与锰(Mn^{2+})盐反应制得，制备过程较为麻烦，这给生产带来不方便。唐康泰等人报道用高锰酸钾直接引发烯类单体在淀粉上接枝，接枝效率达95%以上。支链相对分子量达30%，如表 12-2 所示。其反应机理至今还不十分清楚。淀粉自由基可能按以下方式进行：

$$St—OH+Mn^{4+} \longrightarrow Mn^{3+}+H^+St—O \cdot$$
$$St—OH+Mn^{3+} \longrightarrow Mn^{2+}+H^+St—O \cdot$$

表 12-2　　　　　　　　　　高锰酸钾引发丙烯腈与木薯淀粉接枝

$KMnO_4$ 浓度/(mol/L)	单体转化率/%	接枝率/%	接枝效率/%	吸水性能/(g/g)
2.5×10^{-3}	83.3	98.1	98	2100
3.5×10^{-3}	80.6	96.6	94	2025
4.0×10^{-3}	80.1	95.8	89	1900

当反应介质酸性增大时，有利于引发。但溶液酸性太大时，产生氧阻聚副反应。

另一方面，$MnO_2+2H^+\longrightarrow H_2O+Mn^{2+}+\dfrac{1}{2}O_2$ 高锰酸钾引发活性单体甲基丙烯酸接枝的重现性差，几乎不能引发油溶性苯乙烯在淀粉上接枝。强氧化性高锰酸钾对淀粉有一定的氧化降解作用，其氧化产物与引发剂颜色给预分离造成一定的困难，此外引发剂及其还原产物还对环境造成一定污染。

3. 过氧化氢体系

典型的过氧化氢体系是 Fenton's 试剂（$H_2O_2-FeSO_4$），是一种含有过氧化氢和亚铁离子的溶液，也是一种氧化还原体系。作用机理是 Fenton's 试剂首先与过氧化氢发生反应放出 1 个氢氧自由基。

$$Fe^{2+}+H_2O_2\longrightarrow Fe^{3+}+\cdot OH+OH^- \tag{1}$$

这个自由基从淀粉链上夺取 1 个氢原子，形成水和 1 个淀粉自由基，以此形成淀粉接枝共聚物。

$$St\!-\!OH+\cdot OH\longrightarrow St\!-\!O\cdot+H_2O \tag{2}$$

$$St\!-\!O\cdot+M\longrightarrow St\!-\!OM\cdot\xrightarrow{M}\cdots\longrightarrow 接枝共聚物 \tag{3}$$

式中：M 为接枝单体。

另外，还有以下反应发生：

$$\cdot OH+H_2O_2\longrightarrow H_2O+HO_2\cdot \tag{4}$$

$$HO_2\cdot+H_2O_2\longrightarrow \cdot OH+O_2+H_2O \tag{5}$$

$$Fe^{2+}+\cdot OH\longrightarrow Fe^{3+}+OH^- \tag{6}$$

（4）、（6）是（2）的主要竞争反应，所以必须是一定浓度范围的过氧化氢与一定浓度的还原剂组合才能达到理想的引发效果。

过氧化氢引发操作干净，过量的引发剂易于消除而不带来废渣等，对后处理影响较小，对环境不产生污染。与铈盐相比，生产成本大大降低，但接枝效率低，均聚物多，而且过氧化氢储藏过久容易失效。因此如何减少均聚物，并提高接枝效率是开发利用这一引发体系的关键。过氧化氢体系常用的还原剂有：硫酸亚铁铵、硫脲、抗坏血酸等。加入少量的还原剂能降低 H_2O_2 的分解活化能，比如体系中加入亚铁盐时，H_2O_2 的分解活化能从 213.5kJ/mol 降到 39.4kJ/mol。

4. 过硫酸盐引发体系

过硫酸盐是近年来开始应用于引发接枝聚合的氧化剂。其引发机理因还原剂不同而有区别，但最终都是从生成的 $SO_4^-\cdot$ 和 $\cdot OH$ 引发淀粉产生自由基，然后再与烯基单体接枝共聚。接枝共聚反应如下：

$$S_2O_8^{2-}\rightleftharpoons 2SO_4^-\cdot$$

$$SO_4^-\cdot+H_2O\longrightarrow H^++SO_4^{2-}+HO\cdot$$

$$2HO\cdot\longrightarrow H_2O_2$$

$$H_2O_2+HO\cdot\longrightarrow HOO\cdot+H_2O$$

$$H_2O\cdot+S_2O_8^{2-}\longrightarrow O_2+HSO_4^-+SO_4^-\cdot$$

过硫酸盐体系是一个引发效率及重现性较好的引发剂，如表 12-3 所示。因过硫酸盐氧化性比铈盐氧化性弱，因此引发速度较慢，反应时间较长，反应温度比铈盐相应要高。

但在反应过程中没有温度的剧烈变化，工业生产中易于控制。过硫酸盐价格低廉并且无毒，是一种较有希望的引发剂。缺点是接枝效率较低。

常用的还原剂有：硫酸亚铁、亚硫酸氢钠等，它们都能显著降低过硫酸盐的分解活化能。

表 12-3　　　　　　　　　　过硫酸盐体系引发苯乙烯在淀粉和纤维上接枝

原料/g	单体用量/g	单体转化率/%	接枝率/%	接枝效率/%
纤维 30	100	80	61	22
纤维 30	50	80	84	8
淀粉 30	150	68~79	95~97	24~26

5. 其他引发体系

Imoto 等报道 Cu^{2+} 能引发淀粉溶液与甲基丙烯酸甲酯接枝共聚反应，反应机理包括水、淀粉、铜离子和甲基丙烯酸甲酯之间形成络合物。但反应过程中产生的均聚物较多，效果不佳。

Katai 等报道臭氧和氧气混合物能用作引发剂，在淀粉分子上生成过氧化氢基团，在还原剂或加热条件下，过氧基团分解生成自由基，引发与单体的接枝共聚反应。

由于两种方法效果均不佳，因此没有人再深入研究。

6. 辐射法

一般采用紫外线等高能辐射线(特别是 γ 射线)照射，然后再与单体接枝共聚，反应式如下：

$$St—OH \xrightarrow{hv} St—O \cdot +H$$
$$St—O \cdot +M \longrightarrow 接枝共聚物$$

7. 国内用于淀粉接枝共聚的引发体系

国内接枝引发体系概况如表 12-4 所示。

表 12-4　　　　　　　　　　国内接枝引发体系概况

氧化剂	还原剂	单体	淀粉类型	内容
铈		醋酸乙烯酯	玉米淀粉	反应规律
		丙烯酸丁酯	玉米淀粉	反应规律
		丙烯酸乙酯	玉米淀粉	酶解性
		丙烯酸甲酯	玉米淀粉	制备
		甲基丙烯酸甲酯	交联淀粉	金属离子吸附
		丙烯腈	交联淀粉	金属离子吸附
		丙烯腈	交联淀粉	合成
		丙烯腈	洋芋淀粉	吸水性
		丙烯腈	玉米淀粉	结构表征
		丙烯酰胺	淀粉	絮凝性
		丙烯酰胺	淀粉	合成及性能

氧化剂	还原剂	单体	淀粉类型	内容
过氧化氢	亚铁盐	丙烯腈	玉米淀粉	合成及吸水性
	亚铁盐	丙烯腈	交联淀粉	离子吸附性
	亚铁盐	丙烯酰胺	玉米淀粉	反应规律
	硫脲	丙烯酰胺	玉米淀粉	废水处理
	硫脲	丙烯酰胺	淀粉	应用
	亚铁盐	醋酸乙烯酯	淀粉	反应规律
高锰酸钾		丙烯腈	木薯淀粉	吸水剂
		丙烯酰胺	马铃薯淀粉	制备
		丙烯酰胺	木薯淀粉	胺甲基化
		丙烯酰胺	木薯淀粉	反应规律
锰(Mn^{3+})盐		丙烯腈	玉米淀粉	动力学
		丙烯腈	玉米淀粉	形态、结构
过硫酸盐	亚硫酸氢钠	丙烯酸甲酯	玉米淀粉	反应规律
		丙烯腈	木薯淀粉	合成
		丙烯酸乙酯	玉米淀粉	制备
		丙烯酸	可溶性淀粉	制备及性能
		丙烯酰胺	玉米淀粉	制备

拓 展 学 习

接枝共聚淀粉性质分析测定 1　接枝淀粉均聚物含量的测定

1. 测定原理

均聚物是淀粉接枝过程中，单体自身聚合未接到葡萄糖环上而混于接枝淀粉中的聚合物。均聚物含量以均聚物质量占接枝淀粉(包括均聚物)质量的百分率表示。其测试原理是利用能溶解乙烯类或丙烯类均聚物而不溶解接枝淀粉的溶剂，将均聚物从接枝淀粉中萃取分离出来。萃取溶剂的选择为：接枝单体为丙烯酸，萃取溶剂为水；接枝单体为丙烯酸酯和醋酸乙烯酯，萃取溶剂为丙酮；接枝单体为丙烯酸和丙烯酸酯，萃取溶剂为丙酮；接枝单体为丙烯腈，萃取溶剂为二甲基甲酰胺。

2. 分析步骤

①将洗涤干净的50mL离心试管，在105~110℃的烘箱中烘至恒重，准确称重。粗称8~10g经充分混合的接枝淀粉试样于离心试管中，在105~110℃烘箱中烘至恒重，准确称重。

②用量筒量取30~40mL根据接枝单体种类选择的萃取溶剂于离心试管中，用玻璃棒搅拌1min左右，加塞在室温下放置10h以上，搅匀，然后放入低速离心机中进行沉淀，弃去上层清液，再加入30~40mL萃取溶剂，用玻璃棒搅拌均匀，放入离心机中沉淀，再重复操作两次，以充分洗去试样中的均聚物。

③将萃取后的接枝淀粉试样晾干或在50℃水浴中烘至无溶剂为止，然后在105~

110℃烘箱中烘至恒重，准确称重。

3. 结果计算

接枝淀粉均聚物的含量，按公式(12-1)计算。

$$均聚物含量(\%) = \frac{m_1 - m_2}{m_1 - m_0} \times 100 \qquad (12\text{-}1)$$

式中：

m_0——离心试管的质量，g；

m_1——去除均聚物前试样和离心试管的质量，g；

m_2——去除均聚物后试样和离心试管的质量，g。

接枝共聚淀粉性质分析测定 2　接枝淀粉接枝百分率的测定

1. 测定原理

去除均聚物的淀粉接枝共聚物中含有接枝高分子的质量百分率称为接枝百分率，简称接枝率。其测试原理是用酸将已去除均聚物的接枝共聚物中的淀粉水解掉，然后过滤，所得产物即为接枝到淀粉上的高分子物质。

2. 分析步骤

用 100mL 1mol/L 的盐酸对已除去均聚物的试样在 98℃ 水浴中回流水解 10h，将淀粉彻底水解，水解程度用 I_2–KI 溶液检验。然后用 1mol/L 的氢氧化钠溶液中和，过滤，水洗至无 Cl^-（用 $AgNO_3$ 溶液检验），所得不溶物即为接枝到淀粉上的高聚物，将这不溶物在 105~110℃ 的烘箱中烘至恒重，准确称重。

3. 结果计算

接枝淀粉接枝的百分率，按公式(12-2)计算。

$$接枝百分率(\%) = \frac{m_4}{m_3} \times 100 \qquad (12\text{-}2)$$

式中：

m_3——去除均聚物的接枝淀粉的质量，g；

m_4——接枝到淀粉上的高聚物的质量，g。

接枝共聚淀粉性质分析测定 3　接枝淀粉游离单体含量的测定

1. 测定原理

游离单体是接枝淀粉中未参加反应的单体或既没有接到淀粉上，又未发生自身间聚合的单体，以占绝干接枝淀粉质量的百分率表示。其测试原理是利用溴酸钾在氧化溴化氢时所析出的溴与单体的双键起加成反应，多余的溴再与碘作用，最后以硫代硫酸钠滴定所析出的碘。

2. 分析步骤

准确称取 5g 左右接枝淀粉试样于烧杯中，用 400mL 左右蒸馏水分数次充分洗涤试样，在布氏漏斗中过滤，收集各次滤液转移至 500mL 容量瓶中，用水稀释定容至刻度。用移液管吸取 50mL 滤液（如过量则改吸 10mL），放到盛有 30mL 十二烷基硫酸钠溶液的 250mL 碘量瓶中，摇匀后加入 50mL 0.009mol/L 的溴化钾-溴酸钾溶液（称取 12.5g 溴化钾和 1.5g 溴酸钾于 200mL 烧杯中，加适量水溶解并转移至 1000mL 容量瓶中，用蒸馏水稀释至刻度），然后迅速加入 10mL6mol/L 的盐酸溶液，并将瓶塞塞紧，摇匀放于暗处静置 15min 后，加入 20mL10%的碘化钾溶液，析出碘后立即用 0.1mol/L Na$_2$S$_2$O$_3$ 溶液滴定至浅黄色将近终点时，加入 1%淀粉指示剂 2mL，然后继续滴定到蓝色完全消失为终点。并做一空白试验。

3. 结果计算

接枝淀粉游离单体含量，按公式(12-3)、(12-4)计算。

$$W = \frac{(V_1 - V_2)C}{V} \times \frac{V_f}{1000} \times \frac{M}{2} = 5 \times 10^{-4} CV_f M(V_1 - V_2)/V \qquad (12\text{-}3)$$

$$游离单体含量(\%) = \frac{W}{W_0(1 - W_水)} \times 100 \qquad (12\text{-}4)$$

式中：

W——过滤液中不饱和单体的质量，g；

V_1——空白试验所消耗 Na$_2$S$_2$O$_3$ 标准溶液的体积，mL；

V_2——样品试验所消耗 Na$_2$S$_2$O$_3$ 标准溶液的体积，mL；

V——所取样品的体积，mL；

C——Na$_2$S$_2$O$_3$ 标准溶液的浓度，mol/L；

V_f——滤液的总体积，mL；

M——不饱和单体的相对分子质量，若参加接枝共聚反应的单体多于一种，则取其摩尔加权平均值；

W_0——接枝淀粉样品的质量，g；

$W_水$——样品的水分含量，g。

12.2 吸水性接枝共聚物

许多单体与淀粉接枝后的产物具有吸水功能，称为超级吸水剂(Super Slurper)。这类产品中，最常见的是淀粉与丙烯腈(AN)的接枝共聚。

12.2.1 淀粉与丙烯腈的接枝共聚反应

淀粉在适当的催化剂存在下，可与丙烯腈等不饱和单体进行接枝共聚。淀粉与丙烯腈接枝共聚物侧链上带有氰基，而氰基是憎水基团，这类化合物不吸水。为了使它吸水，必须加碱皂化水解，使氰基转变为酰胺基、羧酸基或羧酸盐基等亲水基团，才能成为吸水基团，反应式如下：

$$St\,\text{–}(CH_2\text{—}CH)_x + NaOH \xrightarrow[加热]{H_2O} St\,\text{–}(CH_2\text{—}CH)_y(CH_2\text{—}CH)_z + NH_3$$

加减皂化后，用酸溶液中和至 pH 值 2~3，转变成酸型，沉淀、离心分离、洗涤，再把产物用 NaOH 溶液调 pH 值 6~7，在 110℃下干燥，粉碎后即得产品。

吸水性接枝共聚物的制备工艺流程如图 12-2 所示。

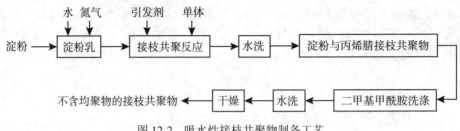

图 12-2 吸水性接枝共聚物制备工艺

12.2.2 淀粉与丙烯腈接枝共聚反应中的影响因素

在吸水性接枝共聚物的制备中，淀粉的种类及颗粒形态、单体、引发剂种类、浓度及加入方式、反应温度、溶剂等反应介质是影响接枝共聚反应的主要因素。

1. 淀粉对接枝共聚反应的影响

（1）淀粉种类的选择。

不同品种的淀粉与丙烯腈接枝的效率不同。由于马铃薯淀粉含有 70%～80% 的支链淀粉，所以具有最好的接枝效率，结果见表 12-5 所示。

表 12-5   淀粉品种对丙烯腈接枝共聚物的影响

淀 粉 品 种	单 体	催 化 剂	接枝效率/%	接枝物形态
马铃薯	AN	Ce^{4+}	87.8	白色粉末
玉米	AN	Ce^{4+}	83.5	白色粉末
可溶性淀粉	AN	Ce^{4+}	45.7	淡黄色硬块

（2）淀粉形态的选择。

制备共聚物能用颗粒淀粉、糊化淀粉或变性淀粉为原料，一般是使用颗粒淀粉，所得共聚物产品仍保有颗粒的原来结构，甚至在含有很高接枝百分率的情况下也是如此。在偏光显微镜下观察，共聚物仍呈现偏光十字，表示淀粉颗粒的结晶性结构并未受到接枝反应的影响。

同一来源不同形态的淀粉与丙烯腈接枝的效率如表 12-6 所示。淀粉经糊化，再与烯类单体接枝，比颗粒淀粉直接接枝的效率、接枝百分率、接枝频率以及支链的平均分子量高。这是因为淀粉经糊化以后，分子链在水中充分伸展，便于催化剂和单体与其各部位的接枝。因此，淀粉的接枝首先进行糊化是必要的。

表 12-6   淀粉形态对丙烯腈接枝共聚物的影响

淀粉形态	单体	接枝效率/%	接枝百分率/%	接枝频率/（AGU/枝）	数均分子量 Mn
糊化淀粉	AN	95.0	46.0	1490	363200
颗粒淀粉	AN	83.1	38.2	155	32600

2. 引发剂的种类、浓度及加入方式对淀粉与丙烯腈的接枝共聚物的影响

不同引发剂引发淀粉与丙烯腈的接枝共聚反应在效能方面存在差异。Wolf 等比较了铈、锰和铁盐对丙烯腈与马铃薯淀粉接枝共聚反应的引发效能，如表 12-7 所示。试验过程为：10.5g 马铃薯淀粉混于 100mL 蒸馏水中，加入 10mL 引发剂，15min 后，加入丙烯腈，在 30~33℃反应 3h，糊化淀粉试验是将淀粉乳于 80℃加热 1h，再冷却至室温，然后加入引发剂溶液。铈盐引发剂溶液为 0.1mol/L 硝酸铈铵溶液在 1mol/L 硝酸中。锰引发剂溶液为 0.1mol/L 磷酸锰溶液。亚铁(Fe^{2+})引发剂溶液为 0.1mol/L 硫酸亚铁和过氧化氢混合液(10mL0.1mol/L $FeSO_4$ 和 6mL30% H_2O_2 的混合物)。铁(Fe^{3+})引发剂溶液为 0.1mol/L 氯化铁与过氧化氢混合液(10mL0.1mol/L $FeCl_3$ 与 6mL30% H_2O_2 的混合物)。

表 12-7　　　　　　　　铈、锰和铁盐引发剂引发效能比较

马铃薯淀粉	引发剂溶液量 /10mL	丙烯腈量/g	接枝效率/%	接枝聚丙烯腈数均分子量	接枝效率/ (AGU/枝)
颗粒	Ce^{4+}	15.4	83.1	32600	155
	Ce^{4+}	30.8	93.0	29100	56
	Mn^{3+}	15.4	58.4	37200	229
	Mn^{3+}	30.8	76.0	19600	43
	Fe^{2+}	15.4	69.8	35800	171
	Fe^{2+}	30.8	66.1	40300	88
	Fe^{3+}	15.4	80.0	46900	222
	Fe^{3+}	30.8	88.6	39600	76
糊化	Ce^{4+}	15.4	95.0	363200	1490
	Ce^{4+}	30.8	85.4	221300	506
	Mn^{3+}	15.4	32.6	48300	313
	Mn^{3+}	30.8	59.1	115200	215
	Fe^{2+}	15.4	60.1	76300	471
	Fe^{2+}	30.8	63.0	29600	62
	Fe^{3+}	15.4	41.2	21600	109
	Fe^{3+}	30.8	81.3	17600	36

由表 12-7 数据说明，铈离子引发效能高，接枝效率高。铈离子引发糊化的马铃薯淀粉接枝反应，接枝丙烯腈的数均分子量高。颗粒淀粉接枝的丙烯腈，其数均分子量较小，受不同引发剂的影响也小。不同引发剂所得的共聚物，经用碱皂化，稀水溶液的黏度存在较大差别。

增加引发剂铈离子量，接枝效率有所提高，但对接枝丙烯腈的分子量和接枝频率影响不大，如表 12-8 所示。

不同铈盐对相同单体和淀粉接枝共聚反应的引发效能也不相同。硝酸铈铵对淀粉接枝丙烯腈是性能良好的催化剂，而硫酸铈铵在淀粉接枝丙烯酰胺的反应中效能较高，如表 12-9 所示。

铈盐与淀粉和丙烯腈单体都能生成络合结构，单体与引发剂加入的先后次序对接枝反应有影响，如表 12-10 所示。铈盐在丙烯腈以后加入，所得共聚物中丙烯腈含量高，均聚

物丙烯腈含量增加很少。另外，铈盐分批加入，也降低共聚物中丙烯腈的含水量，因此应当将铈盐一次加入。

表 12-8　　　　　　　　铈盐用量对淀粉与丙烯腈接枝共聚反应的影响

马铃薯淀粉	铈盐液量/mL	接枝效率/%	接枝聚丙烯腈数均分子量	接枝频率/（AGU/枝）
颗粒	3.5	63.8	20000	51
	5.0	71.0	17600	44
	10.0	93.0	28100	56
	15.0	88.1	30300	69
糊化	3.5	62.0	346000	930
	5.0	73.7	314000	775
	10.0	85.4	227300	506
	15.0	94.3	315000	670

表 12-9　　　　　　　　硝酸铈铵和硫酸铈铵的引发效能比较

淀粉形态	单体	催化剂（2.5×10^{-3}mol/L）	接枝物单体含量/%
糊化玉米淀粉	丙烯腈（AN）	硝酸铈铵	11.46
	丙烯腈（AN）	硫酸铈铵	9.92
	丙烯酰胺（AM）	硝酸铈铵	3.75
	丙烯酰胺（AM）	硫酸铈铵	4.51

表 12-10　　　　　　　铈盐加入方式对淀粉与丙烯腈的接枝共聚反应的影响

铈盐浓度/（mol/L）	先加铈盐，30min 后加入丙烯腈			先加丙烯腈，立即加入铈盐		
	均聚丙烯腈产量/g	共聚物产量/g	共聚物含丙烯腈/%	均聚丙烯腈产量/g	共聚物产量/g	共聚物含丙烯腈/%
2.5×10^{-3}	0.50	7.45	2.38	0.53	8.10	12.26
5.0×10^{-3}	0.65	8.58	11.85	0.63	8.25	19.27
1.0×10^{-2}	0.58	9.08	23.40	0.78	8.88	17.43

3. 温度对淀粉与丙烯腈接枝共聚反应的影响

温度对接枝共聚反应的影响见表 12-11 所示。试验条件为：小麦淀粉 0.025mol，丙烯腈 0.1mol/L，水 50mL，硝酸铈铵溶液 5×10^{-3}mol/L，不同温度反应 30min。

由表 12-11 可知，在 50℃，接枝效率达 82%，共聚物中丙烯腈含量是 49.5%，接枝链数均分子量大，但接枝频率较低（AGU/枝值高）。温度由 30℃ 降到 10℃，接枝效率大大降低，共聚物中丙烯腈含水量降低，接枝频率降低，但接枝链数均分子量降低却很少。

表 12-11   温度对淀粉与丙烯腈接枝共聚反应的影响

温度/℃	丙烯腈聚合率/%			共　聚　物		
	接枝	未接枝	丙烯腈含量/%	接枝链的数均分子量	接枝频率/(AGU/枝)	
10	34	6.0	33.4	111000	1360	
30	86	6.4	54.1	110000	609	
50	82	5.9	49.5	254000	1598	

4. 反应介质对淀粉与丙烯腈接枝共聚反应的影响

淀粉与硝酸铈铵在很少量水中混合，再与丙烯腈的有机溶剂起接枝反应，这种有机溶剂能与水混合，所得共聚物的接枝链的数均分子量低，接枝频率低，但均聚物的生成量高。反应条件为小麦淀粉 0.135mol，混于 25mL 水中，加入 7.5mL 0.1mol/L 的硝酸铈铵溶液，5min 后，加入含有 0.6mol 丙烯腈的 111mL 的水或甲醇溶液，25℃下反应 3h。结果如表 12-12 所示。

表 12-12   水和甲醇对淀粉与丙烯腈接枝共聚反应的影响

水量/mL	甲醇量/mL	丙烯腈聚合率/%			共　聚　物		
		接枝	未接枝	丙烯腈含量/%	接枝链的数均分子量	接枝频率/(AGU/枝)	
140	0	42	3.5	37.5	104000	1070	
25	115	35	28	27.7	15700	253	

5. 预处理对淀粉与丙烯腈接枝共聚反应的影响

淀粉先经加热、酸或次氯酸盐预处理，可使淀粉颗粒膨胀或破裂，淀粉的分子量降低，溶解度增高。经预处理的淀粉再与丙烯腈的铈离子引发接枝共聚反应，用水和二甲基甲酰胺(DMF)抽提共聚物，试验结果显示：淀粉经加热预处理，淀粉颗粒膨胀或破裂，再于室温下进行接枝反应，对接枝效率并没有很大影响，但接枝链的数均分子量及接枝频率随预处理温度升高而增加，如表 12-13 所示。溶解度高的淀粉所产生的共聚物，水溶解部分为未被接枝的碳水化合物，二甲基甲酰胺溶解部分含聚丙烯腈量高，但用离心密度差法处理的结果表明，其中大部分为未被接枝的均聚物。溶解度低的变性淀粉，淀粉颗粒还基本保持原来结构特征，经过接枝共聚反应后所产生的共聚物基本与原淀粉所得的共聚物相同，但接枝链的数均分子量较高，接枝频率较低，未接枝均聚物的生成量较高，如表 12-14 所示。

12.2.3　丙烯腈接枝共聚物性质及应用

丙烯腈接枝共聚物侧链上带有氰基，而氰基是憎水基团，这类化合物不吸水，但经皂化后，使氰基转变为酰胺基、羧酸基或羧酸盐基等亲水基团，具有强吸水性。

表 12-13　　　　　预处理温度对铈离子引发淀粉与丙烯腈接枝共聚反应的影响

淀粉预处理温度/℃	丙烯腈聚合率/%		共聚物			产率/%
	接枝	未接枝	丙烯腈含量/%	接枝链的数均分子量	接枝频率/(AGU/枝)	
25	79	4.4	52.8	116000	640	93
60	83	7.2	55.6	566000	2770	85
85	75	6.6	56.4	810000	3880	78

表 12-14　　　　　淀粉预处理对铈离子引发淀粉与丙烯腈接枝共聚反应的影响

淀粉黏度/(dL/g)	淀粉水溶液溶解度/%	共聚物溶解性/%			不溶于二甲基甲酰胺(DMF)		
		溶于水	溶于DMF	不溶于DMF	丙烯腈含量/%	接枝链的数均分子量	接枝频率/(AGU/枝)
0.52	3	1	25	74	31.6	214000	2850
0.22	23	8	25	67	51.1	183000	1080
0.094	62	30	45	25	61.3	319000	1240
0.12	86	36	58	6	55.1	522000	2620

由颗粒淀粉制得的纯净丙烯腈接枝共聚物吸水能力为本身重量的 20~200 倍,而糊化淀粉制得的丙烯腈接枝共聚物吸水能力为本身重量的 1000~1500 倍;用甲醇作溶剂比用乙醇、丙酮或异丙醇能得到更高吸收能力的产品。由于丙烯腈接枝共聚物是高分子电解质,因此,离子影响其吸收能力,例如 11%NaCl 溶液的吸收能力是去离子水吸收能力的 1/10。

用黄玉米粉、磨细的全玉米粉、小麦面粉代替淀粉与丙烯腈共聚,所得的共聚物再经皂化后得到的吸收剂吸收能力超过用淀粉为原料的产品。

丙烯腈接枝共聚物是用途广泛的吸水剂。在医疗和医药用品上可用作一次性尿布、妇女卫生巾、便溺失禁病人的垫褥、绷带等。接枝共聚物经部分水合可生成一种对医治皮肤创伤特别有效的水凝胶,这种水凝胶可大量吸收伤口所分泌的体液,从而减轻疼痛和防止皮下组织干燥,还可用于褥疮、溃疡病和慢性皮肤溃疡病,在爽身粉中加入能提高吸水力。在农作物种子外面涂上皂化的丙烯腈接枝共聚物薄层,有利于保持水分,促进发芽。在林业上,移植树苗或其他种植树苗,将根部涂上皂化的丙烯腈接枝共聚物能保持水分,防止在运输、移植过程中因失水而枯萎、死亡,提高树苗的成活率。用作土壤添加剂能改良土壤的性质,对于吸水性差的沙土混入吸水剂能提高其蓄水性和水分含量,有利于植物生长,也可防止水土流失。丙烯腈接枝共聚物可用作有机溶剂的脱水剂,如除去普通乙醇中的水分,使其能与汽油均匀混合用作汽车燃料。另外,吸水剂还能用于提高煤粉的悬浮稳定性,增高流动性,避免沉淀或结块;利用吸水剂吸水膨胀成胶体的性质,能用作水溶液的增稠剂、悬浮剂和凝固剂。吸水剂具有离子交换功能,经交联后的淀粉制备的吸水剂适用于处理工业废水中的重金属。

拓 展 学 习

接枝共聚淀粉性质分析测定 1　高吸水性淀粉性能的测定

1. 吸收能力的测定

吸水能力用吸水溶液倍率来量度。

吸收倍率(即膨胀度)是指 1g 吸收剂所吸收溶液的量。单位为 g/g 或倍或 mL/g，按公式(12-5)、(12-6)计算。

$$Q = \frac{m_2 - m_1}{m_1} \tag{12-5}$$

$$Q = \frac{V_2}{m_1} \tag{12-6}$$

式中：

Q——吸水倍率；

m_1——吸收剂的质量，g；

m_2——吸收后吸收剂的质量，g；

V_2——吸收的液体体积，mL。

吸收的液体若是水、盐水、血液、尿等，则吸收倍率分别为吸水倍率、吸盐水倍率、吸血倍率、吸尿倍率等。

(1)吸收液体。

①去离子水：用以测定吸水剂吸水倍率，作为比较标准。

②1%或 0.9%的氯化钠水溶液：用来测定吸水剂的耐盐能力。吸水剂多在含盐类的水中使用，人体液含盐为 1%左右。

③血液：采用人血，也有用羊血及人工血液来检验它的吸收能力。

④人工尿：由于人尿因人而异，组成有差别，所以要采用人工尿。人工尿的组成为：水 97.09%，尿素 1.94%，NaCl 0.80%，$MgSO_4 \cdot 7H_2O$ 0.11%，$CaCl_2$ 0.06%。

(2)吸收能力的测定方法。

按膨胀力来定义的吸水能力测定方法如下：

①自然过滤法：将一定量的吸水剂放入大量的水溶液中，待溶胀至水饱和后，用筛网滤去剩余的水溶液。

②流动法：将吸水剂放入烧杯，然后向吸水剂逐滴加入水溶液，待溶胀后的吸水剂出现流动性为终点。

③纸袋法：将已称量的超强吸水剂放入纸袋中，浸入溶液中，待吸液饱和后，测出吸液的量。

④离心分离法：将一定量吸水剂加在大量的水溶液中，溶胀后离心除去多余的水溶液。

⑤量筒法：将吸水剂放入装有溶液的量筒中，待吸收后，放入小片牛皮纸，当牛皮纸

沉至某地方后，不再下沉，此时指示的体积，为吸收剂膨胀的量。

⑥薄片法：将吸水性吸收剂加工成薄片，浸没于溶液中至膨胀完后，测出吸收前后薄片的量。

以上方法各有千秋，无统一的测定方法。由于吸水剂的组成、相对分子质量、形态等对结果均有影响，所以不是很严密的。其中自然过滤法使用较为普遍。

2. 超强吸水剂的吸液速度的测定

吸液速度是指单位吸水剂在单位时间内吸收液体的体积或质量。

(1)测定凝胶体积膨胀法。

①量筒法。

与测量吸液能力的方法相同，记录不同时间的牛皮纸上升的刻度，即不同时间的吸液量。

②袋滤法。

将一定量的吸水剂放入纸袋、尼龙布袋或纱布袋中，然后浸入已装液体的量筒中，隔一段时间取出袋子，观察量筒中剩下液体的体积。即为吸水剂不同时间吸收液体的体积。

(2)测定凝胶重量法。

①自然过滤法。

自然过滤法是按照吸水能力测定的自然过滤法称取数份样品，分别放入液体中浸泡，依次以不同的时间进行过滤称量，得到不同时间的吸液量。

②纸袋法(或布袋法)。

纸袋法(或布袋法)是将定量的吸水剂放入纸袋、布袋或衬布袋中，浸泡入液体中，每隔一段时间取出、称量，可得不同时间的吸液量。

(3)片状或膜状产品测定。

片状或膜状产品，也可按称量法或体积法进行测量。称量法是切取一定量的试样，浸泡于液体中，每隔一段时间取出称量。体积法主要用于片状产品，切成长方体，测好体积，浸入液体后，隔一定时间取出测量体积，测出不同时间的膨胀体积。此外，对纤维状、膜状物也可测量其线性膨胀速度。

(4)搅拌停止法。

在烧杯中加入 50mL 的生理盐水，用磁力搅拌器搅拌，测定从投入 2g 吸水剂后到搅拌停止的时间。用该方法测出的速度是以时间 $t(\min$ 或 s$)$ 来表示。也可以按下式求出平均吸水速度，按公式(12-7)计算。

$$\bar{v} = \frac{50}{2t} = \frac{25}{t} \tag{12-7}$$

式中：

$\bar{v}$ ——平均吸水速度，$(\mathrm{mL}/(\mathrm{g}\cdot\min)$ 或 $\mathrm{mL}/(\mathrm{g}\cdot\mathrm{s}))$；

t ——加入吸水剂后至搅拌器停止所需的时间，$(\min$ 或 s$)$。

(5)水不流动法。

水不流动法与搅拌停止法一样，是将 50mL 去离子水加入烧杯中，一边搅拌，一边加入 0.5g 水凝胶剂，直到水不流动为止。测定吸收全部水所需的时间。其吸水速度也与上述方法一样，以平均速度 $\bar{v}$ 或吸收全部水所需的时间 $t(\min$ 或 s$)$ 来表示，按公式(12-8)计算。

$$\bar{v} = \frac{50}{0.5t} = 100/t(\,mL/(\,g\cdot min)\ \text{或}\ mL/(\,g\cdot s)\,) \tag{12-8}$$

12.3　水溶性高分子接枝共聚物

具有水溶性的高分子共聚物较多，最常见的是淀粉和丙烯酰胺、丙烯酸和几种氨基取代的阳离子单体接枝共聚，所得共聚物具有热水分散性，可用作增稠剂、絮凝剂和吸收剂等。

12.3.1　水溶性高分子接枝共聚物的制备

这类接枝共聚反应的引发剂一般是 ^{60}Co 或电子束。在某些情况下铈离子的化学引发也是有效的，但引发效果较差，接枝效率低。

淀粉被辐射后产生自由基加入到丙烯酰胺水溶液或丙烯酰胺含水的有机溶剂中，可制得接枝效率较高的产品。一种大规模的生产工艺是把 0.3~0.5cm 的淀粉薄膜，在氮气的保护下经电子束辐射，然后加到反应釜中，同时加入丙烯酰胺溶液，反应 30min，共聚物含聚丙烯酰胺的量随丙烯酰胺与淀粉分子比例增加而提高。分子比 1:1，电子照射 1.5~2mrad，所得共聚物含聚丙烯酰胺最高达 25%。

淀粉状态、反应介质、引发剂种类和引发方式等影响淀粉和单体的接枝共聚反应。

1. 淀粉颗粒大小对淀粉与丙烯酰胺接枝共聚反应的影响

接枝共聚反应中，淀粉原料的形态对反应的影响十分显著，主要是由于淀粉与丙烯酰胺的反应在淀粉表面进行，淀粉颗粒越小，淀粉颗粒的比表面积越大，丙烯酰胺聚合的效果越明显。如表 12-15 所示。

表 12-15　　　　　淀粉颗粒大小对淀粉与丙烯酰胺接枝共聚反应的影响

淀粉种类	颗粒直径/μm			丙烯酰胺聚合率/%	接枝增质量率/%	支链分子量×10⁶
	最　大	最　小	平　均			
稻米淀粉	7.8	6.0	6.5	97.66	246.4	6.03
木薯淀粉	15.6	8.4	10.2	93.60	229.0	5.15
玉米淀粉	15.6	9.0	10.8	93.02	228.1	7.68
马铃薯淀粉	35.6	22.8	32.4	75.54	184.2	3.56

反应条件为：淀粉 2.0g；丙烯酰胺 5.0g；去离子水 50mL；反应温度 50℃；反应时间 3h；高锰酸钾 1mol；介质 pH 值 3.5。

由此可知，淀粉颗粒大小对接枝共聚反应的影响是相当大的。稻米淀粉的颗粒最小，聚合率最高。木薯淀粉和玉米淀粉粒径相近，促进聚合的能力也相当。马铃薯淀粉颗粒直径最大，促进聚合的能力最差。

2. 淀粉状态对淀粉与丙烯酰胺接枝共聚反应的影响

将未糊化淀粉、开始糊化淀粉和完全糊化淀粉在相同的条件下与丙烯酰胺进行接枝聚合反应，产物用 60∶40(体积比)的冰醋酸-乙二醇溶剂抽提除去均聚物，测得的接枝反应参数如表 12-16 所示。

表 12-16　　　　　　　　淀粉状态对淀粉与丙烯酰胺接枝共聚反应的影响

淀粉预处理条件	丙烯酰胺聚合率 /%	粗接枝率 /%	纯接枝率 /%	接枝效率 /%	支链数均分子量 $M_n \times 10^6$
未糊化	96.35	240.88	140.60	58.37	6.31
70℃ 处理 30min	96.02	240.05	188.70	78.61	5.23
90℃ 处理 30min	95.47	238.68	201.49	84.42	4.94

注：反应条件为淀粉 2g；丙烯酰胺 5g；$KMnO_4$ 2mmol/L；$[H^+]$ 1.5mmol/L；反应时间 3h。

从表 12-16 可以看出，淀粉糊化与不糊化不影响丙烯酰胺的聚合度(都在 95%以上)，粗接枝率大致相同，但纯接枝率、接枝效率及支链数均分子量不相同。这是由于糊化后的淀粉团粒解体，充分润胀和水合，原来紧密结合的团粒结构的分子链伸张，和丙烯酰胺单体接触反应的几率大且均匀，因此，接枝聚合反应进行的顺利而深入，均聚物较少。而未糊化的淀粉由于存在团粒结构，接枝聚合仅仅发生在淀粉团粒表面，即主要是聚丙烯酰胺支链及均聚反应物在淀粉团粒表面上的沉积，因此，均聚物含量高，真正的接枝聚合物就比较少。另外，糊化完全的淀粉，与水溶性的丙烯酰胺单体接触机会多，反应活性点多，所以支链数均分子量相对较低，而未糊化的淀粉反应主要在团粒结构的表面进行，反应的活性点较少，增长链固定在团粒表面，移动受到限制，链终止的速度慢，所以支链数均分子量就比较高。

3. 不同引发剂对糊化淀粉与丙烯酰胺接枝共聚反应的影响

不同引发剂影响糊化淀粉与丙烯酰胺的接枝共聚反应。铈离子(Ce^{4+})作为引发剂，丙烯酰胺聚合率、接枝效率、侧链数均分子量均较锰离子(Mn^{3+})、高锰酸钾($KMnO_4$)、硫代硫酸铵$[(NH_4)_2S_2O_8]$高，如表 12-17 所示。

表 12-17　　　　　　　不同引发剂对糊化淀粉与丙烯酰胺接枝共聚反应的影响

引发剂	丙烯酰胺聚合率/%	接枝率			接枝效率 /%	侧链数均分子量 $M_n \times 10^6$
		m_1/g	m_2/g	$G/\%$		
Ce^{4+}	98.72	7.38	7.25	45	95.4	6.17
Mn^{3+}	95.08	7.23	6.94	38.8	87.0	5.38
$KMnO_4$	96.34	7.08	6.78	35.6	85.58	5.23
$(NH_4)_2S_2O_8$	93.46	7.00	6.62	32.4	81.0	3.84

注：①反应条件为淀粉 50g；丙烯酰胺 25g；反应温度 50℃；反应时间 3h；pH 值 4.0。

②m_1—未经洗涤的粗产品质量，g；m_2—洗涤后的产品质量，g；G—接枝率，%。

③引发剂浓度：$[Ce^{4+}]=0.1mol/L$；$[Mn^{3+}]=50\times10^{-3}mol/L$；$[KMnO_4]=1.5\times10^{-3}mol/L$；

$[(NH_4)_2S_2O_8]=(3.5\sim7.5)\times10^{-3}mol/L$。

4. 反应介质 pH 值对淀粉与丙烯酰胺接枝共聚反应的影响

高锰酸钾能在酸性溶液中引发丙烯酰胺的聚合,但不能在中性或碱性溶液中引发丙烯酰胺聚合。因此,锰盐引发的烯类单体聚合,都要在酸催化下进行。但酸的量不宜太多,因为过量的酸会显著降低产物的分子量,甚至会引起下列阻聚的副反应。

$$MnO_2+2H^+ \longrightarrow Mn^{2+}+H_2O+[O]$$

此外,酸的用量太多,在黏稠的产物中很难除尽,残留在产品中的酸在加热烘干过程中还会促进亚胺化交联而降低溶解性,因此,酸的用量要严格控制。

实践证明,无淀粉时,用高锰酸钾在 pH 值为 4 以上介质中不能引发丙烯酰胺的聚合,显然淀粉的存在对丙烯酰胺的聚合有一定的促进作用,这个促进作用是通过淀粉与四价锰盐形成复合物来实现的,其反应式如下:

$$Mn^{4+}+St—OH \longrightarrow 复合物 \longrightarrow Mn^{3+}+St—O \cdot$$

由于这个反应的存在,所以有淀粉存在时,锰盐引发丙烯酰胺的聚合可以在极低的酸浓度($10^{-4} \sim 10^{-5}$ mol/L)下,甚至在接近中性条件下进行,而且在 pH 值比较宽的介质中(pH 值 2.3 ~ 5.4)有很好的聚合率和较高的分子量,从而避免了单独用酸催化时要求酸浓度较高(大于 10^{-2} mol/L)才有较高聚合度的问题。

12.3.2 水溶性高分子接枝共聚物的性质及应用

淀粉与丙烯酰胺、丙烯酸和几种氨基取代阳离子单体接枝共聚,所得的共聚物具有热水分散性,可用作增稠剂、絮凝剂、沉降剂或上浮剂。常用于浮选矿石或处理工业废水,如浮选磷矿石中作为硅石的有效沉降剂,在泥土和煤粉水悬浮液中作为絮凝剂,在印染糊中作为增稠剂,石油工业中用于增加采油流体黏度提高石油产量,在造纸工业中用作助留剂、助滤剂和增强剂等。

12.4 热塑性高分子接枝共聚物

12.4.1 热塑性高分子接枝共聚物的制备

淀粉和其他高聚物共混、嵌段和接枝复合,可制得淀粉塑料树脂。例如,淀粉和热塑性丙烯酸酯、甲基乙烯酸酯、苯乙烯等接枝共聚,制得的共聚物具有热塑性,能热压成塑料或薄膜,可制成农膜、包装袋、吸塑产品等,这些产品具有优良的生物降解性,接枝共聚工艺简单,而且淀粉是自然界中取之不尽的原料。这类产品在取代以石油为原料的产品,无论是资源、环境还是经济效益,都具有十分重要的意义。

苯乙烯和淀粉的接枝共聚可以由 ⁶⁰Co 照射或过硫酸钾、过氧化氢、Fe^{2+}、Cu^{2+}、Zn^{2+}等相结合的体系引发。甲基丙烯烷酯与淀粉的接枝共聚,可用各种自由基引发体系,且具有良好的接枝效率,如用过氧化氢-硫酸亚铁-抗坏血酸体系引发、高铈离子引发、过氧化氢-亚铁离子引发,也可用臭氧处理或过钒酸钾处理来引发。丙烯酸甲酯与淀粉的接枝共聚可用高铈离子引发,很容易接枝聚合到颗粒状淀粉及糊化过的淀粉上。

在这类产品的接枝共聚反应中引发剂浓度、单体浓度、淀粉用量、反应温度、反应时间以及反应体系的酸度等对接枝共聚反应的单体转化率($C\%$)、接枝率($G\%$)和接枝效率

($E\%$)都有明显的影响。以过硫酸钾和亚硫酸氢钠组成的氧化还原引发体系为例，介绍上述因素对淀粉与丙烯酸甲酯接枝共聚反应的影响。

1. 引发剂浓度对淀粉与丙烯酸甲酯接枝共聚反应的影响

由过硫酸钾与亚硫酸氢钠组成的氧化还原体系，它们的相互配比和用量对接枝共聚反应皆有影响。一般情况下，当$[K_2S_2O_8]/[NaHSO_3]=1/2$(摩尔比)左右时，对反应有利。固定此比例，改变它们的用量，在引发剂浓度很低时，随着其浓度的增加，转化率、接枝率和接枝效率都逐渐上升。当引发剂浓度达到一定值继续增加时，接枝率增大，而接枝效率下降。说明此时虽对接枝链的增长有利，但均聚反应且增加得更快。若再加大引发剂浓度，将加剧均聚，也使接枝链的终止反应速率加大，所以接枝率和接枝效率都下降。

2. 单体浓度对淀粉与丙烯酸甲酯接枝共聚反应的影响

单体浓度在一定范围内变化对接枝共聚反应有一定的影响。随着单体浓度的增加，接枝率增大，而接枝效率逐渐降低，单体转化率维持在90%左右。由此表明，随着单体浓度的增大，接枝共聚和均聚反应都有所加快，但均聚反应变得更快。

3. 反应体系的酸度对淀粉与丙烯酸甲酯接枝共聚反应的影响

反应体系的 pH 值对自由基的生成有一定的影响，在一定范围内降低 pH 值有利于自由基的形成，从而使转化率、接枝率和接枝效率增大，如果酸度过大则不利于接枝共聚反应。

4. 反应温度对淀粉与丙烯酸甲酯接枝共聚反应的影响

反应温度对接枝共聚反应的影响较大。反应温度小于45℃时，接枝率和接枝效率随温度升高而增加；大于45℃时，则随温度的升高而降低，这可能是因为温度过高而使均聚反应和接枝共聚的链终止反应加快的结果。

5. 反应时间对淀粉与丙烯酸甲酯接枝共聚反应的影响

当反应温度一定时，反应3~4h，便可达到较好的接枝效果。若反应时间过长，接枝率和接枝效率都趋于下降，一些天然高分子与乙烯类单体接枝共聚时都有类似现象。

12.4.2　热塑性高分子接枝共聚物性质及应用

淀粉与热塑性丙烯酸酯、甲基丙酸酯和苯乙烯等接枝共聚物具有热塑性，能热压成塑料或薄膜，具有生物可降解性。

热塑性的淀粉接枝共聚物作为填充料的塑性材料，可制成农用薄膜、购物方便袋、方便快餐盒、一次性饮料杯等，具有一定的物理强度。废弃物在自然环境中经微生物、光等作用，再经过一段时间后又能降解成有机肥料，重新为自然界所吸收利用。这对于当今世界生物难以降解的塑料制品的废弃物造成严重的"白色污染"来说，无疑带来了一个福音。然而目前的研究还没有达到完全降解，因此，能完全降解的淀粉塑料是今后重点研究的课题。

12.4.3　其他接枝共聚物

淀粉-聚醋酸乙烯共聚物，经皂化成淀粉-聚乙烯醇，不分离除去均聚物，制成薄膜，其拉伸强度高过淀粉与聚乙烯醇混合物制成的膜。皂化淀粉-聚乙烯能用于棉、人造丝、聚酯纤维上浆剂和洗涤剂的添加剂,防止污物重新沉降于衣物上。

丙烯腈与丁基氨乙基丙烯酸酯混合与预糊化淀粉接枝共聚,所得的共聚物的接枝链具有强离子性,将此胶乳涂于玻璃平面上干燥会生成硬而透明的黏膜。

氯丁二烯-2-甲基丁二烯-丙烯腈混合与阳离子淀粉接枝共聚,再经超声波处理得胶乳,此胶乳经干燥,可形成柔软膜。

拓 展 学 习

接枝共聚淀粉的制备 1 H_2O_2–Fe^{2+}引发淀粉与丙烯腈接枝共聚

0.62mol 淀粉和 1.89mol 丙烯腈分散在 400mL 水中,分别用过氧化氢(100mol/mol 淀粉)、硫酸亚铁铵(1mol/mol 淀粉)和抗坏血酸(10mol/mol 淀粉)引发,所得共聚物含聚丙烯腈均为 50%,接枝效率为 83%,接枝链的数均分子量为 73000,接枝频率为 550AGU/枝。

接枝共聚淀粉的制备 2   锰(Mn^{3+})引发淀粉与丙烯腈接枝共聚

7.5g 淀粉(干基),丙烯腈 10mL(8.1g),Mn^{3+}为 1.08×10^{-3}mol/L,$Na_4P_2O_7$为 21.6×10^{-3}mol/L,30℃,反应 75min。实验结果见表 12-18。

表 12-18 Mn^{3+}引发淀粉与丙烯腈接枝共聚

试验号数	共聚物产量数/g	单体聚合量/g(聚合率/%)	接枝效率/%	均聚物含量/%	共聚物含聚丙烯腈量/%	接枝链平均数均相对分子质量	接枝频率/(AGU/枝)
1	13.6	6.10(75.3)	95.1	4.9	44.7	86000	650
2	13.75	6.25(77.2)	95.6	4.4	45.3	87900	655
3	13.75	6.20(76.5)	95.8	4.2	45.0	83500	640
4	13.0	5.5(67.9)	94.1	5.9	40.9	112200	997
5	13.15	5.65(69.7)	93.2	6.8	41.6	190500	1648

注:1、2 和 3 为颗粒马铃薯淀粉;4 为粉末状次氯酸钠氧化淀粉;5 为粉末状的叔胺淀粉衍生物。

接枝共聚淀粉的制备 3   铈离子引发淀粉与丙烯腈接枝共聚

淀粉乳先用氮脱氧,再与丙烯腈混合,然后与铈盐同时按一定速度引入反应器顶部,保持不断搅拌,于30℃下,反应几分钟后由底部流出,真空过滤,水洗干燥,粉碎得到共聚物产品。试验条件、结果及产品性能分别见表 12-19、表 12-20 所示。

表 12-19   共聚物制备的试验条件及结果

试验号数	反 应 条 件					产 品	
	水量 /kg	淀粉量 /kg	丙烯腈量 /kg	硝酸铈铵量 /kg	反应时间 /min	丙烯腈与淀 粉的摩尔比	转化率 /%
1	46.92	5.08	2.99	2.45	10	2∶1	87.3
2	47.95	5.08	1.50	2.90	8	1∶1	77
3	44.91	10.21	1.50	2.98	8	1∶2	97.7

注：硝酸铈铵浓度为 0.005mol/L。

表 12-20   共聚物性质

样 品	1	2	3	淀 粉
黏度/mPa·s，10%二甲基亚砜(DMSO)				
75℃	180	25	25	2400
75℃	434	62	71	8860
75℃放置 24h	512	62	66	7440
熔点/℃				
分解	230	230	230	
碳化	280	165	270	
水分/%	6	8	9.5	
均聚物含量/%	7.5	7.5	4.9	
二甲基甲酰胺(DMF)浸出物				
含接枝丙烯腈量/%	29.5	14.9	9.3	
聚合丙烯腈数均分子量	62000	36000	36000	
接枝频率/(AGU/枝)	937	1270	2170	
溶解情况	都能溶于热 DMSO，DMF，甲酰胺，水和 1mol/LKOH			

接枝共聚淀粉的制备 4　^{60}Co 照射引发淀粉与丙烯腈接枝共聚

0.025mol 淀粉，预照射到 50kGy，30℃下与 0.1mol 丙烯腈反应 2h，溶剂为 44.7g 水或 1∶4 水-乙二醇。试验结果如表 12-21 所示。

表 12-21 ^{60}Co 照射产品接枝参数

介 质	接枝效率 /%	共 聚 物		
		聚丙烯腈量/%	接枝链的数均分子量	接枝频率/(AGU/枝)
水	17	19.3	317000	8180
1∶4 水-乙二醇	14	15.7	7400	240

接枝共聚淀粉的制备 5 淀粉-丙烯酰胺接枝共聚

30 份淀粉与 400 份水调成淀粉乳，升温至 80℃通氮气 1h，将生成的凝胶冷却至 30℃，再与 1200 份甲醇、70 份丙烯酰胺、30 份硝酸铈盐溶液和 0.1 份的 N，N-亚甲基双丙烯酰胺混合，在 35℃下搅拌 3h，干燥后得淀粉-丙烯酰胺接枝共聚物。

第 13 章　其他变性淀粉

内容提要

　　简要介绍多孔淀粉、抗性淀粉、微球淀粉的概念、性质、分类、制备工艺及制备方法。多孔淀粉作为一种高效、无毒、安全的吸附剂被广泛应用于食品、医药卫生、农业、造纸、印刷、化妆品、洗涤剂、胶粘剂等行业；微球淀粉的特殊性能，已广泛应用于细胞学、免疫学、微生物学、分子生物学以及临床诊断与治疗等众多领域。

13.1　多孔淀粉

13.1.1　概述

　　多孔淀粉是指用物理(如超声波照射、喷雾、醇变性)、机械(如机械撞击)、酸解以及生物(如酶水解)方法使淀粉颗粒由表面至内部形成孔洞的淀粉。多孔产生很大的比表面积，因而多孔淀粉主要用作吸附的载体。多孔淀粉与其他吸附剂相比，除具有良好的吸附性能外，还具有以下优点：①原料来源广泛，廉价易得；②纯天然物质，安全、无毒，使用剂量不受限制；③可生物降解；④生产工艺简单；⑤应用广泛，适应性强。在制备多孔淀粉的过程中，不仅可控制其孔数、孔径、孔深，还可根据被吸附物质特性对其进行方便的改性。例如，当被吸附物质为非极性物质时，可在多孔淀粉的表面接上非极性基团，从而增强其吸附的专一性。多孔淀粉的优良特性已引起国内外学者的兴趣，对其制备和应用进行了较广泛的研究。

　　在多孔淀粉制备方法中，超声波照射、醇变性、机械撞击方法目前无法工业化生产；而用淀粉和明胶等混合再喷雾，形成的是一种实心端聚体，吸附作用只发生在表面的凹坑内，吸附量有限，应用前景并不乐观；从发了芽的种子中分离多孔淀粉也是靠发芽过程中产生的淀粉酶作用于淀粉颗粒而产生多孔，本质上也是酶解，但这种方法难以控制发芽的程度，不同种子间以及同一粒种子的不同部位淀粉受到酶解的程度都不一样，难以均一、稳定，不适于工业化生产；酸法或酶法就是用酸或淀粉酶部分降解淀粉颗粒而使其产生多孔状的方法。为了保持淀粉的颗粒状，必须在糊化温度下进行酸解或酶解。低温下酸解速率较慢，降解不一，随机性强，不易形成孔状，限制了酸法的应用，因此最常用的方法还是酶解。因为生淀粉水解酶来源于微生物，通过发酵，可大批量工业化生产酶制剂，而且酶解生产多孔淀粉的工艺简单易行，得到的多孔淀粉为中空颗粒，具有较大的吸附量。

13.1.2 酶法制备多孔淀粉的工艺及影响因素

酶法制备多孔淀粉的一般工艺流程如图 13-1 所示。

图 13-1 酶法制备多孔淀粉工艺流程

酶法多孔的形成主要取决于淀粉的来源、淀粉酶的来源及特性、酶的品种及浓度、作用温度、反应体系 pH 值、搅拌程度、预处理工艺等因素。如果证实一种生淀粉酶作用一种生淀粉能形成多孔淀粉，那么，通过控制酶解条件(底物浓度、作用温度、原料、pH值、搅拌程度)和淀粉的预处理工艺等就可控制淀粉水解程度调节孔的数目、大小、深度、颗粒的坚固性及结构稳定性。

1. 生淀粉酶的特性、来源

生淀粉酶属于淀粉酶的特殊种类，但至今还没有一个严格的定义。一般来说生淀粉酶是指可以直接作用未经蒸煮的淀粉颗粒的酶，生淀粉酶所涉及的酶有好几种，如 α-淀粉酶、β-淀粉酶、葡萄糖淀粉酶、异淀粉酶、脱枝酶、普鲁蓝酶、磷酸化酶等，其来源为曲霉、细菌、酵母、动物体内的消化液、植物、发芽植物种子等。这些酶除了大豆 β-淀粉酶一般没有生淀粉降解能力外，细菌 β-淀粉酶以及不同来源的糖化酶、α-淀粉酶均或多或少地有降解各种生淀粉的能力。粗酶的活性大于结晶酶(纯酶)的活性，内含 α-淀粉酶的糖化酶的活性大于不含 α-淀粉酶的活性。也就是说，具有生淀粉酶活力的各种酶之间有协同作用，单一纯酶的水解活力并不理想，需要有协同效应的酶共同作用，才能达到较高的水解能力。

2. 淀粉的来源、品种

生淀粉酶水解生淀粉一般来说受淀粉植物来源和酶来源的影响，谷类淀粉的水解要比块根类淀粉容易；同一种来源淀粉的水解率不同取决于品种、生长状态、组织层等；能形成多孔淀粉的生淀粉主要来源于玉米、木薯、甘薯、马铃薯、大米、大麦、小麦等；并不是任何淀粉都能形成多孔淀粉，有的淀粉不管用何种酶水解，只能从淀粉粒表面一层一层剥离，最终形成鳞片状外表面，如香蕉、百合、莲子淀粉粒。因此，形成多孔淀粉与否取决于淀粉的天然立体结构、生长环境等。

3. 直链淀粉含量

生淀粉的酶解程度取决于淀粉粒和酶的特性；酶解容易的淀粉粒一般直链淀粉含量较低，X 射线衍射图谱表现为 A 型，支链淀粉的短链/长链(质量比)在 2~3 以上；较难酶解的淀粉粒一般直链淀粉含量高，X 射线衍射图谱表现为 B 型，支链淀粉的短链/长链(质量比)在 2 以下。酶解的影响因素主要由直链/支链比例及其结构、颗粒表面积、结晶度、晶型、磷与糖苷残基的结合、酶对颗粒的吸附、原淀粉的多孔性等组成。

4. 淀粉的预处理

糖化酶酶解前对淀粉进行湿热预处理，能增加酶的敏感性，而且谷物类淀粉的效果好

于根茎类，如小麦淀粉水解率的提高程度大于土豆。如用 pH 值为 3.5 的醋酸缓冲液在
60℃下浸泡处理 2h，籼米淀粉的水解度升高，平均粒径与未预处理的相似，但粒子内部
更易水解，能形成单个深圆孔。又如用温水预先浸泡米淀粉 20~30min，再冷却至最佳水
解温度，发现细菌 β-淀粉酶被激活。因此，预处理能缩短酶解时间，提高淀粉的水解率。

5. 淀粉的粒度

淀粉颗粒大小对形成多孔的影响还受酶的来源及淀粉品种的影响。如用奇异雅霉、
Asp. Sp. 和 *Rhizopopussp.* 的糖化酶水解不同粒径的淀粉粒，发现只有 *Rhizopopussp.* 糖化酶
的水解率随粒径的减小而升高，而奇异雅霉和 *Asp. Sp.* 糖化酶的水解力与粒径没有明显的
关系；从马铃薯、大麦淀粉中分级得到的小颗粒比大颗粒更容易被酶水解；用枯草杆菌
α-淀粉酶和黑曲霉糖化酶共同作用不同粒径的木薯、玉米淀粉，大颗粒能形成多孔结构，
而小颗粒只在表面腐蚀，不能形成孔。

6. 淀粉中的蛋白质和脂肪

蛋白质的存在阻碍酶接近淀粉粒子，淀粉中蛋白质含量越高，酶解速度越低。结合磷
脂和其他共存物的存在也会影响淀粉粒的酶解。一般谷物类淀粉中脂质的总量为 0.7%~
1.2%，豆类淀粉为 0.01%~0.87%，块根类淀粉为 0.08%~0.19%。这些脂质以游离状态
或与淀粉结合的形式存在，结合脂质通过离子键或氢键结合到淀粉分子的羟基上或形成直
链淀粉包合复合物，直链淀粉将脂质包合在螺旋的疏水核心。由于直链淀粉-脂质复合物
的存在影响酶的吸附，降低了 α-淀粉酶作用的敏感性，从而影响酶解速度。用 α-淀粉酶
水解各种脱除了全部脂质的淀粉，发现不同淀粉的水解率的提高程度不同，次序依次为：
马铃薯>小扁豆>木薯>小麦>玉米淀粉。

脂质的脱除增加了 α-淀粉酶接近直链淀粉的机会，小麦、玉米、木薯淀粉水解率的
提高要归功于直链淀粉构象的转变(从 V 形螺旋→无规线团)，为酶解提供了较大的比表
面积。直链淀粉-脂质复合物中的脂质通过一般的脱油方式不能将脂质全部脱除，除非用
热丙醇水溶液(3∶1，$V∶V$)在 90~100℃抽取 7h 才能将脂质脱除。在制备多孔淀粉时，
若以上述条件脱除脂质，淀粉可能已经糊化，不利多孔淀粉的形成。

7. 酶解条件

pH 值会影响底物分子和酶分子的解离状态，任何一种酶都在适当的 pH 值范围内有
较高的活性。一般是利用柠檬酸缓冲液或醋酸缓冲液来控制 pH 值的范围。葡萄糖淀粉酶
合适的 pH 值为 4.0~4.5，α-淀粉酶的合适 pH 值为 5.4~6.9。

发现葡萄糖淀粉酶的活性较高，β-淀粉酶的活性为零；α-淀粉酶和葡萄糖淀粉酶组合
后使用效果较好。当两者比例为 1∶4 时形成的微孔淀粉吸水率、吸油率较高。

随着酶用量的增加，水解率增加，但当酶质量分数增加到 1.2%~1.5%以后，酶含量
增加，水解率增加不大。因此从生产成本角度考虑，酶用量应以选择在 1.0%~1.2%较为
合适。

由于淀粉的糊化温度低，制备微孔淀粉要避免在反应过程中淀粉的糊化，所以反应温
度应控制在 50℃以下。

13.1.3　多孔淀粉的性质及应用

淀粉形成微孔后，其性质较原淀粉会有一定的不同。以此为原理开发出了多孔淀粉。

多孔淀粉起始糊化温度降低，95℃时黏度降低，保持30min黏度下降显著，说明黏度稳定性下降。这是因为淀粉经过酶处理后形成的微孔淀粉结构疏松，水分子易于进入淀粉分子内部，容易糊化；水解后淀粉链长度减少，抵抗剪切的搅拌能力下降，黏度稳定性下降。

多孔淀粉冻融稳定性下降，透明度增加，沉降体积减小。这是由于多孔淀粉的淀粉粒结构受到一定程度的破坏，淀粉链长度减小，导致淀粉分子更容易重新取向排列回生，淀粉糊易形成均匀水合体系和淀粉糊持水性下降。

多孔淀粉经结构改良可改善其性质。例如，多孔淀粉经交联处理能增强淀粉结构，增加抗机械破碎能力和抑制淀粉粒在水中膨胀，使淀粉糊变得稳定不易回生，且在低度聚合时对微孔淀粉更加有效。淀粉粒经表面活性处理（如淀粉与长链脂肪酸形成衍生物），可增强淀粉表面的亲脂性，使淀粉颗粒易吸收脂溶性物质。

多孔淀粉作为一种高效、无毒、安全的吸附剂被广泛应用于食品、医药卫生、农业、造纸、印刷、化妆品、洗涤剂、胶粘剂等行业。在医药上作为片剂的基材材料，将药剂吸附在淀粉孔中，可实现缓释放药剂和防止药剂散失，从而提高其使用效果。

在农业上，多孔淀粉可用作杀虫剂、除草剂载体，能有效控制农药挥发、分解和释放速度，延长农药有效期。在食品工业上，可作为油脂、脂溶性维生素、保健物质和色素等包埋剂，减少其食品储藏期损失。还可作为粉末油脂、脂肪替代物原料。在化妆品中，多孔淀粉能吸附化妆品中各种有效成分（如保湿剂、表面活性剂、维生五线谱、杀虫剂等），在降低化妆品对皮肤刺激的同时提高产品涂抹性、潮湿感、滑爽感和平滑度，在涂抹时通过摩擦生热释放吸附在孔中的功能性成分。在洗涤行业，多孔淀粉吸附香味或织物柔软剂，再用碳水化合物包埋制成颗粒状添加剂添加至洗涤剂中，达到增香、消除异味、柔软衣物的目的。在胶粘剂行业，添加多孔淀粉可提高胶粘剂稳定性，延长有效期。在热记录材料保护层添加多孔淀粉可增强密封性、耐磨性和记录图像储存性。在造纸行业，向涂布料中加入多孔淀粉，可增强纸张表面强度；在油墨中加入多孔淀粉，可解决印刷剂附油墨过多而出现残墨问题。

13.2 抗性淀粉

13.2.1 抗性淀粉分类

抗性淀粉是指在健康人的小肠中不能被消化吸收的淀粉及淀粉降解物的总称。按照目前公认的分类方法，抗性淀粉可以分为 RS_1、RS_2、RS_3 和 RS_4。

RS_1 指淀粉酶无法接近的淀粉，主要存在于完整或部分研磨的谷粒、豆粒之中。淀粉颗粒因细胞壁的屏障作用或蛋白质的隔离作用而难以与酶接触，因此不宜被消化。加工时的粉碎、研磨及饮食时的咀嚼等物理动作可改变其含量。

RS_2（抗性淀粉颗粒）是指未经糊化的生淀粉和未成熟的淀粉粒，常存在于生马铃薯、生豌豆、绿香蕉中。这类淀粉在结构上存在特殊的构象或结晶结构，对酶具有高抗性。

RS_3（回生淀粉）指糊化后的淀粉在冷却或储存过程中部分重结晶，是凝沉的淀粉聚合物，常存在于冷米饭、冷面包、油炸土豆片中。

RS₄(化学改性淀粉)是指由基因改造或化学改性引起淀粉分子结构发生变化从而产生抗酶性的一类抗性淀粉，如交联淀粉、接枝频率较高的接枝共聚淀粉等。

在四类抗性淀粉中，RS₃是令人最感兴趣的一种，淀粉或含淀粉类食物在加工过程中，通过控制水分、pH 值、加热温度及时间、糊化-老化的循环次数、冷冻及干燥条件等因素可以产生 RS₃抗性淀粉，或通过控制上述因素可以提高 RS₃抗性淀粉的产量，这是淀粉分子在凝沉过程中分子重新聚集成有序的结晶结构的缘故。由于结晶区的出现，阻止淀粉酶靠近结晶区域的葡萄糖苷键，并阻止淀粉酶活性基团中的结合部位与淀粉分子结合，造成不能完全被淀粉酶作用，从而产生抗酶解性。总的来说，抗性淀粉就是老化淀粉的重结晶体。

13.2.2　RS₃抗性淀粉

(一)抗性淀粉的制备方法

有关 RS₃抗性淀粉的制备，国内外近几十年来发展很快，研究较为广泛，其制备方法可以分为以下几类。

1. 热液处理法

按照热处理温度和淀粉乳水分含量的不同，淀粉的热液处理可以分为以下五类。

(1)湿热处理(Heat Moist Treatment，HMT)。

湿热处理是指淀粉在低水分含量下经热处理加工的过程，其含水量小于 35%，温度一般较高，在 80~160℃之间。

(2)韧化处理又称退火处理(Annealing，ANN)。

退火处理是指在过量水分含量的条件下，其含水量大于 40%，温度设定在淀粉糊化温度以下的热处理过程。

(3)压热处理(Autoclaving)。

压热处理是指淀粉含水量大于 40%，溶液在一定温度和压力下进行处理的过程。

(4)减压处理法(Reduced-Pressurized)。

短时间内能够进行大批量的处理，没有糊化的淀粉颗粒，热稳定性高，工业生产非常有潜力。

(5)超高压处理法(Ultrahigh Pressure)。

通过处理后，A 型结晶由于压力的作用，双螺旋结构重新聚集，部分转为 B 型，但是这种处理不能导致分子量的降解。此处理淀粉颗粒糊化，但保持其颗粒结构，不发生溶出现象。因此与热糊化淀粉相比，这种处理表现出不同的糊化以及凝胶特性。

其中一些可以在不发生糊化的条件下，淀粉颗粒维持其最初的颗粒结构，来提高 RS 的含量。当含水量较高时(大于 40%)，微晶结构的破坏温度与糊化温度接近，因此在这种含水量的条件下 ANN 处理温度必须低于此条件下的糊化温度，用以维持微晶结构以及形成更多的抗性淀粉。在 HMT 以及 ANN 之间，有选择地进行水解可以提高原料中的抗性淀粉含量。高温高压处理用以使淀粉颗粒充分糊化，直链淀粉分子彻底溶出，从而有利于直链淀粉分子双螺旋间的充分缔合，有利于抗性淀粉的形成。

2. 挤压处理法

淀粉乳液在挤压机螺旋的推动下，被迫曲折前进，在推动力和摩擦力的作用下受热受压，淀粉颗粒达到高温高压状态，突然释放至常温常压，使物料内部结构和性质发生变化，经高温高压，淀粉颗粒中大分子之间的氢键削弱，造成淀粉颗粒的部分解体，形成网状组织，黏度上升，发生糊化现象，此过程的高温高压和高剪切使淀粉发生物理化学变化，一些糖苷键断裂，淀粉分子发生解聚作用，线性片断更容易形成抗酶解的结构，促进了抗性淀粉的形成。

将挤压膨化技术应用于抗性淀粉制备的预处理中，是由于在抗性淀粉的制备过程中，挤压膨化起到预糊化的作用，提高淀粉的糊化度，只有使淀粉完全糊化，才能使淀粉酶与普鲁兰酶对其充分作用，生成一定长度的直链淀粉分子，通过调节酶作用条件，从而提高抗性淀粉得率。

挤压处理按其处理方法又可以分为双螺旋挤压法和单螺旋挤压法。

(1) 双螺旋挤压法。

在谷物早餐中，通过添加不同种类的面粉以及控制挤压条件来提高 RS 的含量，并且发现添加柠檬酸能够增加 RS 的含量，添加 7.5% 的柠檬酸以及 30% 的高直链玉米淀粉，转速从 300r/min 调至 200r/min，RS 含量从 1.75% 增加至 14.38%，转速的影响较小。

(2) 单螺旋挤压法。

以芒果淀粉为原料，通过单螺旋挤压法来制备 RS。RS 含量受水分含量、温度的影响。螺旋的转速、温度也对 RS 得率产生影响。在 70r/min，150℃ 条件下，RS 得率最高为 97g/kg(原淀粉中 RS 为 11g/kg)，与双螺旋挤压处理以及以高直链玉米淀粉为原料进行挤压制备相比较，单螺旋挤压法 RS 得率较高。

3. 微波辐射法

近年来，微波加热过程中膨化效应是国内外研究的热点之一。由于微波加热速度极快，使得食品物料中的水分在短时间内迅速蒸发汽化，并在内部积累形成压力梯度，若物料质构不能承受这个压力，就会造成体积膨胀，产生膨化效应，抗性淀粉(RS_3)形成的过程实际就是淀粉老化的过程。①在微波膨化处理过程中，淀粉分子间氢键断开，冷却阶段相邻的直链淀粉间形成氢键，即淀粉的老化过程；②食品物料微波膨化的内动力是水分汽化，在此过程淀粉糊化，使物料产生多孔的网状结构，有利于酶的作用；③微波处理时间短，效率高，工艺安全，并大大缩短了制备工艺时间。

目前，微波膨化技术主要应用于物料的后期处理，如加工淀粉膨化食品、蛋白质膨化食品等。微波膨化作为食品物料的后期处理技术已经较为成熟，但作为物料的预处理技术的研究却不多见。因此，将微波膨化技术应用于抗性淀粉制备的预处理中，使淀粉糊化的同时产生膨化效应，有利于淀粉酶或普鲁士酶的酶解作用，再通过控制酶解条件，提高抗性淀粉的得率。

微波处理受淀粉的加热温度以及水分含量的影响，尤其是水分与升温速度显著相关，当水分含量较低时，升温速度非常快，当水分含量较高时，升温却不显著。这种处理方法所导致淀粉物理化学性质的改变类似于湿热处理所产生的影响。微波处理与湿热处理相比，在相对较低的温度下所需的时间较短。此法是一种新工艺，目前尚未在生产上实施。

4. 超声波处理

超声波是一种频率很高($10^5 \sim 10^8$Hz)的声波。高强度的超声波可引发聚合物的降解，一方面是由于超声波加速了溶剂分子与聚合物分子之间的摩擦，从而引起 C—C 键裂解；

另一方面是由于超声波的空化效应所产生的高温高压环境导致了链的断裂。与其他降解法相比较，超声降解所得的降解物的分子量分布窄小，纯度高。

超声波处理可应用于制备抗性淀粉的酶解，因为在抗性淀粉的制备过程中，淀粉分子的降解与酶解是必不可少的过程，超声波在降解淀粉的同时，可以使酶解速度增加，缩短抗性淀粉的制备时间，通过控制反应条件，取得制备抗性淀粉的最佳工艺条件。

5. 蒸汽加热法

用热蒸汽和高压热蒸汽分别对黑豆、红豆、利马豆进行处理，RS 的得率为 19%～31%，所得 RS 含量比原淀粉中 RS 含量高 3～5 倍，从而证明蒸汽加热法也是一种制备 RS 的有效方法。当蒸汽处理时间延长至 90min 时，会导致总淀粉含量的降低，其原因为加热时间过长导致了豆类淀粉的水解，并伴有转糖苷反应的发生。加热过程中的美拉德反应以及焦糖化反应都会对产物的消化性产生影响。

6. 脱枝降解法

在抗性淀粉的制备过程中，现有的脱枝方法有两种，一种是酶法脱枝，另一种方法是化学方法脱枝，用酸(盐酸、硫酸、硝酸等)处理淀粉，又称淀粉的林特勒化，有一定的脱枝效果，但其脱枝效果不及酶法脱枝效果好。

所用的酶主要为脱枝酶类，最常用的如普鲁兰酶(Pullulanase)，这种酶可以水解直链淀粉和支链淀粉分子中的 α-1, 6 糖苷键，并且所切 α-1, 6 糖苷键的两头至少含有两个以上的 α-1, 4 糖苷键，从而使淀粉的水解产物中含有更多的游离的直链淀粉分子。在淀粉的老化过程中，更多的直链淀粉双螺旋相互缔合，形成高抗性的晶体结构。另外也可以用普鲁兰酶及 α-淀粉酶复合处理原淀粉溶液，α-淀粉酶属于内切酶，切割淀粉分子间的 α-1, 4 糖苷键，由于 α-淀粉酶水解淀粉的速度比较快，所以要控制 α-淀粉酶的作用时间，用以产生链长度均匀且长度适中的淀粉分子，又由于水解后的淀粉分子含有许多直链结构，所以要通过普鲁兰酶的脱枝处理用以产生长度均一的脱枝分子片断，有利于分子间相互缔合成高含量的抗酶解淀粉分子。

7. 其他

用反复脱水的方法处理马铃薯淀粉、木薯淀粉、玉米以及小麦淀粉能够产生具有特定物理性质的抗性淀粉，X 射线以及 IR 分析结果表明，反复的脱水收缩过程致使淀粉发生物理改性，这一过程可以用淀粉的老化机理来解释。在预煮、膨胀、爆破、晾干、滚筒干燥、发酵以及压热处理大米淀粉时发现，压热处理法所得的 RS 含量最高，并且当压热冷却循环次数增加时，RS 含量提高 5 倍。

有专利介绍，用脱枝酶处理预糊化淀粉用以得到部分脱枝淀粉溶液；或以经酶解或者酸水解而部分降解的淀粉产品为原料(如马铃薯麦芽糊精)，选择最佳的适合老化的方法进行脱枝，用以制得抗性淀粉产品；或以高直链玉米淀粉为原料，通过控制酸水解，继而通过湿热处理，可制得 RS 含量达到 60% 的产品。

在制备抗性淀粉的过程中，可与现代高新技术结合起来，如将挤压膨化技术或微波膨化技术用于淀粉的前处理，超声波技术用于加速酶解等。这些应用即可加速反应进程，提高制备抗性淀粉过程中的科技含量，又可扩大高新技术的应用领域。

总之，将高新技术应用于制备抗性淀粉的预处理或酶解过程中，即可缩短制备时间，提高效率，又拓宽了高新技术设备的应用领域，具有很大的发展前景。

（二）影响 RS₃抗性淀粉形成的因素

1. 淀粉原料的种类

不同植物来源的淀粉其特性不同，因而 RS 的产量也不同，而且不同的基因类型也会影响 RS 的产量。例如，对几种大米淀粉和马铃薯淀粉形成 RS 的能力进行比较，用分子排阻色谱法研究其分子结构。认为侧链聚合度在 50 左右的马铃薯淀粉经脱枝处理后更适宜用来生产抗性淀粉；对 4 种基因型的高直链玉米淀粉的 α-淀粉酶的抗消化性研究表明，不同基因型 RS 产量各不相同，最高可达 65%，而低的只有 40.1%。

2. 直链淀粉的含量及其聚合度的影响

由于直链淀粉比支链淀粉更易发生老化，所以直链淀粉含量越高，抗性淀粉的产量越高。随着直/支比增大，抗性淀粉占总淀粉的百分比增大。如通过经典碘法及氯化钙法对通过酶法制备所得的各 RS 样品的直链淀粉含量进行测定，测定结果表明脱枝处理可明显提高直链淀粉的含量，最高可达 51.26%，远远大于原淀粉的含量 23.15%。

RS 得率不仅与直链淀粉含量有关，同时还与直链淀粉分子量大小有关。如用 β-淀粉酶水解马铃薯淀粉，得到平均聚合度在 40~610 的淀粉，在 4℃下老化，凝胶渗透色谱分离得到的 RS 的聚合度在 19~26 之间，当聚合度小于 100 时，随着直链淀粉聚合度的增加，RS 产量也增加，直链淀粉的聚合度在 100~610 时 RS 产量（23%~28%）趋于平缓，当聚合度为 260 时 RS 的产量最高可达 28%。

3. 淀粉原料所含的内源脂类

大量的研究发现内源脂类影响 RS 的形成，质量较小的物质（如醇类、脂类）能与自身质量 6 倍的直链淀粉结合形成复合物。直链淀粉与油脂结合后就不再参与直链双螺旋的形成，因而降低 RS 的含量。脱脂能显著提高抗性淀粉的含量，而脱蛋白质对 RS 含量的影响不显著。如经脱脂处理的淀粉 RS 含量（8.6%）高于原淀粉（7.0%）及无脂淀粉（8.1%）。

4. 处理方式、处理工艺的影响

不同处理方式所得抗性淀粉的含量不同。例如，蜡质玉米淀粉用常压蒸煮、高压蒸煮、焙烤、挤压和煎炸等方式处理，发现常压蒸煮、高压蒸煮的方式较其他的方式产生的 RS 含量高；低温长时间（120℃，12h）焙烤制得的面包中抗性淀粉（5.0%）比一般的焙烤方式（200℃，40min）所得的（3.0%）抗性淀粉含量高。

处理工艺不同所得抗性淀粉的含量也不同。如淀粉糊化时采用高压处理与沸水浴处理制得的 RS 差异不显著；糊化时的 pH 值控制在 3.5~10.5 之间，RS 得率不受 pH 值的影响，当 pH 值<1.5 或 pH 值>13 时，淀粉易发生水解或溶解。老化时采用缓慢的降温方式，先在室温下冷却，然后置于低温下老化将有利于提高抗性淀粉的含量。淀粉乳浓度、pH 值、加热温度、保温时间等物理因素对 RS 形成有影响，对抗性淀粉得率影响最大的是淀粉乳浓度，其次是 pH 值、加热温度，影响最小的是保温时间。

RS 的形成符合晶体的结晶理论，即在低温下成核速度快，较高温度下晶体成长速度最快。因此，通过切换储存时的温度，即在低温下形成凝胶后，再进行压热处理，破坏凝胶结构，并置于较高的温度下保存，可提高抗性淀粉的含量。经过 120℃高压糊化的小麦淀粉分别在 0℃、68℃、100℃的温度下保存，结果发现开始时大约 15min，在最低结晶温度 0℃时 RS 含量较高，而经过一段较长时间后，RS 在最高结晶温度 100℃时含量较高。

加热/冷却处理次数对抗性淀粉的形成影响很大。随着次数的增加，抗性淀粉形成量也增加。如玉米淀粉经 20 次冷热循环后，抗性淀粉含量由 21.3% 增至 40% 左右，其原因是加热/冷却处理有助于淀粉分子的有序化和凝沉。

5. 食品成分糖(葡萄糖、果糖、麦芽糖和蔗糖)对湿热处理过程中颗粒态抗性淀粉形成的影响

糖的品种及糖的用量对抗性淀粉的得率有影响。例如，葡萄糖、果糖、麦芽糖和蔗糖对颗粒态抗性淀粉含量都有影响而且都有一个最适添加量，分别为 18%、7%、22% 和 10%。在最适添加量之前，随着糖含量的增加，抗性淀粉含量增加，超过最适添加量后，抗性淀粉含量与糖添加量成反比。

糖在颗粒态抗性淀粉的形成过程中充当增塑剂的作用，不同的糖对抗性淀粉形成的影响有差异。在颗粒态抗性淀粉的生产过程中，可以通过适当添加糖的方法提高其含量。

6. 盐对颗粒态抗性淀粉形成的影响

不同的盐对抗性淀粉形成的影响有差异。例如，NaCl 和 KCl 有利于抗性淀粉的形成且都有一个最适添加量，分别为 20% 和 12%。在最适添加量之前，随着盐含量的增加，抗性淀粉含量增加，超过最适添加量后，抗性淀粉含量与盐的添加量成反比。而 CaCl$_2$ 的添加对抗性淀粉的形成起抑制作用。

7. 脂对颗粒态抗性淀粉形成的影响

对原淀粉进行一定的脱脂能增加抗性淀粉的含量，而添加单硬脂酸甘油酯和蔗糖脂肪酸酯降低抗性淀粉的含量，且随着两种脂添加量的增加，抗性淀粉含量降低。可能的原因是脂与淀粉之间的亲和力大于淀粉之间的亲和力，在湿热处理过程中，易与链淀粉形成复合物，降低了链淀粉之间的结合，不利于湿热处理抗性淀粉的形成。而形成的复合物在抗性淀粉测定时又能被酶消化，故抗性淀粉含量降低。这同时也说明了颗粒态抗性淀粉的形成与淀粉中链淀粉有关。

13.2.3　抗性淀粉的性质及应用

抗性淀粉是指人体不能消化的淀粉，在代谢特性上类似于膳食纤维，但它们的理化性质却与膳食纤维相差甚远。抗性淀粉的持水力远不及膳食纤维，口感也不粗糙，且不会影响食品的风味和质地，所以它是低湿食品首选的"膳食纤维"，它还可添加于焙烤和挤压食品中以改善其加工工艺和制品质量。在麦片中添加抗性淀粉其持水力比添加燕麦纤维或小麦纤维者低，但产品的膨胀率相对较大，且燕麦纤维或小麦纤维对麦片质地有负面影响。抗性淀粉与小麦纤维并用有协同作用，所以抗性淀粉可用于不能用传统膳食纤维的食品中。

抗性淀粉属于人体无法消化吸收的多糖类物质，显然它不属于膳食纤维，但其生理功效与水溶性膳食纤维有许多相似之处。抗性淀粉是无能量的，因而可以减少人体能量和可消化吸收糖的摄入，从而有助于体重控制和防止糖尿病。抗性淀粉可降低血液胆固醇和甘油三酯，可有效降低血脂和预防脂肪肝的形成。和膳食纤维一样，抗性淀粉可增加粪便体积，有助于防止便秘及直肠癌的发生。虽然抗性淀粉不能在小肠中被消化吸收，但可被肠道内细菌发酵利用而产生短链脂肪酸。抗性淀粉能在肠道内被发酵形成大量与直肠癌防治关系密切的短链脂肪酸——丁酸。但有关抗性淀粉生理功效的研究还很肤浅，有待深入、系统化。

由于抗性淀粉本身的物理特性以及对人体独特的生理功能，可将其作为食品膳食纤维的功能成分，适量添加在食品中，制成不同特色的风味食品和功能食品，而又不像膳食纤

维那样对食品的口感影响太大，这是抗性淀粉最引人关注的应用前景。添加抗性淀粉的面包不仅膳食纤维成分得到了强化，而且在气孔结构、均匀性、体积和颜色等感官品质方面均比添加其他传统膳食纤维的营养强化面包好。抗性淀粉不仅可作为膳食纤维的强化剂，也是一种良好的结构改良剂，赋予食品令人喜爱的柔软性，所制成的含抗性淀粉的蛋糕在焙烤后，其水分损失量、蛋糕的体积、密度与加入膳食纤维、燕麦纤维的蛋糕相似。饼干类食品加工对面筋质量要求较低，可较大比例添加抗性淀粉，这样稀释的面粉面筋在焙烤时可减少褐变机会，使含抗性淀粉的饼干柔软、疏松、色泽光亮，有利于制作以抗性淀粉功能为主的多种保健饼干。另外，抗性淀粉能在小食品表面形成一层光滑、透明、有光泽的薄膜。这是因为抗性淀粉中的直链淀粉聚合体沉淀于产品表面，产品表面脱水后便形成一层光滑薄膜；又由于直链淀粉有较强的抗拉伸性，因此抗性淀粉可降低表面涂层的易脆性。抗性淀粉因具有较好的黏度稳定性、很好的流变特性及低持水性，所以可作为食品增稠剂使用。又由于抗性淀粉为水不溶性物质，在黏稠不透明的饮料中可用抗性淀粉来增加饮料的不透明度及悬浮度，它不会产生沙粒感，也不会掩盖饮料风味。另外抗性淀粉还可以用于汤料中。抗性淀粉不仅是双歧杆菌、乳酸杆菌等益生菌繁殖的良好基质，还可以作为菌体保存剂。例如，加有抗性淀粉的酸奶，乳酸杆菌的数量明显高于对照品，饮用后，菌体的存活率大为提高。由于抗性淀粉具有良好的生理功能，因此，抗性淀粉可以作为原料来开发高品质的功能性保健食品。

拓 展 学 习

抗性淀粉测定 1　抗性淀粉含量的测定

1. 测定原理

除去试样中的可消化淀粉（包括快速消化淀粉（RDS）和慢速消化淀粉（SDS）），然后用 Somogyi-Nelson 法测定还原糖，乘以 0.9 即为抗性淀粉的量。

2. 分析步骤及结果

取一定量淀粉试样，加入 HCl-KCl 缓冲溶液，加入胃蛋白酶，37℃ 保持 16h（不断振荡），加入磷酸盐缓冲溶液和耐高温 α-淀粉酶，100℃ 恒温 30min（不断振荡），冷却至室温，调整 pH 值后，加入葡萄糖淀粉酶，60℃ 保持 1h（不断振荡），冷却，加入 4 倍体积 95% 乙醇，混合均匀，离心（4000r/min，30min），弃去上清液，醇洗重复 3 次，将沉淀物溶解于 4mol/L KOH 溶液中，用 HCl 溶液中和，加入葡萄糖淀粉酶，60℃ 恒温 1h（不断振荡），离心（4000r/min，30min），收集上清液。对沉淀物至少水洗 3 次，离心后合并上清液，用水定容至 50mL。用 Somogyi-Nelson 法测定还原糖，乘以 0.9 即为抗性淀粉的含量。

13.3　微球淀粉

13.3.1　概述

淀粉微球是一种交联淀粉，其制备是在引发剂的作用下，使交联剂与淀粉上的羟基进行适度交联制得，其合成如下：

$$AGU—(AGU)_n—AGU+nM \longrightarrow$$
$$\sim\sim\sim AGU—(AGU)_m—AGU \sim\sim\sim$$
$$\sim\sim\sim M—M \qquad\qquad M—M—M$$

式中：AGU 表示淀粉的脱水葡萄糖单元；M 表示与淀粉进行交联反应的单体。

淀粉微球与一般交联淀粉的显著区别是：淀粉微球有一定的粒径及粒径分布要求。所以淀粉微球在淀粉交联以前要借助物理或化学作用进行分散，所得产品的粒径在一定程度上取决于淀粉分散剂中的分散程度及其稳定性。

13.3.2　淀粉微球的制备方法

制备淀粉微球常用的交联剂有环氧氯丙烷、表氯醇、双丙烯酰胺、对苯二甲酰氯、偏磷酸盐、乙二酸盐等。其用量与淀粉的种类、分子量及溶解度有关。反应一般是在 W/O 型反相乳液中进行，针对淀粉微球的不同用途，介绍几种典型的淀粉微球的合成方法。

1. 载药用淀粉微球的制备及影响因素

淀粉微球作为药物载体主要应用于药物的靶向传输。淀粉微球作为药物载体要求无毒、易生物降解、原料廉价，这样既可提高药物疗效，又可降低毒副作用，同时淀粉微球的粒径大小与分布要适当。例如，静脉注射要求使用 $7 \sim 12\mu m$ 的微粒，可被肺机械性滤阻而摄取；动脉注射要求使用大于 $12\mu m$ 的微粒，可阻滞于毛细血管床，到达肝、肾或肿瘤器官中。

淀粉乳浓度、油水相之比、乳化剂用量、交联剂用量及搅拌速度等对载药淀粉微球的制备都有影响。

用乳化-交联法制备微球淀粉，搅拌速度的快慢是一个重要的影响因素。当搅拌速度增加时，有利于水相分散，所得微球的粒径变小；但是过快了又会使已分散的微球发生碰撞凝聚、粘连，造成大小不一，影响微球质量，而搅拌速度较慢时，所得微球的粒径又较大。故较佳控速的方法是控制搅拌转速以水相不致溅于瓶壁上发生聚集为宜。

2. 磁性淀粉微球的制备及影响因素

采用乳化复合技术可以把淀粉包裹在磁性氧化铁粒子表面，形成四氧化三铁-淀粉复合微球。这类微球不仅具有淀粉类微球特有的优点，还具有磁性，将药物结合于磁性淀粉微球，用于体内，利用外加磁场引导微球在体内定向移动和集中，达到定向作用于靶组织的目的，不仅能明显增加抗肿瘤剂的有效治疗指数，还能减少或消除全身毒性。另外，磁性淀粉微球还可应用于酶的固定化、免疫测定、细胞分离、层析、卫生保健、化妆品等领域。

氯化亚铁用量、过氧化氢浓度、淀粉用量及 pH 值影响磁性微球形成及磁响应性。

(1)磁性氧化铁含量与磁响应性。

固定其他条件，改变氯化亚铁用量，制备磁性淀粉微球，用原子吸收光谱测定微球中铁含量。然后将上述微球的水悬浮液置于 0.05T 磁场中，测定微球的沉降距离，结果见表13-1。

表 13-1 说明，磁性淀粉复合微球，在无外加磁场存在时，可以稳定分散于水介质中，24h 内无明显沉降趋势，这说明复合微球在水溶液中具有良好的分散稳定性。随着微球内

磁性氧化铁含量增加，微球间磁相互作用逐渐增强，微球的分散稳定性有所下降。如果将微球的水悬浮液置于磁场中，即使很弱的磁场，在 10min 内即显示沉降趋势，而且这一趋势随着微球内部磁性氧化铁含量增加而迅速增强。这说明微球具有强的磁响应性。

表 13-1　　　　　　　　　　　　铁含量与磁响应性的关系

$\rho(FeCl_2)/(g/mL)$	$\omega(Fe_3O_4)/\%$	沉降距离/cm	
		$0.05wb \times m^{-2}$	$0wb \times m^{-2}$
		10min	24h
17.79	10.5	1.72	几乎无沉降
35.59	15.1	1.72	几乎无沉降
53.38	28.9	1.90	几乎无沉降
71.17	33.1	2.10	几乎无沉降
88.96	38.0	2.80	几乎无沉降

（2）淀粉用量对磁性微球形成的影响。

固定其他条件，改变淀粉用量，制备微球，然后测定微球的粒径和磁响应性，结果见图 13-2。

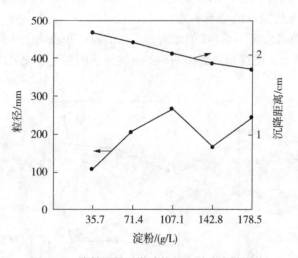

图 13-2　淀粉用量对微球粒径和磁响应性影响

图 13-2 表明，随着淀粉用量的增加，微球粒径逐渐增加，磁响应性减弱。这可能是淀粉链吸附 Fe^{2+}，加碱沉淀后形成 Fe_3O_4 晶粒，淀粉链互穿缠绕在晶粒上，淀粉用量增加，更多的淀粉链缠绕在晶粒上，小球聚集成大颗粒。

（3）氯化亚铁用量对磁性微球形成的影响。

图 13-3 说明，随着氯化亚铁用量增加，微球的粒径逐渐增大，磁响应性增强。这是因为随氯化亚铁用量增加，吸附在淀粉链上的 Fe^{2+} 相对增加，加碱沉淀形成的磁性氧化铁

增多，磁响应性增强，有利于形成大的磁性微球。

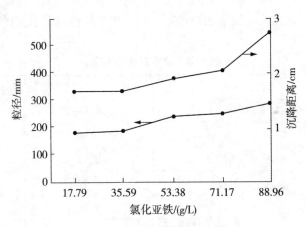

图 13-3　氯化亚铁用量对微球粒径和磁响应性影响

(4)pH 值对磁性微球形成的影响。

pH 对磁性微球的形成具有显著的影响。当反应体系 pH 值为 6.38 时，反应体系开始变为黑色悬浮液，但随后又变成棕红色，说明体系开始形成磁性微球，但此时溶液中 OH^- 浓度很低，体系中大量 Fe^{2+} 未被沉淀；当 pH 值为 9.7 时，黑色悬浮液沉淀后，上清液为无色澄清溶液，说明溶液中 OH^- 浓度很大，溶液中 Fe^{2+} 完全沉淀。因此在本工艺条件下，pH>9.7 是形成磁性微球的必要条件。

图 13-4 说明，随着反应体系 pH 值增大，微球的粒径和磁响应性均不断增大，这是因为体系中 OH^- 浓度增大，被淀粉链吸附的 Fe^{2+} 沉淀形成的磁性氧化铁增多。

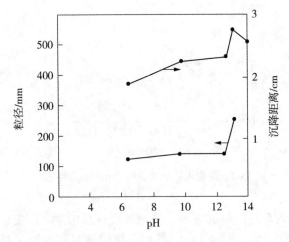

图 13-4　pH 对微球粒径和磁响应性的影响

(5)过氧化氢浓度对微球粒径和磁响应性的影响。

图 13-5 表明，当过氧化氢浓度为(0.02~2.02)g/L 时，磁性微球的磁响应性最强，若

超出此范围，微球磁响应性迅速减弱，实验表明，过氧化氢浓度对微球粒径影响较小。

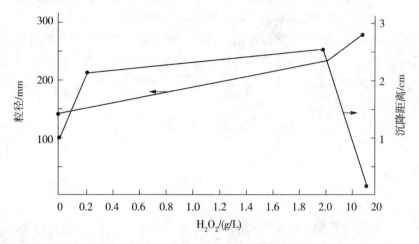

图 13-5　过氧化氢对微球粒径和磁响应性的影响

13.3.3　微球淀粉的性质及应用

淀粉微球是一种交联淀粉，但与一般交联淀粉有显著区别，即淀粉微球有一定的粒径及粒径分布要求。所以淀粉微球在淀粉交联以前要借助物理或化学作用进行分散，所得产品的粒径在一定程度上取决于淀粉在分散剂中的分散程度及其稳定性。其主要作用如下。

1. 改变物质的物理特性

液态物质可吸附在微球表面或包埋在微球内部，得到细粉末状产物，称为拟固体。

物质的质量可以经微球化后增加或减少。这是由于能制成含有空心的微球，而使物质的体积增加，于是密度大的固体通过与微球的结合（吸附或包埋，下面简称为微球化）可转变为漂浮于水面的产品。

微球化的优点之一是在等量的浓度下，其黏度较低，能以粉末状态使用。非常细的粉末可以降低絮集问题，当微球与乳液相结合后，其表观黏度大大降低。

2. 释放控制

在可控制的条件下，微球中活性组分的释放可以采用立即释放、延时定时释放或适当的长效释放等释放形式。易挥发的物质经微球化以后，能够抑制挥发，可长期储藏。

3. 屏蔽和控制气味释放

微球化可以用于掩饰某些化合物的令人不愉快的味道和气味。香料微球化的典型用途是制备"划擦产味"涂料，通过印刷用于广告材料。还可以吸附香料或香精，通过微球化来防止其挥发。

4. 用于特殊目的不相溶物质的分离

由于微球化后隔离了各个组分，故可阻止两种活性成分之间的化学反应。对于两种能发生反应的活性组分，若其中之一被微球化，在与另一种成分相混合时，始终不发生反应，直到需要反应时，可通过某种方式使微球被破损，两种活性成分互相接触，反应即可发生。

随着微球载体材料的不断增加，微球的应用范围也在不断扩大，已广泛应用于细胞学、免疫学、微生物学、分子生物学以及临床诊断与治疗等众多领域。微球在生物医药工业中主要应用于靶向给药、栓塞制剂、缓控释制剂、改善难溶性药物的口服吸收、生物大分子的特殊载体及基因载体等；微球在酶工程中主要应用于固定化酶、酶的分离纯化；微球在食品工业中主要应用于活性物质的分离、食品微生物检验、食品有害物质检验、转基因食品的检验、食品中杂质的去除等。

拓 展 学 习

微球淀粉的制备

1. 淀粉溶液配制

将适量的可溶性淀粉加入相应量的水中，加热搅拌使之溶解，然后用 2.0mol/L NaOH 溶液调节 pH 值到 8.5 以上，再在 80℃条件下活化 15min。

2. 乳化阶段

在 250mL 三颈瓶中加入体积比为 2∶1 的甲苯和蓖麻油作油相，然后加入 Span60 适量，装上电动搅拌及恒温水浴装置，加热至 60℃使 Span60 完全溶解；冷却至 50℃，将配制好的淀粉溶液缓慢加入，控制好搅拌速度，适时取样，用生物显微镜进行观察。

3. 交联阶段和后处理

当液珠分散达到要求，即完全分散均匀后，加入环氧氯丙烷，反应约 120min 后，静置，分去油相，用乙酸乙酯洗去油渍，再用乙醇和丙酮洗涤多次，于 60℃真空干燥，即得稍带淡黄色的淀粉微球(ESM)。

合成淀粉微球的最佳条件为：水相中淀粉的浓度为 11.0%(质量百分比)，油水两相体积为 20∶1，乳化剂用量为 0.20g，交联剂用量为油相的 2.0%(体积百分比)。制得的淀粉微球形态圆整，大小均匀，分散性好且表面光滑，平均粒径在 29.66μm 左右。

第 14 章　变性淀粉的应用

内容提要

主要介绍变性淀粉在食品加工业、医药工业、造纸工业、纺织工业、石油工业、建筑材料、农业、林业、园艺、铸造工业、饲料工业、日用化工和化妆品、工业废水处理等方面的应用。

14.1　变性淀粉在食品工业中的应用

14.1.1　概述

变性淀粉大量应用于食品工业在国外已有 60 多年的历史，美国、欧盟、加拿大等发达国家生产的变性淀粉，早已得到世界卫生组织和联合国粮农组织食品添加剂专家委员会的认可。近年来，随着国民经济的稳步发展，食品业已经成为我国的第一支柱产业，变性淀粉在食品方面的应用有了极大的提高，从方便食品到速冻食品、乳制品⋯⋯几乎涉及了人们生活的各个方面，实际上变性淀粉已经成为虽不为人们熟知但已经深入到百姓身边的一位"调理使者"。

然而变性淀粉作为食品添加剂并不是基于它们的营养价值，而是它们方便于食品加工的功能性质和提供食品体系某些要求的性质。例如，现代食品加工工艺中的高温杀菌、机械搅拌、泵的输运要求辅料淀粉具有耐热、抗剪切稳定性；冷藏食品则要求糊化后的淀粉不易回生凝沉，而具有很强的亲水性；偏酸性食品要求淀粉在酸性环境下有较强的耐酸稳定性；有些食品还需淀粉具有一些特殊的功能，如成膜性、涂抹性等。

在许多食品中都添加淀粉或食用胶作为增稠剂、胶凝剂、黏结剂或稳定剂等，随着食品科学技术的不断发展，食品加工工艺有很大改变，对淀粉性质的要求越来越高。例如，采用高温加热杀菌、强烈的机械搅拌、酸性食品，特别是处于加热条件下或低温冷冻等，都会使淀粉黏度降低和胶体性被破坏。天然淀粉不能适应这些工艺条件，而各种植物胶虽具有较好的性能但价格昂贵，有的还依赖进口。为了满足一些特殊食品的加工要求，通过选择淀粉的类型(如玉米、蜡质玉米、木薯、马铃薯淀粉等)或改性方法(如转化、交联、酯化、醚化等)可以得到满足各种特殊需要的淀粉制品。这些制品可以代替昂贵的原料，降低食品加工成本，提高经济效益。

增稠剂和胶凝剂是一类能提高食品黏度或形成凝胶的食品添加剂。在食品加工中增稠剂可起到提供稠性、黏度、黏附力、凝胶、硬度、脆性、紧密度、稳定乳化、悬浮体等作用，使食品获得所需各种形状和硬、软、脆、黏稠等各种口感。亦可称为增稠剂、胶凝剂、乳化稳定剂。

增稠剂一般应具备以下特性：

①在水中有一定的溶解度。

②在水中强烈溶胀，在一定温度范围内能迅速溶解或糊化。

③水溶液有较大黏度，具有非牛顿流体的性质。

④在一定条件下可形成凝胶和薄膜。

变性淀粉在食品工业中被广泛用于饮料、冷食、面制品、调味品、罐头食品、色拉调料、糖果、微胶囊粉末制品、面粉改良剂等的生产中。

14.1.2　变性淀粉在食品加工中的应用

1. 烘烤食品

①在蛋糕/糖衣生产中用作酥油代替品，提供良好的容量与结构；

②在焙烤食品中作釉光剂，可形成良好、清晰与光亮的薄膜，代替昂贵的蛋白和天然胶；

③在水果饼、馅饼、馅料中作稳定剂和增稠剂，提供产品滑润、短丝性组织，防止分层与爆馅。

2. 饮料

变性淀粉(如纯胶)在软饮料生产中使用，能起到增稠、稳定作用，改善产品的口感与体态，遮盖干涩味道。例如，生产类似可乐的碳酸饮料，添加纯胶可提高饮料口感的厚度和润滑感，赋予饮料光泽的感觉。

在乳化饮料生产中作乳化香精的稳定剂，部分取代阿拉伯胶；在奶精粉和椰浆粉等微胶囊化产品中用作包埋剂。

3. 罐头食品

①在甜品(如西米露、粥糊、果冻)中提供制品凝胶与弹性结构，它具有较高的耐热性与储存稳定性；

②在果饼馅中作增稠剂与稳定剂，这些变性淀粉产品具有良好的耐低 pH 值性能与耐高温性；

③在沙丁鱼酱中，变性淀粉可用作增稠剂与稳定剂，能提高产品沥干重，增加体系的黏性与稳定性，改善产品的光泽；

④在汤和酱汁产品中用作稳定剂，提高产品高黏度的稳定性和耐加工性。

4. 糖果类食品

①在硬胶和软胶糖果中作胶凝剂，提供产品凝胶结构，采用适当的变性淀粉，可代替阿拉伯胶，制品具有良好的口感和透明度；

②一些变性淀粉具有良好的成膜性和粘接性，常用作糖果的抛光剂，其形成的膜有光泽，透明，并能降低产品的破裂性。

另外，马铃薯变性淀粉在糖果中主要用作填充剂，参与糖体组织结构的形成。因其良好的透明度和较强的持水作用，在一定的比例下能够和明胶很好地配合，形成韧而不硬、滑而不粘、具有良好口感和弹性的凝胶。利用马铃薯变性淀粉的凝胶特性可制造淀粉软糖，淀粉软糖中马铃薯变性淀粉的使用浓度最高可达 40%，广泛用于焦香糖、沙质软糖、明胶糖果、奶糖中。在奶糖的生产上，马铃薯变性淀粉可改善产品的口感和咀嚼性，增加弹性和细腻度，防止糖体变形和变色，使产品色泽洁白，口感滑爽，厚而不腻，弹性足且不粘牙，能更好地体现乳品的特有风味。

5. 乳制品

①在乳酪制品中作胶凝剂，使制品具有良好的凝胶性能，在一定程度上可减少酪朊酸盐的量；

②在冷冻甜品中作品质改良剂，赋予制品黏性、奶油感及短丝性组织，增加制品的储存稳定性；

③在高温杀菌布丁中可用作胶凝剂，可提供制品低的加工黏度，制得的产品具有良好的稳定性与口感；

④酸乳，淀粉糊的酸稳定性差，但经适当改性后的改性淀粉具有良好的稳定性，可用作酸乳的稳定剂和增稠剂，增加制品的稠度和口感，减少乳清分离。

此外，在酸奶加工中使用变性淀粉，可使其味道温和，产品的光亮度提高，并赋予酸奶光滑细腻的组织结构，使低脂奶达到类似高脂奶的组织状态，可提供醇厚口感，提高消费者的可接受性，增稠稳定性好，有助于防止乳清析出，提高货架稳定性，提高加工耐受性，并降低其他胶类的用量。

在乳饮料制品中添加具有独特流变特性的变性淀粉能够改善口感，提高清淡风味。

6. 肉及鱼类制品

在肉制品中，变性淀粉的性能具体表现在耐强加工过程(高温、低 pH)、吸水性、黏着性和凝胶性等，是肉制品的质构、切片性、口感、持水性等提高。具体应用于以下几个方面：

①在中国腊肠中添加变性淀粉作黏结剂与组织赋形剂，可改善产品的多汁性；

②在点心馅料中作保水剂，可坚固组织，改善产品冻融稳定性；

③在火腿和热狗中作保水剂和赋形剂，可以减少皱折，改善制品的冻融稳定性和保水性；

④在肉与鱼丸中作胶凝剂，使制得的产品具有良好的弹性、咬劲和稳定性；

⑤具有高胶凝性和稳定性的变性淀粉可在鱼浆中用作保水剂和稳定剂，大大减少鱼浆的汁液流失。

7. 面类食品

①添加了改性淀粉的油炸方便面具有酥脆的结构和较低的吸油量，产品的品质和储存稳定性较好；

②在即食面中添加改性淀粉可以改善面条的复水性、咀嚼性与弹性，减少煮制时间；

③在冬粉中添加变性淀粉可使制品具有坚固、胶性的结构，代替部分绿豆粉，改善面团操作，减少黏性；

④在面食点心中添加变性淀粉可以降低吸油量，改善面食的酥脆性，延长制品的储存时间；

⑤在米粉生产时添加变性淀粉，作为组织形成剂与黏结剂，可以增加制品的透明度与

润滑度，减少黏性。

在方便面中添加一类保水性好、糊化温度低、黏度高、成膜性好的变性淀粉，可使面条口感爽滑、耐煮而且色泽鲜亮，提高面条的复水性。

因马铃薯变性淀粉含有磷酸基团，蛋白质、脂肪的残留量很低，所以颜色洁白，具有天然的磷光，能有效改善面身的色泽。近年来，国内外一些生产厂家采用马铃薯变性淀粉成功的研制出了各种煮面，其特点是面体透明、更耐煮、更劲道，已经成为方便面新的流行趋势。

8. 休闲食品

由于休闲食品的脆性、膨胀性、光滑性、香精黏附性、纤维素强化作用和起泡性等特点，在焙烤或油炸膨化食品中，添加特殊变性淀粉，能够提高其脆性和膨胀性。例如，各种预糊化的蜡质玉米变性淀粉能在烘烤时包住气体，慢慢膨胀形成网孔结构，为烘焙、油炸的膨化小食品提供松脆的外衣、蓬松的口感。采用由木薯制成的专用变性淀粉，可降低休闲食品涂层出现碎裂，能在休闲食品表面形成一层平滑、透明、有光泽的薄膜，为开发花生脆饼、巧克力涂层糖果、胶质软糖等新产品提供了参考依据。具体应用介绍如下。

①在挤压食品中添加变性淀粉可使制品具有良好的膨化度和结构，产品的强度和脆性亦得到改善，制品组织均匀，产出率较高，同时可增加功能性纤维成分；

②在半成品零食中添加变性淀粉可控制制品的体积和酥脆性，在成形时无须蒸煮；

③在微波膨化食品中添加适当的变性淀粉可以控制产品的体积与结构，使制品孔隙均匀；

④在脆皮花生(酥花豆)中添加变性淀粉，可以改善脆皮组织，赋予脆皮轻、酥、脆且膨松的结构；

⑤变性淀粉可作蒸烘零食的保水剂和组织成形剂，可以改善面团的加工性能与膨化特性。

9. 粉末食品

①在搅和面糊粉中添加变性淀粉可使粉体具有良好的粘接与内聚力，可防止裹粉散落；在制作脆皮时易形成脆与坚固的外涂层，改善烘焙与微波处理食品的组织；

②在蛋糕搅和品中添加变性淀粉可以增加蛋糊的黏度及保湿性，使蛋糕能长期存放不失水分；

③在谷片饮品中添加变性淀粉可提供冷热饮品所需的黏度，悬浮饮品中的微小质体，使其均匀且口感良好；

④在烹煮式粉末食品中添加变性淀粉，可改善制品低温蒸煮时的黏度，使制品清晰、润滑，具有短丝性结构；

⑤变性淀粉可作为干果类食品的糖粉剂(dusting agent)，以减少干果类食品表面的黏度；

⑥变性淀粉作为增稠剂与分散剂添加至即食布丁中，使制品急速产生黏度，具有浓厚的奶油感，口感滑爽；

⑦在即食汤、酱与汁中添加适当的变性淀粉可赋予汤汁适宜的黏度，使产品冲出来的汤汁液浓厚、润滑。

10. 冷冻食品

利用淀粉的酯化改性,使淀粉糊液稳定性好、不易老化,糊化温度比原淀粉更低,并在冷却时不形成凝胶,具有抗凝沉作用,可保持冷冻食品温度变化时的货架稳定,具体应用如下:

①添加变性淀粉的甜品具有良好的稠度和冻融稳定性,制品口感润滑,具有奶油状组织;

②在果酱中添加适当的变性淀粉,可以控制制品的结构与黏度,使制品具有光泽;

③变性淀粉是良好的保水剂与组织成形剂,在点心卷皮中添加适当的变性淀粉可使制品具有良好的冻融稳定性,不易破裂;

④淀粉经适当变性后制成脂肪代用品,将其添加于冰淇淋等冷冻甜品中,可以部分代替乳固体和昂贵的稳定剂,降低热量,产品具有良好的抗融化性和储存稳定性;

⑤在开胃酱、汁、果饼中添加变性淀粉可以提高黏度与稳定性,使制品具有好的透明度与口味,而且具有极好的耐多次微波加热处理的性能;

⑥适当变性的变性淀粉具有良好的增稠与稳定作用,糊透明度好,冻融稳定性好而且能常温加工,将此淀粉添加到表面装饰料中,可赋予制品良好的性能。

14.1.3 变性淀粉在食品工业中的发展前景与展望

由于变性淀粉的主体是天然淀粉,一定变性程度的淀粉可以被人体完全消化吸收,其营养价值和安全性与未变性淀粉相同,因此变性淀粉是一种安全的食品添加剂;另外,由于淀粉的变性方法众多、变性程度可调,因而可具有不同的加工性质,使变性淀粉适合于不同食品的加工要求,如方便食品、速冻食品、乳制品、调味品以及肉制品等,因此变性淀粉也是一种方便的食品添加剂。

总之,变性淀粉在食品加工中的应用,归纳起来有以下几大优点:

①可以使其在高温、高速搅拌和酸性条件下保持较高的黏度稳定性,从而保持其增稠能力。

②通过变性处理可以使淀粉在温度下降或冷藏过程中不易老化回生,避免食品凝沉或胶凝,形成水质分离。

③能提高淀粉糊的透明度,改善食品外观,提高其光泽度。

④能改善乳化性能,稳定水油混合体系,如为防止巧克力糖果涂层的油迁移,可在涂层中加入变性淀粉或糊精。

⑤能提高淀粉形成凝胶的能力。

⑥能提高淀粉的溶解度、改善其在冷水中的膨胀能力。

⑦能改善淀粉的成膜性能等。

不同的变性淀粉可以用在同一种食品中,而同一种变性淀粉也可用于不同的食品;同一种食品,不同的生产厂家,有不同的使用习惯;即使是同一种变性淀粉,变性程度不同,其性能也相差很大。这些差异性的变化给"变性淀粉在食品加工中的应用与开发、变性淀粉对食品品质影响"的研究带来了更多的思考,同时也给变性淀粉的生产研发提供了更广阔的发展空间。

我国变性淀粉生产行业经过二三十年的发展壮大,整体水平有了很大的提高,但与国外的先进技术和生产水平相比,目前国内变性淀粉产业仍存在不少问题,主要有以下几点：

(1)产品品种少。

据不完全统计，目前全球变性淀粉品种已达 2000 多种，而我国只有百余种，主要生产糊精、预糊化淀粉、氧化淀粉、羧甲基淀粉、交联淀粉及酸变性淀粉等，在产品的开发深度与广度上差距悬殊。

(2)应用领域窄。

目前国内变性淀粉产品的应用领域主要集中在食品、造纸、纺织、农业等领域，缺乏应用研究，极大地限制了变性淀粉消费市场。

(3)质量稳定性差。

大多技术是从国外引进，研究基础薄弱，生产规模小，产品质量不稳定，缺乏创新。

(4)生产装置相对落后。

国内变性淀粉产业中多数企业的生产装置相对落后，特别是控制手段，多数企业以人工控制为主，因而影响质量的稳定及技术难度大的产品如复合变性淀粉的生产。

从长远来看，随着我国科学技术的不断发展，人们对变性淀粉认识和研究的不断深入和扩大，变性淀粉在食品加工领域的应用越来越受到关注和重视，变性淀粉的发展与应用前景将是十分广阔的。

14.2　变性淀粉在医药工业中的应用

医药工业离不开淀粉，现在的医药工业几乎有一半需要淀粉，片剂大部分是淀粉，虽已有许多新辅料代替淀粉，但淀粉无毒性、资源丰富且价廉，故仍是很好的辅料。随着制剂技术、工艺及设备的发展，对药品质量要求越来越高，单独使用原淀粉不但不能满足某些制剂的要求(如外观、稳定性、崩解度、生物利用率及疗效)，而且也限制了制剂品种的多样化(如咀嚼、多层、缓释、成膜等)。为了改善天然淀粉理化性质不足，可采取物理、化学及酶法对淀粉进行变性处理，使之适合于制剂、工艺及设备的发展以及制剂品种多样化的要求。

变性淀粉在医药工业中主要用作片剂的赋形剂、外科手套的润滑剂及医用撒粉辅料、代血浆、药物载体、淀粉微球，另外在湿布药用基材的增粘剂、治疗尿毒症、降低血液中胆固醇和防止动脉硬化等产品中也用到变性淀粉。应该说变性淀粉作为具有多功能的水溶性聚合物之一，在医药工业中应用广泛，并且随着变性淀粉技术的发展和进步，其应用范围还会进一步拓宽。

14.2.1　片剂赋形剂

在药物的片剂生产过程中，送去压片的物料必须具备以下 3 个特性：

①流动性好，易于均匀地流入模孔内并充填一定的量；

②具有一定的黏度，加压能成片，但又不能太粘，否则会发生粘冲现象，导致脱模困难；

③压片后，患者服用后在胃肠道内能迅速崩解、溶解、吸收而产生预期的疗效。

1. 赋形剂的种类及特性

由于药物本身不具备上述特性，因此在片剂的生产过程中，都需加入适当的赋形剂。

赋形剂(也称辅料)按其作用分为：稀释剂、吸收剂、黏合剂、润滑剂、润湿剂和崩解剂。

为了不使药物的原有疗效受到影响以及便于制片，加入的赋形剂应有如下特性：

①具有稳定的理化性质，不和主药产生配伍变化；

②不影响主药的释放、吸收和含量测定；

③对人体无害；

④来源广泛，成本低。

2. 用作赋形剂的变性淀粉品种

目前用作片剂赋形剂的变性淀粉主要有预糊化淀粉、羧甲基淀粉钠和糊精等，以下分别介绍它们的特点、功用及药典规格。

(1)预糊化淀粉。

预糊化淀粉是由淀粉先经糊化或部分糊化再经干燥而成的。用预糊化淀粉所制得的药物片剂，其溶出率比用其他各类淀粉制得的片剂溶出率好。

①特性。

预糊化淀粉是一种中等粗至细的白色或黄白色粉末，无臭，微有特殊味觉。全预糊化淀粉的冷水溶液在偏光显微镜下检查，未发现有明显数量的具有偏光十字的未糊化淀粉颗粒。检查其甘油混悬液样品显示的特殊形状与制备过程中采用的干燥方法有关，如用转鼓干燥方法则呈不规则的厚块。部分预糊化淀粉的薄片状物质是由未糊化的淀粉颗粒、淀粉颗粒的凝聚物及糊化淀粉的混合物伴随在一起所组成的，其直径可达420μm。预糊化淀粉含水量一般为10%~13%，对湿敏感的药物无明显的影响。

②功用。

a. BP：药用辅助剂。

b. NF：片剂的黏合剂，片剂及(或)胶囊稀释剂，片剂崩解剂。

c. 其他：崩解剂，色素展延剂。

由于预糊化淀粉的流动性和可压缩性较通常的原淀粉好，故多用于直接压片工艺，既可作为稀释剂，又可作为黏合剂和崩解剂。本品虽本身具有润滑作用，但当处方中含有5%~10%的不具有润滑性质的其他成分时，必须加如胶态二氧化硅(用量约为0.25%)的助流剂，以改善其流动性。

另外预糊化淀粉与其他淀粉相似，加压后发生弹性变形，片剂的硬度较差，在直接压片的处方中需加入含量不超过0.5%的硬脂酸镁(量多会产生软化效应)或加入硬脂酸或氢化植物油等润滑剂，以改善其硬度。

③药典规格。

预糊化淀粉在制剂中的用途和使用浓度及药典规格分别见表14-1和表14-2。

表14-1 预糊化淀粉在制剂中的用途和使用量

制剂生产中的用途	含量/%(质量)	制剂生产中的用途	含量/%(质量)
片剂的黏合剂(湿法制片)	5~10	片剂的崩解剂	5~10
片剂的黏合剂(直接压片)	5~20	稀释剂(硬胶囊)	5~75

表 14-2 预糊化淀粉的药典规格

检查项目	美国国家处方集(NF)	英国药典(BP)
pH 值	4.5~7.0(10%浆状物)	5.5~8.0(20%分散液)
干燥失重/%	≤14	≤15
炽烧残渣含量/%	≤0.5	—
铁盐含量/%	≤0.002	—
氧化物	+	—
二氧化硫含量/%	≤0.008	—
蛋白质含量/%	—	0.3~0.5
硫酸灰分/%		≤0.5
沙门氏菌	阴性	阴性
大肠杆菌	阴性	阴性

(2)羧甲基淀粉钠。

①特性。

羧甲基淀粉钠具有较强的吸水性及吸水膨胀性，有很好的活动性及可压性。它作为一种优良的崩解剂广泛应用于片剂和胶囊的生产(湿法制粒或直接压片)。使用的浓度为2%~10%，压紧力对崩解时间无明显影响，但含 CMS-Na 的片剂在高温、高湿中储存会增加崩解时间和降低溶出速度。药用崩解剂 CMS-Na 的特性见表 14-3。

表 14-3 羧甲基淀粉钠的特性

项目	指标
粒径	全部颗粒应通过 125μm 的筛子
粗灰分/%	≤15
取代度/%	约 0.25
膨胀容积	在水中能膨胀至本身的 300 倍
密度/(g/cm³)	1.5(氦)
堆积体积/(g/cm³)	1.4
pH 值	5.5~7.5
NaCl 含量/%	≤5
溶解度	2g 能分散于 100mL 冷水中并能形成较高的饱和层而沉降，不溶于有机溶剂
外观、气味	白色至黄白色的自由流动粉末，无嗅无味
镜检	椭圆形或球形颗粒，直径 30~100μm，一些非球形的颗粒直径为 10~35μm

续表

项　目	指　标
崩解性能(崩解度)	5%的 CMS22s；5%玉米淀粉 29min；5%海藻酸钠 11.5min；20%的微晶纤维 3.75min
促进药物溶出崩解剂(10%)	崩解时间 0.4min，溶出时间 4.5min

②药典规格。

羧甲基淀粉钠的药典规格见表 14-4。

表 14-4　　　　　　　　　　羧甲基淀粉钠的药典规格

检查项目	美国国家处方集(NF)	英国药典(BP)	中华人民共和国药典
pH 值	5.5~7.5(1.0g/30mL)	5.5~7.5(2g/100mL)	5.5~7.5(1.0g/100mL)
干燥失重/%	≤10.0	≤10.0	≤10.0
重金属含量	≤0.0002%	≤20mg/kg	≤20mg/kg
氯化物含量/%	≤10.0	≤10.0	—
总氯含量/%	—	—	≤3.5
铁盐含量	≤0.002%	≤20mg/kg	≤0.0004%
乙醇钠含量/%	2.8~4.2	2.8~4.5	2.0~4.0
微生物限度		无沙门氏菌和大肠杆菌	
崩解度/s	≤30.0	≤30.0	≤30.0

③功用。

国外有报道认为羧甲基淀粉的钠盐在动物体内水解成羧甲基葡萄糖，它使实验动物增大及胸腺细胞增多，增强机体免疫活性，提高抵抗能力，从而可防止癌症的发生和发展。

国内曾用 CMS 制成糖浆补膏防止哮喘及呼吸道反复感染，总有效率达 96%。

(3)糊精。

①特性。

包括白糊精和黄糊精，颗粒外形与原淀粉相似，较高转化度的糊精在水和甘油混合物中镜检时有明显的外层剥落现象。糊精缓慢溶于冷水，易溶于沸水形成黏液，在无水乙醇、丙二醇、乙醚中不溶。其他理化指标见表 14-5。

表 14-5　　　　　　　　　　糊精的特性

项　目	指　标	项　目	指　标
外观	白色或微黄色的无定形粉末	比表面积/(cm²/g)	0.14
气味	无臭，味微甜	熔点/℃	178(分解)
密度/(g/cm³)	堆密度 0.80，实密度 0.918	含水量/%	5(卡尔-费歇尔法)

②药典规格。

糊精的药典规格见表 14-6。

表 14-6　　　　　　　　　　　　　　　　　糊精的药典规格

检 查 项 目	英 国 药 典	中华人民共和国药典
酸度	—	5.0g 样品溶于 50mL 水中，加 2mL0.1mol/L NaOH 溶液，加酚酞指示剂应显粉红色
重金属含量/(mg/kg)	≤40	—
氯化物含量/%	≤0.2	—
粗蛋白质含量/%	≤0.5	—
还原物含量/%	≤10(以 $C_6H_{12}O_6$ 计)	用碱性酒石酸铜检测还原糖，遗留的氧化亚铜≤0.20g
干燥失重/%	≤11	≤10.0
炽烧残渣/%	≤0.5	≤0.5
铁盐含量/%	—	<0.005
水中可溶物含量/%	—	≥80(40℃溶解)

③功用。

糊精在片剂中主要作为外科敷料的黏合剂和增稠剂、片剂的颗粒黏合剂、糖衣组分中的成形剂和黏合剂、悬浮液增稠剂。

14.2.2　外科手套润滑剂、赋形剂及医用撒粉辅料

以前，外科手套润滑剂主要是滑石粉，价格便宜。但由于滑石粉存在不易被人体吸收等缺陷，目前逐渐使用一种高交联变性淀粉(有的称灭菌玉米淀粉)。该淀粉可抵抗高压灭菌而不影响淀粉的组织和可被吸收的特性，故可用作外科手套的润滑剂及赋形剂，也可供作吸收性的医用撒粉辅料。

1. 特性

可灭菌玉米淀粉的特性：

①外观：白色，易流动性粉末，颗粒呈多角形，有时为圆形。

②气味：无臭无味。

③密度：颗粒密度为 1.48g/cm³；堆密度为 0.47~0.55~0.59g/cm³；实密度为 0.84~0.77~0.83g/cm³。

④流动性：24%~27%~30%。

⑤含水量：10%~13%~15%(干燥失重)。

⑥粒径分布：范围 8~25μm，中等粒子直径为 18μm。

⑦溶解度：25℃水中低于 1/1000，氯仿中低于 1/3500，96%乙醇中低于 1/1000。

⑧比表面积：0.50~0.80~1.15m²/g。

2. 功用

润滑剂：如外科用手套；医用撒粉辅料，它可在 150～180℃ 加热，1h 灭菌，或分散成薄层热压灭菌 115～118℃/30min。

3. 药典规格

药典规格见表 14-7。

表 14-7　　　　　　　　　　　可灭菌玉米淀粉的药典规格

检 查 项 目	美 国 药 典	英 国 药 典
热压处理的稳定性	+	－
沉降物	+	+
pH 值(1g/10mL 悬浮液)	10.0～10.8	9.5～10.8
干燥失重/%	≤12	≤15
炽烧残渣含量/%	≤3	—
重金属含量/%	≤0.001	—
氧化镁含量/%	≤2.0	≤2.2
氯化物含量/(mg/kg)	—	≤350
硫酸盐含量/%	—	≤0.2
甲醛	+	—
水中不溶性灰分/%	—	≤0.3
灰分/%	—	≤3.5

14.2.3　代血浆及冷冻血细胞保护剂

常用的代血浆是相对分子量为 4×10^4 和 7×10^4 的右旋糖酐(dextran)，它具有充分的血压保持能力和血浆增量作用。但它对生物体有很强的异物性质，并且还发现在脏器内沉着等副作用。属生物体的碳水化合物具有与糖原类似结构的支链淀粉，其异物的性质很弱，但它在生物体内能被淀粉酶迅速分解，所以不能体现出有效的血压保持能力。

经羟乙基化后的羟乙基淀粉对淀粉酶略有抵抗性，随着取代度的提高，对淀粉酶的抵抗性也提高，就越有血浆增量作用的持久性，因此在医药界用为代血浆(国内称为 706 代血浆)和冷冻保存血液的血细胞保护剂(羟乙基淀粉注射到血液中不会引起过敏反应)。但为了体外排泄，故还需有适当的取代度。若同时提高特性黏度，会促进血沉，引起尿中排泄率的降低，若降低特性黏度，维持血压或保持血液量的效果会变差。

1. 羟乙基淀粉的特性指标

羟乙基淀粉的特性指标见表 14-8。

表 14-8   羟乙基淀粉的特性指标

指　　　标	代　血　浆	冷冻时血细胞保护剂
摩尔取代度 MS	0.5~0.8	0.7~0.8
特性黏度/(dL/g)	0.1~0.3	—
相对分子质量	$(5~30)\times10^4$	—

2. 羟乙基淀粉的制备

羟乙基淀粉用作代血浆，在国内早已应用，称之为 706 代血浆。一般先将玉米淀粉进行水解后，再进行羟乙基化反应。

另外，冷冻是医药界长期储存血液的方法，为防止红血球细胞在冷冻和融化过程中发生溶血现象，就需要用保护剂，如甘油和二甲亚砜。羟乙基淀粉(MS0.7~0.8)具有更好的保护效果。因为羟乙基淀粉处于血细胞外面起保护作用，容易洗掉，而甘油和二甲亚砜分子小，进入血细胞内起保护作用，以后需要彻底洗涤才能除去。

14.2.4　药物载体淀粉微球

药物载体系统主要用于载运活性分子(如细胞毒制剂和各种酶)至恶性肿瘤组织和人体器官，然后在靶器官内控制释放。因此有可能利用药物载体系统来减少药物的种种不良反应，改善药物的某些物理性质，提高药物的选择性，从而提高药物的治疗指数。

1. 淀粉微球的优点

淀粉微球作为药物载体的优点是：生物降解性，生物相容性，降解速度可调节，无毒，无免疫原性，储存稳定，淀粉来源充足，价格低廉，与药物之间相互无影响及符合给药系统的其他各项要求。

2. 淀粉微球的种类和特性

淀粉微球有中性微球和离子微球两类，中性微球主要包括丙烯酰化淀粉微球、丙烯酯化微球、磁性淀粉微球；离子淀粉微球主要包括阳离子淀粉微球、阴离子淀粉微球。其主要性能对比见表 14-9。

表 14-9   中性微球和离子微球的性能比较

性　　　能	中　性　微　球	离　子　微　球
固定药物的量	每克微球包埋 0.4g 药物	每克微球吸附 0.8g 药物
对药物成分的影响	在包埋过程中药物成分受到较大的影响。对一些需要缓慢释放的离子型药物不能定量吸附	能吸附带相反电荷的离子型药物，特别对一些缓慢释放的药，可以定量吸附，而且吸附速度快，吸附量大

3. 淀粉微球的制备方法

(1)丙烯酰化淀粉微球。

首先在淀粉分子链上引入带双键 C=C 的侧链，然后用丙烯酸缩水甘油酯作交联剂，于反相乳液中使用氧化还原引发体系将其交联成球。

（2）丙烯酯化淀粉微球。

用丙烯酰氯代替丙烯酸缩水甘油酯，将生成的淀粉丙烯酸酯分散在油相中，用氧化还原体系引发聚合成微球。

（3）磁性淀粉微球。

淀粉被氧化成双醛淀粉，双醛淀粉上的醛基和胺反应形成席夫碱类物质，然后再与含双醛物质进行亲和加成反应，将淀粉交联成球。在交联过程中，加入一定比例的氯化铁、氯化亚铁和氨水。在交联过程中，这些物质被包埋在微球内部，形成 Fe_3O_4，使微球具有磁性，在外磁场作用下，将载药微球控制在指定的组织位置。

（4）阳离子淀粉微球。

先将淀粉进行阳离子化，制成叔胺型或季铵型阳离子淀粉，然后在反相乳液中采用悬浮交联制成微球。颗粒平均直径 14~15μm，可以吸附带负电荷的药物。

（5）阴离子淀粉微球。

在淀粉上引入羧基、磺酸基或磷酸基即得阴离子淀粉，再用反相乳液悬浮交联成球。微球平均直径 20μm，可以吸附带正电荷的药物。

14.2.5 变性淀粉在医药工业中的其他应用

环糊精（Cyclodextrin）是由环糊精葡萄糖基转移酶作用于液化淀粉乳，生成 6(α-)、7(β-)、8(γ-)个葡萄糖单位，经 1，4-糖苷键连接成环状糊精。工业上应用软化芽孢杆菌（*Bacillus macerans*）和嗜碱芽孢杆菌（*Alkalophilic bacillus*）产生环糊精葡萄糖基转移酶。

环糊精在医药上用以改善药物的溶解性，提高药物的稳定性，使油状、低熔点物质粉体化；防止挥发，矫味，矫臭，减轻局部刺激。环糊精的特性及性质分别见表 14-10 和表 14-11。

表 14-10　　　　　　　　　　　　　环糊精的特性

项　目	指　　标
外观	白色结晶粉末
气味	带甜味，低浓度比蔗糖甜
溶解性	水中溶解度随温度上升而升高（β-糊精水溶解度最低）；有机溶剂（如甲醇、乙醇、丙醇、乙醚等）不溶解
熔点	无一定熔点，200℃开始分解
淀粉酶反应	β-淀粉酶不能水解，α-淀粉酶能水解，但速度很慢
无机酸反应	使之水解成葡萄糖和一系列麦芽低聚糖

表 14-11　　　　　　　　　　　　　环糊精的性质

环糊精	α-	β-	γ-
葡萄糖单位数	6	7	8
相对分子质量	972	1135	1297

环糊精	α-	β-	γ-
结晶形状(从水中结晶)	六角片	单斜晶	方片或长方柱
结晶水分/%	10.2	13.2~14.5	8.13~17.7
比旋光度$[\alpha]_D^{25}$	+150.5±0.5	+162.0±0.5	+177.4±0.5
空洞			
内径/m	$(5\sim6)\times10^{-10}$	$(7\sim8)\times10^{-10}$	$(9\sim10)\times10^{-10}$
高度/m	$(7.9\pm0.1)\times10^{-10}$	$(7.9\pm0.1)\times10^{-10}$	$(7.9\pm0.1)\times10^{-10}$
体积/m³(约)	174×10^{-10}	262×10^{-10}	472×10^{-10}
摩尔体积/(mL/mol)	104	157	256
质量体积/(mL/g)	0.1	0.14	0.20
外边直径/m	$(14.6\times0.4)\times10^{-10}$	$(145.4\times0.4)\times10^{-10}$	$(17.5\times0.4)\times10^{-10}$

　　环糊精分子为立体结构，环中间有空洞，各伯羟基都位于空洞外面下边缘，各仲羟基都位于空洞外面上边缘，所以外边缘具有亲水性或极性。空洞内壁为氢原子和糖苷键氧原子，为疏水性或非极性的。从水中结晶出来的环糊精空洞被水分子占据。这部分水易被极性较水低的分子所取代，取代分子的非极性越高，越易取代水分子，形成包接络合物。

　　硫酸酯淀粉具有生理活性功能，在医药工业中可用作胃蛋白酶抑制剂、肝素代用品。它具有降低血液中胆甾醇和防止动脉硬化、抗凝血、抗酯血清、抗炎症等功能，可作为血浆代用品、肠溃疡的治疗剂等。

　　淀粉磷酸酯可提高前列腺素对热的稳定性，它可作为标记放射性的诊断剂。用甘油-山梨醇(2∶30)混合物增塑过的淀粉磷酸酯薄膜包扎皮肤创伤和烧伤，能促进创伤迅速愈合，减少污染等。

　　丙烯腈淀粉接枝共聚物经水解而得的产品(称为高吸水性淀粉)在医药工业中可用作医院用垫料、瘘管及尿袋粉质配方中的汗水吸收剂，促进伤口愈合。亦可作为湿布药用基材的增粘剂，增粘效果大，赋形性高，保水性好，渗透皮肤的药剂增多，能更有效地除去炎症等。

　　双醛淀粉由于能吸收游离氨而常用于治疗尿毒症。

14.3　变性淀粉在造纸工业中的应用

　　在国外，变性淀粉在造纸生产中的用量在整个变性淀粉用量中所占比重很大，但在我国，目前这一比例还较低，因此有很大的市场潜力。

　　变性淀粉对造纸行业具有明显的经济和社会效益，例如：

　　①能明显提高纸张的各种物理强度，提高纸张的质量和档次，降低木浆配比。

　　②能提高细小纤维、填料的留着，提高成纸的灰分、白度和不透明度，同时还可节约能源，减少湿部断头，减轻纸厂"三废"污染等。

③能改善施胶效果，节约施胶剂用量，尤其可作为中性抄纸的配套助剂。

④能明显改善印刷适应性，使印刷时不易断头、掉毛、掉粉和糊版，并增加对油墨的吸附能力，使色彩鲜艳，字迹清晰等。

⑤还可代替价格昂贵的合成树脂、干酪素等作为表面施胶和涂布黏合剂，能明显降低涂布加工纸的生产成本。

⑥变性淀粉还可作为纸制品的黏合剂，如纸箱、纸管的黏合剂等。具有黏结力强、成本低、对环境污染小等特点。

14.3.1 造纸工业中使用变性淀粉的目的

我国的造纸工业，这几年发生了以下4个方面的变化。

1. 抄纸原料的变化

纸和纸板的基本成分是纤维素，由于全球性森林资源减少，木材长纤维数量日益短缺，采用其他纤维数量日益增多(如草浆，纤维短、强度差、杂离子化学物质多)。因此要求用较差的纤维原料生产质量较好的产品。

2. 对纸产品质量要求的变化

随着我国印刷工业及其他用纸加工工业的技术进步和发展，它们对所用纸产品的品质要求发生变化。这就要求造纸工业能生产适应和满足这些工业部门所需要的纸产品。

3. 纸品品种的变化

随着现代科学技术的发展，纸产品的用途越来越广，要求造纸工业生产的纸品种也随之适应。

4. 抄纸工艺和机械的变化

我国造纸工业，传统采用酸性施胶工艺，而国外许多国家是较多采用中性施胶。中性施胶的优点突出，因此我国目前相当部分的造纸生产线将改为中性施胶，预计还会进一步增多。同时，这几年也引进了不少新的抄纸机械，工艺和机械的变化很大。

推广使用变性淀粉等造纸专用化学品，可以帮助造纸工业去适应和满足这些变化。因此，变性淀粉在造纸工业使用的目的一是改善抄纸工艺，提高纸的内在性能(如机械性能、助留、助滤等)，二是提高纸的表面质量(如印刷质量等)。

14.3.2 变性淀粉在造纸工业中的作用

变性淀粉在造纸过程中的主要作用如图14-1所示。

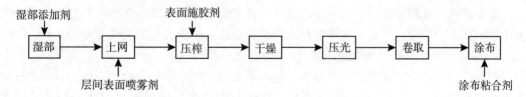

图14-1 变性淀粉在造纸过程中的添加步骤

1. 用于湿部添加

在造纸之前，加入一定量经糊化的变性淀粉糊液，使其与纤维作用，起到增强、助滤、助留等作用。变性淀粉的加入能提高细小纤维、填料的留着，提高成纸的灰分、白度和不透明度，同时还可节约能耗，减少湿部断头，减轻纸厂"三废"污染等。

2. 用于层间喷涂

层间结合强度与纸页相互结合时的表面特性、纤维结构、配比、打浆度、纸页水分等有关。纸板由于工艺独特而给纸页造成两面性，这种两面性在纸页相互复合时出现了层间的明显差异。改善纸板间结合强度最广泛的是使用变性淀粉颗粒来喷涂，用专用喷嘴，均匀地喷在纸层上，经过烘缸，将淀粉颗粒糊化，起到黏结作用。

3. 用于纸张的表面施胶

能改善施胶效果，节约施胶剂用量，尤其可作为中性抄纸的配套助剂。在造纸机上通过施胶辊将变性淀粉施胶剂涂在纸的表面，少部分变性淀粉施胶剂渗透到纸的内部，使其在纸面形成一薄膜，因而使纸张表面纤维能结合得更好而不会掉下来，使纸张在书写时流畅，在印刷时提高印刷性能。

4. 用于涂布加工纸

用于涂布印刷纸中作胶粘剂，代替价格昂贵的合成树脂、干酪素，能明显降低涂布加工纸的生产成本。涂料一般是由白色颜料、胶粘剂、助剂和水组成。当涂料涂布于纸面后，变性淀粉作为胶粘剂使颜料与颜料，颜料与纸纤维牢固结合，可提高纸张的印刷性能，使印刷时不易断头、掉毛、掉粉和糊版，并起着控制纸张油墨吸收性、平滑性、光泽度、白度等性能，提高纸张的印刷效果。

另外，变性淀粉还可作为纸制品的黏合剂，如纸箱、纸管的黏结剂等。具有黏结力强，成本低，对环境污染轻等特点。

也就是说，变性淀粉几乎适用于造纸的全过程。

14.3.3 造纸工业对变性淀粉的基本要求

造纸工业用变性淀粉有许多品种，但在使用时，除层间喷涂是用淀粉颗粒以悬浮液状态以外，都是将淀粉糊化后使用，在使用过程中，对变性淀粉的基本要求如下。

1. 糊液的黏度及其稳定性

造纸工业用的变性淀粉，希望其黏度按其使用途径有不同的要求，但要保证其具有较好的流动性和渗透性。变性淀粉的糊液黏度随时间的变化程度(即稳定性)越小越好。这就保证了变性淀粉使用前后过程中，其黏度值变化很小，有利于抄纸、施胶、涂布等。

2. 糊液的黏着力

变性淀粉与纤维黏着力的大小，取决于变性淀粉的品种及其所含基团的特性。黏着力大小影响产品的质量，因此，应该根据纸产品的要求，选择合适的变性淀粉的品种。

3. 淀粉中非淀粉杂质的含量

变性淀粉产品中，除淀粉、水分外，还含有灰分、蛋白质、油脂等杂质。这些杂质也随着淀粉糊液留在纸产品的内部或表面，从而影响纸产品的质量，因此希望杂质越少越好。

4. 成膜性能

留在纸内的淀粉糊液经过干燥后成为极薄的膜。不同品种的变性淀粉其膜的性能是不同的，有的很脆，有的很柔软；有的机械性能好，有的则很差；有的吸潮性好，有的则很差。因此，应该根据产品的要求，选用合适的变性淀粉品种。

5. 与其他化学助剂的相溶性

抄纸过程中，除了使用变性淀粉外，还要使用其他化学助剂。例如，铜版纸涂布剂就由好几种助剂共同复配而成。这就要求使用的变性淀粉与其他化学助剂有很好的相溶性，不会分层更不会相斥，保证良好的均匀分散。

另外，对于层间喷涂的变性淀粉，则还有以下4方面的要求。

1. 颗粒细度

由于层间喷涂时，淀粉颗粒是以悬浮状态经喷嘴喷至层间纸表面，这就要求颗粒直径不宜过大或过小，而且希望颗粒大小均匀。

2. 糊化温度

由于层间喷涂后，淀粉颗粒的糊化是依靠纸机烘缸提供的热量，因此希望选用的变性淀粉的糊化温度要低一些好，一般要求不超过70℃。

3. 有较高的首程留着率

尤其在损纸回用时不会对增强、助留及抄纸产生负效应。

4. 黏度及黏结强度

有较低的黏度和较高的黏结强度。

除上述各点之外，还有一些特种纸产品的特殊要求，例如，无碳复写纸的专用变性淀粉，提高成纸干、湿强度的双醛淀粉等。

14.3.4 造纸上常用的变性淀粉及其主要性能特征

1. 分类

造纸工业中使用的变性淀粉的品种很多，有不同的分类方法。

(1)造纸淀粉若按其使用方法可分为四大类：浆内添加淀粉(也称湿部添加淀粉)、喷雾淀粉(以层间增强为主)、表面施胶淀粉和涂布淀粉。

(2)按不同的应用目的分为：增强剂、助留剂、助滤剂、层间黏合(增强)剂、表面施胶剂和涂布黏合剂等。

(3)按化学离子特性可分为五大类：阴离子淀粉(如氧化淀粉、磷酸酯淀粉、羧甲基淀粉等)、阳离子淀粉(如叔胺型、季铵型等)、两性及多元变性淀粉、非离子淀粉(如羟乙基淀粉、羟丙基淀粉等)及其他变性淀粉(如接枝淀粉、复合变性淀粉等)。

2. 变性淀粉品种及主要性能特征

(1)湿部用变性淀粉。

湿部用变性淀粉根据不同的应用目的，又可分为以下几种。

①助留、助滤剂。

湿部用变性淀粉主要用来提高细小纤维与填料的留着，提高滤水速度，从而可提高成纸的灰分、白度、不透明度，同时也可降低造纸白水中的BOD和COD值，减轻纸厂三废污染。我国是一个草浆大国，造纸用草浆比例占全世界草浆总量的75%。由于草浆纤维短，流失严重，且滤水性差，影响车速和抄造，因此助留、助滤的变性淀粉在我国尤为需要。用作助留、助滤的变性淀粉主要有高取代度的阳离子淀粉、磷酸酯淀粉、两性淀粉、接枝淀粉以及复合型淀粉。

阳离子淀粉是最重要的造纸湿部添加剂，其分子结构与纤维素分子的结构相似，都是由葡萄糖基所组成的。由于它带有正电荷，极易与带负电荷的纤维、填料等靠静电引力相互吸附。降低纸浆的 Zeta 负电位，并会产生絮凝现象，这种絮凝作用能将细小纤维和填料包埋在微絮凝团内，提高细小纤维和填料的留着率。同时微絮凝团使湿部在成型时空隙增大，可以使纸浆叩解度下降，滤水性改善，脱水加快，可以降低能耗。由于这种絮凝团是在瞬间形成的，故很脆弱，在剪切作用下会分解成微絮凝，大大降低细小纤维和填料的留着，降低助滤作用，但却增加了与纤维间的均匀接触，使增强作用增加。絮凝作用的强弱，与阳离子淀粉的取代度、添加量和加入时间密切相关。一般而言，取代度越高，添加量越大，加入时间越短，絮凝作用就越强。

另外，在酸性抄纸中，也可选用阴离子磷酸酯淀粉，中性抄纸应选用季铵型高取代度的阳离子淀粉或其他专用型变性淀粉。高取代度阳离子淀粉的添加量一般为 0.25%~1%，在正式应用前应根据各纸厂的实际情况，先试验一下最佳的添加量，在此添加量下，既能明显提高助留、助滤效果，又不影响纸张的物理强度和匀度。添加浓度一般小于 1%（以干淀粉质量计），薄型纸约为 0.5%。若大于 1%，则极易造成过分絮凝，影响纸的匀度和强度。添加地点一般选择靠近流浆箱部位，高位箱添加比较理想，也可选择沉沙沟、旋翼筛进出口处，这要视各厂的实际情况而定。添加方法一般采用连续计量添加，若想以提高灰分为主要目的，可与填料混匀后添加，使淀粉主要作用于填料；若要同时提高细小纤维和填料的留着，淀粉可直接加入含有填料的纸浆中；若以提高细小纤维为主，可在填料加入之前添加。

②增强剂。

根据增强的机理，其应用关键是要使淀粉分子与纤维保持均匀接触，同时也要尽可能避免强剪切作用的影响。

变性淀粉主要用来提高纸张的物理强度，主要指标为耐破度、抗张力、抗张能量吸收值、耐折度等。我国造纸行业木浆紧缺，纸张中草浆、竹浆、二次纤维等含量很高，纸张强度普遍偏低，故迫切需要纸张增强剂。最常用的变性淀粉增强剂有中等取代度的阳离子淀粉、两性及多元变性淀粉（如草木浆增强剂 HC-3）、阴离子磷酸酯淀粉、接枝共聚淀粉、羧甲基淀粉等。

阳离子淀粉应选用中低取代度的品种，阴离子磷酸酯淀粉只适用含有至少 1%明矾的酸性抄纸体系，多元变性淀粉适用面广，对草浆、木浆、竹浆、废纸浆等均具有明显的增强效果。

增强剂的添加量一般为 1%~2.5%。但不同浆料、纸机条件，有不同的添加量与增强效果曲线，所以在正式应用前纸厂应找出最佳添加量。添加浓度一般为 10~20g/L。添加方式可根据纸厂的实际情况采取连续添加，或在浆池中一次性加入。较理想的添加地点是浆池，靠近打浆部位添加，以保证淀粉与纤维、填料之间的紧密接触。添加顺序：一般阳离子淀粉要在明矾加入前添加，而多元变性淀粉或阴离子磷酸酯淀粉在明矾加入前后均可添加。

应用变性淀粉作为造纸工业中的增强剂，使得纸张的抗张力、耐破度、耐折度、环压强度、抗张能量吸收值及伸长率、透气度等均有明显的提高，但撕裂度有时还略有下降，这可通过调整打浆度来弥补，此外对表面强度也有明显的改善，同时还有助留、助滤及改善施胶等效果。

需要说明的是增强与助留是一对矛盾，一般助留效果明显时，增强效果下降；反之也一样。若要在助留、助滤较满意的同时提高强度指标，一般可采用以下方法：一是向打浆方向移动添加位置，以适当减少絮凝，增加淀粉与纤维的接触匀度；二是增大添加量；三是分两处添加或采用复配共用技术；四是在灰分明显提高的同时，适当减少填料的添加量。

此外，阳离子淀粉对松香胶还有"架桥剂"的作用，可降低明矾的用量，改善施胶效果。值得注意的是，阳离子淀粉和明矾中的铝离子对纤维的吸附作用又存在一种竞争机理。因此，阳离子淀粉作为增强剂时，应在明矾之前添加，这样有利于其与纤维间的紧密接触，提高增强效果。

③中性施胶剂(AKD 等)的配套助剂。

中性抄纸技术是目前国际上最新的抄纸技术。中性抄纸具有很多优点。它可提高纸张的强度，适应性好，耐久性比酸性抄造的纸增加 6~10 倍。中性抄纸的白水中各种离子浓度大幅度减少，使纸机白水系统易于处理和封闭等。更重要的是可以采用价廉的重质碳酸钙作为填料，并且能用 10%~15% 的损纸代替优质的长纤维原料。所以尽管中性施胶剂价格较贵，但总体造纸成本下降，对优质纸的抄造尤其合算。

中性施胶剂主要为 AKD，属反应性施胶剂，它本身在纸上的留着率很低，故必须借助于助留剂才能留下。根据中性抄纸的要求，与之相配的特殊变性淀粉有很多，如美国 NSCC 公司的 Cato304 淀粉，国内杭州市化工研究所开发的中性施胶专用变性淀粉 HR-1 等。

(2)层间喷雾用变性淀粉。

喷雾淀粉是 20 世纪 70 年代初才发展起来的，但增长速度极快。喷雾淀粉最初是为提高板纸的层间结合力而开发的，但近年来在应用纸种上已不再局限于板纸，逐步扩大到厚纸中；在应用目的上已不再局限于提高层间结合力，还广泛用来提高挺度、环压强度及表面强度。

喷雾淀粉主要用来提高厚纸和纸板的物理强度及层间剥离强度。喷雾淀粉不需要糊化，只要将淀粉在冷水中分散成悬浮液。当纸和纸板在纸机湿部形成时，把悬浮液均匀喷洒在纸或纸板上，淀粉颗粒被纤维构成的纸页裹住，随后从烘缸处获得能量而凝胶化。这个喷雾淀粉系统，可使淀粉在纸页的整个厚度上均匀分布，或者根据需要可限定大部分颗粒分布在纸的一侧，或者喷雾在多层纸板的层间复合处，起层间增强作用。

与湿部添加技术对比，淀粉喷雾虽不具备对细小纤维与填料的助留、助滤作用，但其增强效果绝不亚于浆内添加，尤其对于杂离子含量较高的纸浆(如磨木浆、废纸浆、草浆等)，其增强效果明显优于湿部添加，且喷雾淀粉比浆内添加淀粉有更高的留着率。与表面施胶比较，虽在改善纸和纸板表面性能等方面，不及表面施胶，但在提高纸张内结合力方面，却优于表面施胶，而且它不需要施胶压榨后的干燥工段，这对于没有施胶压榨的纸机尤其适用。在提高纸板和厚纸挺度、环压强度、层间结合强度方面，淀粉喷雾技术更是一种行之有效的方法，是湿部添加与表面施胶所无法比拟的。当然，如果将湿部添加、淀粉喷雾以及表面施胶等结合起来，互相取长补短，就能取得更理想的效果。这也是目前造纸发达国家常用的技术。

　　喷雾淀粉与湿部淀粉在性能和应用方法上的区别见表 14-12 所示。

　　与浆内添加淀粉相比，喷雾淀粉有着许多优点，尤其是对于以草浆和废纸浆为主要原料的纸板和瓦楞纸等。由于草类纤维及废纸浆中含有许多杂离子、胶粘剂等，这些杂质离子的存在对浆内添加的化学品干扰很大。而采用喷雾的方法，可以有效地避开这些杂质离子的干扰，使其与纤维直接发生作用。尤其是对于提高板纸层间结合力问题，更是浆内化学品所难以解决的。

表 14-12　　　　　　　　　　　　　　湿部淀粉与喷雾淀粉的区别

项　目	湿　部　淀　粉	喷　雾　淀　粉
适用性	一般的纸种均适用	只适用于厚纸和纸板
添加前处理	淀粉液需事先糊化	不需糊化
添加地点	在浆内(即流浆箱以前)	在网部或层间
添加量	一般为绝干浆 0.5%~2.0%	一般控制在 $1g/m^2$ 左右，但提高挺度，环压强度时，用量要加倍
添加方式	计量添加或一次性加入	计量喷雾
主要应用效果	提高纸张抗张力、耐破度和表面强度等；提高细小纤维和填料的留着率；提高施胶效果和车速	提高挺度、环压强度和层间结合强度等
淀粉本身留着率	在 80% 甚至 90% 以上	几乎 100% 留着

　　由于喷雾淀粉特殊的应用方法与作用机理，喷雾淀粉必须具备以下条件：

①与纤维有良好的黏结性能。

②有较高的首程留着率，尤其在损纸回用时不会对增强、助留及抄纸产生负效应。

③有较低的胶化温度，使其随纸页经过烘缸时能及时、迅速糊化并起作用。

④有较低的黏度和较高的黏接强度。

⑤粒度小，经喷雾系统能产生良好的雾状，均匀分布于纸页上，颗粒不堵塞喷嘴。

　　喷雾淀粉的应用工艺，视纸板种类和纸机条件的不同而不同，其基本工艺如图 14-2 所示。

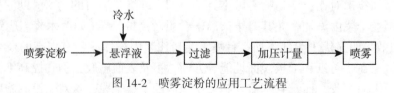

图 14-2　喷雾淀粉的应用工艺流程

　　在搅拌下用冷水将喷雾淀粉分散成悬浮液，其浓度视喷雾流量、纸机车速及纸的质量要求而定。若纸机条件一定，一般控制在 10~100g/L 之间。作为层间增强时，用量可以低一些(浆浓度约 20g/L 左右)。若作为提高内结合强度或表面强度时，浓度适当要高一些，若提高挺度，浓度应更高一些。悬浮液经过 120 目筛过滤后经过增压计量泵(使产生一定的压力，压力控制在 196~392kPa，一般为 294kPa，太低雾化差，太高破坏纸的成形)和喷雾装置，喷雾到纸板上。

图 14-3 和图 14-4 分别是较简单的喷雾工艺流程图和较先进的喷雾工艺流程图。

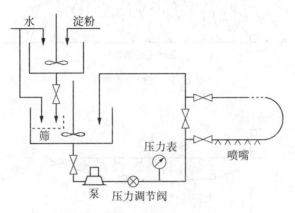

图 14-3　较简单喷雾工艺流程图

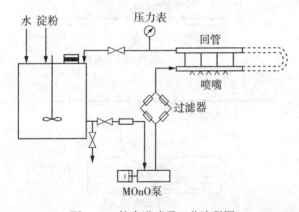

图 14-4　较先进喷雾工艺流程图

喷雾装置一般由淀粉浆制备系统、喷管系统和排液泵三部分组成。在喷嘴与泵之间安装 1 只压力调节阀，以控制最佳的雾化状况。雾化的好坏直接影响到使用效果。喷嘴可以是圆的，也可以是扁的，一般长网纸机可选用圆喷嘴，圆网纸机的层间喷雾可选用扁平的喷嘴。喷嘴直径一般在 1~1.5mm 之间，体积流量为 0.8~1.2L/min，喷嘴之间的排列间距为 120~160mm。喷嘴和网之间的距离视喷雾覆盖纸面状况而定，通常为 250mm 左右。为使雾点在纸面上均匀分布，一般要求多元交叉覆盖(图 14-5)。为了减少雾化淀粉的损失及保护喷雾均匀，可以适当调节喷嘴及喷管的角度。淀粉喷雾量的多少是根据实际需要确定，一般为 1g/m² 左右。从喷管循环回到淀粉浆制备系统的淀粉液至少有 2/3，也即只有 1/3 的淀粉液喷雾到纸或纸板上，这是一个重要的参数。淀粉的喷雾点随纸机的条件及应用目的不同而不一样，如图 14-6 所示为长网纸机、圆网纸机以及长圆网联合纸机的典型的添加点。

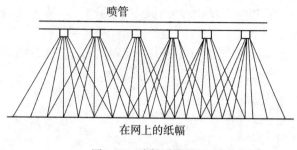

喷管

在网上的纸幅

图 14-5　淀粉雾液覆盖

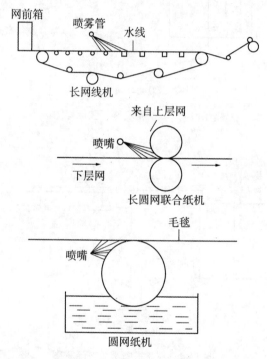

网前箱　喷雾管　水线

长网线机

来自上层网

喷嘴

下层网

长圆网联合纸机

毛毯

喷嘴

圆网纸机

图 14-6　喷雾淀粉在不同纸机上的应用示意图

（3）表面施胶用变性淀粉。

把施胶剂施加到纸的表面，使纤维和纸体粘接，并在纸面上附着一层近乎连续薄膜的方法，称谓表面施胶。表面施胶不只是增加纸页的抗水性，在大多数情况下，是为了提高纸页的耐破度、耐折度、抗张力、平压强度、抗分层强度、环压强度等物理强度指标，有些表面施胶还能赋予纸张抗酸抗碱等特性。

造纸工业上使用的施胶剂主要是淀粉及其衍生物。其他的施胶剂包括羧甲基纤维素（CMC）、甲基纤维素、聚乙烯醇（PVA）、藻肮酸盐、石蜡、硬脂酸/氯化铬络合物、铬二氟化物、烷基烯酮二聚体（AKD）、硅酮树脂、苯乙烯共聚物等。

最早使用的表面施胶剂是动物胶，包括骨胶和皮胶，而现在最常用的表面施胶剂是淀粉及其衍生物。

①适用于表面施胶的变性淀粉。

目前，表面施胶用淀粉多数来源于玉米，其次为木薯、马铃薯、小麦等。而绝大多数是经过物理或化学方法变性处理的变性淀粉，适用于表面施胶的变性淀粉品种有以下几类。

a. 热或热化学转化淀粉：利用机械能、热能或者热-化学能在煮锅或转化器内把原淀粉制成低黏度溶液。如采用一种特殊的喷射式加热器，将淀粉加热到 140~150℃，使它受热到高度机械剪切，从而使淀粉具有良好的溶解性能，并降低其黏度。

b. 酸变性淀粉：酸变性淀粉是指用酸对原淀粉进行降解。如在原淀粉乳中加入浓度为原淀粉质量 1%~8%的盐酸或硫酸，然后把这一混合物加热到 49℃，并反应数小时。当转化到适当程度时，再经中和、洗涤和干燥处理。用这种方法可以制成一系列不同黏度的产品。

c. 氧化淀粉：氧化淀粉是指在一定的碱性和温度条件下，用次氯酸盐对原淀粉浆进行氧化。该方法制备的氧化淀粉还可用于浆内施胶。但用作浆内施胶的，有效氯用量一般为 1%~2%，而作为表面施胶的，一般是 2%~3%。氧化时淀粉乳液浓度为 20%~40%，氧化温度一般在 30~40℃，时间为 1.0~1.5h。氧化完成后，加硫代硫酸钠脱水。

除次氯酸盐氧化淀粉之外，还有过碘酸氧化淀粉，也称双醛淀粉，由于价格昂贵，制备不易，仅限于高级纸张表面施胶用。

d. 酶转化淀粉：制备酶转化淀粉时先用冷水把淀粉按所需浓度调成乳状液，并调 pH 值为 6.5~7.5，加入 0.05%~0.6%的酶，随后按确定的时间-温度曲线操作。根据使用酶的种类和淀粉的转化浓度可采用不同的升温曲线。对稀溶液(如用在表面施胶中的产品)，升温曲线可按每分钟 1.5℃的恒定速率升至沸点，也可以在酶活力最佳温度下(玉米淀粉为 74~76℃)，保温 20~30min。对高浓度溶液先在 70~71℃下保温短时间，再加热至 74~76℃，最后把温度升至 93~99℃，并保温 10~15min，以使酶失去活力。

e. 乙酰化淀粉：乙酰化淀粉是用乙酸酐与原淀粉水浆进行反应而制得。由于接上了乙酰基团，改善了成膜性能，且减少了凝胶倾向，所以乙酸酯淀粉是较好的表面施胶剂。然而，乙酰基不稳定，乙酸酯淀粉糊在熬煮期间，有一些乙酸酯会水解成为游离酸。这种分解作用，在淀粉糊储存期间，特别是在高温和碱性条件下可以持续进行。随着游离酸的增多，乙酰基的功能也随之丧失，还会对设备起腐蚀作用，这就是该淀粉产品不能在造纸工业中获得广泛应用的主要原因。

f. 羟烷基(丙基或乙基)淀粉：羟丙基或羟乙基淀粉是原淀粉与环氧丙烷或环氧乙烷在碱性悬浮水溶液中反应制成的。低取代度的羟烷基淀粉广泛应用于表面施胶和涂布中。在表面施胶中，其煮熟后的淀粉糊流动性好且稳定，与纸张形成的膜柔韧且透明，能增加纸张的挺度、表面施胶度及保墨性。

g. 阴离子型双变性淀粉：阴离子型双变性淀粉是一种既含有磷酸酯又含酰胺基的阴离子淀粉。它不仅用于表面施胶和涂布黏合，还可用于浆内添加、层间喷雾等，具有黏度可调，胶液稳定，损纸回用不会增加白水浓度等优良性能，是一种多功能产品。

h. 阳离子淀粉：阳离子淀粉是由原淀粉与阳离子剂反应制成。它不仅是湿部添加用的增强剂及助留、助滤剂，而且还是优良的表面施胶剂，与氧化淀粉相比，其用量少而效果好。

另外，阳离子淀粉还能缩短干燥时间，有利于损纸回用，使印刷色彩更鲜艳。它是目前很有发展前途的表面施胶剂。

i. 辛烯基丁二酸酯淀粉：辛烯基丁二酸酯淀粉是最近几年开发的新型纸张表面施胶剂，它具有增强纸张表面强度和提高抗水性的双重优点。

另外，氰乙基淀粉、接枝共聚型淀粉、多元变性淀粉等也可用于表面施胶。

②淀粉表面施胶的应用技术。

a. 用施胶压榨的表面施胶技术。

通常所说的表面施胶，大多数指施胶压榨。施胶压榨是指纸幅在刚要进入压辊间区之前先通过一胶料塘，借此施胶剂被施加到纸的表面，然后纸幅通过压辊，使胶料压入纸内，并从纸面除去过量的胶料的一种表面施胶方法。施胶压榨有竖式、卧式及斜式等型式，如图 14-7、图 14-8、图 14-9 所示。三种压榨型式的比较如表 14-13 所示。

通常所说的施胶压榨只能限制在一定条件下，对于特定的条件，如每分钟高于 700m 的车速，低于 $60g/m^2$ 的定量及磨木浆类弱基纸等，前面所述的施胶压榨技术和设施难以适应。为了适应这些特定的条件，目前已发展了几种新的施胶压榨技术，如 Sym 型施胶压榨(图 14-10)、门辊式施胶压榨(图 14-11)及计量刮刀/棒式表面施胶(图 14-12)。

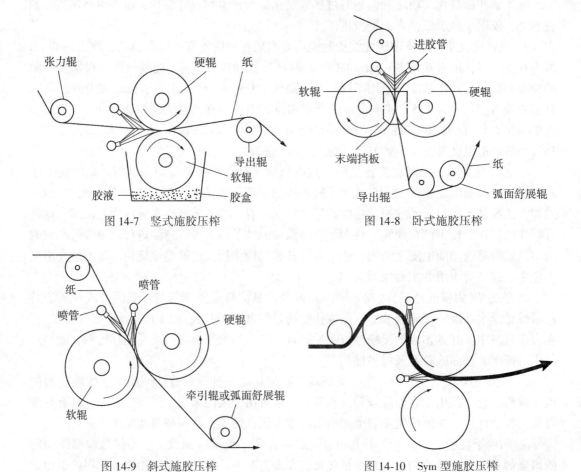

图 14-7　竖式施胶压榨

图 14-8　卧式施胶压榨

图 14-9　斜式施胶压榨

图 14-10　Sym 型施胶压榨

表 14-13   三种压榨型式比较

竖式施胶压榨	卧式施胶压榨	斜式施胶压榨
在纸页上形成胶液"池",纸页的张力控制以及纸两面拾取等量的胶液不能保证纸页在压区成25°	不形成胶池,不产生摇摆运动,不会出现断裂现象,压榨后纸页必须回旋90°,导致纸面起皱	压榨辊与水平成约30°,压榨后纸页不必大角度旋转,比卧式施胶较易进料

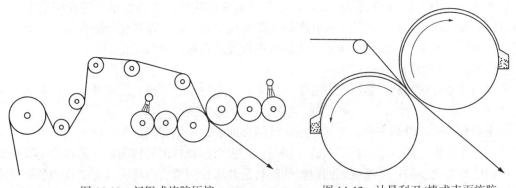

图 14-11   门辊式施胶压榨   图 14-12   计量刮刀/棒式表面施胶

采用 Sym 型施胶压榨时,淀粉胶在纸的两面分别依次通过两个压区,使得一些弱基纸也能进行表面施胶。

门辊式表面施胶压榨带有一个不与纸页接触的偏置料池。该偏置料池向计量压区输送胶料,并控制进入第二压区的胶料量。门辊施胶装置可以使用较高浓度的淀粉溶液,通过"转涂"方式使淀粉液黏附在纸张表面。门辊式表面施胶装置也适用于弱基纸,但存在投资、维修费用大,换辊时停机时间长等缺点。

采用计量刮刀能对表面施胶上胶量加以控制。通过改变刮刀压力即能轻易进行调整,这一特点使得人们能控制吸取量和含固量这两个独立变量。

刮刀涂布最初是为颜料涂布而设计的,现已被用于连续的表面施胶,同样可以解决上述问题,同时具有以下优点:①含固量可高达 12%;②含固量高,干燥成本下降,因而用较少的胶液,较少的淀粉便可获得一定的表面强度;③具有较高的工作效率。

b. 其他施胶技术。

除了用施胶压榨表面施胶外,还有用施胶槽表面施胶、压光机施胶、喷雾施胶等技术,但应用面均没有施胶压榨广,简单介绍如下。

● 施胶槽表面施胶:用一个槽子盛放胶料,使纸在其中浸过。纸和胶液接触的时间取决于车速、槽的尺寸和纸在胶槽中浸渍的面积。通常,施胶槽装在干燥部之内,纸在到达施胶槽之前就有部分干燥了。

● 压光机施胶:这是在纸机上对纸进行表面施胶的另一个重要方法。这种施胶方法仅在厚纸(如纸板)中应用(通常轻量纸用施胶压榨来施胶)。因为纸板在到达压光机时带有相当多的潜热,这使得有可能在卷取前蒸发掉一些水分。剩下的水分完全被纸板吸收而在总的含水量方面不致有任何明显的增加。压光机施胶提供了控制多种用途纸板表面性质的机会，无需在浆料和纸机的调整方面作大的改变。

胶料的拾取量及在纸板上的分布均匀程度主要取决于纸的水分、胶液的温度和浓度、料盘的压光机辊组上的位置及使用的个数。倘若料盘位于压光机辊组的上部，有利于胶料对纸页的渗透，且拾取量大；而位于压光机辊组的较下部，则有利于胶液滞留在纸的表面。胶液温度高有利于增加胶液的拾取，但如果胶液温度与纸板温度接近，则胶液的吸收会更加均匀。整个胶液料盘温度的均一性对保持辊温的稳定很重要。此外，要求进入压光机纸板的水分应低于5%。

- 喷雾施胶：喷雾施胶是近几年迅速发展起来的淀粉应用新技术。它介于湿部添加与表面施胶之间，是指当纸或纸板在纸机上湿部成形时，把淀粉颗粒分散在水中，形成一种浆状物均匀地喷雾在纸或纸板上，随后从烘缸处获得热量而凝胶化。

(4)涂布用变性淀粉。

因为涂布化学品品种多、配方复杂、涂布的工艺技术要求高，涂布是造纸行业的一个重要环节。

涂布与表面施胶都是将化学品作用在纸的表面上，变性淀粉都起胶粘剂的作用，但两者之间存在许多不同，其中最基本的区别是：①表面施胶只用胶粘剂，而涂布除用胶粘剂外还用颜料等化学品；②通常表面施胶的胶料是被压榨到纸页内部的，而涂布的颜料只涂在纸的表面。

①变性淀粉在涂布配方中的主要作用。

变性淀粉是涂布配方中的重要组分，主要用作胶粘剂，它具有以下优点：

a. 具有良好的黏结性能，能使颜料颗粒相互黏结并黏附在纸板上。

b. 具有良好的保水性，能防止涂料在制作时出现脱水现象。

c. 能提供刮刀涂布时的流变性。

d. 有较宽的黏度范围，可满足大多数涂料的黏度要求。

e. 与许多合成胶乳具有良好的相容性，且能改善合成胶乳的性能等。

②涂布用变性淀粉的种类及性质。

涂布用变性淀粉约占造纸工业变性淀粉总用量的8%，与浆内添加的用量相近。主要用作涂布胶粘剂的变性淀粉的种类及性质如表14-14所示。

表14-14 涂布淀粉的种类及基本性质

变性淀粉种类	糊的透明性	颜色	稳定性	对颜料的黏结性
羟乙基化及酯化淀粉	优良	优良	优良	优良
氧化淀粉药	好	优良	优良	好
酸化淀粉	尚好	优良	尚好或差	尚好或好
酶转化淀粉	尚好	好	好	尚好或好
热-化学处理淀粉	尚好	好或尚好	尚好	尚好或好

除淀粉外，其他的涂布胶粘剂还有干酪素、豆蛋白、合成胶乳等。

干酪素是从牛乳中提取的一种蛋白质，胶粘性强，能使涂层有良好的抗水性，但由于价格昂贵，目前用量已逐步减少。

14.4 变性淀粉在纺织工业中的应用

14.4.1 用作经纱上浆

织物用的经纱，有棉、毛、丝、麻等天然纤维及粘胶、醋酯纤维等人造纤维和腈纶、尼龙、聚酯等合成纤维纺成的短纤纱、混纺纱、长丝纱及混纤长丝等。在织造过程中，经纱要受到多种不同的机械作用。经纱不仅要经受停经片、钢筘、综丝等数以万计的反复摩擦，还要承受织机开口、打纬时的拉伸、冲击和屈曲作用，每根经纱不但有相互之间的摩擦，还要先后与千万根纬纱接触，摩擦十分剧烈。这些作用会使经纱起毛，甚至断头。因此，一般单纱和10tex以下的股线都要上浆，以便适应现代高速织机的要求。

经纱上浆的目的在于提高经纱的可织性。对于短纤维来说，主要是通过贴服毛羽，在纱线表面形成保护性的浆膜而提高其耐磨性；对于长丝来说，主要是通过增加单丝间的抱合力，增强集束作用而提高其耐磨性；对于强度不足或不匀较为明显的经纱，通过增强纤维之间的黏附性来提高强度和改善其强度不匀。因此就对浆料提出了一定的要求。

1. 经纱浆料应具备的条件

（1）浆料必须具有足够的黏附力。

它能使纱线很好地黏结，增强抱合力，毛羽贴服，增加纱线强度。经纱浆纱后在烘干过程中，对浆纱机烘筒不黏附；在织造过程中，浆料脱落少。

（2）浆液应具有适当的黏度和足够的渗透性。

使浆液不仅能被覆在纱线表面，而且能渗透到纱线内部，这样既使纱线表面光滑，又增加了纱线的强度。浆液热稳定性要好，流动性较好，上浆率均匀。

（3）浆膜形成能力强。

浆膜容易形成，同时形成的浆膜必须具有良好的机械强度和延伸性。

（4）要有适当的吸湿性。

在织造环境中，上浆纱保持适当的水分和柔软性，有利于织造。对合成纤维，含有一定的水分也是一种抗静电的有效方法。

（5）与其他配浆成分有良好的互溶性。

（6）浆液稳定性要好，不能因受热熔融造成纱线污斑。应不易霉变，不易起泡沫，不易腐败。

（7）易于退浆，对织物后处理不会带来不良影响，对环境污染小。

通常，一种浆料单独使用不能满足上浆工艺要求，因此，要根据经纱的种类、织物的规格、上浆工艺和条件选择几种浆料按适当的比例配合使用，方能达到较佳的上浆效果。

2. 浆料

（1）浆料的种类。

作为经纱上浆用的浆料可分为天然浆料、变性浆料及合成浆料三大类。各类浆料又按其化学组成与结构的不同而分为许多种，如表14-15所示。

表 14-15

浆料种类

天然浆料	植物类	小麦淀粉、玉米淀粉、甘薯淀粉、木薯淀粉、马铃薯淀粉、褐藻酸钠、红藻胶、阿拉伯胶、刺槐树胶、白芨粉、田仁粉、槐豆粉
	动物类	明胶、骨胶、鱼胶等
变性浆料	转化淀粉	糊精、可溶性淀粉、氧化淀粉、酸化淀粉
	淀粉衍生物	羧甲基淀粉、羟乙基淀粉、淀粉醋酸酯、淀粉磷酸酯、阳离子淀粉、交联淀粉、接枝淀粉等
	纤维素衍生物	甲基纤维素、羧甲基纤维素、羟乙基纤维素
合成浆料	聚乙烯醇	变性聚乙烯醇
	丙烯酸类	聚丙烯酸、聚丙烯酰胺、各种丙烯酸酯
	共聚物	醋酸乙烯与丙烯酸类共聚、苯乙烯与顺丁烯二酸酐共聚等
	特种	聚乙烯吡咯烷酮、聚乙烯甲基醚

目前经纱上浆的浆料，主要有聚乙烯醇(PVA)类、丙烯酸类和淀粉及变性淀粉三大类。前两类浆料具有良好的上浆性能，尤其对合成纤维及其混纺纱的上浆效果较为理想，但价格偏高，而且 PVA 会严重污染环境。天然淀粉上浆性能不如化学浆料，但资源充足，价格低廉。天然淀粉通过适当的变性处理，性能可得到改善，从而可较大比例替代化学浆料。

（2）变性淀粉。

变性淀粉浆料在纺织上的开发应用，近年来在我国发展很快。目前国内生产使用的变性淀粉主要有酸解、氧化、酯化、醚化、交联及复合变性淀粉等。

①酸解淀粉。

浆料黏度低，流动性好，适于制成高浓（度）低黏（度）的浆液。但在低温下会形成凝胶。黏附性与天然淀粉相同，没有多大变化。容易形成均匀的浆膜，浆膜脆硬，强度虽较原淀粉有所下降，但并不十分明显。

酸解淀粉可作高特棉纱、粘胶纱及苎麻纱的主浆料，与 PVA 或聚丙烯酸酯组成的混合浆可作涤/棉、涤/粘或涤/麻混纺纱的浆料。

②氧化淀粉。

浆液有较好的流动性，尤其在低温时，基本没有凝冻现象，黏度低且稳定，能在高浓度下应用。由于氧化过程在淀粉分子上引入了羧基，对纤维的亲和性增加。随着氧化深度的增加，羧基含量增加，与合成纤维的亲和性增加，对棉纱的黏附力以及对涤/棉、涤/粘等混纺纱的黏附性均比原淀粉好。浆膜硬而脆，但浆膜均匀、清晰，薄膜收缩及爆裂的可能性降低。膜更易溶于水，容易退浆。

氧化淀粉可作为中号及细号棉纱、麻纱的主浆料。其浆纱的物理机械性能和织造性比原淀粉好，与 PVA、聚丙烯酸酯类合成浆料比有较好的相容性，混合浆可用于涤/棉、涤/粘或涤/毛等混纺上浆。

③淀粉醋酸酯。

低取代度的淀粉醋酸酯，其外观和形状与原淀粉相同，在水中分散性很好，糊化温度降低。可制成比原淀粉浓度高 5~10 倍的浆液。浆液黏度在高温下较天然淀粉稳定，且不易凝冻。它易被碱解离，因此这类浆液的 pH 值应控制在 6.5~7.5 为宜。对棉纤维和涤纶纤维的黏附性均有所提高，特别对涤/棉混纺纱有更好的黏附性。浆膜柔韧，耐弯曲。有良好的溶解性，易退浆。

淀粉醋酸酯可作为天然纤维纱及涤/棉混纺纱的浆料，作为细特、高密棉织物及苎麻纱的主浆料，也可作为涤/棉、涤/粘或涤/毛等混纺纱的混合浆料。

④淀粉磷酸酯。

淀粉磷酸酯具有高黏度、易分解的特点，很容易分散在冷水中形成稳定的分散液，不会凝冻。作为浆料，容易退浆，并可用二价阳离子及铝离子将它从废液中沉淀出来。与淀粉醋酸酯一样，易被碱解离。

淀粉磷酸酯可作为棉纱、涤/棉、涤/粘混纺纱的浆料，效果良好。

⑤淀粉氨基甲酸酯。

淀粉氨基甲酸酯又称尿素淀粉，易分散在水中。浆液黏度低且稳定。浆膜较为柔软，吸湿性强。由于引入酰胺基，因而浆料对亲水性纤维的黏附性有所提高。

淀粉氨基甲酸酯可用作粗、中特棉纱上浆，也可与合成浆料混合用于各种混纺纱上浆。

⑥羧甲基淀粉(CMS)。

羧甲基淀粉的水溶性与取代度有关。其水溶液呈透明状黏滞溶液，在碱性及弱酸性中较稳定，具有一定乳化性能。浆膜柔软，吸湿性强，耐磨性差。浆纱手感较软，易起毛，与重金属离子生成沉淀。

羧甲基淀粉宜与其他浆料混合使用，可代替 CMC(羧甲基纤维素)用于涤/棉等混纺纱的混合浆料中。

⑦羟乙基淀粉(HES)。

羟乙基淀粉水溶性好，黏度低，不易凝冻，浆膜坚韧透明，易退浆，与 PVA 相容性好。

羟乙基淀粉使用范围与 CMS 相似。

⑧交联淀粉。

交联淀粉黏度稳定性好，耐温，耐机械剪切。浆膜刚性大，强度高，伸长小。

交联淀粉可用作被覆为主的经纱上浆，如麻细布、粗斜纹棉布等，与聚丙烯酸酯等混合用于涤/棉、涤/麻及涤/粘等织物的经纱上浆。

⑨复合变性淀粉。

淀粉经单一的变性处理，有时不能满足上浆的要求，因此需经多次变性处理。如氧化淀粉的耐热稳定性不能满足上浆条件时，可将氧化淀粉再经交联处理。酯化、醚化淀粉如黏度过高时再经酸处理或氧化处理，可降低浆液黏度。

⑩接枝淀粉。

淀粉与乙烯或丙烯基单体(如醋酸乙烯、丙烯酰胺、丙烯酸及其酯、甲基丙烯酸及其酯类等)经自由基引发接枝共聚生成接枝共聚物。接枝淀粉既具有淀粉浆料的特点，又具有合成浆料的性能。与其他变性淀粉相比，接枝淀粉对疏水性纤维的黏着性、浆膜弹性、成膜性、伸度及浆液黏度稳定性均有很大程度的提高。

接枝淀粉是最新一代的变性淀粉，从原理上讲也是最有前途的一种变性淀粉。国内从20世纪80年代开始研制这种变性淀粉，据报道，目前国内已有厂家批量生产，数年前，国外有专利报道接枝淀粉可全部代替PVA用于涤/棉纱上浆，但还未见实用报道，因此接枝淀粉的性能还有待进一步研究，关于对PVA的替代量问题需要进一步的研究探讨。

⑪组合浆料。

组合浆料又称即成浆料或一次性浆料。由于单一的浆料不能满足工艺要求，棉纺厂在调浆时，要根据经纱的品种、织物的规格和工艺要求，选择几种浆料，以适当的比例配合使用，再添加一些助剂调制成浆液。可由生产厂家将不同浆料与助剂以适当的比例复配而成一系列的组合浆料。棉纺厂可根据工艺要求选用。这样可简化上浆配方和调浆操作，有利于稳定浆纱质量。

组合浆料中的浆料组成为：聚丙烯酸浆料、变性淀粉、有的配以适量的改性聚丙烯醇。

(3)变性淀粉浆料质量要求。

变性淀粉的质量与变性程度(如氧化度、取代度等)有关。从理论上讲，取代度越高，变性淀粉的性能越完善。但随着取代度的增加，一方面增加了其成本，更主要的是随取代度的增加，生物耗氧量(BOD)随之增加，对环境的污染也增加了。一般在变性处理时，改性剂的加入量以5%为宜。

①共性质量要求。

项目	指标
外观	白色或微黄色粉末
水分	≤14.0%
酸度(中和10g绝干淀粉所消耗0.1mol/L氢氧化钠溶液的体积)	≤2.0
粗灰分(干基)	≤0.5%
粗蛋白质(干基)	≤0.5%
pH值	6.5~7.5
细度	≥99%(100目通过率)，接枝淀粉另行制定
斑点	≤5.0 个/cm^2
黏度相对允许误差	≤15.0%
热黏度波动率	≤15.0%

②特性质量要求

a. 氧化淀粉(用次氯酸钠作氧化剂)

项目	特性标志
羧基含量	≥0.025%
游离氯	无

b. 酯化淀粉

名称	特性指标[取代度(DS)(暂定)]	
	A级	B级
醋酸酯淀粉	≥0.05	≥0.03

磷酸酯淀粉	≥0.05	≥0.02

c. 醚化淀粉

名称	特性指标［取代度（DS）］
羧甲基淀粉	≥0.2
羟乙基淀粉	≥0.04
羟丙基淀粉	≥0.04

d. 交联淀粉

项目	特性指标	
	用甲醛作交联剂	用环氧氯丙烷作交联剂
沉降体积	1.9~2.1mL	1.9~2.1mL
残余甲醛	150mg/kg	
残余氯		≤5mg/kg

e. 尿素淀粉

结合氮≥1.5%（暂定）

f. 接枝淀粉

项目	特性指标
接枝率	≥8%
游离单体	≤0.5%

3. 上浆机理及浆液配方

（1）上浆机理。

各类浆料之所以能用经纱上浆提高织机织造效率，其最主要的原因之一是主浆料的大分子之间和主浆料与纤维分子之间都具有良好的黏附性。主浆料大分子之间具有一定的自黏力，其溶液在干燥后能形成有足够弹性和挠性的柔韧薄膜。主料大分子对纤维分子具有良好的黏着力，浸透到经纱内部能增大纤维之间的抱合力，被覆在经纱表面能提高纤维的耐磨性能。黏附的效果除了取决于分子之间接触面积大小之外，还取决于黏附双方的相容性。

关于黏附机理，各有说法，但比较一致的主要有以下三种观点。

①吸附理论。

Mcaren 认为黏附现象的实质是一种表面吸附现象。黏附有两个阶段。第一阶段是高分子溶液中的黏附粒子的布朗运动，使黏附剂迁移到被黏物（如纱线）的表面，致使高聚物黏附剂分子的极性基团逐渐向被黏物的极性部分接近。在外界压力（如压浆辊的挤压）作用下，或加热而使溶液黏度下降的情况下，高聚物链段也能与被黏物表面靠得很近。第二阶段是吸附作用。当黏附剂与被黏物分子间的距离小于 0.5nm 时，分子间力发生作用。这种吸附力包括解离基团之间的作用力（离子键、金属键）、非极性基团间的作用力（取向力、诱导力、色散力）及氢键的作用力，它使黏附剂与被粘物黏附在一起。

②扩散理论。

扩散理论的基础是"相似相溶原理"。扩散理论认为，由于分子热运动，黏附剂与被黏物的分子或分子链段能互相扩散，相互缠结，从而使黏合界面消失，形成一个过渡区，将黏附剂与被黏物黏附在一起。扩散时间增加，可以使扩散深度增大，形成更牢固的黏附。

扩散理论的另一论点认为，高聚物相互间的黏附作用是与其互溶性密切相关的。这种互溶性基本上由极性相似来决定，如果两个高聚物都是极性的，或都是非极性的，经验证明它们的黏附力较高。这一论点对浆料的选择是一个有价值的经验，即应根据纤维的特性来选择浆料。

③机械结合理论。

这一理论认为，黏附剂液体在润湿被黏物表面时，渗入到被黏物表面上的凹处或缝隙、小孔中固化后，这些黏附剂液体便形成了具有一定强度和弹性的固体。它们与被粘物之间具有"锚钩作用"。因而使黏附剂与被粘物黏附在一起。

综合上述三种观点，可以发现在浆纱过程中，浆液润湿纱线是上浆的前提。通常亲水性纱线易被浆液润湿，而疏水性纱线则较困难，因此提高浆液温度或在浆液中添加表面活性剂都能降低浆液与纱线之间的界面张力，从而提高浆液对纱线的润湿程度。据说国外为了改善浆液对纱线的润湿，常采用预浸浆纱的方法。此外，降低浆液黏度也能提高润湿速度。

(2)影响黏附强度的因素。

①黏附剂的相对分子质量。

黏附剂的相对分子质量高，内聚力大，本身强度高，不易发生内聚破坏。但相对分子质量高也可使浆液黏度升高，不利于润湿，同时也不利于分子的扩散，从而影响黏附强度。黏附剂的相对分子质量低，浆液流动性好，对润湿和分子扩散都有利。但相对分子质量低也会使分子间作用力降低，同时由于内聚力低而容易出现内聚破坏。因此，黏附剂的相对分子质量在一定范围内时，才能达到最高的黏附强度。

②黏附剂大分子的柔顺性。

柔顺性好的黏附剂大分子容易扩散，同时形成的浆液黏度低而对润湿有利，因而有较高的黏附强度。分子链刚性较大的黏附剂则相反。

③浆液黏度。

浆液黏度低，流动性好，有利于对经纱的润湿，浸透性好，黏附强度也较高。

④被黏物表面状态

被黏物表面的疏水性物质如棉纤维上的棉蜡、化纤的纺丝油剂等，不利于润湿而影响黏附强度；而被黏物表面若有一定的粗糙度，则可使固化后的黏附剂产生"锚钩作用"而有利于黏附。

⑤黏附层厚度。

在保证不缺少黏附剂的情况下，黏附层厚度越小，黏附强度越高。这是因为黏附层越厚，层内形成气泡等缺陷的几率越高；同时，由于温度变化时，黏附剂和被黏物产生的形变不同而引起的内应力较大，而使黏附强度下降。

(3)浆料的选择与配合。

选择浆料并适当地配合，是浆纱工艺的关键之一。浆料的选择与配合必须符合上浆、织造及印染各工序的工艺要求，同时考虑降低成本和有利于环境卫生。在确定浆液配方时要根据纤维种类、经纱特数、经纱品质、织物组织结构、织物密度以及上浆和织造工艺条件并结合浆料来源、成本、劳动保护及能耗等因素综合考虑，但必须遵循两个原则：①浆料配合的种类应尽量少。因为各种物质的相容性总是有差异的，使用多组分的配合对浆料的均匀性有害无益；②各组分之间不应发生化学变化，使所用的各种浆料发挥其各自固有的特性，在浆液中各组分之间应该是物理混合。

浆料的选择与配合至今还没有一套系统的科学的理论计算方法，因此长期以来主要还是凭使用者的实践经验。通常，在确定浆液配方前，参照同类产品的配方，有条件的企业经过小批量试用，在取得完整试验数据后，再正式确定浆料的配合与配比。

(4)浆液配方的确定。

浆液配方之前，首先要彻底了解织物的特征及经纬纱线的主要性状，结合这些来确定浆液中的主体黏着剂。充分分析已经确定的主体黏着剂的主要性能及优缺点，得到了主观和客观基本一致的认识后，再确定是否选用辅助黏着剂。然后再根据主、辅黏着剂尚存在的某些在上浆性能上的不足，适当选择配方助剂。但切忌助剂种类选配太多，反相制约。

①主体黏着剂和辅助黏着剂的确定

根据黏着剂与纤维的化学结构特点相同或相似的原则，选用主体黏着剂和辅助黏着剂，以保证黏着剂与纤维间具有较好的亲和力和最佳的黏着力。各种浆料的结构特点见表中14-16，各种纤维的结构特点见表14-17。

表14-16   **各种浆料的结构特点**

浆料名称	官能团	离子性	适用范围
淀粉	羟基	非离子	棉、麻、粘、醋酯纤维
海藻酸钠	羟基、羧基	阴离子	棉、粘、蚕丝等
羧甲基纤维素(CMC)	羟基、羧基	阴离子	棉、粘等
聚乙烯醇(PVA)	羟基	非离子	锦纶、纤维素
聚丙烯酸甲酯(PMA)	酯基、羧基	阴离子	涤、锦、腈纶、丙纶等
聚丙烯酰胺	酰胺基	非离子	粘、蚕丝
动物胶	酰胺基	非离子	锦纶、纤维素

表14-17   **各种纤维的结构特点**

纤维种类	官能团	与水亲和性	纤维种类	官能团	与水亲和性
纤维素	羟基	亲水性	维纶	羟基、醛基	亲水性
涤纶	酯基	疏水性	丙纶	甲基	疏水性
锦纶6	酰胺基	疏水性	氯纶	卤基	疏水性
尼龙66	酰胺基	疏水性	粘胶	羟基	亲水性
腈纶	氰基	疏水性			

a. 用同一种纤维纺成的纱，当经纱特数大时，因纺纱采用的原料品质较差，纱线上的毛羽多，其绝对强度较高，上浆应以被覆为主，以伏贴毛羽，提高耐磨性能。经纱特数

越小，其绝对强度越低。但由于纺纱时所用的原料品质较好，纱身条干好，毛羽少，纱的弹性和伸长均要比特数大的经纱好，所以经纱上浆的要求应以增强为主，宜多浸透，少被覆，要用质量好些的浆料来上浆。

当捻数较大的经纱上浆时，因不易吸浆，应考虑增加浆液的浸透能力。

b. 纯麻经纱上浆由于麻纤维的刚性大，纱身毛羽长而且多，应增加被覆，加大上浆率以伏贴毛羽。因此，宜采用黏着力强的黏着剂，浆液浓度较大。

c. 对于某些条干和强度有缺陷的经纱上浆，应在保证适当浸透的同时适当提高被覆，采用黏着力较好的黏着剂，并用较高的上浆率。

d. 强捻丝或股纱一般不上浆就可织造，但一些低特纱捻成的股线，为提高织造效率，有时也上点薄浆，上浆率低。如低特纯棉股纱华达呢，上浆率(淀粉浆)为 0~2%，线卡上浆率为 0.5%~4%。

②根据织物的组织、结构选用浆料。

a. 在单位面积内经纬纱交织点多的织物，经纱受摩擦次数多，上浆时除要求增强保伸外，重点在于提高经纱的抗磨性能。

b. 当织物的经纱密度高时，经纱与经纱之间，经纱与综丝之间所承受的摩擦作用大；当织物的纬密大时，则在单位长度上的经纱所承受的反复拉伸、曲折、纬纱与经纱间的摩擦次数相对增多，因此要求经纱上浆的质量高，即浆料配方的合理性程度要高。

4. 浆料调制

浆料的调制方法有一步法调浆和两步法调浆两种。所谓一步法就是将变性淀粉与 PVA、CMC 等同时投入调浆桶内烧煮约 2h，定积、定粘后待用；所谓两步法，就是把变性淀粉另用调浆桶调制，将调制好的 PVA、CMC 等打入变性淀粉调浆桶，混合均匀，定积后烧煮到 98℃，闷浆约 15min，定粘后待用。

(1)一步法。

一步法分常压调浆和高压调浆两种。

①常压调浆。

先在调浆桶中加入适量水，开慢速搅拌器，慢慢地加入变性淀粉搅拌 5min 后，再加入 PVA 搅拌 10min。开汽升温至 98℃，高速搅拌 1.5h 后加入 PMA，继续高温高速搅拌 0.5h 后，加入乳化油、二萘酚和烧碱。高温、高速搅拌 1h 后。关汽，降低搅拌速度到低挡，定积，92℃定粘及 pH 值(有些单位在煮完变性淀粉与 PVA 后，打入供应桶，升温至 80℃，定粘。测 pH 值，加 α-萘酚、碱、甘油，升温至 90℃保温 0.5h)。

②高压调浆。

在高压煮浆锅中，放入一定体积的水后，加入 α-萘酚、变性淀粉、CMS、PVA、甲酯、乳化油等，定积，关盖，在 0.2MPa 压力下约 1h，再闷 15min。

(2)两步法。

①在高速桶内放适量水，开搅拌器慢慢加入 PVA、CMC，升温至 95℃煮 2h 左右，加入甲酯再煮 1h。

②在低速调浆桶内加适量水，开搅拌器后加入变性淀粉，升温至 60℃加入 α-萘酚，升温至 90℃并保温 0.5h。

③将 PVA 打入变性淀粉浆内(两种浆液温差在±5℃内)，搅拌 15min。80℃定粘，加

温至 95℃以上闷 0.5h，待用。

5. 浆液质量控制

在调浆和上浆过程中，控制浆液质量的主要指标有淀粉生浆浓度(淀粉生浆中无水淀粉的含量)、浆液总固体量、浆液黏度、pH 值和温度等。

(1)淀粉的生浆浓度。

淀粉的生浆浓度以 Baume 比重计测定，其单位为°Bé。它间接地反映了无水淀粉与溶剂水的重量比。

设浆液的波美(Baume)浓度为 x(°Bé)，对应的体积质量为 γ，二者的关系为：

$$\gamma = 145/(145-x)$$

例如淀粉的生浆浓度为 5°Bé，其体积质量(相对密度)：

$$\gamma = 145/(145-5) = 1.0357$$

浆液的体积质量和浓度随浆液温度的变化而变化，因此调浆时规定，淀粉生浆浓度的测定在浆温 50℃时进行。这时淀粉尚未糊化，悬浮性较好，沉淀速度缓慢，用波美计测定时读数比较稳定正确。

(2)浆液总固体率(又称含固率)。

浆液质量检验中，一般以总固体率来衡量各种浆料的干燥质量相对浆液质量的百分比。浆液的总固体率直接决定了浆液的黏度，进而影响经纱的上浆量。浆液总固体率的定义公式为：

$$浆液总固体率 = A/B \cdot 100\%$$

式中：A——浆液中各种物料的干燥质量；B——浆液的质量。

测定浆液总固体率的方法有烘干法和糖量计(折光仪)检测法。

①烘干法。

将已知质量的浆液先置于沸水浴上，待蒸去大部分水分后，在温度为 105~110℃的烘箱中烘至恒重，然后放入干燥器内冷却并称重，最后以定义公式计算即可。

②糖量计检测法。

糖量计检测法是基于溶液的折射率与总固体率成一定比例的原理，在糖量计上测定浆液折射率，然后换算成浆液的总固体率。

需要指出，糖量计主要是测定溶液的浓度。用其来测定浆液固体率时，由于在浆液中有些物质如油脂、滑石粉等对浆液的折射率不发生影响，因此，糖量计上读得的数值与浆液实际总固体率存在一定差异。但因用于指导生产比较方便，故常用来估计浆液含固率。

(3)浆液温度。

①测试调浆桶内浆液的定浓温度。

②测试供应桶内浆液的温度。

③测试浆槽内浆液的温度。

注意：用 0~110℃水银温度计检测。

(4)浆液黏度。

可用 NDJ-79 型黏度计或恩氏黏度计测定。

$$恩氏黏度(°E) = \frac{85℃浆液流出时间的平均值/s}{同体积 20℃蒸馏水流出时间的平均值/s}$$

（5）浆液的 pH 值。

纺织厂以广泛 pH 试纸来检测，PVA 浆液用万用 pH 试纸来检测。

（6）淀粉浆液的分解度。

淀粉浆液的分解度是指浆液中的可溶性物质，同已充分分解的物质的质量之和对浆液中浆料干燥质量的百分率。测定方法：取浆液 5~6g 放入 500mL 量筒中，稀释至 500mL，并充分搅拌，静置 8~24h。用 100mL 移液管吸取 100mL 于一已知质量的容器中，在水浴锅上蒸干后，移入烘箱中，烘至恒重。

$$F = \frac{m_B \times 5}{m_A m_C} \times 100\%$$

式中：

F——所测试的浆液的分解度，%；

m_A——自所需测试的浆液中称取的浆液质量，g；

m_C——所需测试的浆液的固含量，g；

m_B——100mL 稀释浆液中已溶解和充分分解的浆液的干燥质量，g。

在生产中，淀粉的分解度一般掌握在 60%~70% 左右。

（7）浆液混溶性。

将已充分溶解的两种组分的浆液互相混合均匀后倒入玻璃容器中，静置 1~2h，观察有无分层。若分层则混溶性不好。

14.4.2　用作印花糊料

纺织品印花是将各种染料或涂料调制成印花色浆，局部施加在纺织品上，使之获得各色花纹图案的加工过程。印花和染色一样，也是染料在纤维上发生染着的过程，但印花是局部着色。印花过程包括图案设计、花筒雕刻或筛网制版、色浆调制、印制花纹、蒸化和水洗后处理等工序。印花时为了防止染液的渗化，保证花纹的清晰精细，必须采用色浆印制。印花色浆一般由染料或涂料、糊料、助溶剂、吸湿剂和其他助剂组成。印花糊料是指加在印花色浆中能起增稠作用的高分子化合物。印花糊料在加入印花色浆前，一般先在水中溶胀，制成一定浓度的稠厚的胶体溶液，这种胶体溶液称为印花原糊。

印花糊料是印花色浆的主要成分，它决定着印花运转性能、染料的表面给色量、花型轮廓的光洁度。总之，它是影响印制效果的一个重要因素。

1. 印花原糊在印花过程中的作用

原糊在印花过程中起着下列几方面的作用。

（1）作为印花色浆的增稠剂，使印花色浆具有一定的黏度，以部分地抵消因织物的毛细管效应而引起的渗化，保证花纹轮廓清晰。

（2）作为印花色浆中染料、化学品、助剂或溶剂的分散介质和稀释剂，使印花色浆中的各个组分能均匀地分散在原糊中，并被稀释到规定的浓度制成印花色浆。

（3）作为染料的传递剂，起到载体的作用。印花时染料借助原糊传递到织物上，经烘干后在花纹处形成有色的糊料薄膜，汽蒸时染料通过薄膜转移并扩散到织物及纤维内，染料的转移量视糊料的种类而不同。

（4）用作黏着剂。原糊对花筒必须有一定的黏着性能，以保证印花色浆被黏着在花筒凹纹内。印花时色浆受到花筒与承压辊的相对挤压，又要使色浆能黏着到织物上。经过烘干，织物上的有色糊料薄膜又必须对织物有较大的黏着能力，不致从织物上脱落。

(5)作为汽蒸时的吸湿剂。

(6)作为印花色浆的稳定剂和延缓色浆中各组分彼此间相互作用的保护胶体。

(7)作为印花后或轧染底色后烘干过程中抗泳移作用的匀染剂。

2. 印花糊料的基本要求

(1)糊料在水中膨胀或溶解得到具有胶体性质的黏稠液体而成为用之于印花色浆的原糊。它必须具有一定的载着力、流动性、可塑性、触变性和抗稀释性，以使在印花过程中能够不断地转印到织物上，使印出花纹的颜色深度、面积、均匀性和光洁度能够符合原样的要求而不致造成深浅、渗化等疵病。

(2)糊料必须具有良好的浸润性能。既能很好地浸润花筒，又能很好地浸润织物，还必须具有克服因织物的毛细管效应而引起的渗化现象的作用。

(3)糊料在制成原糊后应具有一定的物理和化学稳定性。使原糊有利于存放，不会在存放过程中发生结皮、发霉、发臭、变薄等变质现象，在制成色浆后要经得起搅拌、挤轧等机械性的作用，在加入或遇到染料和化学助剂时有较大的化学相容性，这样可以防止水解、盐析、结块、嵌浆、刀口结皮等现象的产生。

(4)糊料在制成原糊后，应能使染料与化学助剂均匀地分散在胶体分散体系中，从而获得均匀的花纹图案。染料能否均匀分散或分布主要取决于原糊胶体溶液的情况，如果原糊中存在着凝胶或类凝胶，就会促使染料聚集，从而降低色浆的压透性和印花的均匀性，但却可以增加织物的表观给色量。

(5)糊料要有良好的染料传递性。使所印的织物具有较高的表观给色量，随水洗除去的染料要少，染料的利用率高。

(6)糊料在制成色浆后应有一定的压透性和成膜性，使糊料能渗入织物内部，又能在烘干后的织物表面形成有一定弹性、挠曲性、耐磨性的膜层。这一膜层要经得起摩擦、辊筒的压轧和织物堆放在布箱中产生的折叠堆压，而不致膜层脱落、折断。膜层表面不可因黏性而造成布层间的黏结和对辊筒的沾黏。

(7)印花糊料在汽蒸时应具有一定的吸湿能力。印后烘干的织物经汽蒸时，蒸汽中的水分将在印花处和未印花处冷凝进而被色浆和纤维吸附，吸收水分的多少直接影响染料向纤维内的扩散。

(8)印花糊料在制成色浆后要不易起泡或易于消泡。糊料易于形成稳定的泡沫，其原因主要在于糊料本身的弹性太大和含有蛋白质、胶类物质等。

(9)糊料必须具有良好的洗除性(又称易洗涤性、脱糊性)，退浆要容易，否则会造成花纹处手感粗硬、色泽不艳、染色牢度不良等疵病。

(10)糊料的成糊率要高，即投入少量的糊料能制得较多的黏稠的原糊。一般，印染胶、淀粉的成糊率较低。

(11)糊料的制糊要方便，工艺适应性广，来源充沛，成本低。

糊料按其来源可分为淀粉及其衍生物、海藻酸钠、羟乙基皂荚胶、纤维素衍生物、天然龙胶、乳化糊、合成糊料等。印花糊料应根据印花方法、花型特征及染料的发色条件而加以选择，在生产中常将不同的糊料拼混使用，以取长补短。

3. 印花糊料的物理性能

（1）黏度。

印花效果与色浆的黏度关系密切，色浆黏度大小取决于糊料的黏度及加入的化学药品、染料等。要获得良好的印花效果，色浆必须有适当的较稳定的黏度。一般来说，精细条子、雪花点子、猫爪干笔需要高黏度的色浆；大块面或满地花型、云纹等，需要的色浆黏度不宜高。印花方式不同，所要求的色浆黏度也不同，大致范围为：

滚筒印花：0.5~1.5Pa·s；

平网印花：6~15Pa·s；

圆网印花：4~8Pa·s；

手工筛网印花：10~20Pa·s。

但具有适当黏度的色浆，却不一定都有良好的印花效果，因为还和许多其他因素有关。尤其是非牛顿流体的印花糊料，印花时在剪切力作用下，黏度将发生很大改变，而此时的黏度对实际印花效果影响甚大。

（2）流变性。

在剪切力作用下，流体发生变形的性能称为流变性。

①牛顿型流体。

在温度和压力不变的情况下，液体受剪切力作用，流体的黏度为一常数，速度梯度与剪切应力成正比。当剪切应力大于零时，流体就发生流动，这种流体称为牛顿型流体。

②塑性流体。

一些流体在切向应力很小时，没有速度梯度产生，只有当剪切应力达到某一值后，才开始产生速度梯度，流动时速度梯度与剪切应力成正比。

这种流动现象，主要是因为高分子化合物在溶液中，产生杂乱排列的链网状结构所引起的结构黏度而产生的。剪切应力即为了破坏这个结构黏度所施加的最小值。这类流体叫塑性流体。

③假塑性流体。

在受到剪切应力作用时就开始流动，但流变曲线的斜率不是常数，而随剪切应力的增加而增加。其黏度则随剪切应力的增加而降低。大多数印花原糊属于此类型。

④膨胀性流体。

与假塑性流体相反，当剪切应力增加时，其黏度并不降低，反而增加。在所受剪切应力较小时，产生较大的速度梯度，然后随着剪切应力的增加，其速度梯度的递增趋向缓慢。如淀粉颗粒的悬浮液，其浓度在 35% 以上时才属于膨胀性流体。

⑤黏塑性流体。

要使这类流体发生流动，必须施加一个最低的剪切应力，随着剪切应力的增大，流体呈假塑性流体的流变曲线，至剪切应力达到最大屈服值时，该流体的流变曲线开始呈牛顿型流体的直线型。

（3）触变性。

当人们在用旋转式黏度计研究流体的流变性时，常发现有的流体随着剪切应力降低时，流变下行曲线的轨迹与上行曲线的轨迹不同。剪切应力降低时，流体的速度梯度出现与原来的轨迹相比，有超前滞后现象，这种现象称为流体的触变性。

流体是触变性，主要是由于它的结构黏度所引起的。结构黏度虽然可因剪切应力的消除而恢复，但需要一定的时间。恢复到原来的速度梯度时间提前的，称为触变性的超前触变现象；反之，称为阻流性流体的滞后触变现象。

在圆网印花和平版筛网印花时，触变性是非常重要的指标。印制效果优良的原糊应该是结构黏度较大。在剪切应力作用下黏度即降低，但在刮刀刮印后，又能迅速恢复其结构黏度，滞后现象要小，这样有利于印制轮廓清晰的花型。

影响原糊触变性大小的因素有：

①原糊本性。

牛顿型流体无触变性，其他流体由于结构黏度的存在，或多或少地都存在触变现象。结构黏度指数大的或印花黏度指数小的原糊触变性大。

②原糊中的含固量。

同一流体型的原糊，浓度低时，其触变性小；提高浓度后，则触变性变大。

③剪切应力的作用。

原糊所受的剪切应力幅度越大，则上、下行曲线间的面积越大，其触变性大。

(4)曳丝性。

曳丝性，或称可纺性(Spinnability)、黏着性(Tackiness)，是指糊料或色浆垂直流动时成丝的性能，它反应糊料的黏弹性能。糊料浓度太高或太低时，不表现出曳丝性，而当浓度达到溶液中分子链稍有缠结时(一般在印花色浆应用范围内)，才显示出来。

曳丝性与结构黏度有关，还与糊料的浓度、温度、表面张力及牵引速度等有关。

①曳丝性与印花轮廓清晰度间的关系。

曳丝性较低的印花色浆，印花后印花线条出现锯齿形、粗细不一、断线等不匀现象，曳丝性好，则有较好的轮廓清晰度。

②色浆曳丝性对上浆量的影响。

印花色浆转移到织物上的量实际上取决于很多因素，如设备、坯布等等，但色浆曳丝性对上浆量有着明显影响。在其他条件不变的情况下，上浆量随色浆曳丝性的提高而提高，直至织物饱和为止。

4. 淀粉及其衍生物糊料的性能

(1)小麦淀粉。

小麦淀粉是丝绸印花中应用较为广泛的糊料之一。它价廉、成糊率高，制成色浆印制后给色量高，得色浓艳，黏度和透网性合适，用以印制精细花纹可以得到清晰的轮廓，本身无色、无还原作用，可耐弱酸弱碱。缺点是渗透性差，印花后水洗困难，不易去除；能与活性染料反应，不能用于活性染料印花。

(2)可溶性淀粉。

这种糊冷却后不会凝冻，印制方便，给色量高，渗透性好，印花后较易洗去。缺点是花形轮廓清晰度不及淀粉糊。

(3)糊精。

淀粉在催化剂(酸性、氧化性或碱性催化剂)存在下，经焙烧而成。由于焙烧温度、时间不同，可分别制得白糊精、黄糊精和印染胶。糊精略具有还原性，尤其是黄糊精，常被用作还原染料色浆的糊料，印花得色均匀，印花后易被洗去。和小麦淀粉混用，可改善色浆性能。

（4）氧化淀粉。

氧化淀粉与原淀粉相比具有以下特性。色泽洁白，糊液流动性好，黏度低而稳定，可塑性好，凝冻程度减弱，成膜性好，薄膜透明而比较坚韧。因而，氧化淀粉的印花性能均较原淀粉好。

（5）酯化淀粉。

醋化淀粉如醋酸酯淀粉和磷酸酯淀粉。经酯化变性后，其化学稳定性增加，结构黏度下降，流变性改善，但其溶解性能不及醚化淀粉。

（6）醚化淀粉。

①羧甲基淀粉。

羧甲基淀粉的印花性能主要取决于取代度的大小，取代度大，淀粉大分子上所带的负电荷多，可增加糊料的抱水性和水溶性。羧甲基淀粉在加酸或加碱时，黏度都会下降，但加碱影响较小。在羧甲基淀粉中加入 Ca^{2+}、Mg^{2+}、Na^+ 后，黏度下降。如取代度在 1.0 以上时，原糊的化学稳定性大为提高，其流动性和渗透性也较好，从而可改善印花性能。羧甲基淀粉与活性染料不反应，可代替褐藻酸钠用作活性染料的原糊。印花后得色量较高，耐洗牢度与褐藻酸钠相近。

②羟乙基淀粉。

羟乙基淀粉的取代度在 0.5 以上时，可溶于冷水。它与金属盐、酸或酸式盐均有良好的相容性。耐酸、耐碱、耐氧化剂及还原剂，与染化药剂的相容性好，印花性能（得色量、轮廓清晰度等）和易洗除性能均较好，可作活性染料、分散染料、冰染染料等染料的原糊，还可用以防拔染印花。

③氰乙基淀粉。

氰乙基淀粉是淀粉在碱性催化剂存在下与丙烯腈醚化反应而制成的，可作活性染料的增稠剂。印花后，手感、耐摩擦牢度、耐汗渍牢度等均优于原淀粉，与褐藻酸钠相同。

5. 原糊的调制

（1）黄糊精（或印染胶）。

①配方。

黄糊精（或印染胶）	60~80kg
水	加至 100kg
消泡剂（火油）	1kg

②操作。

在锅内放入一定量的水和火油，边搅拌边缓缓加入黄糊精或印染胶，搅拌均匀后，以 69kPa 间接蒸汽加热，烧煮 2~3h，至呈透明状。最后以夹层流水冷却，并充分搅拌，储存时表面可加一层火油。

（2）白糊精。

①配方。

白糊精	10kg
水	加至 100kg

②操作。

用适量水将白糊精调成浆状，经筛网滤入煮糊锅内，开蒸汽(59~69kPa)，加热至95℃，煮2~3h，至糊呈透明状。关汽，通冷水冷却至室温备用。

(3)羧甲基淀粉。

①配方。

羧甲基淀粉	6~8kg
水	加至100kg

②操作。

缓慢将羧甲基淀粉倒入已加入一定量冷水的调糊锅内，不断搅拌，待成透明糊液即可使用。

(4)羟乙基淀粉或羟丙基淀粉。

①配方。

羟乙基淀粉或羟丙基淀粉	8~10kg
水	加至100kg

②操作。

缓慢将羟乙基淀粉或羟丙基淀粉倒入已加入一定量冷水的调糊锅内，不断搅拌，待成透明糊液即可使用。

(5)小麦淀粉。

①配方。

小麦淀粉	28kg
水	200kg

②操作。

先将淀粉加水搅拌均匀，用铜筛过滤后加入煮糊锅，加入约为总量的2/3，启动搅拌器，开蒸汽加热，压力78.5~98.1kPa，煮约1h后，加水至满量，升温煮沸30min，关汽，保温15min，开冷却水冷却至30℃，加入防腐剂(石炭酸)，其用量随季节不同，春秋两季0.5kg，夏季1kg，冬季不加。

6. 印花色浆的调制和印花工艺

(1)活性印花染料。

①配方。

染料	$x$kg
防染盐S	1kg
小苏打(或纯碱)	1.5kg
羟乙基淀粉原糊	50~60kg
尿素	5kg
水	加至100kg

②操作。

用少量冷水将染料调成浆状。加入事先溶解好的尿素和防染盐S混合溶液，再加入温水或热水，使染料充分溶解，然后将已溶解好的染料溶液过滤后加入原糊中，搅拌均匀。临用前加入溶解好的小苏打或纯碱溶液。

③说明。

尿素在色浆中起助溶剂、吸湿剂作用，帮助染料溶解及在汽蒸时使纤维膨化，使染料充分溶解，有利于染料渗透及与纤维反应。染料用量在 1% 以下时，尿素用量为 3%~5%；染料用量在 1% 以上时，染料用量每增加 1%，尿素用量也相应增加 1%~2%。

防染盐溶解度大，对染料的溶解也有促进作用。但在活性染料印花中，主要是防止活性染料在高温下受还原蒸汽或还原性物质的破坏。

碱剂的作用是使染料和纤维在汽蒸过程中发生反应。

④印花工艺流程。

印花→烘干→汽蒸→水洗→皂洗→水洗→烘干

(2)冰染料印花。

①配方。

a. 重氮化色基。

色基大红 G	1kg
NaAc	$x$kg
HCl	2kg
水	$x$kg
NaNO$_2$	0.5kg

b. 色浆配方

重氮化色基	$x$kg
醚化淀粉原糊	0.4~0.5kg
醋酸(98%)	5~10mL
水	加至 1kg
匀染剂 O	0~1g

②操作。

将色基用少量水调和，加入规定量的盐酸并搅拌均匀，加入适量沸水，使色基的盐酸盐充分溶解，加冰冷却到重氮化所需的温度(10℃)。在搅拌下快速加入预先溶解好的亚硝酸钠溶液，重氮化 10min。重氮化后，放置 10~15min，使多余的亚硝酸气体逸出。重氮化完毕，印前加入事先溶解好的醋酸钠中和，然后将重氮化溶液调入预先经过冷却的原糊内。加入规定量的醋酸，搅拌均匀，加水至规定量，过滤，备用。

③印花工艺流程。

打底→烘干→印花→烘干→后处理(水洗→碱洗→皂洗→水洗→烘干)

(3)快璜素印花(拉黑)。

①配方。

乙浆

色酚 AS-OL	2.5kg
色酚 AS-G	0.2kg
原糊	25kg

甲浆

凡拉明重氮磺酸钠	20kg
小麦淀粉原糊(10%)	10kg

尿素   1.5kg

烧碱(36°Bé)   3.05L/100kg 乙浆

红矾   1.05kg

甲浆∶乙浆=1∶1 混合

②印花工艺流程。

印花→烘干→蒸化→水洗→皂洗→水洗→烘干

(4)拔染印花。

①还原染料色拔印花。

a. 色浆组成。

还原染料	$x$kg
雕白块	25kg
甘油	5kg
保险粉	2kg
酒精	1kg
40%蒽醌悬浮液	0.5kg
烧碱(36°Bé)	10kg
印染胶淀粉原糊	30kg
碳酸钾	8kg
水	加至 100kg

b. 操作。

染料用水、甘油、酒精调和,在球磨机内研磨 24h 后,加入原糊内,加入规定量的烧碱,边搅拌边用间接蒸汽加热至 60℃,将保险粉慢慢加入色浆内,还原约 30min 后,关汽,开冷水冷却至 30℃ 以下,最后加入溶解好的雕白粉,加水至规定量。

c. 拔染印花工艺流程。

可拔染料染色织物→印花→烘干→汽蒸→水洗→皂洗→水洗→烘干→拉幅

②拔白印花。

a. 色浆组成。

印染胶淀粉混合糊	30kg
雕白块	25kg
加白剂 VBL	0.5kg
40%蒽醌	0.5kg
酒精	0.5kg
水	加至 100kg
Na_2CO_3	8kg

b. 操作。

将溶解好的加白剂(可加些酒精助溶)搅入原糊中,而后加入蒽醌,搅匀后加入碱,最后加入雕白块溶液。

c. 印花工艺流程。

印花→烘干→汽蒸→水洗→皂洗→水洗→烘干→拉幅

（5）分散染料印花。

①色浆组成。

染料	$x$kg
小麦淀粉原糊	40~50kg
防染盐 S	1kg
水	加至 100kg

②操作。

在快速搅拌下将分散染料加到软化水中搅拌均匀后，加至原糊中，搅匀，加入防染盐 S 和水至总量。

③印花工艺流程。

印花→烘干→热熔→汽蒸→水洗→皂洗→水洗→烘干

14.4.3　用作织物整理剂

疏水性纤维如聚酯，由于疏水性大，用作衣料时，有吸汗性差，容易吸附油污，产生静电等缺点，而用亲水性物质进行加工处理来克服这些缺点。但是用一般的方法，如芳香二羧酸、乙二醇及聚乙二醇的聚酯聚醚嵌段共聚物进行处理，耐洗涤性差，染色牢度下降。而用接枝淀粉与聚酯聚醚嵌段共聚物的混合物进行处理，聚酯针织物和织物的吸水性、耐洗涤性及染色牢度均有所提高。

另外，手感是织物质量的重要指标。在织物的整理过程中，表面处理会很大程度上影响手感。天然淀粉整理会产生刚硬的手感，这是由淀粉薄膜的性质所决定的，经历漂洗的织物常用能促进手感的变性淀粉来整理，而使用交联淀粉得到的薄膜具有柔顺性，有利于改善织物的手感，得到耐久性的整理。

14.5　变性淀粉在石油工业中的应用

近年来，淀粉作为油田化学剂中的水溶性聚合物已经被用于石油钻井液、压裂液和油气生产中的多种场合。这些不同场合要求的聚合物功能往往是多样的，它们的区别很大，以致大多数聚合物只具有一种主要的使用目的，只有少数几种聚合物能够胜任两种以上的功能。

淀粉在石油工业中最早的应用是钻井液方面。在钻井作业中，淀粉及其衍生物，如预糊化淀粉、羧甲基淀粉（CMS）、羟丙（乙）基淀粉、磺化淀粉、接枝共聚淀粉和磷酸酯化淀粉等用作钻井液的降失水剂。

在压裂液中，利用淀粉与变性淀粉产品的吸水膨胀和在一定条件下降解的特性，用作可降解低伤害的降滤失剂。由特殊工艺变性的淀粉，能够与硼离子等交联成有一定黏弹性的冻胶，为其在压裂液增稠剂方面的应用开创了新的领域。

接枝共聚淀粉以及由淀粉为原料制得的微生物聚合物，在堵水调剖剂和强化采油等提高采收率方面也有应用。

另外，在石油开采以及石油环保的聚丙烯酰胺分析和油水污染处理中，也用到淀粉或变性淀粉产品。应该说淀粉及其衍生物作为具有多功能的水溶性聚合物之一，在石油工业中应用广泛。并且随着石油工业的发展和淀粉加工技术的进步，其应用范围还会越来越广。

14.5.1　淀粉及其衍生物在钻井液中的应用

1. 钻井液

石油开采的第一件重要的工作是在油区钻一口油井。目前，油井浅的为几百米，深的可达近万米。如此深的地下，岩石非常坚硬，温度和压力也比较高。温度和压力是随着井深而增大的，一般而言，5000m 深井的井底温度可达 150~180℃（或更高），井底压力可达 100MPa。因此钻一口油井，除了需要特定的钻机外，钻井液起着至关重要的作用。

在早期，钻井液的主要成分之一是黏土，习惯上又称之为钻井泥浆。在钻井过程中，它经泥浆泵驱动，通过中空的钻杆、钻头、喷水孔、井壁与钻杆的环形空间，返回地面，经过净化后再继续做同样循环使用。有人把钻井液比作钻井的血液，如果钻井液停止循环，钻井工作就不能够继续进行。钻井液的主要作用是携带和悬浮钻头切削下来的钻屑，冷却和清洗钻头，在循环过程中形成泥饼，以增加井壁的稳定性，调节钻井液密度，使其重量与地层的压力平衡，防止井喷，起润滑作用，防止黏附卡钻，防止井壁坍塌等。由于钻井液能够接触油气产层，因此，钻井液应尽可能不损害地层。

多数钻井液是黏土以小颗粒状态（小于 2μm）分散在水（或油）中所形成的溶胶悬浮体。美国石油协会（API）与国际钻井承包商协会（IADC）对钻井液体系与处理剂进行分类中，钻井液主要分为以下 3 类：

（1）水基钻井液。

以水为基础的分散介质，在其中添加黏土和各种化学剂。

（2）油基钻井液。

以油作为连续相的钻井液。

（3）空气、雾气和泡沫钻井液。

目前，现场应用最多的还是以水基钻井液为主。

为保证钻井液的稳定性和提高其各种工艺性能，钻井液中使用了各种化学处理剂。处理剂有碱度和 pH 值控制剂（如石灰、氢氧化钠、碳酸氢钠等）、杀菌剂（如多聚甲醛、氢氧化钠、石灰、淀粉防腐剂等）、去钙剂（如氢氧化钠、纯碱、碳酸氢钠等）、防腐蚀剂（如水化石灰、胺盐等）、去泡剂、乳化剂、降失水剂（如黏土、羧甲基纤维素钠 CMC、变性淀粉等）、絮凝剂（如盐或盐水、水化石灰、石膏和四磷酸钠等）、发泡剂、堵漏剂、润滑解卡剂（如洗涤剂、皂类、油料或表面活性剂）页岩稳定剂（如石膏、硅酸钠、木质素磺酸钙、石灰和盐）、稀释剂（如单宁、栲胶）、表面活性剂、增黏剂、加重剂等。

钻井液是由具有各种不同功能的添加剂组成的，其体系性能复杂。但就钻井工艺的要求来看，主要需要考虑钻井液的流变性、失水性和造壁性。流变性是指它的流动和变形特性，以表观黏度、动切应力等表征。失水性是指钻井液中的自由水在压差作用下会向具有孔隙的地层渗透。随着失水发生，钻井液中的黏土颗粒便附着在井壁上成为泥饼（也有的颗粒进入到地层孔隙里面去），即造壁，造壁反过来会降低失水量。钻井液失水量测定仪测定的静态失水量与滤饼性状有关。

2. 淀粉产品在钻井液中的作用

在钻井液中，淀粉类产品主要被用作降失水剂。淀粉作为黏土钻井液和无固相盐水钻井液的降失水剂是有效的。而在无固相钻井液中，当温度高于 147℃ 时，淀粉会降解而失去作用。淀粉在含 $CaCl_2$ 的盐水中不稳定，另外直链淀粉的老化作用在稀溶液中倾向于自发缔合而沉淀。

因此，在实际中，大多使用的是通过醚化、酯化和部分氧化的变性淀粉。其中阳离子淀粉具有良好的降失水性能，可用于 147℃ 以上的无固相盐水钻井液中且具有抗钙能力。变性淀粉比原淀粉性能优良，原因可能是取代度使淀粉分子更大，同时在大分子结构上，改变淀粉分子立体有序性排列，使之成为立体结构的无规则结构，致使淀粉衍生物形成沉淀的倾向减弱。

一般而言，淀粉产品用于钻井液，其用量与钻井液的种类、钻井遇到的地层和淀粉产品降失水能力等多因素有关。

在钻井液中应用淀粉产品，有时会遇到钻井液的维护问题，细菌往往影响淀粉钻井液性能。专家推荐异噻唑酮基产品用作淀粉基钻井液维护剂。异噻唑酮基生物杀伤剂处理量达到 5~7mg/kg 的活性组分，将细菌数保持在临界值以下，并可彻底保护钻井液。这种生物杀伤剂能活跃地杀伤各种系列的微生物，对运输者和环境无害，已广泛应用于化妆品及工业用水的处理维护，美国环保局已允许将它用在油田上。

3. 钻井液用变性淀粉种类及技术要求

由于天然淀粉在水中的溶解性较差，基团结构单一，性能及应用受到很大限制。在国外，变性淀粉用于钻井液已有近 50 年的历史，我国近几年才开始较具规模地开发利用。虽然起步较晚，但发展迅速。由于粮食产量不断增加，变性淀粉来源丰富，价格便宜，因此该项研究开发越来越受到油田工作者的重视。

钻井液最常用的变性淀粉主要有以下几类。

(1) 预糊化淀粉。

预糊化淀粉是一种最简单的淀粉变性产物，主要用于盐水和饱和盐水钻井液的降滤失剂，目前因其变性简单、价格便宜而用量最大。在降失水的前提下，对钻井液黏度的提高比 CMC 相对要低，这是其优点之一。降失水的性能相当于 CMC-Na。

(2) 羧甲基淀粉醚。

用工业玉米淀粉制成的取代度为 0.2~0.5，黏度为 20~1000mPa·s 的羧甲基淀粉醚 (CMS) 可作为饱和盐水钻井液的处理剂，具有降失水而不增黏的特点。与 CMC 相比，性能优良、成本低，有一定的抗钙、抗盐污染能力，能用于淡水钻井液。

刘仕卿用 KOH(K^+ 的抗塌能力强) 代替 NaOH，采用无溶剂合成工艺制备羧甲基淀粉钾盐 (简称 K-CMS)，滤失量比 Na-CMS 低，黏度小，还有防止页岩水化膨胀、缩径、防塌作用，有良好的实用价值。其主要性能指标为：自由流动粉末无结块，粒径不超过 2mm；4% 盐水钻井液达到 10mL 滤失量需 K-CMS 小于 9.0g/L，处理后表观黏度小于 9mPa·s；饱和盐水钻井液达到 10mL 滤失量需 K-CMS 小于 12mL，处理后表观黏度小于 12mPa·s。

(3) 羟丙 (乙) 基淀粉醚。

羟丙 (乙) 基淀粉醚是非离子型的变性淀粉，在饱和盐水中的降失水能力与 CMS 相当，而抗钙、镁能力又优于 CMS。崔凤军以玉米淀粉为原料的羟丙基淀粉作降失水剂使用，其钻井液性能稳定，维护周期长，羟丙基淀粉加量较少；所处理的钻井液，泥饼薄而韧，比较滑润，摩擦系数小；随加量的增多，可得到极小的失水值特性。室内和现场试验证明，羟丙基淀粉在钾基防塌钻井液中最优的添加量为 1.0%~1.5%，有较好的降失水和抗盐能力。

（4）交联、酯化、磺化淀粉。

为了提高使用温度，钻井液中还用了交联、酯化、磺化变性淀粉。交联淀粉用作钻井液的降滤失剂，抵抗降解和 120℃ 高温暴露长达 32h，在温度低于 130℃ 时，产品的黏度不超过 200Bu（Brabender 黏度单位）。

羧基取代度 0.30~0.96，磷酸酯取代度 0.0002~0.0005，相对分子量 1500~4000 的磷酸酯氧化淀粉，用作水基高固体悬浮体材料，如钻井液的分散剂。

德国 Eechstein 地层的钻井液，需要能抗钙/镁能力高达 140000mg/kg 和热稳定性超过 177℃ 的降失水聚合物。以往几口井使用 CMC 和聚阴离子纤维素（PAC）时都遇到了问题。采用含有新型磺化聚合物的淀粉改进了钻井液的性能，并降低了钻井成本。关键在于新型聚合物与淀粉起协同作用，使淀粉的热稳定性提高了 25℃。现场经验表明，在深度为 4800m 的 Eechstein 地层中，使用淀粉和新型聚合物的组合钻井液体系具有优良的降失水性、抗硬水性能和热稳定性。这种降失水聚合物可节约成本 20%~50%。

（5）淀粉与烯类单体接枝共聚物。

淀粉与烯类单体接枝共聚物也是一条最有效的变性途径，这一类产品也因性能优良而被广泛用于更复杂的地层。

高锦屏以硝酸铈/乙酰乙酸乙酯（CAN/EAcAc）作为引发剂，合成了淀粉-丙烯酰胺-聚乙烯醇（PVA）的接枝共聚物 APS。室内试验结果表明，APS 有良好的抗高温降滤失性能，其抗温限达 170℃，明显优于 CMC。以淀粉、氯丙烯、二乙胺和其他烯类单体为原料，硝酸铈铵（CAN）和乙酰乙酸乙酯作为引发剂而合成的阳离子淀粉-烯类单体聚合物（OCSP）不仅具有良好的抑制性而且还能与其他处理配伍，可解决泥页岩井壁稳定问题。

王中华用丙烯酰胺、丙烯酸钾、2-羟基-3-甲基丙烯酰氧丙基三甲氯化铵与淀粉接枝共聚制得的降滤失剂 CGS-2，具有明显的降失水效果，较强的抗盐抗温能力和较好的防塌效果。

14.5.2 变性淀粉在压裂液中的应用

1. 水力压裂及其压裂液

在提高石油采收率和油气日产量方面，水力压裂起着重要的作用。水力压裂技术成为标准的开采工艺是 1947 年，到 1981 年压裂作业数量已超过 80 万井次，至 1988 年作业总数发展到 100 万井次以上。

水力压裂增产技术主要包括了利用地面高压泵组，将特殊组分的高黏压裂液以超过地层吸收能量的高排量、高泵压注入井中，在井底形成高压，压力超过井底附近的地应力和岩石抗张强度后，水力尖劈地层形成并延伸裂缝。不断将携带支撑剂的压裂液注入缝中会使此缝向前延伸并在裂缝中充填支撑剂。支撑剂充填完成后，压裂液破胶降解为低黏度状态排出，流下一条支撑剂充填的高导流能力通道，以利油气由地层远处流向井底顺利采出。

压裂液的性质强有力地控制着裂缝延伸特点和支撑剂的分布与铺置，对于取得有效的支撑缝长、裂缝导流能力以及作业费用等具有显著影响。

理想的压裂液应具有以下特点：

①低滤失，以利用最小体积取得最大的裂缝穿透。主要取决于黏度和造壁性。

②悬浮支撑能力强，能够造宽缝。主要与黏度及黏弹性有关。

③泵送摩阻低，以保证高的设备泵送效率。与使用的聚合物及交联剂体系有关。

④热及剪切稳定性好。在地层高温和高排量泵送产生的严重剪切下，其黏度等性能下降幅度不大。

⑤作业后清井、反排性能好，此要求压裂液破胶彻底（破胶性是将压裂放入模拟地层温度的密闭容器中，老化一定时间后，以黏度的下降和破胶后水不溶性残渣含量来衡量）、快，防止聚合物或残渣滞留，形成对地层的伤害。

⑥对地层及裂缝的渗透性不产生永久性堵塞。要求压裂液破胶后不溶性残渣低。

⑦与地层及地层流体配伍。不发生黏土膨胀或产生沉淀而堵塞地层，与地层流体不形成乳状液。

⑧经济合理，使用安全。

所列这些特性中，与地层物质和流体配伍是最关键的。如果压裂液的化学性质引起地层渗透堵塞，那么施工就会失败，非但不增产还会引起油气减产。而压裂液最重要的特性则是它输送支撑剂进入井筒管道，穿过射孔眼，深入裂缝的能力。输送支撑剂、扩展裂缝宽度以及产生并支撑长裂缝都要求高黏度。压裂液的表观黏度一般是在模拟地层温度条件的黏度计上，在剪切速率为 $170s^{-1}$ 下测得的。液体的表观黏度直接控制裂缝内压力机支撑剂输送特性。

压裂液的另一重要特性是当它完成施工后，有从高黏度恢复到低黏度的能力，即破胶性能较好。各种添加剂，包括降滤失剂，在完成高黏度高效率输送支撑剂之后，都应降低黏度并保证有低的残留物。破胶性是将压裂液放入模拟地层温度的密闭容器中，老化一定时间后，以黏度的下降和破胶后水不溶性残渣含量来衡量。

目前压裂作业的压裂液种类有水基压裂液、油基压裂液、醇基压裂液、乳化压裂液、泡沫压裂液、增能压裂液等。无论是哪一种压裂液，它们都含有十多种添加剂，这些添加剂包括稠化剂（如瓜儿豆胶、香豆胶、田菁胶、HEC、变性淀粉等）、交联剂（如硼酸盐和金属锑、铝、铜、三乙醇胺肽、乳酸锆和络合硼等）、降滤失剂（如能分散于水中并乳化的烃类、硅粉石英砂、粉陶、油溶性树脂、非膨胀性黏土和变性淀粉等）、破胶剂（如过氧化物、过硫酸盐、酶、弱有机酸等）、缓冲剂（为了控制特定的交联剂和交联时间所要求的 pH 值）、黏土稳定剂（如 KCl，也有使用阳离子聚合物等）、助排剂（如表面活性剂，可降低压裂液在反排时遇到的毛细管阻力等），另外，还有破乳剂、分散剂、温度稳定剂、杀菌剂、消泡剂等。

变性淀粉在压裂液中主要是作为降滤失剂和稠化剂。

2. 用作压裂液降滤失剂的变性淀粉种类、性质及应用

淀粉及变性淀粉的粒径、形状及吸水特性决定了它们可否用作降滤失剂。不同来源的淀粉及变性的类型都将改变这些特性。表 14-18 给出了部分淀粉产品的特性。

表 14-18　　　　　　　　　　　　　　各种淀粉及变性淀粉特性

淀粉来源	粒径大小/μm	形状	吸水量/本身体积倍数/%	直径增大值/%
预糊化玉米淀粉	5~26	圆形，多角形	8	>50
玉米淀粉	5~26	圆形，多角形	<20	<10
木薯淀粉	5~26	椭圆形	10~30	<20
马铃薯淀粉	15~100	圆形，椭圆形	10~40	<15
预糊化、交联马铃薯淀粉	15~100	圆形，椭圆形	10	>50
羟丙基预糊化马铃薯淀粉	15~100	圆形，椭圆形	10	>60
高粱淀粉	6~30	圆形，多角形		
大米淀粉	3~8	圆形	<15	<15
小麦淀粉	2~35	圆透镜形	<50	<20

从表 14-18 中可以看出大米淀粉的粒径最小，马铃薯淀粉的粒径最大。吸水特性与原淀粉的性质及变性的类型有关，粒径随吸水量的增大而按比例增大。

作为粒状降失水剂，变性淀粉与天然淀粉按一定比例混合(一般变性淀粉为 30%~50%)要比单一使用淀粉优越。较好的变性淀粉品种有羟丙基羧甲基马铃薯淀粉、交联的预糊化马铃薯淀粉及交联羟丙基马铃薯淀粉等，它们都具有高膨胀性，吸水量大，并会形成一种有助于捕集其他粒子的凝胶带，从而形成一层有效的滤饼。

淀粉类产品作为压裂液的降滤失剂，主要是因淀粉分子中含有很多羟基，使其具有独特的吸水膨胀特性。另外淀粉分子具有螺旋形结构，淀粉的这种螺旋结构能紧密压实，有利于形成良好凝胶。淀粉的螺旋结构还会把结构中的羟基置于螺旋圈内，使硼酸盐和锆盐等交联剂难以与其交联，这一特性使得人们将淀粉及变性产品用作压裂液的降失剂时，不需要过多考虑它会不会影响到植物胶压裂液的增黏和交联性能。

3. 用作压裂液稠化剂的变性淀粉

压裂用水，需要稠化剂增粘才有助于支撑剂输送、降低滤失和增大裂缝宽度。

作为压裂液用的稠化剂，最早使用的是淀粉。20 世纪 60 年代发现可用瓜儿豆胶，70 年代初开发了羟丙基瓜儿豆胶(HPG)和羧甲基羟丙基瓜儿豆胶，期间也用到羟乙基纤维素(HEC)、羧甲基纤维素(CMC)和黄原胶等，但瓜儿豆胶及其衍生物等产品一直是压裂液稠化剂的主流。对压裂液稠化剂的主要要求是水溶液黏度(即增黏能力)、水不溶物、与硼等常用交联剂形成冻胶的能力，另外，还有外观、含水率、细度、水溶液的 pH 值等。增粘能力是以 1% 的植物胶水溶液在转速为 100r/min 或剪切速率为 170s^{-}下用旋转黏度计测得的表观黏度值。水不溶物采用对植物水溶液高速离心法移去上清液，对余下的不溶物恒重，用百分比表示。能否与硼等常用的交联剂交联成弹性很好的冻胶，一般采用目测，取 0.5% 的植物胶水溶液 100mL，加入 2mL 硼交联剂(1% 硼砂水溶液)或其他指定的交联剂，搅拌直至形成可挑挂的冻胶。其他性能的实验方法参照通用的有关标准方法。

对于淀粉来说，由于其螺旋结构的存在，不利于与硼、钛等交联剂交联，因此限制了淀粉在增黏稠化剂方面的应用，但淀粉经过改性，则可用作稠化剂。

14.5.3　变性淀粉在石油工业中的其他应用

1. 在堵水调剖剂和强化采油中的应用

油田开发一般经历三个阶段。第一阶段是利用油层原有能量开采，采收率只有 10% 左右；第二阶段为注水开发阶段，我国主要油田均利用水驱提高采收率，约为 25%；第三阶段为强化采油，施予能量或注入驱油剂开采油层的残余油，以提高采收率。

在水驱和强化采油阶段，聚合物的使用主要有两方面作用：一是剖面调整，即对水窜严重的强水洗层段，经聚合物处理可降低水相渗透率，或者用聚合物地下成胶封堵高渗透带或裂缝，达到调整吸水剖面的目的。二是改善流度比，即在注入水中加入少量水溶性聚合物，提高注入水黏度，改善驱替液与被驱替液的流度比，从而提高水在非均质地层中的波及系数，以提高采收率。

淀粉在堵水调剖的应用一般是利用其遇水膨胀成胶的性质堵塞地层，或将淀粉作为营养源生成合适的生物聚合物来堵水调剖。淀粉基生物聚合物不仅价廉，对环境安全，而且对剖面改善和流动度控制非常有效，聚合物将随流过多孔岩石而吸附其上，造成孔隙体积下降，导致水的流动阻力增加。这种聚合物的吸附性质普遍用于窜槽和油路绕行(有死油)成为主要问题的地方。聚合物的吸附实际是聚合物浓度和黏度的减小，因此无论是经济还是环境因素都使淀粉生物聚合物比聚丙烯酰胺更受欢迎。同时，吸附聚合物的亲水性会引起水相渗透率的降低，淀粉基生物聚合物在盐水中黏度非常好，聚合物浓度达到 10000mg/kg 时，黏度甚至随盐浓度增加而增加，水相对渗透率降低，表明淀粉基生物聚合物可用于生产井的堵水和注水井封堵窄缝。

如专利 CN1053631A 介绍了一种由骨胶、田菁胶(或 CMC)、磺化沥青(或磺化栲胶)按比例配成的水溶性地层暂堵剂。先将骨胶加入水中(70~80℃)溶解，降温至 40~50℃，加入田菁粉搅拌均匀，再加磺化沥青搅拌，干燥后粉碎过筛。该暂堵剂封堵效果好，有效率达 85% 以上，还可减少专用投放工具，安全性好。

在强化采油中，要求能降低界面张力、脱落油、吸附烃、采出油和在现场应用相配的碳源生长等。不同碳源以降低表面张力为评价指标，当使用蔗糖、果糖、淀粉或酵母榨出物时，所有细菌产物都可降低表面张力，但淀粉是表面活性剂生产的最好碳源。如专利 US4627494 使用木质素磺酸盐/碳水化合物作表面活性剂牺牲剂，碳水化合物牺牲剂是淀粉或纤维素衍生物。淀粉衍生物可用烷氧基酯化淀粉、氧化淀粉和磷酸酯淀粉等。

聚多糖和合成聚合物的水溶性共聚物在强化采油方面也引起科研工作者的兴趣，如水溶性聚丙烯酰胺的淀粉接枝共聚物等，首先淀粉的价格便宜；其次，因集合体聚多糖片段增加了共聚物的体积或其与乙烯基片段不对称、不相容，共聚物中聚多糖的介入可能给出黏度增加的结果；第三，抗机械降解能力会因相对强健的聚多糖片段的存在而增加。

2. 油田含油污水处理的应用

磷酸木薯淀粉的钙铝盐作为稀释液体的絮凝剂，除去稠的浆状悬浮物，特别是胶状悬浮物，如携带悬浮黏土粒子的焦油沙屑流效果很好。淀粉在水中用量 1~10g/100mL，水中含有可溶性金属盐。

以植物胶、淀粉为原料通过一系列变性(分子上含有羧基、羟基和酰氨基等活性基团)而成天然高分子水处理剂 CG-A。与无机混凝剂相配伍，用于油田含油污水处理，显示良好的净水效果,而且 CG-A 有抑制点蚀的作用。

3. 油和盐水污染土壤的补救剂

针对油或油类似废物污染,出现了一种提高生物补救性的固相生物补救剂,要求材料可渗透水和空气,以滤过溶解盐,给微生物提供水和营养,且土壤气和空气能交换。如专利 US5531890 介绍了油分离和处理系统使用的所谓超级吸附材料,包括非编织纤维片或 CMC,丙烯腈接枝淀粉吸附材料等剥落薄片,处理油污染效果较好。

14.6 变性淀粉在其他工业中的应用

变性淀粉用途广泛,除纺织、造纸、食品、石油和医药等工业有广泛应用以外,另外在农业、工业废水处理、建材、铸造和塑料等工业中也有广泛的应用。

14.6.1 建筑材料

建筑材料中的石膏板、胶合板、陶瓷用品和墙面涂料黏合剂等产品的生产要用糊精、预糊化淀粉、羧甲基淀粉、磷酸酯淀粉及淀粉的接枝共聚物等。例如,预糊化淀粉用作水质涂料,黄糊精可用作水泥硬化延缓剂。

建筑材料中的一些应用举例如下。

1. 烧结玻璃马赛克(质量份)

玻璃粉	90
石英砂	8
高岭土	2
10%CMS 溶液	12
无机颜料	0.1~1

2. 石膏水泥地板(质量份)

无水石膏	50
硫酸钾	1
α-甲水石膏	5
增黏剂(甲基化淀粉)	0.1
分散剂(蜜胺甲醛缩聚物磺酸盐)	0.6
水(相对固形物)	38
消泡剂	0.03
波特兰水泥	50

注:该地板硬化时间为 3h,1 天后压裂强度达 11.5MPa。

3. 雕塑黏土-新型橡皮泥(质量份)

1%CMS 溶液	2
碳酸钙	3
黏土	60
水	37

14.6.2　农业、林业、园艺

我国是一个农业大国，人口多，耕地少。加之水土流失严重，如何保持粮食增产，满足人们对粮食的需求，是农业部门的一项艰巨任务。

变性淀粉不仅可以使农作物增产，而且可以防止水土流失，因此在农业生产中有着广阔的应用前景。

1. 农用生产可降解地膜

提高农作物产量，是人类所共同关注的问题。而地膜覆盖栽培技术是近年来发展起来的新技术，已经成为提高农作物产量的主要手段之一。

地膜可以促进植物生长、早熟、增产，阻止杂草生长及虫害蔓延，可以防御霜冻及暴风雪的袭击，调节光照、湿度、温度，创造适合作物生长的微域气候。使用地膜后可使作物增产 50% ~ 350%。

由于聚乙烯(PE)和聚氯乙烯(PVC)薄膜严重污染环境(用后需人工清除，否则给牲畜、野生动物和农业生产带来危害，如焚烧，又会产生大量有毒气体而污染空气)，加之石油资源的匮乏，从 20 世纪 60 年代就开始研制原料来源丰富、又可降解、无污染的塑料。70 年代应用淀粉及其衍生物制造塑料的研究十分活跃。80 年代末已工业化生产淀粉塑料。

我国从 20 世纪 80 年代初开始研制淀粉塑料，其中有 PE/淀粉、PVA/淀粉、光解和生物降解塑料等。不管采取何种工艺路线，单独用淀粉或经变性处理后的产品形成的薄膜，存在质脆、强度差、柔软性不够等问题。要制成薄膜，必须掺和到其他物质中，如 PE、PVC 等。

2. 超吸水剂

丙烯腈接枝共聚淀粉经塑化后具有强吸水性，最适合应用于农业领域。如用于种子和根须的覆盖以及用作渗水快土壤的保水添加剂，可提高出苗率和发芽率，从而增加产量。1kg 吸水剂能涂层约 100kg 种子。4g 吸水剂于 1L 水中，将植物苗根部放入，吸着薄层，应用于飞机植树造林、人造草原，成活率都较高。在山坡干旱土地上实验，上部土壤 5mm 厚混入 0.1% ~ 0.2% 的吸水剂能提高其蓄水能力，达到肥沃土壤的目的。另外，CMS、阳离子淀粉、丙烯酸接枝共聚物等也具有提高土壤稳定性和粮食产量的性能，具有较好的应用前景。

3. 农药和除草剂的缓释剂

变性淀粉用作农药和除草剂的缓释剂，主要是提高农药的稳定性。农药由于挥发、漏失及光照分解，容易失效。用淀粉黄原酸酯进行包胶后，在容器中储存 1 年，农药无损失。除草剂经双层包胶后，由控制杂草约 45d 延长至 120d。农药经酯键或氨基甲酸酯键与直链淀粉或支链淀粉结合在一起，可使之缓慢释放。

4. 用作土壤的稳定剂和调节剂

如何防止土壤风化流失已成为各国农业部门关注的重点。在土壤中添加稳定剂以防止风和水的侵蚀，已受到重视。

PVA 是一种有效的稳定剂，但价格昂贵，难溶解以及对含亚氯酸盐的土壤不能使用。早在 20 世纪 50 年代末，有人利用农业残渣进行化学变性处理后，作土壤调节剂的可行性研究，指出黄原酸酯、甲基醚、羟乙基醚和羧甲基等纤维素衍生物显示出对土壤团粒稳定的活性。70年代末80年代初又有人重新研究纤维素黄原酸酯作土壤调节剂。纤维素黄原酸酯稳定性差，1%溶液在夏天保存1周，稀溶液即使在0~4℃时也只能保存2~3周，在深度冷冻时可以保存，但大量使用时如何解冻等一系列问题难以解决。

20世纪80年代初，美国开始研究变性淀粉作土壤稳定剂。先后研究了苯甲基淀粉、苯甲基羟乙基淀粉；羧甲基淀粉(CMS)、接枝丙烯酸淀粉(S-PAAC)、淀粉接枝丙烯腈的水解物(H-SPAN)；季铵阳离子淀粉、阳离子淀粉接枝丙烯酰胺；淀粉与丙烯酸的接枝共聚物乳液。

玉米淀粉磷酸酯也可用作土壤稳定剂，用0.5%~5%玉米淀粉磷酸酯与表层土壤混合，可以提高土壤的保水能力。

14.6.3 铸造工业

我国铸造所用的砂芯一般用黄糊精或预糊化淀粉作为黏合剂，也有用可溶性淀粉和磷酸酯淀粉。

预糊化淀粉用作铸造模砂芯胶粘剂，冷水溶解容易，胶粘力强，倒入熔化金属时燃烧完全，不产生气泡，制品不含"砂眼"，表面光滑。

14.6.4 饲料工业

为使动物减少挑食的习惯及提高饲料的利用率，常把配合饲料做成颗粒状，这就需要添加一定量的黏合剂，此类黏合剂一般以黄糊精及预糊化淀粉为主。例如，预糊化淀粉在鳗鱼饲料上使用最能显示其特性，它无毒、易消化、有营养、透明，在鳗鱼吃食前，一直维持颗粒的整体形状，不被水中的溶质溶解，不粘设备等。用于鳗鱼饲料黏合剂的预糊化淀粉以马铃薯淀粉为最佳，而且还应该根据不同鳗鱼饲料粉、不同鳗鱼养殖水温及气候条件来选择不同粒径和黏度的预糊化马铃薯淀粉作黏合剂。另外，经化学修饰的(如交联)木薯淀粉生产的预糊化淀粉用于饲料的效果也不错。

14.6.5 日用化工和化妆品

用淀粉为原料生产表面活性剂的研究越来越受到重视。在过去洗染剂中常用三聚磷酸钠为助剂，由于三聚磷酸钠被认为是造成水质富营养化问题的主要原因，所以有关部门研究用变性淀粉或纤维素取代三聚磷酸钠作助剂。在日用化工和化妆品中用到的主要代用品是氧化淀粉、CMS、羟乙基淀粉，另外还有甲基化淀粉、羟丙基淀粉、羟基(乙基)淀粉、羟丙基甲基淀粉等。

羧甲基淀粉在牙膏和美容膏(霜)中可用作黏合剂和增稠剂。洗涤剂中加少量CMS能提高污物悬浮性，由衣物洗脱的污物不会再沉淀到衣服上，从而提高了洗涤效果，衣服洁白，洗涤剂中添加1.5%(取代度0.05~0.2)的CMS效果很好。污物带有负电荷，与羧甲基负电荷有排斥作用，能防止污物沉降。合成洗涤剂中采用CMS还有降低对皮肤刺激的作用，深度氧化的淀粉也有同样的效果。

14.6.6　工业废水处理

1. 淀粉衍生物絮凝剂

絮凝剂是能使溶胶变成絮状沉淀的凝结剂。絮凝剂可分无机物和有机物两大类。为提高药剂的絮凝作用，降低成本，减少毒性和提高药剂在水中的溶解度，已经制备成变性有机絮凝剂。淀粉衍生物就是其中一种。

(1)非离子型淀粉衍生物絮凝剂。

①糊精。

糊精的相对分子质量在 800~79000，糊精可用作絮凝剂或抑制剂。在浮选金矿时，为了改善矿物的可浮性，提高浮选的选择性，加入糊精可降低可浮性。煤和焦油砂等矿藏开采时，常伴随很多淤泥，用糊精作絮凝剂，可使淤泥沉积下来。

②丙烯酰胺接枝淀粉。

这种水溶性接枝共聚物，对水介质中的任何悬浮细粒固体都具有絮凝作用。它能使悬浮液达到澄清并回收其中的悬浮固体，或将悬浮固体沉淀在所希望的表面上。可用于净化工业废水、澄清工业和家庭用水，从矿石中提取金属的絮凝剂，如可作为高岭土胶体悬浮液、炭黑、白土及煤渣泥的絮凝剂。

(2)阴离子型淀粉衍生物絮凝剂。

①淀粉磷酸酯。

淀粉磷酸酯是阴离子型的，可作为泥浆、鱼类加工厂、屠宰厂、发酵工厂废水、蔬菜水果浸泡水、纸浆废水的絮凝剂。例如，每 907kg 煤渣使用 0.28kg 淀粉磷酸酯和 0.016kg 水溶性聚丙烯酰胺混合物，可得到良好的絮凝效果。又如，在 100 份鱼类加工厂的废水(含 0.6% 淀粉磷酸酯)中，加 1 份石灰，搅拌 30min 后，不溶淀粉磷酸钙絮凝物很快将悬浮在废水中的固体沉降下来(含鱼类加工废水中的固体、玉米蛋白质、淀粉衍生物钙)，烘干后可做家禽饲料。

②淀粉黄原酸酯。

淀粉黄原酸酯可以从水中除去重金属离子，并可与许多高价金属离子生成难溶性盐。可用作电镀、采矿、黄铜冶炼等工业废水中重金属的清除。絮凝粉状煤粒，从淤泥中回收有危险、有价值的金属。

③用环氧氯丙烷交联的羧甲基淀粉。

此淀粉用作絮凝剂，除去钙离子比葡萄糖酸钠和柠檬酸效果好。

(3)阳离子型淀粉衍生物絮凝剂。

①阳离子淀粉。

淀粉经糊化与季铵盐反应制得的高取代度衍生物，可从悬浊液中絮凝有机或无机微粒，如白土、二氧化钛、煤、炭、铁矿砂、泥浆、阳离子淀粉、细小纤维及重金属颜料等。含 15%~25% 季铵盐的阳离子淀粉是一种全面、有效絮凝剂，能使无规则丙烯从有规则聚丙烯的分离单元中脱离出来，絮凝效果与相对分子质量成正比。

②阳离子淀粉配合物。

N, N, N', N'-四甲基乙二胺与二氯乙醚聚合物与淀粉反应形成的阳离子淀粉络合物，与明矾混用于絮凝纸纤维和黏土，加入量为 4.54/10000，在 pH 值为 5 时，1min 即可完全絮凝。

2-(二甲基)甲基氨基甲酰乙基淀粉，用作废水悬浮液或淤泥中高岭土和细纤维的絮凝剂。

淀粉与 N-(2-氯乙基)-(4-氯丙基)-呱啶盐酸盐制成的阳离子淀粉用作造纸废水的絮凝剂。

③接枝淀粉。

a. 淀粉与阳离子季铵盐(2-羟基-3-甲基丙烯酸羟丙基酯三甲基氯化铵)的接枝共聚物，作为含硅废水及其他细固体悬浮液的絮凝剂，絮凝效果优于阳离子淀粉。

b. 氧化淀粉与2-乙烯吡啶或 N-乙烯吡啶烷的接枝共聚物用作造纸废水高岭土的絮凝剂。

c. 三-甲胺乙基氯化物淀粉醚与 N，N，N-三甲基-N-丙烯酸羟乙基酯氯化铵、甲基丙烯酸羟丙酯的接枝共聚物用作生活废水的絮凝剂。

各种不同结构的淀粉，它们絮凝作用和机理都有差异。淀粉衍生物的絮凝作用包括氢键、范德华力、双电层静电力及化学吸附。

2. 淀粉衍生物离子交换剂和螯合剂

自从20世纪70年代中期以来，已经合成了一系列交联淀粉为骨架的离子交换剂和螯合剂，并有效地用于重金属工业废水的处理。其中，含氮交联淀粉性能稳定，对重金属离子去除率高。

将含有羧基的变性淀粉经交联后可用作阳离子交换剂，如交联羧甲基淀粉。丙烯酰胺接枝共聚物的水解物也可作阳离子交换剂。交联淀粉与丙烯腈接枝共聚物经水解后可用作交换剂。含羧基的接枝淀粉用以除去废水中的 Cd^{2+}、Pb^{2+}、Cu^{2+} 和 Cr^{3+} 等。最重要的是含氮的各类试剂，通过与淀粉直接反应，由交联季铵阳离子淀粉，交换废水中的 CrO_4^{2-}、$Cr_2O_7^{2-}$、MoO_4^- 和 MnO_4^- 等。

参考文献

[1]张燕萍. 变性淀粉制造与应用[M]. 北京：化学工业出版社，2007.

[2]张力田. 变性淀粉[M]. 广州：华南理工大学出版社，1999.

[3]张友松. 变性淀粉生产与应用手册[M]. 北京：中国轻工业出版社，2007.

[4]韩黎明，杨俊丰，景履贞，等. 马铃薯产业原理与技术[M]. 北京：中国农业科学出版社，2010.

[5]刘刚，赵鑫，周添红，等. 我国马铃薯加工产业结构分析与发展思考[J]. 农产品加工业，2010(8)：4-11.

[6]谭飞，屠国玺. 我国马铃薯淀粉业外扩面临好时机. 经济参考报，2006 年 11 月 27 日（第 008 版）.

[7]于天峰，夏平. 马铃薯淀粉特性及其利用研究[J]. 中国农学通报，2005，21(1)：55-58.

[8]冯国涛，单志华. 变性淀粉的种类及其应用研究[J]. 皮革化工，2005，22(3)：6.

[9]陈美荣，黄莉，关向阳. 变性淀粉在食品工业中的应用及发展趋势[J]. 职业技术，2010，121(9)：81-82.

[10]张小林，吴琦，罗明辉. 淀粉物理变性的研究进展[J]. 广东化工，2011，38(1)：100-101.

[11]胡爱军，吴加根，金茂国. 淀粉深加工三种方式概述[J]. 粮食与油脂，1997(1)：13-16.

[12]张慧. 羧甲基淀粉的干法制备工艺及性质、应用的研究[D]. 山东农业大学，2005.

[13]罗勤贵. 变性淀粉的生产与应用现状[J]. 粮食加工，2006，31(6)：50-53.

[14]侯汉学，张锦丽，董海洲，等. 国内外干法变性淀粉研究进展[J]. 食品与发酵工业，2004，30(12)：98-100.

[15]肖昱. 变性淀粉湿法生产工艺与影响产品质量和稳定的重要因素探讨[J]. 广州食品工业科技，2003，19(3)：60-62.

[16]余平，孟宪梅，魏贞伟，等. 预糊化淀粉的生产及在饲料工业中的应用[J]. 加工与设备，1998，19(7)：20-21.

[17]李志达，吴永然，陈剑锋，等. 预糊化淀粉的研制[J]. 福建大学学报，1995，23(1)：100-104.

[18]董海洲，刘冠军，侯汉学，等. 预糊化淀粉制备新工艺的研究[J]. 粮食与饮料工业，2006，(5)：15-16.

[19]刘云. 预糊化淀粉在膨化食品中的应用[N]. 中国食品报，2011-07-18.

[20]袁立军. 交联酯化预糊化木薯复合变性淀粉制备及其应用研究[D]. 华南理工大

学，2010.

[21] 马涛，宗旭. 酸变性淀粉生产工艺及在部分食品中应用的研究[J]. 塔里木农垦大学学报，1994，6(1)：37-42.

[22] 中国淀粉工业协会. 淀粉与淀粉制品生产新工艺新技术及质量检测标准规范实用手册[M]. 北京：中国科技文化出版社.

[23] 张小梅. 变性淀粉的种类及应用[J]. 江西食品工业，2003，2.

[24] 姚妙爱，周玉东. 马铃薯淀粉产生糊精的工艺参数研究[J]. 安徽农业科学，2011，39(31)：19605-19606.

[25] 周温建. 全干法工艺工业化生产糊精的研究[J]. 中国高薪技术企业，2011，(7)：26-28.

[26] 李凤祥，杨玉民. 糊精生产工艺及设备的改进与实践[J]. 吉林工商学院学报，2008，24(3)：99-101.

[27] 杜银仓. 马铃薯淀粉生产与工艺设计[M]. 昆明：云南科技出版社，2010.

[28] 彭雅丽，吴卫国. 国内外变性淀粉发展概况及国内研究趋势分析[J]. 粮食科技与经济，2010，35(3)：51-53.

[29] 刘新玲. 变性淀粉在食品加工中的应用[J]. 科技资讯，2012，30.

[30] 刘亚伟. 变性淀粉在食品工业中的应用[J]. 农产品加工，2011，3.

[31] 钱大钧，杨光. 醋酸酯淀粉制备及性质研究[J]. 中国粮油学报，2007，2(2)：49-52.

[32] 刘永. 双醛淀粉的制备及其性质研究[D]. 广东工业大学，2003.

[33] 王彦斌，苏琼. 双氧水氧化淀粉的机理初探[J]. 西南民族学院学报，1997，23(3)：278-280.